GLOSSARIUM GRAECO-HEBRAEUM

ODER

DER GRIECHISCHE

WÖRTERSCHATZ DER JÜDISCHEN MIDRASCHWERKE

EIN BEITRAG

ZUR

KULTUR- UND ALTERTUMSKUNDE

VON

DR. JULIUS FÜRST, RABBINER.

STRASSBURG.
VERLAG VON KARL J. TRÜBNER.
1890.

SR. KÖNIGL. HOHEIT

DEM GROSSHERZOG FRIEDRICH VON BADEN

IN TREUER

HINGEBUNG UND TIEFSTER VEREHRUNG

ALLERUNTERTHÄNIGST GEWIDMET.

EINLEITUNG.

Zu den grossartigsten Leistungen auf culturhistorischem Gebiete gehört die Wirksamkeit, welche das römische Volk in Sprache, Sitte und Rechtsleben auf die gesammte alte Welt geübt. Kein Volk hat es verstanden, den kriegerischen Eroberungen eine solche Stärke und Nachhaltigkeit zu verleihen, wie die Römer, indem sie die Lebensbedingungen der Völker, Völker dreier Welttheile, mit den römischen zu durchdringen wussten. Wie lange und tapfer die Völker Spaniens und Galliens bis in Augustus Zeiten gegen die römische Übermacht gekämpft, sie trugen später mit eben solchem Stolze den Namen Römer, wie sich die Bewohner des byzantinischen Reiches noch im vorigen Jahrhundert nicht Griechen, sondern Romäer nannten. Die Nachkommen der stolzen Lybier und Phöniken, wie die der kriegerischen Gallier vertauschten allmälig ihre Sprachen mit der Sprache Roms. In Trier und Lyon, wie in Karthago und Utika sprach man elegantes Latein. Ein ausgedehntes Strassennetz verband die entferntesten Theile des Reiches mit der Hauptstadt. Denn durch die in allen Theilen des Reiches begründeten römischen Colonieen nicht minder, wie durch den officiellen Verkehr mit den Behörden übte die Sprache Roms einen herrschenden Einfluss. Im Orient zwar war durch den civilisatorischen Einfluss der Eroberungen Alexanders des Grossen und durch die Höfe und Verwaltung der Diadochen das Griechische zur Sprache der höheren Stände geworden. Diese alte Cultursprache, welche eine ganz neue Art Literatur in den Ostländern geschaffen hatte, konnte von der römischen nicht verdrängt werden. So kam es, dass es im römischen Reiche zwei officielle Sprachen gab, die lateinische und die griechische.

In Rom selbst war die griechische Sprache den höheren Ständen schon in früher Zeit geläufig, so dass schon im 3. Jahrh. v. Chr. Fabius Pictor seine römische Geschichte in griechischer Sprache schrieb, also auf ein Publikum rechnen durfte, das ihn verstand. Die Römer hatten eine ehrfurchtsvolle Vorliebe für die Griechische Sprache. So eignete sich die griech. Sprache trefflich als Vermittlerin zwischen der Regierung u. den östlichen Provinzen. Die griech. Sprache wurde die zweite Staatssprache des Reiches. Die Kaiser hatten eine lateinische und eine griechische Kanzlei: Bittschriften in griechischer Sprache wurden auch in der gleichen Sprache beantwortet. Auch unter den Juden Palästinas hatte seit der makedonischen Zeit die Kenntniss des Griechischen sich verbreitet. Der Verkehr mit den ägyptischen und seleucidischen Höfen geschah in griech. Sprache. Als die griechischen Laster und Unsittlichkeiten, wie der griechische verführerische Götterdienst dem Volke den grellen Gegensatz zur nüchternen abstracten Gottesverehrung und reinen Sittenlehre der Juden offenbarte, entstand zwar ein heftiger Kampf gegen Griechisches Wesen, in welchem die Juden die Reinheit ihrer Lehre und Sitte siegreich behaupteten. Aber die griech. Sprache ward nicht verdrängt. Die Bücher der Makkabäer sind in griech. Sprache abgefasst. Auch der Verkehr mit den vielen griechischen Städten Palästina's musste die Kenntniss der griechischen Sprache bei den Juden Palästinas erhalten. Noch zur Zeit Trajans zeigte sich in Palästina, wie einst bei den Juden Aegyptens, das Bedürfniss einer griechischen Bibelübersetzung: zwei griechische Bibelübersetzungen erstanden in Palästina, die des Aquila und die des Symmachus: In Cäsarea wurde in der Synagoge in griechischer Sprache gebetet. Josephus schrieb seine alte Geschichte der Juden wie die Geschichte des jüdischen Kriegs gegen die Römer in hebräischer und griechischer Sprache.

So ist es nicht zu verwundern, dass auch die Prediger in ihren Vorträgen sich der in das Volk eingedrungenen griech. Wörter und Ausdrücke bedienten. Wörter aus dem hebräischen Bibeltexte erklärte man aus dem Griechischen, so z. B. אלון בכות (1. B. M. 35,8, Klageeiche) wird in Pesikta Sachor aus dem Griechischen erklärt: „ein zweites Weinen“, denn ἄλλον heisse im Griechischen „ein Anderes“; nächst der Nachricht vom Tode der Amme Rebekka's habe Jakob noch ein anderes Weinen, eine andere Trauer gehabt, da er die Nachricht vom Tode seiner Mutter erhalten.

R. Abbahu, heisst es an einer andern Stelle, von einem Philosophen gefragt, wie er behaupten könne, dass ein im siebenten Monat geborenes Kind lebensfähig sei, ein im achten Monat geborenes aber nicht, erwiderte: Das will ich aus eurer Sprache dir beweisen: ζῆτα (Ziffer 7) heisst: lebend, ἦτα (Ziffer 8) „es geht dahin;“ oder: woher der Name des Propheten Jeremia? weil in seinen Tagen der Tempel ἔρημος (zerstört) worden. (Pes. Dibre) u. a. Den Predigern boten die Sitten, Regierungsverhältnisse, Belustigungen, socialen Verhältnisse des römischen Reiches Vergleichungspunkte u. Anknüpfungspunkte in Menge. Diese benutzten sie und bedienten sich dabei der betreffenden griechischen Ausdrücke. Mit der Gründung von Byzanz durch Constantin begann eine Mischung der römischen u. griechischen Sprache. Die Bewohner von Constantinopel sprachen in der ganz von griechisch redender Bevölkerung umgebenen Stadt nur lateinisch; die Sprache der Behörden war die lateinische. (Siehe Finlay, Griechenland unter den Römern, S. 91). Es musste nothwendig hierdurch eine Sprachmischung erfolgen. Während die klassischen Schriftsteller praetor durch στρατηγὸς ausdrückten, legatus durch ὕπαρχος, praefectus durch ἔπαρχος, finden wir im Byzantinischen daneben die Ausdrücke ληγᾶτος, πραιφέκτος dafür, für προστάτης wird πάτρων gebraucht. Was im Lateinischen ganz natürlich ist, thut, strikt ins Griechische hinübergenommen, der Sprache Zwang an: wenn die Römer sagten: a secretis (sc. procurator), so lautet das im Byzantinischen ὁ ἀσεκρῆτις, ὁ ἀβεστιάριος (a vestiario sc. procurator): lateinische Wörter ändern, ins Griechische herübergenommen, Form und Bedeutung: aus fossa wird τὸ φωσσᾶτον, Wall, Graben, erhält später die Bedeutung Armee und Feldzug.[1]) Alle diese und ähnliche Wörter kommen in ihrer griech. Form u. Bedeutung im Midrasch vor. Es werden ferner Wörter aus beiden Sprachen zusammengesetzt, wo denn beide Bestandteile oft das Nämliche bedeuten, wie ἀληθόβηρα, echt purpurfarbene Kleider (aus ἀληθὴς und verus zusammengesetzt. Das Gegenteil davon ist ψευδοαληθινά. Da die Midraschliteratur einen Zeitraum von mehreren Jahrhunderten umfasst, so zeigt sie uns mehrere Phasen der grieschischen Sprachentwicklung. Wir können aus dem Vorkommen irgend eines griechischen Wortes die Zeit erkennen, in welcher der bestimmte

[1]) Übrigens kommt foss..tum in diesen Bedeutungen schon in der neueren Latinität vor (vgl. hist. Aug. Gordianus III c. 28 und Salmasius z. St.

Passus seinen Ursprung nahm. So zeigen die oben angeführten Worte ὁλόβηρα, ἀληϑινόβηρα oder φωσσᾶτον, ληγᾶτος, dass der Vortrag, in welchem jene griech. Wörter vorkommen, der Zeit von Diocletian an und den folgenden angehören. Wenn der Midrasch sagt: Joseph hatte seine Curiosi, die ihm über Jakob berichteten, oder: es giebt Curiosi, die (Gott) das Gute hinterbringen, und es giebt Curiosi, die ihm auch das Böse der Menschen hinterbringen, so stammen diese Midrasche aus der nachdiokletianischen Zeit. Denn vorher war dafür der Ausdruck frumentarii üblich. Wenn בלו in Esra im Midrasch Ester für כריסרגירון (χρυσάργυρον) erklärt wird, so muss dies aus der Zeit von Constantin bis Anastasius herrühren.

Ich habe es nun unternommen, die griech. Wörter in den verschiedenen Midraschsammlungen auf ihren Ursprung und auf ihre historisch gewordene Bedeutung zu prüfen. Denn auch die Wörter haben ihre Geschichte. So heisst στρατηγὸς z. B. Feldherr, auf röm. Verhältnisse bezogen bedeutet es aber praetor; ἔπαρχος ist die officielle griech. Benennung des praefectus praetorii, und seit Constantin des obersten Civilbeamten in jedem der 4 Praefecturae des Reiches: στρατηλάτης (אסטרטילטא) ist das Haupt der Militärverwaltung der Praefectura, der comes militaris z. B. στρατηλάτης τῆς ἑώας, comes Orientis; δοὺξ ist im 3. Jahrhundert der militärische Befehlshaber der Provinz, ἡγεμὼν, praeses, der keine Militärgewalt hat. Rex (griech. ῥὴξ oder ῥῆγα) wird von den Byzantinern nicht mit βασιλεὺς gleichbedeutend gebraucht. Diese letzte Bezeichnung gebührt nur dem Kaiser; die Könige der barbarischen Völker hiessen ῥῆγες, so im Hebr. ריכא[1]).

Ich gebe daher im Nachfolgenden eine Übersetzung der griechischen Wörter, die in den Midraschwerken sich finden, in alphabetischer Folge. Dabei soll nicht nur das Etymologische berührt werden, sondern mehr noch die historische und sachliche Erklärung dieser Fremdwörter. Es erhebt sich aber dabei eine grosse Schwierigkeit. Als nämlich die aggadische Literatur sich im Occident verbreitete, waren durch den Abstand der Zeiten und der Länder sowie durch die Wechsel der Bewohner in Folge der Wanderungen der Völker die griechisch-römischen Verhältnisse aus der Anschauung und der Kenntniss geschwunden; man verstand

---

[1]) Schon von Sachs ist hervorgehoben worden, dass im Spätgriech. häufig der Nominativ mit Accusativendung gebraucht wird.

daher auch viele der fremden Worte nicht mehr so allgemein; erklärende Glossen am Rande des Textes brachten sie dem Verständnisse näher. Diese Glossen verdrängten zum Theil allmälig das zu erklärende Wort. Andere Wörter blieben unverstanden, wurden nach Mutmassung durch andre ersetzt. Ohnehin erleiden Wörter, die in fremde Sprachen eindringen, oft Veränderungen.

Wir haben aber dafür mehrere Korrektive. Zunächst die Citate in dem Wörterbuche des Nathan ben Jechiel. Ferner kommen dieselben Vergleichungen und Vorträge in verschiedenen Midraschsammlungen vor. So dienen die einen zur Berichtigung der anderen.

Ausserdem ist in neuester Zeit Vieles aus bisher unbenützten Handschriften zur Verbesserung des Textes geschehen. Für Midrasch Bereschith rabba hat Dr. Grünwald durch Veröffentlichung der Varianten des Pariser Codex im „Hammechakker" 1879 sich grosse Verdienste erworben.

Ganz besonders verdient hat sich Herr Salomon Buber um die Wissenschaft gemacht durch seine unermüdliche Thätigkeit in Herausgabe der Midraschwerke auf Grund und nach Vergleichung von Handschriften aus den Bibliotheken in Parma, Oxford, Cambridge etc., und durch seine gelehrten Heranziehungen der Parallelstellen. Herr B. hat auch die Pesikta auf Grund neuer Handschr. herausgegeben, und mit seinen gelehrten Anmerkungen begleitet, ebenso eine ältere Redaktion des Midr. Tanchuma (ich bezeichne sie als T. I; die bisher bekannte gedruckte aber spätere als T. II), Midr. Abba Gorion zu Megill. Ester. Derselbe hat in neuester Zeit diese seine Verdienste vermehrt durch Herausgabe der Zusätze des R. Samuel Gama zum Aruch des R. Nathan. Wir finden in diesen „Zusätzen" manche in unseren Ausgaben, wie im Aruch nicht vorfindliche Fremdwörter aus den Midraschen citirt; da sie in unseren Ausgaben durch erklärende hebräische Wörter ersetzt sind. Herr B., welcher uns demnächst mit einer neuen Ausgabe des Midrasch Tillim auf Grund mehrerer Manuscripte erfreuen wird, bestätigt in seinen Noten zum „Agur des Samuel Gama" oder berichtigt die citirten Lesungen auf Grund der Manuscripte.

Zur richtigen Erklärung der griechischen Wörter im Midrasch genügt aber nicht die Eruirung der etymologischen Bedeutung der Wörter. Die Sprache ist ein lebendiger Organismus, und von ihr gilt ebenfalls das Wort Heraklits: πάντα ῥεῖ „Alles ist in beständigem Flusse."

Auch die Wörter haben ihre Geschichte; sie verändern ihre Bedeutung. So heisst *χιλιάρχης*, der Anführer über Tausend; auf römische Verhältnisse angewendet ist es die Übersetzung von tribunus militum; *παγανὸς* heisst bäurisch; aber für römische Verhältnisse bedeutet es: der, der nicht in militia ist, der ohne Amt ist. So lesen wir in Tanch. II Behaalothcha § 11 (Bem. r. § 15 zu אספה לי שבעים איש): R. Abba . . . sagte: wenn ich eine grössere Gesellschaft Menschen sah, nahm ich einen anderen Weg, um sie nicht zu bemühen, dass sie vor mir stehen bleiben. Als ich das R. Josef ben Sebid erzählte, sagte er: ich müsse vor ihnen vorübergehen, damit sie mich sehen und vor mir aufstehen, denn dadurch gelangen sie zur Gottesfurcht; denn, sagte er, die Würde der Rechtschaffenen ist eine bleibende Würde. Esaus Würden sind vorübergehend und sinken von Stufe zu Stufe: היום הוא אפרכום למחר סגן למחר (צ״ל היום) קומום למחר סרדיוט. Levy erklärt das Wort סגן für Signatorius, ein Wort, das nicht existirt. Nun lautet aber das Wort in dem älteren von Herrn Buber herausgegebenen Midr. Tanchuma I nicht סגן, sondern פגן, und Herr Buber belehrt uns in der Note, dass auch die Mantuaner Ausgabe des späteren Tanchuma פגן lese statt des fehlerhaften סגן. Nun ist פגן zwar *παγανὸς*, paganus; es heisst aber hier nicht Bauer, wie Mussafia sagt, sondern: ohne Beamtung, Privatmann. Die Stelle heisst also: „heute ist Einer Präfekt, und morgen schon ist er ein Privatmann; heute ist Einer ein Generalkommandant einer Praefectur (comes militum), und morgen gemeiner Soldat.“ Beweis: die Zeiten unter Justinian und Theodora, durch deren Ränke der verdiente Belisar gestürzt ward.

Ebenso lesen wir auch in Ber. r. § 50 לאחד שנטל הגמוניה מן המלך: עד שלא הגיע למיתורין שלו היה מהלך כפגן כיון שהגיע למיתורין שלו היה מהלך קלמון Wenn Jemand vom Kaiser die Würde eines Provinzstatthalters bekommen hat, so geht er, ehe er an das Grenzgebiet seiner Provinz gelangt ist, in bürgerlicher Tracht;[1]) erst nachdem er an der Grenze seines Gebietes angelangt, geht er geschmückt mit den Abzeichen seiner Würde. (*Παγανὸς* nach Hesychius heisst *ἰδιώτης*, Privatmann.) So werden die 2 Engel, sagt der Midrasch, ehe sie nach Sodom kamen, wohin ihr Auftrag leitete, Männer ge-

---

1) Mussafia's Übersetzung von פגן mit איש כפר, איש פרזי, von פגניקא mit של פרזי, sowie Landau's Übersetzung „Bauer, bäurisch“ ist daher unrichtig.

nannt und erst, wie sie in Sodom angelangt sind, werden sie Engel genannt.[1])

Ebenso heisst es in dem von Buber herausgegebenen Midr. Deb. sutta § 9 שלח המלך והתיר זונין שלו והיה מהלך פינן (צ"ל פגן) Da sandte der Kaiser und nahm ihm seinen Degen (eig. löste seinen (Degens =) Gurt), so dass er als Bürgerlicher einherging. In Midr. Sam. § 24 heisst es: „Saul, als er nach Endor ging, zog מאנין פגניקא, bürgerliche Kleidung, an. Const. Porphyrog. de caerem. p. 33 werden *τὰ παγανὰ* die Kleider der Kaiser genannt, welche nicht bei festlichen Gelegenheiten getragen werden. In Midr. Schir s. v. גן נעול wird das Wort Jechesk. 16,10 ואלבישך רקמה von R. Sima erklärt mit פרפירא (*πόρφυρα*): „ich kleidete dich in die Purpura,“ Akylas habe es übersetzt, wird dort berichtet, mit אפליקתא; es soll heissen אפקילתא, wie denn wirklich die Übersetzung des Aquila (Montfaucon in der Hexapla des Origenes 2. B. M. 28,39) für מעשה רקם *ἔργον ποικιλτοῦ* lautet. Beide Übersetzungen bedeuten, Gott habe Israel königliche Würde gegeben. Der Eine drückt dies aus, indem er den Propheten sagen lässt: „ich gab dir die purpura,“ den Purpurmantel.

Die Erhebung zum Kaiser geschah aber durch Umwerfen des Purpurmantels, daher purpuram sumere bedeutet: die Kaiserherrschaft antreten. (Mommsen, Röm. Staatsrecht I, 14.) Aquila sagt: „ich kleidete dich in ein gesticktes Gewand;“ es ist das gestickte Triumphalkleid, welches der Kaiser bei festlichen Gelegenheiten anlegte. (Ders. I, 2. S. 396, Marquart, Privatleben der Römer II, 526.) Beide Übersetzungen von רקמה gehen davon aus, dass das Wort eine ausschliesslich dem Kaiser zukommende auszeichnende Kleidung bedeute, dass also Gott Israel königliche Würde verliehen habe.

In den unruhigen Zeiten, da die Soldaten oft tumultuarisch einen Kaiser proklamirten, begnügte man sich, dem Erwählten eine Purpurschärpe, die sich gerade vorfand, umzuwerfen. So berichtet Vopiscus, vita Saturnini: „deposita purpura ex simulacro Veneris,

---

1) Diese Stelle erhält ihre Erläuterung durch Dio Cassius 53, 13, wonach Augustus angeordnet, dass die Provinzstatthalter die Auszeichnungen ihres Amtes nicht eher anlegen dürfen, als bis sie die Grenze ihrer Statthalterschaftsprovinz betreten hatten.

cyclade uxoria, militibus circumstantibus, amictus et adoratus est.“ Und vita Proculi: „allataque lana purpurea humeris ejus (Proculi) ingessit eumque adoravit.“ Capitolinus, Gordiani: „sublata de vexillis purpura, Imperatores eos dicemus.“ . . . „inventusque senex venerabilis (Gordianus, proconsul Africae) post jurisdictionem jacens in lectulo, qui circumfusus purpura, humi se abjecit, ac retrectans elevatus est.“ Wenn es daher in Schem. r. § 15 heisst: משל לדוכוס שזרקו בו הלגיונות פורפירה wenn die Legionen einem Dux den Purpur umwerfen, so ist das Wort „sie werfen um“ wörtlich zu nehmen: „selbst gegen seinen Willen irgend ein Stück Purpur umwerfen“, wie bei Gordian.

Auf Ps. 18,44 „Rette mich vor den Haderern im Volke,“ תפלטני מריבי עם ist in Sch. t. bemerkt, dass David damit die inneren Kämpfe und Streitigkeiten gemeint habe, worauf Gott ihm erwidert: דוד אטילם. Daselbst zu Ps. 16,11: תודיעני אורח חיים „thue mir kund den Weg des Lebens“ bemerkt Sch. t. nach Samuel Gama — denn in unseren Ausgaben fehlen diese Worte — אטלים מתביה עשה ואכול שמור מצותי חיה: R. Samuel fügt hinzu, es scheine, dass in diesen beiden Stellen nicht das אטלים gemeint sei, welches mit שוק gleichbedeutend. Buber notirt, dass im Parma Cod. für letztere Stelle die Lesung sich finde: איטולים אתה עשה ואכול Es ist an beiden Stellen איטוטלים zu lesen: *αὐτοτελὴς*, unumschränkter Herrscher. Nach Dio Cass. 53,23 hatte der Senat den Kaiser vom Zwange der Gesetze befreit, *ἵνα καὶ αὐτοτελὴς ὄντως καὶ αὐτοκράτωρ*. Der Aggadist, unter dem Einfluss der byzantinischen staatsrechtlichen Verhältnisse stehend, wonach der römische Kaiser unumschränkter Herrscher war, wendet diese auf David an: „איטוטלים אתה, du bist unumschränkter Herrscher.“ In Tanch. I Wajescheb § 2 lesen wir, Gott habe die Engel gerufen, sie sollen dem aus Haran zurückkehrenden Jakob entgegengehen. Wenn des Kaisers Sohn übers Meer gefahren ist, um ein Weib zu freien, und kommt später, um in seine Heimat zurückzukehren: da sagt der Kaiser לאפסיקין שלו; kommt, wir wollen meinem Sohn entgegen gehen: so hat Gott die Engel gerufen und ihnen gesagt: lasst uns dem Jakob entgegen gehen. Was bedeutet nun אפסיקין? Die Glosse erklärt es mit חיל: das Heer. Es ist das lateinische obsequium, griech. *ὀψίκιον*: die Quartiermacher, die Wegebereiter. Const. Porphg. de them. 1, p. 24 *ὀψίκιον γὰρ Ῥωμαϊστὶ λέγεται, ὅπερ σημαίνει τῇ τῶν Ἑλλήνων φωνῇ τοὺς προπορευομένους ἔμπροσθεν τοῦ βασιλέως ἐπὶ εὐταξίᾳ καὶ τιμῇ.* Das. p. 25: *καὶ τὴν διαμασίαν αὐτοῦ εἴπομεν, διὰ τὸ προπορεύεσθαι ἔμπροσθεν τοῦ βασιλίως καὶ καταρτίζειν καὶ διευθύνειν τὰς ὁδοὺς αὐτοῦ καὶ μονάς.* Daraus ist ein daselbst sehr häufig wiederkehrendes Zeitwort gebildet: *ὀψικεύειν.*

In Midr. Schir. s. v. כי טובים דודיך מיין f. 5^d soll das Verhältnis des Propheten und der Synedristen bestimmt werden: משל למלך ששלח פלמנטרין שלו למדינה על אחד מהן כתב אם מראה לכם חותמי וסימנטרין שלי האמינו לו ואם לאו אל תאמינו לו. Dasselbe in Jer. Berach. I. f. 3^b (dort steht פמלטרין), Jer. Sanh. XI,6 f. 30^b: das. Ab. s. II,8, wo es in סימנטירין verschrieben ist. Levy will es für *πολεμονοτάριος* erklären. Es ist vielmehr *πρωτονοτάριος*, und für פלמנטירין ist פרטונוטרין zu lesen: „Das ist wie wenn der Kaiser zwei oberste Staatsschreiber (Reichskanzler: primus notariorum bei Amm. Marcell., sonst primicerius notariorum) in die Provinz schickt; von dem Einen schreibt er: wenn er euch meine Unterschrift und mein Siegel zeigt, glaubet ihm; wenn nicht, so glaubt ihm nicht. Von dem anderen schreibt er: glaubt ihm, wenn er euch meine Unterschrift und mein Siegel auch nicht zeigt.“ Dem Propheten soll man glauben, wenn er ein Zeichen angiebt, und es trifft ein; von den Synedristen aber steht: „Nach der Weisung, die sie dich weisen, und nach der Vorschrift, die sie dir künden werden, sollst du thun.“ —

Die Erlasse des Kaisers hiessen entweder *προςτάγματα, διατάγματα:* sing. פרוזטגמא (דיוטגמא) oder nach dem Papier, auf dem sie geschrieben waren, *χάρτης*, charta, קרטיסין (sing. קרטיסא, auch wie im Syrischen כרטיסא bei Barhebr. Chron. eccl. und leg. secul. bei Land, Anecd. syr.). So lesen wir Pes. bachod. haschl. f. 104^b, למלך שהיה משיא את בתו וקבע קרטיסין בני רומי לא יחתון לסוריא ובני סוריא לא יסקון לרומי. Wie wenn ein Kaiser, der seine Tochter verheiratet, Befehle (*χάρτας*) erlässt, dass die Bewohner Roms nicht nach Syrien hinabgehen, und die Bewohner Syriens nicht nach Rom hinaufgehen dürfen. Mussafia erklärte dieses Wort hier für Steinhaufen, wohl durch das Zeitwort קבע irregeleitet; Landau übersetzt es mit: Befehl, bemerkt dazu: יראה לי כמו שתרגמתי ohne die Etymologie anzugeben.[1])

---

[1]) Siehe Bubers Note 72 zu der Stelle. Das Wort *χάρτης* hat im Text die hebr. od. aramäische Pluralendung.

In der Stelle Waj. r. § 34 הא קרטסיא קדמך, wo unsre Ausg. הב כתבא haben, hat es die Bedeutung von: Rechnungsbücher, und hier, sowie zu Jer. Kidd. III, 4 f. 64ª אין לא יהב לך קרטיסיא erklärt Aruch es mit שטר und fügt hinzu: charta, והוא לשון לעז ממש קרטא; in dieser Stelle heisst es: Quittung (das Papier): Malalas XI, pag. 281: *καὶ ἔκαυσε* (*'Αδριανὸς*) *τοὺς χάρτας τοῦ ταμιειου.* (Die Schuldverschreibungen an den Fiskus.)

Eine auffallende Stelle ist Pes. Sukka f. 182ª: „Wer ein geraubtes Lulab schüttelt, gleicht einem Räuber, der am Kreuzweg steht und die Wanderer plündert. חד זמן עבר חד לגיון בעי למעבר (צ"ל למגבי) דימוסיא דהדא מדינתא וקם עלוי וקדמיה וקפחיה ונסב כל דהוי גביה בתר יומין אתצד ההוא ליסטא ואתיהב בפילקי שמע ההוא לגיונא וכו'. Unmöglich kann das hier mehrfach vorkommende לגיון hier eine Legion bedeuten; es kann nur die Bezeichnung eines Gattungsnamens einer Person sein. Levy übersetzt es daher in seinem Lexikon S. 475ª mit „Befehlshaber einer Legion, Feldherr"; dazu ist keine Berechtigung vorhanden; das Wort hat im Lateinischen und Griechischen niemals diese Bedeutung; somit können wir sie ihm auch für den Midrasch nicht ohne Weiteres vindiciren aus Verlegenheitsgründen. Nun haben Tanch. I und II an dieser Stelle, das gleicht dem Abgesandten des Kaisers (שליח של מלך). Dieses Wort ist aber Übersetzung von legatus, *ληγᾶτος*; es ist der legatus Caesaris ad census accipiendos in einer cäsarischen Provinz: s. Mommsen, röm. Staatsr. II, 411. Denn bei den späteren griech. Autoren kommt für Legatus neben *πρεσβευτὴς* auch das lateinische *ληγᾶτος* vor, (Marquardt, röm. Staatsverwaltung I, S. 527, Note 7) wie für tribunus neben *χιλιάρχης* auch *τριβοῦνος*, und *πραίτωρ* für *στρατηγὸς*. Es heisst also die Stelle; „Einst ging ein Legatus vorüber, welcher die Steuern der Stadt erheben wollte."

In Midrasch Tehillim zu Ps. 93 s. v. אף תכון תבל lesen wir למלך שמלך תחילה עמד לגיון אחד אמר לו הימנון נתן לו המלך פרוקופי שאינה זזה וכ' Hier ist eine andre Textverderbnis; denn in Ber. r. § 12 Ende lautet die Stelle richtig: ללגיון שהמליך את המלך תחלה אמר המלך הואיל ולגיון זה המליכני תחלה הרי אני נותן לו פרוקפי שלא תזוז ממנו לעולם „Wie wenn eine Legion als die erste den Kaiser als solchen proklamirt hat, der Kaiser sagt: weil diese Legion mich zuerst zum Kaiser ausgerufen, gebe ich ihr eine Auszeichnung, welche ihr stets bleiben soll." Die Corruption der Stelle in Midr. Tehill. hat auch hier Levy veranlasst, לגיון mit „Feldherr" zu übersetzen, und פרוקפי für „Prachtgewand" zu nehmen, welche Bedeutung *προκοπή* niemals hat.[1]) Levy übersetzt nemlich: „Gleich einem König, dem am Anfang seiner Regierung ein Feldherr einen Hymnus gesungen. Dafür gab ihm der Kaiser ein Prachtgewand, das nie von ihm weichen soll." (Ich habe hier Levy's Worte nicht wörtlich citirt, da mir sein W. B. augenblicklich nicht vorliegt). Wir haben schon gesehen, wie die Aggadisten so beherrscht waren von den zeitlichen Staats- und Gesellschaftsverhältnissen, dass sie dieselben unbedenklich in die biblischen Zeiten verlegten, um diese dadurch zu erläutern. Wenn 2. Kön. 18,18 Schebna der סופר, der Schreiber des Königs Hiskia genannt wird, so übersetzen sie das Wort סופר mit dem in der Kaiserzeit üblichen Beamtentitel; in Koheleth s. v. טובה חכמה מכלי קרב Ende heisst es: סקויי פטריי; es ist verdorben aus סיקריטריא, *σηκρητάριος*, Schreiber des kaiserlichen Geheimen Rates, des *σεκρῆτον*. Ebenso werden Jer. Kethub. XII f. 35[b] mit Bezug auf 1. Kön. 4,3 (אליחרף ואחיה בני שישא סופרים) Elichoref und Achia genannt תרין איסקריטורי דשלמה die zwei *ἀσεκρητάριοι*, Sekretäre Salomo's genannt. Diese Beamten hiessen *οἱ ἀσεκρῆτις*, *οἱ σεκρητάριοι* oder *οἱ ἀσεκρητάριοι*, in der Einzahl *ὁ ἀσηκρῆτις* od. *ἀσηκρήτης*, ähnlich wie man neben *νοτάριος* auch *ἀνοτάριος* sagte; in der Parallelstelle Kilaj. IX f. 32[b] ist es in איסקבטורי corrumpirt. Die Deutung für scriptores, wie sie Levy und Buber geben, passt nicht.

Dio Cassius und die byzantinischen Schriftsteller, besonders Malalas, das Chronikon, Constantinus Porphyrogenetus, leisten hier grossen Nutzen. Schon haben Rappoport und Sachs in Erklärung der griechischen Wörter im Midrasch Hervorragendes geleistet, und die Arbeiten von Perles in seinen „Etymolog. Studien" und in seinen „Beiträgen zur Geschichte der hebr. und aram. Studien" sind von bleibendem Werte. Von den Arbeiten dieses bedeutenden Forschers habe ich vielfach Gebrauch gemacht. Noch besonders hervorzuheben sind ausser den verdienstvollen Werken von Levy (Wörterbuch über die Targumen u. sein Wörterbuch über Midraschin u. Talmudim), von Kohut (Plenus Aruch), ferner Bacher, die

---

[1]) Wenn ich hie und da die Erklärungen dieses verdienstvollen, hochbedeutenden Forschers zu bestreiten veranlasst bin, so will ich auch nicht das Geringste von dem ihm gebührenden Ehrenkranze entziehen; auf einem engeren Gebiete, wie ich es vorhabe, ist es viel leichter, auf Einzelheiten sich eingehend einzulassen, als in einem so umfassenden Werke, welches sich auf Einzelforschungen stützen muss.

Aggada der Tannaiten Bd. 1 u. 2; Levysohn, Zoologie des Talmuds und das Saggio und Nuovo saggio von Lattes; Jastrow, a dictionnary of the thargumin, the talm. babli and yerushalmi and the midrashic literature, sodann die französ. Übersetzung des Talmud jeruschalmi (mit den Verzeichnissen der griech. Lehnwörter) von Schwab. Doch bleibt noch immerhin Manches übrig, was noch der Erklärung bedarf, wie aus einigen vorher angeführten Beispielen zu ersehen ist.[1])

Ausserdem liefern die Werke in syrischer Sprache, vor Allem die syrischen Bibelübersetzungen, die Werke Ephräms, und die von Land herausgegebenen Anecdota Syriaca ausserordentlich viele Beispiele von griechischen in die syrische Sprache übergegangenen Wörtern.

In formell sprachlicher Beziehung ist noch zu bemerken, dass, wie schon Sachs bemerkt, im Spätgriechischen sehr häufig der Nominativ der Hauptwörter mit Accusativendung gebraucht wird. Mit dieser Accusativendung sind viele griech. Wörter auch in den Midrasch übergegangen. Dahin gehört auch die Vorliebe für den Gebrauch von Deminutivformen auf *ιον*, abgekürzt: *ιν*.

Dagegen muss man die nötige Vorsicht anwenden, dass man nicht echtsemitische Wörter für griechischen Ursprungs halte. Sachs, welchem das hohe Verdienst gebührt, hier Bahnbrecher gewesen zu sein, und durch seine grossartige klassische Gelehrsamkeit vorzugsweise hierzu berufen, nimmt z. B. מלחים in Midr. Schir s. v. עיניו כיונים f. 26[a] und Waj. r. § 3 für transponirt aus *μόχλος*, Riegel, also einen Riegel vorschieben, verbinden, zusammenfügen. Nun ist aber das Wort echt semitisch, indem לחם im Syr. bedeutet: zusammenpassen, sich verbinden; לחמאית kommt oft bei Ephräm vor in der Bedeutung: passend. Das מ gehört also nicht zum Stamme, sondern ist hier Zeichen des Mittelworts im Hiphil. Das Wort לחם bedeutet, wie קרב, zusammentreten, nahen, im feindlichen wie im freundlichen Sinne; daher נלחם, kämpfen, wie congredi im Lateinischen.

Wörter, die der griechischen und hebräischen Sprache gemeinsam sind, können aber nicht durchgängig als griechische Lehnwörter gelten. Vielmehr sind viele durch die Phönizier zu den Griechen

---

1) Die lateinischen im Midrasch vorkommenden Wörter sind erst auf dem Umweg durch das Griechische in die Sprache des Midrasch übergegangen, wie *λεγεών*, *ληγᾶτος*, *ληγᾶτον*, *βῆλον*, *πάτρων* u. A.

gekommen, wie קשט, חמום, זנגביל, חלתית, תייה, ferner מרגלית, מרגניתא, מגלבין, und dergl. Sie gehören daher nicht in den Rahmen dieses Werkes.

Noch dürfte zu bemerken sein, dass, wie wir aus der Wiedergabe griechischer Wörter im Syrischen und Hebräischen sehen, der längst aus der Schrift geschwundene Laut des Waw (F, das Digamma Aeolicum) in den griechischen Wörtern vor einem Vokale oder Halbvokale in der Aussprache wol gehört wurde; das zeigt die Wiedergabe der Wörter *ἀὴρ* mit אויר (awer), Luft, *ῥόδον* mit ורד (wrad), Rose, *λεκτίκη* mit בלקטיקא oder ולגדיקא (wlectica)[1]), ebenso die Wiedergabe des Monatsnamens novembris bei Malalas und im Chronicon paschale mit *νοέμβριος*.

Sehen wir nun wie die römischen Verhältnisse, sei es im öffentlichen sei es im socialen Leben oder in sittlicher und rechtlicher Beziehung, im Midrasch sich wiederspiegeln. Nachdem im Jahre 29 v. Chr. der Senat dem Octavian den Titel Imperator erteilt hatte, gab er ihm im Jahre 27, als derselbe vorgab, er wolle die Gewalten dem Senat und Volke zurückgeben, nebst der unumschränkten Gewalt den Ehrennamen Augustus.

Augustus behielt einen Teil der Provinzen für sich als kaiserliche; diesen cäsarischen Provinzen stand ein propaetor vor, oder legatus Caesaris pro praetore, *ἀντιστράτηγος*, auch kurz *στρατηγός* oder *ὕπαρχος* (legatus) genannt; die anderen Provinzen, soweit sie nicht zum Krongut gehörten, wie Ägypten, wo ein praefectus, später mit dem Titel Augustalis ausgezeichnet, die Verwaltung und den Befehl über das stationierende Militär hatte, übergab er der Verwaltung des Senats; an der Spitze der senatorischen Provinzen stand ein proconsul, *ἀνθύπατος* (אנתיפטוס) oder consularis, *ὑπατικὸς* (אפטיקוס). Der Kaiser feierte jährlich den Tag, an welchem er die Regierung angetreten hatte, den dies principatus (griech. und ebenso im Hebräischen: *γενεσια*). Aber dennoch bildeten nicht die Jahre der Kaiser die Ära, sondern man benannte immer noch bis Justinian die Jahre nach den am 1. Januar das Amt antretenden zwei Konsuln, wovon in der Regel der eine der Kaiser war, aber nicht immer; der Ausdruck: „unter der *ὑπάτεια*, unter dem Konsulat des und jenes“ ist auch in den Midrasch übergegangen mit der Bedeutung: ein König, nach dem man die Jahre benannt, also ein

---

[1]) Dieses Wort ist dann oft verderbt worden in כל קריקא oder גלקריקא oder in בלנטיא.

gesetzmässiger König. So heisst es im Midrasch zum 3. B. Moses § 36: „Obgleich Achas ein ruchloser König war, wird er doch, weil er seiner Sünden sich vor dem Propheten Jesaja geschämt, in der *ὑπάτεια* der Könige mitgezählt“ (so dass man nach seinen Regierungsjahren ebenfalls die Jahre zählte wie nach den Konsuln, *ὕπατοι*, in Rom). Merkwürdig ist eine Stelle des Midrasch auf 1. B. M. 18,25: „In menschlichen Verhältnissen kann man Berufung (*ανάκλησιν*) einlegen vom Dux an den Legaten (*ὕπαρχος*), von diesem an den comes militum (*στρατηλάτης*): von dir (Gott) kann man nicht weiter Berufung einlegen. Juda ben R. Simon sagte: Als du deine Welt richten wolltest, gabst du sie in die Hand von Zweien, in die des Romulus und des Romus, so dass der Eine das Vorgehen des Anderen verhindern konnte. Du, der du der einzige Gott in der Welt bist: wer kann dich an Etwas hindern?“ Hier ist die Sage von Romulus und Remus[1]) als Prototyp der späteren zwei Consuln genommen.

Der Titel Augusta ward zuerst durch Testament des Augustus an Livia übertragen, (Tacitus annal. I, 8: Livia in familiam Juliam nomenque Augustum adsumebatur: s. auch Dio Cass. 56, 46). So wurden auch die Gattinnen der Kaiser vom Senat mit der Auszeichnung der Benennung Augusta beehrt, wie Agrippina, Gattin des Claudius, Faustina, Gattin des Antoninus Pius u. a. Diese römische Sitte übertrugen die Midraschim auf die Gattin des Perserkönigs: „Aus Nebukadnezars Haus, heisst es in Ester r., blieb eine Waise übrig. Diese hast du (Gott) zur Augusta gemacht über ein ihr fremdes Königreich.“

Zu den Auszeichnungen des Kaisers gehörte auch Schwert und Krone. Mit Bezug hierauf sagt der Midrasch: als die Israeliten einstimmig erwiderten: Alles, was Gott gesprochen, wollen wir thun und wollen gehorchen; da sandte Gott jedem Israeliten einen Engel, der ihn schmückte. Als sie aber das goldne Kalb verfertigt, wurde ihnen dieser Schmuck genommen. Rabbi Chanin aus Sepphoris sagte, dieser Schmuck war eine Krone; nach Rabbi Simon war es ein Schwert, *ζωνάριον* (זונריה), das umgegürtete Schwert, mit dem er sie umgürtete; nach Rabbi Sima war es die purpura.

---

[1]) Bei den Griechen wird Remus auch *Ρῶμος* genannt: s. Frgm. Dionis c. 4. 13. Der Grund der Wahl von zwei Consuln, wird in Dio's Frgm. c. 13 so angegeben: *ὡς εἰ συμβαίη τὸν ἕτερον φαῦλον εἶναι, καταφεύγειν ἐπὶ τὸν ἕτερον.*

Eine andere Ehrenauszeichnung des römischen Kaisers und der Gattinen des Kaisers war, dass ihnen das Feuer vorgetragen wurde. Mit Bezug hierauf heisst es in Mechiltha zum 2. B. M. 13, 21 („Gott ging ihnen voran bei Tag mit der Wolkensäule und bei Nacht mit einer Feuersäule, um ihnen zu leuchten"): „Wenn der Kaiser Antoninus bis in die Nacht hinein auf dem Tribunal gesessen, um Recht zu sprechen, und seine Söhne bei ihm aushielten, nahm der Kaiser beim Weggehen vom Richterstuhl die Lampe und leuchtete seinen Söhnen; da sprachen die Grossen Roms: wir wollen Deinen Söhnen die Leuchte (פנס, φανός) vortragen. Er aber antwortete: es fehlt mir nicht an Leuten, die meinen Söhnen die Leuchte vortragen; dadurch, dass ich selbst ihnen die Leuchte vortrage, will ich meine Liebe zu meinen Kindern bekunden, dass ihr ebenfalls sie ehren sollt." So bekundete Gott seine Liebe zu Israel, indem er ihnen vorleuchtete.

Augustus baute sich auf dem mons palatinus ein Haus, welches er für Staatsgut erklärte, worin er zugleich als pontifex maximus seine Amtswohnung hatte; diese Wohnung hiess daher das palatium; davon hiess dann jedes Wohnhaus, das der Kaiser in irgend einer der Hauptstädte des Reichs besass, palatium (παλάτιον, oder παλάτιν, פלטין); in späterer Zeit hiessen daher die Hofbeamten παλατῖνοι, פלטיני,[1]) und so heisst פלטיני, palatini der Beamtenadel; den Titel nobilissimus (griech. εὐγενέστατος) gaben die Kaiser seit dem 3. Jahrhundert einzelnen Gliedern des Kaiserhauses. Mit Anspielung hierauf wird der Beiname „Ephrathi" (אפרתי), der dem Vater Samuels und dem Gatten der Noëmi in der Schrift gegeben wird, nicht als Ortsname erklärt, sondern nach den Einen bedeutet es פלטיני, palatini, die zum Hof- und Beamtenadel gehören, nach den Andern wird es erklärt als אווגניסטטי, εὐγενέστατοι, von königlicher Abkunft. Als Imperator und Prokonsul hatte der Kaiser wie auch die Legaten und Prätoren ihre Wohnung in den Orten, wo sie befehligten; sie hiess das praetorium (πραιτώριον), das Feldherrnzelt; das Wort wurde dann oft für Palast und Amtswohnung des Kaisers oder des Statthalters gebraucht. Im Midrasch ist daraus mit Verwechslung des r und l plaitorion oder plaiturin geworden.

---

[1]) Dio Cass. 53. 16. Die Endung ιον ward im Spätgriech. sehr häufig verkürzt in ιν, z. B. εἰκόνιν für εἰκόνιον; s. oben.

Die Erlasse des Kaisers heissen, wie oben erwähnt, von dem Material, auf dem sie geschrieben waren, *χάρται*, (sing. *χάρτης*, charta) oder nach dem kurzen Inhalte brevis oder breve, Mehrzahl breves oder brevia. Die Griechen machten aus letzterem Worte *βρέβια* und bildeten daraus den Singular *βρέβιον*. Beide Ausdrücke werden im Midrasch verwertet. So wird in Bereschith rabba § 53 der Name Jizchak gedeutet als יצא חק „ein Gesetz ist ergangen"; denn, heisst es dort, mit der Geburt Jizchaks wurden Breve's, Gnadenerlasse (*βρέβια*, ברייוית[1]), kaiserliche Handschreiben) erlassen. Ausführlicher heisst in Pesikta r. § 43: „Nicht nur Sara wurde von Gott bedacht, sondern alle Blinden wurden sehend, alle Lahmen geheilt von ihrer Lähmung, allen Stummen ward die Zunge gelöst, jeder Geisteskranke gesund. Wenn z. B. der Kaiser bei einem freudigen Ereignis für seinen Günstling zeigen will, wie hoch der Freund bei ihm in Gunst stehe, erlässt er Breve's, dass die Gefängnisse (*φυλακαί*) sich öffnen sollen."

Nach bedeutendem Siege riefen die Legionen ihren Feldherrn zum Imperator aus. Augustus nahm den immerwährenden Imperatortitel an, und dieser Titel ging dem Eigennamen voraus. Hatte nun der Kaiser, sei es in eigner Person oder durch seine Legaten, einen bedeutenden Sieg errungen, so nahm er ausser dem Imperatortitel, welchen die Griechen mit *βασιλεύς* wiedergaben, hinter seinem Namen noch die Würde des Imperator an, mit Hinzufügung, zum wievielten Male er diese Auszeichnung angenommen, imperator iterum, tertium etc. (Dio Cass. 44 § 2—5; 52, 41; 53, 16). Mit Bezug auf den Lobgesang am roten Meere sagt R. Abbahu auf obige Verhältnisse anspielend: „Gefestigt ward dein Thron, der von Ewigkeit war, damals" (Ps. 93, 2), nämlich als Moses und die Israeliten den Lobgesang anstimmten; das ist zu vergleichen mit einem Kaiser, der einen Sieg errungen, man rief ihn zum Augustus (soll heissen: zum Imperator) aus. Die Truppen sagten zu ihm: „du warst schon Kaiser (*βασιλεύς*) ehe du diesen Krieg geführt, aber jetzt haben wir dich zum Augustus (soll heissen: Imperator) ausgerufen". So hat Israel zu Gott gesagt: „Seit du die Welt geschaffen, warst du schon Weltbeherrscher, jetzt aber ist dein Ruhm und deine Herrschaft bekannt geworden". Die Schwierigkeit, das Wort Imperator, welches als Kaisertitel meist mit *βασιλεύς* wiedergegeben ward, zugleich in der anderen

[1]) So ist nach Pesikta rabbathi § 43 zu lesen anstatt דורניות.

ursprünglichen Bedeutung richtig zu übersetzen, führte dazu, dass man es beide Male hier mit Augustus wiedergab.

Mit Beziehung auf die römischen Verhältnisse werden im Midrasch mächtige Könige der Vorzeit, wie Pharao, Nebukadnezar u. A. auch Weltbeherrscher, κοσμοκράτορες genannt. So heisst es Pesikta f. 14ª: „Weil Merodach Baladan, König von Babel, dem König Hiskiá Ehrerbietung erwiesen, sollten von ihm drei weltbeherrschende Könige abstammen, Nebukadnezar, Ewil Merodach und Belsatzar". Das Wort κοσμοκράτωρ kommt nun in der griech. Literatur nicht vor.[1] Aber nach Ammianus Marcellinus 15, 1 nannte sich Constantius II. dominus totius mundi, was auf griechisch κοσμοκράτωρ heisst.

Die Kaiser suchten durch Bauten von Strassen, Hallen, Spazierplätzen, Bädern in den verschiedenen Städten des römischen Reiches sich die Gunst des Volkes zu erwerben. Hierauf anspielend heisst es in Ber. r. § 8 zum V. 16 im Kap. 1 (Gott sprach: „wir wollen einen Menschen machen"). Die Mehrzahl „wir" deutet nicht auf mehrere Gottheiten, sondern es ist wie bei einem irdischen König, der an der Thüre seines Palastes (παλάτιν) spazieren ging, und einen grossen Steinblock (βωλάριν) dort liegen sah. Er fragte seine Umgebung: „was wollen wir aus dem Steinblock machen?" Einige erwiderten: öffentliche Badanstalten (δημόσια), Andere dagegen sagten: Spazierplätze (Parkanlagen mit Säulenhallen, περίπατοι). Der König aber sagte: „nein, ein Menschenbild (ἀνδριάς) mache ich daraus." So hat Gott beschlossen, aus dem Erdenkloss den Menschen zu machen.

Der Regierungsantritt des Kaisers ward jährlich festlich begangen, und zwar ward der Tag gewählt als dies principatus, ἑορτὴ τῆς γενεσίας, an welchem die Legionen den Kaiser proklamirt hatten (Sueton. Vespas. VI). Mit Bezug hierauf heisst es in Schm. r. § 15: Der Vers 2. B. M. 15, 2: („Dieser Monat sei euch der Anfang der Monate") steht in Verbindung mit Spr. Sal. 8, 15 („Durch mich regieren Könige"). Das ist dem zu vergleichen, sagt R. Levi, wenn die Legionen einem Dux (δοὺξ, Statthalter mit Heeresmacht) den Purpur umwarfen. Was thut dieser? er erlässt die Steuerrückstände (λοιπάς), verbrennt die Schuldscheine und

---

[1] Ausser bei den Kirchenvätern als Beiname des Satan: Fürst dieser Welt.

führt die Legionen hinaus, und das wird der Anfang seiner Regierung genannt.

So hat, nachdem 26 Geschlechter hingegangen (von Adam bis Moses) Gott sich in Ägypten als König gezeigt, er hat die Steuerrückstände (λοιπάς) nachgelassen, denn die Schrift sagt: „und die Kinder Israels zogen gehobenen Hauptes aus", er verbrannte die Schuldscheine (die Israeliten sollten 400 Jahre bleiben, und blieben nur 210 Jahre in Ägypten), er führte die Legionen hinaus, und dies ward der Anfang seiner Regierung genannt. Die Vergleichung ist aus dem römischen Leben entnommen: „Hadrian, so erzählt Spartianus (vita Hadriani 7), unterliess nichts, um sich die Volksgunst zu erwerben, erliess unendliche Geldsummen, welche Privatleute in Rom und Italien dem Kronschatze schuldeten, in den Provinzen aber auch ungeheure Beträge an rückständigen Steuern und verbrannte die Schuldscheine auf dem Forum Trajani". Um die Statthalterschaften der senatorischen Provinzen liess der Senat loosen. Die Kaiser nahmen sich aber das Recht, die in das Loos Aufzunehmenden zu bezeichnen. Hierauf bezüglich heisst es zu Ps. 10,10: „Der Frevler nimmt in sein Loos (κλῆρος) nur frevelhafte und starke Männer auf, wie er selbst ist. So ernannte Nebukadnezar (Dan. 3,20) kräftige Männer, um die drei Jünglinge in den Feuerofen zu werfen."

Insbesondere gab aber die Sittenlosigkeit der römischen Gesellschaft reichen Stoff zu abmahnenden Reden. Seit der Eroberung Asiens war nämlich das früher im Vergleich mit dem griechischen Sittenverderbnis treue und gewissenhafte Verhältnis der Geschlechter vollständig abhanden gekommen. Seit Sulla und Cäsar, welche bei ihrer hohen Stellung sich zugleich als die grössten Wüstlinge zeigten, nahm das Verderbnis bei beiden Geschlechtern in erschreckendem Masse überhand. Insbesondere war Cäsar ein Beispiel auch der von Ebers z. B. idealisirten Sittenlosigkeit zwischen Männern.[1] Augustus hatte gut Reden halten, dass die römische männliche Jugend in gesetzmässiger Ehe leben solle, statt dem ungebundenen ehelosen und lasterhaften Leben zu fröhnen; er hatte gut Belohnungen auszusetzen für Verheiratete und Familienväter, hatte er ja selbst dem Claudius Nero dessen Gattin Livia genommen: und die Priester hatten kein Wort des Tadels gegen ihn.

---

[1] Sueton. Caesar cap. 49, Dio Cass. 43,20.

Wie anders tritt der Prophet Nathan dem König David gegenüber! Was den Herodes den Juden so verhasst gemacht, waren nicht zum wenigsten seine Frevel im ehelichen Leben. War ja keine Ehefrau vor Augustus sicher und liess er sich oft Ehefrauen in einer Sänfte bringen. Ein Freund machte ihn auf die Gefahr aufmerksam mit den Worten: „Wie, wenn nun ein Mann statt eines Weibes der Sänfte entstiege und dir den Dolch in die Brust stiesse?“ Jenem unnatürlichen Laster fröhnten selbst Kaiser, wie Trajan und Hadrian. Scheusale, wie Tiberius bis Nero, Domitian, Heliogabal wurden erst möglich, nachdem die Bahn des Lasters von den Vorgängern, Caesar und Augustus, eröffnet worden. Ward ja im Senat der Vorschlag gemacht, dass es dem Julius Cäsar erlaubt sein sollte, den Ehebruch mit allen Frauen zu üben (Dio Cass. 44,7). Man sieht hieraus, wie tief das römische Volk gesunken war und wie das ruere in servitium nicht erst mit Tiberius begonnen hatte. Wenn die Schrift sagt: „Nach dem Beispiele des Landes Ägypten und des Landes Kanaan sollt ihr nicht thun, und in ihren Satzungen nicht wandeln“, spielt der Aggadist auf das römische Lasterleben an, das sich auch in den Städten des Ostens schamlos zeigte. „Was thaten sie, das ihr nicht nachahmen sollt? Der Mann verband sich mit dem Mann, das Weib mit dem Weibe oder mit zwei Männern; darum heisst es: „und in ihren Satzungen sollt ihr nicht wandeln.“ So sah die römische Welt wie Nero seine Hochzeit mit dem Freigelassenen Pythagoras feierte, und als Braut dabei mit dem Schleier sich umhüllte, wie er sich mit dem Freigelassenen Sporus vermälte. Dem Antinoos baute Hadrian Tempel und liess ihn unter die Götter versetzen. Wie einst die Juden gegen Antiochus der Welt den Monotheismus und die Sittlichkeit gerettet, und dadurch die Ersetzung des lasterhaften Götzendienstes durch eine reinere Religion und Sittenlehre möglich gemacht: so waren es die Juden, welche allein im römischen Reiche die Errichtung von Bildsäulen und die göttliche Verehrung Caligulas verweigerten und dadurch die Ehre des Menschengeschlechts retteten, als das ganze römische Volk sklavisch gesinnt, dem Kaiserbefehl nachkam. Allerdings hatten die Juden von Alexandria dafür die Wuth des alexandrinischen Pöbels zu erdulden; allerdings drohte der Statthalter Petronius in Judäa die Juden von seinen Reitern niedertreten zu lassen; aber sämmtliche zu ihm um Befreiung von dem Frevel herbeigeströmten Männer und Frauen warfen sich zur Erde und sprachen: „Lass uns von den Hufen deiner Rosse zertreten, wir werden's nicht hindern, aber einen Frevel gegen Gott werden wir nicht begehen". Schon der, welcher mit den Augen Begehrlichkeit zeigt, heisst ein Ehebrecher, sagt Resch Lakisch.

Pflanzstätten der Sittenlosigkeiten waren die Theater und Pantomimenspiele (histrionica). Besondere Freude fanden aber die Römer an den Kämpfen der Gladiatoren und an den Tierhetzen (venationes, *κυνήγια*), Sklaven, Gefangene und zum Tode Verurteilte wurden in Gladiatorenschulen gemästet und mit grosser Grausamkeit zu den Waffenspielen eingeübt. Männer, Frauen und Jungfrauen jauchzten auf, wenn ein Gladiator, auch ludius oder ludarius genannt, das Leben verlor; jedes menschliche Gefühl war bei den Zuschauern solcher Kämpfe abhanden gekommen. Augustus rühmt sich in seinem Testamente, dass er den Amphitheatern 10,000 Gladiatoren im Ganzen geliefert[1]). Grausamer noch waren die Tierhetzen, in welchen die oben bezeichneten Kategorien mit wilden Tieren kämpfen mussten. Nach Zerstörung des Jerusalemer Tempels liess Titus eine grosse Anzahl Gefangener in Cäsarea als Gladiatoren auftreten zur Feier des Geburtstages seines Bruders Domitian. Die Zahl der hier Umgekommenen war nach Josephus über 2500. Ebenso feierte er in Berytus den Geburtstag seines Vaters durch Verurteilung gefangener Juden zu den Gladiatoren- und Tierkämpfen.

Darauf bezüglich heisst es in Sifra zu 3. B. M. 18, 2: „in ihren Satzungen sollt ihr nicht wandeln", darunter sind die Theater, die Circesien- und die Histrionenspiele (Pantomimen) verstanden. So heisst es auch im Talmud auf Ps. 1, 1: Glücklich der Mann, der im Rathe der Frevler nicht geht, d. h. der nicht in die Theater und Circesien geht, und auf dem Weg der Sünder nicht steht, d. h. der nicht bei den Tierhetzen (*κυνήγια*) steht. So heisst es auch: sei nicht von den Unternehmern der Thierhetzen (*κυνηγοί*). Darum ist es auch verboten, an Heiden Löwen, Bären und andere schädliche Tiere zu verkaufen. Die Unternehmer solcher Venationen hiessen auch *κυνηγοί*, mussten daher auch die Arten der Tiere unterscheiden können. Daher Noa, auf den Befehl, sieben von jeder Art reiner Tiere, und zwei von jeder Art unreiner

---

[1]) Göll, Kulturbilder aus Hellas und Rom II, 102.

Tiere in die Arche aufzunehmen, nach Ber. r. § 33 antwortet: „Bin ich denn ein κυνηγὸς, ein Veranstalter von Tierhetzen und Kenner der Tiere?“ worauf die Antwort erfolgte: „Sie werden schon von selbst hineingehen, du hast sie nur zuzulassen.“ Das Zuschauen von Gladiatorenspielen und Tierhetzen ward nur gestattet, weil man da durch Bitten vom bevorstehenden Tode erretten könne, oder Zeugnis über den Tod ablegen könne. Wenn daher die Propheten die Frevel der Israeliten geisseln, so führt der Midrasch das Gemälde aus, indem er ihnen die römischen Laster zuschreibt. So heisst es auf Jesaja 3, 16 (dieweil die Töchter Zions gereckten Halses einhergehen), R. Chanina sagte: wenn eine ihren Schmuck anhatte, so wiegte sie sich nach beiden Seiten, um ihren Schmuck zu zeigen, sie schminkten ihre Augen mit Augensalbe (κολλύριον), war sie klein, so zog sie einen dichten Kothurnus (κόθορνος) an, legte in den hohlen Raum zwischen den zwei Sohlen eine Eierschale mit Balsam gefüllt, und trat darauf, sobald sie eine Anzahl junger Leute sah, so dass der Duft wie Drachengift[1]) in die Seelen der Jünglinge drang. Sagte der Prophet zu ihnen: lasset ab von eurem bösen Wandel, damit nicht die Feinde über euch kommen, so erwiderten sie: Gott beschleunige sein Thun, damit wir es sehen. Da sieht mich der Dux (Statthalter) und nimmt mich zur Frau, oder es sieht mich der Präfekt (ἔπαρχος) und heiratet mich. Nachdem durch der Sünder Schuld die Feinde in Jerusalem eingedrungen waren, gingen jene Jungfrauen ihnen in ihrem Schmucke entgegen, der Dux sah Eine von ihnen und nahm sie zur Frau und nahm sie mit sich auf den Wagen (καῤῥούχα), eine Andre sah der Präfekt, heiratete sie und nahm sie mit auf seinen Wagen. Aber dort sandte Gott Krankheiten über sie, so dass der Gatte sie mit dem Schwerte durchbohrte und unter seinen Staatswagen schleuderte, und sie unter den Wagenrädern zermalmt wurden. Die hier erwähnten Staatswagen carrucae waren je nach Rang und Würde der Staatsbeamten verschieden; sie waren mit Silber beschlagen.[2])

Dieser römische Adel musste daher, um seinen Ausschweifungen fröhnen zu können, die Staatsämter in den Provinzen ausnutzen,

---

[1]) Das Wort עכס heisst nemlich Fusskettchen, Schrittkettchen an den Füssen zum Schmuck; hier wird dies Wort mit ἔχιδνα (Schlange, Drache) zusammengestellt.

[2]) S. die Notitia dignitatum.

und drückte die Provinzialen auf unmenschliche Weise. Die Provinzialen hatten den Hof des Statthalters und sein Gefolge mit Mehl, Brod, Fleisch, Wein, Öl etc. zu versorgen gegen eine unverhältnismässige Vergütung, welche der Statthalter vom Staate als cellarium (κελλάριον) bezog und an die Provinz ablieferte. Dazu hatten die Provinzialen an das stationierende Heer oder an durchziehende Legionen die annona, die Verpflegung zu liefern. Ausserdem aber drückten die römischen Beamten auf jegliche Weise durch willkürliche Auflagen, Strafgelder (ζήμιαι).

Die Statthalter und Intendanten waren im Bunde mit den römischen Rittern, welche den Provinzialen auf hohe Zinsen Geld liehen. Mit Bezug hierauf wird das Wort Spr. Sal. 28, 8 („Wer sein Gut durch Wucher mehret, sammelt es nur für den, welcher die Armen begünstigt", also angewendet: „Wer sein Geld auf Wucher leiht, der muss es dem frevelhaften Esau geben. Ist denn aber Esau ein Begünstiger der Armen? er ist ja ein Bedrücker der Armen. Nein, es sind die römischen Procuratoren (ἐπίτροποι, Steuerintendanten, auch Statthalter der Kronprovinzen), welche die Städte und Dörfer durchziehen, die Pächter ausplündern und sagen, bringt uns die Armen her, damit wir ihnen Wohlthaten erweisen, das Sprichwort sagt: sie buhlt und giebt den Buhlerlohn an Kranke."

Allerdings gab es unter den Statthaltern auch viele vortreffliche Männer, welchen das Wohl der Provinzbewohner am Herzen lag, welche gewissenhaft und uneigennützig in der Verwaltung waren. So wird der spätere Kaiser Antoninus Pius gerühmt wegen seiner Verwaltung der Provinz Asien, als Prokonsul, er übertraf sogar darin seinen Grossvater Arrius Antoninus, der früher dieselbe Provinz als Prokonsul mit grossem Ruhme verwaltet hatte. Von diesem Prokonsul Arrius Antoninus werden Gespräche über biblische Erzählungen mit jüdischen Weisen im Talmud angeführt: er wird dort genannt der ἡγεμὼν Antoninus; ἡγεμὼν ist hier griech. Übersetzung von praeses provinciae.

Die Weise der römischen Statthalter wird auch in folgendem Midrasch geschildert. In den Spr. Sal. (15, 19) heisst es: „Der Weg des Faulen ist wie durch Dorngesträuch, macht man sich hier los, bleibt man an jenen Dornen stecken; ebenso windet sich das frevelhafte Reich Esaus (Rom); bring deine Kopfsteuer, bringe deine Grundsteuer (δημόσια), bringe deine annona (Lieferungen an den Hof des Statthalters); wenn einer Nichts hat (zum Bezahlen), legt man ihm willkürliche Strafe (census od. censiones) auf, lässt ihn mit Ruthen streichen."

Besonders verhasst wegen der Härte ihrer Eintreibung war die fünfjährige Lustralsteuer, seit Constantin genannt Chrysargyron. Zosimus berichtet, dass unter Constantin in jedem vierten Jahre man in der ganzen Stadt nur Geisselhiebe und Folterqualen wahrnahm, welche die Ärmsten zu erdulden hatten, weil sie die Steuer nicht bezahlen konnten. Mütter verkauften oft ihre Söhne, Väter gaben ihre Töchter der Schande preis, um den Martern wegen Nichtbezahlens der Steuer zu entgehen. So heisst es in Midrasch Schir: „Wie die Rose, wenn sie im Dorngesträuch ist, vom Nordwind nach Norden gewendet und vom Dorne zerstochen wird, die Blume aber doch aufwärts sich richtet, so die Israeliten; obwol man von ihnen Lieferungen erpresst und Chrysargyren, so ist ihr Herz doch nach Oben (zu Gott) gerichtet."

Um die Würde des Menschen auszudrücken, heisst es in der Pesikta: „Die Ferse Adams hat den Sonnenball verfinstert (so glänzend war sie, dass der Sonnenball dagegen dunkel erschien), um wie viel mehr die Züge seines Angesichts. Wenn Jemand sich zwei Prunktische (*δισκάριν*, orbes) anschafft, einen zu seinem Gebrauche, und einen zum Gebrauche seines Klienten, so wird er doch den schönsten für sich nehmen. So hat Gott den Menschen erschaffen, dass er Gott diene, und den Sonnenball hat er zum Nutzen der Menschen geschaffen; darum ist es erklärlich, dass gegen den Glanz der Ferse Adams der Sonnenball dunkel erschien, um wie viel mehr gegen die Züge seines Angesichts." Man hat das Wort *δίσκος* oder *δισκάριν* bisher mit „Schüssel" übersetzt. Allein es ist hier auf einen Luxusgegenstand angespielt, der bei den Römern gegen Ende der Republik aufkam. Es sind dies die *μονοπόδια* oder *τριπόδες*, Tische mit einem Fusse oder drei Füssen von Elfenbein, wozu die Platten (orbes, *κύκλοι* oder *δίσκοι*) von dem Stamme eines einzigen Citrusbaumes, der Thuia cypressoides in Mauretanien, dem ganzen Durchmesser nach geschnitten waren. Je nach der Grösse und der feineren Maserung steigerte sich der Preis eines solchen *δίσκος* oder orbis von einer halben bis anderthalb Millionen Sestertien. Nach Dio Cassius 61, 10 besass Seneca, obwol er sehr gegen den Luxus eiferte, dennoch 500 solcher cedernen Platten mit je drei elfenbeinernen Füssen, und zwar waren diese

Tische von gleicher Grösse und Güte[1]). Vgl. Forbiger, Hellas und Rom I, 205. 217. 226. Plin. h. n. 13, 29 berichtet, dass zu seiner Zeit noch ein solcher Tisch des M. Cicero existirte, der bei den damaligen ärmlichen Verhältnissen (in illa paupertate), und was noch mehr zu verwundern, in jener Zeit für eine Million Sesterzien verkauft worden sei. So heisst es in einer Stelle in Ber. r. § 11 auf 1. B. M. 2, 3 („Gott segnete den siebenten Tag und heiligte ihn"). „Rabbi Chanina ben Abba erzählte: einst lud mich ein Mann in Laodicäa (am Sabbat) zu Tische, und stellte einen discus (orbis), Prunktisch auf, beladen mit sechzehn Aufsätzen[2]), auf denen aufgetragen war von Allem, was in den sechs Schöpfungstagen erschaffen worden, ein Kind, in der Mitte sitzend. rief aus: „Des Ewigen ist die Erde und was sie füllet" (Ps. 25, 1), und dieser Ausruf sollte den Besitzer vor Hochmut bewahren. Ich fragte ihn: mein Sohn, welche Tugend ist es, die dich all dieser Herrlichkeit würdig gemacht hat? worauf er antwortete: ich war ein Metzger, und wenn ich im Laufe der Woche ein besonders schönes Stück Vieh erkaufen konnte, habe ich es für den Sabbat bestimmt." Aus dem Zusammenhang erhellt, dass hier δίσκος nur einen solchen Tisch bedeuten kann, wie denn auch Rabbi Nathan[3]), welcher einen reichen Vorrat traditioneller Worterklärungen aus den babylonischen Hochschulen besass, das Wort δίσκος mit „Tisch" an unsrer Stelle übersetzt.

Ein andrer Tisch, zum Aufsetzen des Silbergeschirres bestimmt, hiess Delphika.

Als Adam gesündigt hatte, sagt ein andrer Midrasch, ist der Sabbat für ihn betend eingetreten, und Gott verzieh ihm seine Sünde und sprach: „Du sollst ein Vorzeichen sein für deine Nachkommen; wie du heute vor Gericht gestanden, und mit einer dimissio, Freisprechung, ausgegangen bist, so sollen auch deine Nachkommen, wenn sie mit Sünden belastet sind, durch Busse und Rückkehr heute am Neujahrs- und Gerichtstage mit einer dimissio, Freisprechung, davon gehen."

---

1) πεντακοσίους τρίποδας κεδρίνου ξύλου ἐλεφαντόποδας ἴσους καὶ ὁμοίους εἶχεν.

2) Wünsche, Biblioth. rabbin. übersetzt es irrig: „setzte uns eine grosse Schüssel vor, getragen auf 16 Stangen." Das Wort מטון heisst aber „belastet", nicht „getragen".

3) R. Nathan dei Mansi aus Rom beendete 1101 sein berühmtes Wörterbuch über Talmud und Midrasch.

In Bezug auf die Offenbarung heisst es in Mechiltha: die Offenbarung geschah in der Wüste δημοσία, an einem öffentlichen (herrenlosen) Orte, damit die Israeliten nicht sagen können zu den Heiden: ihr habt keinen Teil daran; vielmehr ist sie desswegen δημοσία (an öffentlichen Orten, nicht in den Grenzen eines bestimmten Landes) gegeben worden, damit Jeder, wer will, daran Anteil nehmen könne. Von Anfang an schon „habe ich nicht im Verborgenen geredet, nicht am Orte dunkeln Landes, ich habe auch nicht zum Samen Jakobs gesagt: ihr sollet umsonst mich suchen", d. h. ich habe sie nicht in trügerischer Weise (φενακικῶς, wie die Phöniken, trügerisch) gegeben, sondern „ich der Ewige, rede mit Rechtlichkeit, verkünde in Aufrichtigkeit" (Jesaja 45, 19), schon ehe ich die Gebote gegeben, habe ich die Belohnung vorausverkündet.

An einer anderen Stelle heisst es mit Bezug auf Ps. 138, 4 („Dich bekannten alle Könige der Erde, als sie hörten die Worte Deines Mundes"). Zwei Worte hörten die Könige der Völker aus dem Munde Gottes, erhoben sich darauf von ihren Thronen und priesen ihn, als er gesprochen: „was er veruntreut von dem Heiligen, soll er bezahlen" (3. B. M. 5, 16); in unseren Gesetzen (νόμοις) heisst es: „wer nur eine Gabel von dem Kaiser stiehlt, soll an den Galgen gehängt werden", und dieser lässt verkünden (κηρύσσει): was er vom Heiligtum veruntreut, braucht er nur zu bezahlen; ja noch mehr: „die Veruntreuung an Privatgut wird härter beurteilt, als die am Heiligen", die Veruntreuung wird als unabsichtliches Versehen beurteilt: „wenn Jemand etwas veruntreut und sündigt durch Versehen an den Heiligtümern"; die Schrift betrachtet dies demnach als Versehen, während es bei der Veruntreuung an Privatgut heisst: „wenn Jemand sündigt und begeht eine Untreue an dem Ewigen dadurch, dass er seinem Nächsten ein Pfand oder Aufbewahrtes ableugnet"; dies wird also als absichtliche Sünde beurteilt. Als sie dies hörten, erhoben sie sich von ihren Thronen und priesen ihn.

„Aber als er gesprochen: ich bin der Ewige, dein Gott etc., sagten sie: welcher König wird wollen, dass ein Andrer ihm (gegenübertrete und ihn gewissermassen) verleugne. Als er gesprochen: Du sollst keine anderen Götter neben mir haben, sprachen sie: welcher König wird einen Teilhaber an seiner Herrschaft haben wollen? Als er gesprochen: du sollst den Namen des Ewigen, deines Gottes nicht zur Unwahrheit aussprechen, sprachen sie: welcher König will, dass man bei seinem Namen falsch schwört? Als Gott gesagt: gedenke des Sabbattages, ihn zu heiligen, sprachen sie: welcher König verlangt nicht, dass man seinen Regierungsantritt (γενεσία) feiert? Aber als er gesprochen: ehre deinen Vater und deine Mutter, sagten sie: nach unseren Gesetzen verleugnet der, welcher als Soldat (στρατιώτης) eingeschrieben ist, seine Eltern[1]), und dieser verkündet: ehre deinen Vater und deine Mutter; da standen sie von ihren Thronen auf und priesen Gott."

Wollt ihr wissen, wie weit die Elternverehrung gehen muss, geht hin und lernet es von dem Heiden Dama ben Nethina in Askalon; dieser war das Haupt der Patrobuleuten (der Senatoren), da kam einmal seine Mutter und schlug ihn in Gegenwart des ganzen Senats (βουλή) und er sagte Nichts zu ihr, als: „lass es jetzt genug sein, liebe Mutter!" Chiskia sagte: in Askalon war ein Heide, Haupt des Senats, von diesem wollten die Weisen Israels einen Edelstein kaufen zum Brustbilde des Hohenpriesters. Sie boten ihm dafür den Preis (τιμή) von hundert Golddenaren; als er den Stein holen wollte, sah er, dass sein Vater schlief und seine Füsse auf dem Kästchen lagen, in welchem der Edelstein aufbewahrt war. Er ging hinab und sagte ihnen, ich kann ihn euch nicht geben. Diese glaubten, er sage nur so, um einen höheren Preis dafür zu bekommen, und boten ihm bis zu tausend Golddenaren. Als sein Vater erwacht war, brachte er ihnen den Edelstein und sie wollten ihm dafür den zuletzt gebotenen Preis bezahlen. Er aber verweigerte es mit den Worten: glaubt ihr, ich lasse mir die Elternverehrung bezahlen?

Diese Auszüge mögen genügen, um den Geist des Midrasch und die Art, wie die aktuellen Zeitverhältnisse sich in dem Inhalte und der Sprache widerspiegeln, klar zu machen.

---

[1]) In der Kaiserzeit musste der römische Soldat zwanzig Jahre dienen; da konnten sie meist Vater und Mutter nicht wiedersehen.

א

אאפיקין, officium, ὀφφίκιον, die Beamtung, der Beamtenstab im kaiserlichen Rom, s. Notitia Dignitatum; Midr. Abba G. 3. Redact; s. v. ותמאן המלכה ושתי (ed. Buber. f. 30[b]) שהיה כורש באאפיקון של נבוכדנצר; im Jalkut z. St. שהיה כורש באפיקין וגו׳; das Richtige ist demnach אפיקין oder אפפיקין.

אבגינוס, **אווגינוס** für אווגינים, אבגינים, εὐγενής edelgeboren, nobilis, von fürstlicher Abkunft. Koh. r. s. v. קהלת בן דוד f. 70[d]: אבגינוס בן אבגינוס, in Midr. Schir. f. 2[d] verschrieben in אווניטוס בן אווניטוס. Statt des א vorn steht auch oft ein ה, daher הוגנים, wovon das hebraisirte הגון (s. d. Art.); und אוננוס Th. Jer. II zu 2. B. m. 18,1 letzteres als Übersetzung von כהן; (corrumpirt in אונוס). Bei Malalas: βασιλεὺς Μαδιάν. Siehe über dieses Alles die trefflichen Bemerkungen von Sachs, Beitr. I, 117 ff; 163 ff. Ebenso ist בת נינוסים in Pesikta hachod. f. 52[b]. (Pes. r. das. בת נינסין; Midr. Est. s. v. ויאהב המלך) ist nach Sachs das. die Anfangssilbe weggelassen. In Waj. r. § 2 f. 146[a] ist statt אבגינוס welches Zunz, Gesam. Schr. II, als Eigennamen nimmt für Efraim nach den Parallelstellen Ruth r. und Midr. Schmuel אבגיניסטטי zu lesen; wie denn auch Aruch die Lesung אוננוסטטו vor sich hatte. Siehe den folg. Art. In Sch. t. Ps. 10,12: ist להודיע שהוא בן נניסין nach Jalk. 105 zu berichtigen: להודיע שהוא אוננסי „zu beweisen, dass er von edler Abkunft."

אבגיניסטטון, plur. אבגיניסטטי [1]), εὐγενέστατος, εὐγενέστατοι, griech. Übersetzung von Nobilissimus, Nobilissimi, der Titel und die Würde eines Nobilissimus ward von den späteren röm. Kaisern einzelnen Mitgliedern des Kaiserhauses als Auszeichnung verliehen. Zosim. II, 39.

In Midr. Est. s. v. ויהי כאמרם f. 107[a] ולא עוד אלא שאני איסנגנטירין של הב״ה; in Midr. Abba Gorion ולא עוד אלא שאני (יליד בית) איסנגנטורין של מלך (die eingeklammerten Worte sind erklärende Glosse): Jalkut zur St. איסנינטרינן של הק״בה אני וכי איסנינטרין משתחוה להדיוט. Levy hält das Wort für signatorius, ein Wort, das gar nicht vorkommt; Kohut schwankt zwischen signatorius und ἐγγενετής (einge-

[1]) Es sei ein für alle Mal hier erwähnt, dass, wie schon Sachs Anmerkt, im Spätgriech. oft die Accusativendung für den Nominativ eintritt εὐγενέστατον für εὐγενέστατος.

boren); Sachs I, 164 bemerkt, es sei אינגוסטורין, „der Edelgeborene“ (I, 164). Es ist aber zu lesen אוגניסטטון, εὐγενέστατον; die griech. Übersetzung von Nobilissimus. Zwar wird bei den späteren Schriftstellern Nobilissimus meist mit ἐπιφανέστατος wiedergegeben; aber die Midraschstellen beweisen, dass es auch häufig mit εὐγενέστατος übersetzt ward. Ebenso lautet bei Const. Pphg. de cerem. II 48 die Zuschrift an den Emir al Mumenin (Ἀμερμουμνῆν) wie an den König von Franken: τῷ εὐγενεστάτῳ S. das. p. 686. 691, wo also εὐγενέστατος die Übersetzung von Nobilissimus ist.

Mordechai sagt: er beuge sich nicht vor Haman, weil dieser sich als Gott verehren lasse, und ausserdem bin ich, sagt er, der Nobilissimus des Kaisers oder (nach M. Est.) Gottes; da mein Ahnherr Benjamin der einzige von Jakobs Söhnen im heiligen Lande Geborene ist; wird sich ein Nobilissimus, ein Prinz vom kaiserlichen Hause vor einem gewöhnlichen Menschen bücken? „In Midr. Ruth r. אפרתים רי"בל אומר פלטיאני ור' יהושע בר נחמיה אמר אבנניסטי (צ"ל אבנניסטטי). R. Josua b. Levi erklärt Ephratim für Palatini, kaiserliche Hofbeamte; R. Josua b. Nehemia erklärt es: kaiserliche (königliche) Prinzen. Dieselbe Berichtigung hat in Midr. Schm. 1 einzutreten; in Waj. r. § 2 f. 146[d] lautet in ders. St. das betr. Wort: אבנינו; aber Aruch hatte vor sich die Lesung אוגנוסטטו, und darnach sind alle die angef. Stellen zu berichtigen in אוגניסטטון oder אבניניסטטון.

אבנתיים, in Abba G. באב' אחורי הקוריים soll heissen כאבנתים, οἰκέτις, Sklavin, „wie die Sklavin“. In Est. r. corrumpirt in אביא ניתיות; Ber. r. § 71 corrump. in אף הנתיות (S. Gebhardt, Jüd. Lit. Bl.).

אבולי, **אבולאי**, ἔμβολοι, bedeckte Säulenhallen um die Stadt (Chron. Pasch. p. 528 u. a.) syr. אבוליא s. Sachs II, 32. Waj. r. § 16 f. 160[c]: Ruth r. s. וימותו f. 37[c] והלכו כל האבולין; im Talmud sehr häufig.

אבטולמוס, Εὔτολμος, Eutolmus; Mechilta Mischp. § 3.

אבטינא in Sifre 5. B. in § 81 הואיל והם יוצאין באבטינא — הואיל והם יוצאין בארגמן Rappoport meint, es sei = toga.[1]) Aus dem Context erhellt aber, dass von der Kostbarkeit der Kleider die Rede ist, daher Levy's Annahme mehr für sich hat, es sei אנטינא zu lesen, welches buntgestickte Kleider, ἀνθινά, mit eingestickten Blumen, Thieren etc. bedeutet. Wahrscheinlicher scheint mir aber es für ἰάνθινα, hyakinthfarbene Kleider, ianthinae vestes zu stehen, welches eher zu ארגמן passt, da es ebenfalls von farbigen Kleidern handelt. Diese Hyakinthpurpur- oder Janthinfarbe ward durch einmalige Färbung in einer Mischung von schwarzer Purpurfarbe und der aus dem Safte der buccina, Trompetenschnecke gewonnenen Farbe bereitet. Marquardt, Privatleben der Römer S. 491. Ebenso wie hier purpurne und hyacinthfarbene Kleider zusammengestellt sind, so in

---

[1]) Aruch citirt aus Midr. Pan. acher. P. wjischallechu: טניות אינן חייבין בציצת „die togae brauchen keine Schaufäden zu haben.“

Sch. t. ps. 15 ebenfalls אנטנא und אלתוסבראות, *ἰάνθινα* und *ἀληθόβηρα*, hyacinthfarbige und ganz ächt purpurfarbige Kleider.

אבטליון, *Πολλίων*, Abtalion, Eigenn. eines zweiten Synedrialvorsitzenden, Lehrers des Hillel. Mech. Besch. § 3, f. 35b.

אבית, *ὄϊς*, *ὄϊος*, Schaaf. Waj. r. § 34 f. 178b (יתרו) ר״ם אמר בשכרו האכילו דכתיב וגם דלה דלה לנו ר׳ יהודה ור׳ נחמיה ורבנן ר׳ יהודה אמר דלה לנו ולאבותינו. Das letztere Wort ist nach Gebhardt's geistvoller Bemerkung (Jüd. L.-Bl. 1881, Nr. 22) ולאביתינו zu lesen: *ὄϊες*, Schaafe; dazu passte denn ר׳ נחמיה אמר דלה לנו ולרועים ורבנן אמרי דלה לנו בזכות אבותינו (אביתינו) ולרועים בשביל להטיל שלום:

אבלינה, *ἐβέλινος*, *ἐβένινος*, aus Ebenholz; Musafia; Sachs II, 47. Syrisch אבנוס, Ebenholz. In Pes. r. § 34f. 59b ist, wie Rappoport bemerkt, אבלינא zu lesen statt אבלינא; Pes. r. das. übersetzt neml. R. Abba 1 Kön. 10, 12 האלמוגים mit [צ״ל אבלינה] אבלינה. In Ber. r. § 15f. 15d und Jer. Kethub. VII Ende wird אלמוגים mit אלוום, אלוים erklärt: Aloëholz, von der indischen Agaloche, die man für einen Paradiesbaum hielt.

In Jelamd. behaalothcha (Jellinek b. h. VI S. 88) steht zweimal irrig אבלינה dafür.

אבטומטוס, *αὐτόματος*, von selbst sich bewegend, von selbst geschehen, durch Zufall; Sch. t. ψ 1; Mechiltha Nesikin § 4 f. 85a (Aruch).

אביא, Sifre 4. B. M. § 131. אביא ואלכסנדריא וגו׳ das Wort ist nach Jalkut, Balak אסיא zu lesen, und ist darunter nach Rappoport E. M. 155 die Stadt Sardes im Lande der Asianen in Lydien zu verstehen. Im Cod. Baluzianus indess, in Bandurius, Animadvs. in Cst. Pphg. de thematibus wird *'Ασία* als der alte Name v. Ephesus aufgeführt.

אבנימוס, *Οἰνόμαος*, Önomaos, berühmter Philosoph des 2. christl. Jahrhunderts. Er verspottete die Orakel, die Grausamkeit des Apollo, wie überhaupt die Frevel und Laster der griech. Götter. Euseb. praep. ev. V, 10—15; Jost, Gesch. des Judent. u. s. Sekten II, 87. Nach Ber. r. § 65 f. 65a (Echa r. Einltg. Pesikta Echa f. 121a) und Ruth r. zu 1, 8 f. 38a und Euseb. l. l. war er aus Gadara; denn הגרדי ist, wie schon Jost a. a. O. bemerkt, in הגדרי zu berichtigen. Nach Ruth r. zu 1, 8 f. 38a (Chagiga f. 15b) war er ein Freund des R. Meir.

אבריכסין, *ἔβρεξεν*, es regnet; Pes. r. § 22 f. 41b: כלי קרי אברוכסים ist nach Jer. Schebu. 34d Ende und Jer. Ned. 38a zu berichtigen in קירי פולי אבריכסין (wer stark regnen sieht und sagt:) *κύριε, πολὺ ἔβρεξεν*, „Herr Gott! wie regnet es so stark“ (übertritt das dritte Gebot, das Verbot des unnötigen Eides); *ἔβρεξεν*, aoristisch: es hat geregnet und regnet noch fort. Brüll liest: *κύριε, πολὺ βρέξον*, und erklärt es: „Herr! lass viel regnen.“ Das aber widerspricht dem Zusammenhang: „wer über die Strasse geht und regnen sieht, und spricht: Herr! lass viel regnen! übertritt das Verbot eines unnötigen Eides“; es müsste dann heissen הרי זו תפלת שוא, aber nicht, wie es wirklich heisst: הרי זו

שבועת שוא, und im ganzen Zusammenhang ist nur von unnötigen Eidschwüren die Rede, ebenso an beiden Talmudstellen.

אנאלינין s. אילוניו.

אנדיקוס, ἔκδικος, juridicus, defensor civitatis, kaiserlicher Rechtspfleger, derjenige kaiserliche Beamte in den liberae civitates, der seit Antoninus Philosophus für die Rechtspflege eingesetzt ward und alle Geschäfte zwischen der Stadt und dem Statthalter vermittelt. Auch im Syr. אנדיקוס s. leg. secul. in Land. Anecd. f. 203[v]. Verschieden davon sind die von Valentinian II. zum Schutz der niederen Bevölkerung gegen die Reichen eingesetzten defensores (ἔκδικοι). Marquardt, röm. Staatsvfass. IV, 214. Auch für die Rechtspflege in den liberae civitates wurden seit Hadrian Consulare ernannt, seit M. Aurel juridici, ἔκδικοι genannt. Mommsen, röm. Staatsr., S. 1038. Siehe auch De Lara. — Ber. r. § 12 f. 13[b] אנדיקוס במדינה. Aruch liest unrichtig אנריקוס und erklärt es auch demnach falsch, was schon De Lara rügt und erklärt es richtig mit ἔκδικος = מושיע ורב. Siehe Perles, Dav. Coh. De Lara's rabb. Lexikon, S. 14. Midr. Schir s. v. אמרתי אעלה בתמר f. 31[c] דוכסין ואנדיקין. Mussafia liest fälschlich אנריקוס, ebenso Landau.

אנומין, ἄγωμεν, wohlan! Aruch. Ber. r. § 78 f. 76[d].

אנון, ebenso syr. אגונא, ἀγών, Kampfspiel, Circusspiel mit Wagenrennen etc. Pesikta Sukkoth f. 180[a] (Waj. r. § 30 f. 174[a] לשנים שנכנסו אצל הדיין ולית אנן ידעין הידין נצח אלא מאן דנסיב באנין אנו ידעין דהוא נצח. In Tanch. I. Emor § 26 לשני ב״א נכנסין לדין לפני המלך ולא היה אדם יודע מה ביניהן אלא המלך בלבד דנן המלך ולא היו הבריות יודעות מי נוצח לחבירו אלא מי שהוא יוצא ואנוו בידו הכל יודעים שהוא נוצח. In Tanch. II Emor § 18 steht אנין statt אנוו. Es muss heissen לשני הנדיוכין שנכנסו לאנון .... אלא מאן דנסיב באנין אנן ידעין דהוא נצח; „gleich zwei Wagenlenkern, die zu den Wettrennen gehen (in Gegenwart des Kaisers); wir wissen nicht wer der Sieger ist; der aber, welcher den Palmzweig (באנין, βάϊον) empfängt (vom Kaiser), (oder nach Tanchuma I: „wer herauskommt, und den Palmzweig [באנין zu lesen statt אנוו] in der Hand hält), der, wissen wir nun, ist Sieger“. Siehe Sachs II, 152. Der Palmzweig als Siegespreis bei den Circuskämpfen und Wagenrennen ward nemlich in der Hauptstadt vom Kaiser, in den Provinzstädten von dessen Stellvertreter, dem Statthalter oder sonstigen Beamten, dem Sieger übergeben, wie aus Malalas zu ersehen. So übergibt Gott den Palmzweig als Siegespreis. Aufschluss hierüber gibt die Stelle in Sch. t. ψ 17: שני הנדיוסין רצין בהפרכוס מי שנטל ובא הוא נצח; nur bedarf auch diese Stelle der Berichtigung. Sachs a. a. O. liest בהיפודרומוס für בהיפרכוס: richtiger ist 'בהיפיכו: abgekürzt בהיפיכון: im ἱππικός (so hiess bei Malalas ebenfalls der Circus), für ובא ist zu lesen בייא (βάϊον) wie Sachs berichtigt: Das Wort הנדיוסין, welches Sachs bekennt, noch nicht ermittelt zu haben, ist zu berichtigen in הנדיוכין, ἡνίοχοι die Wagenlenker; vgl. Ber. r. § 10 f. 10[c] הרבה להן בהדיוכין:

„er gab ihnen viele Wagenrennen“, (ἡνιοχία).

Nachdem die lebendige Anschauung der Circusspiele aufgehört hattē, schwanden damit allmälig auch die betreffenden griech. Wörter aus dem Leben und dem Verständniss, und so wussten die Abschreiber nicht mehr, was sie aus den Worten אנון und באנין machen sollten; sie änderten es in לדין, in אצל הדיין: und מי שנטל ובא; aus שני הנדיוכין, welches man sich nicht mehr erklären konnte, wurden שני בני אדם. Bereits hat Perles (Thron und Circus des Königs Salomo S. 18) הנדיוסין in הניוכסין geändert, u. damit das Richtige getroffen; nur scheint mir הנדיוכין den Gesetzen der Sprache mehr zu entsprechen, da eine Einfügung des δ vor ν häufig vorkommt), vgl. ἄνδρος für ἄνρος, ἄνϑρωπος für ἄνρωψ (Mannsbild), s. Riemer, Gr. Wörterb.

אנוסטא, אנוסתה, אנוסטו (mit Weglassung des s) אנוסטוס, Αὔγουστος: Augustus. Dieser Ehrentitel ward dem C. Julius Caesar Octavianus vom Senat i. J. 27 v. Chr. gegeben; später auch seinem Nachfolger; Schem. r. § 23 Anf. עד שלא עשית מלחמה היית מלך עכשו עשינו אותך אנוסטוס: Der Kaiser hatte den Titel Imperator (αὐτοκράτωρ) als oberster Kriegsherr. „Ausserdem liess sich der Kaiser vom Heere zum Imperator ausrufen wegen kriegerischer Erfolge, von ihm oder einem seiner Feldherren errungen.“ S. Dio Cass. 43, 44 § 2—5; und lib. 52, 41 Ende. Weil man Imperator, welches im Allgemeinen den Kaiser als Herrscher bezeichnet, im Griech. mit βασιλεύς, hebr. mit מלך wiedergab, und das Wort Imperator erst lange nach Justinian in die griech. Sprache überging, so konnte der Satz: schon vor dem Kriege warst du Imperator (Herrscher); jetzt nach ruhmvollem Siege rufen wir dich zum Imperator (siegreichen Heerführer) aus, nicht wol anders ausgedrückt werden, als durch die Worte מלך und אנוסטוס. Man hatte wol αὐτοκράτωρ für imperator in beiden Bedeutungen; aber man brauchte meist das Wort βασιλεύς für den Kaiser. Schem. r. § 8 f. 109[b] (Tanch. I, Waëra § 8; I. II. Waëra § 7) מלך ב"ו אין נקראין בשמו קיסר אנוסתא ואם נקראין אותו ממיתין: Tanch. I Ked. § 5 und T. II das. § 5 בשעה שארם מבקש לקטרג את חבירו קורא לו אנוסטה פלוני ואין לו חיים: Tanch. I Bechukkothai § 6: אני קורא אותו אנוסטה; ähnl. Tanch. II Bech. § 4.

אנוסטא, אנוסטה, Αὔγουστα, Augusta, ein Titel, den Gemalinnen der Kaiser vom Kaiser oder durch Senatsbeschluss verliehen; auch wurde hie und da der Mutter, Tochter oder Schwester des Kaisers dieser Titel durch Senatsbeschluss verliehen. Sch. t. ψ 17 (Est. r. Parascha III f. 103[c]; 103[d]).

אנוסטיאני, Augustanei, die Leibgarden des Kaisers; Ber. r. § 94 f. 92[b] corrprt. in ניאוסטיינא: Est. r. f. 101[d] s. v. הפרתמים; nach R. Elieser waren Parthemim die zwei Legionen, Augustanei und Decumani, durch deren Ausrufung der von ihnen Bezeichnete erst den Kaisertitel erwirbt; diese beiden Legionen hätten dem Nebukadnezar (damit ist nach Sachs

I, 113 auf Hadrian hingewiesen, welcher die Trümmer des Tempels in Jerusalem noch weiter zerstörte, [s. Rappoport] und die Stadt dem Jupiter weihte). Sie seien dafür zur Strafe aufgelöst worden. Die Prätorianer wurden von Septimius Severus aufgelöst; Sachs denkt an die spätere Auflösung der Prätorianer durch Diokletian, welche Meinung bestätigt wird durch den Zusatz des Midrasch, dass die Joviani und Herculiani (so hiessen die Garden des Diocletianus Jovius und des Maximianus Herculius) an deren Stelle traten.

אנוסטלא, *Αὐγουστάλιος*, Augustalis, „Mitglied des Collegiums der Priester des Augustus, zu welchem Collegium nach Tacitus Annal. I, 54 die Prinzen des Hauses und 21 aus dem Senat hierzu Erlesene gehörten; die Zugehörigkeit zu diesem Priesterkolleg war eine hohe Auszeichnung, wie schon daraus erhellt, dass die Prinzen des kaiserlichen Hauses dazu gehörten. Auch der Präfekt von Ägypten, als Stellvertreter des Kaisers, als Königs von Ägypten führte den Titel Augustalis. Vgl. Malalas lib. IX, p. 224 und lib. XI, p. 280.

Von den bei Forbiger, Hellas und Rom III, S. 151 und Madwig, Vfass. u. Verwaltung des röm. Staates II, 228 erwänten Augustales in den italischen Städten ist im Midrasch nicht die Rede.

אנוסטוס, *Αὔγουστος*, Augustus, ein Ehrentitel, dem Octavian vom Senat i. J. 27 v. Chr. verliehen; später dem Tiberius. So kam es, dass dies der auszeichnende Titel der römischen Kaiser wurde. Ber. r. § 8 f. 9^b: כאינש דאמר בסילינוס קיסר אנוסטוס Tanchuma I. Waëra § 7: אין קוראין בשמו כמו קיסר אנוסתוס Schem. v. § 23 Anf.: משל למלך בסילואוס שעשה מלחמה ונצח ועשו אותו אנוסטוס.

אנורי, *ἄγουρος*, unreif; שמן אנורי, unreifes Öl; Plin. N. N. 15, 2: ex eadem quippe oliva differunt suci; primum omnium e cruda atque nondum inchoatae maturitatis; hoc sapore praestantissimum. Siehe Perles a. a. O. S. 3; Ber. r. § 91 f. 89^b Ende: מור אנורי Myrrhe; Bem. r. § 4 Anf. f. 188^b: אבל ישראל (אנוריהם nach Münchener cod.) צדיקים הם כולם חטים אנודיהם. Ich folgte hier meinem verehrten Freund Dr. Perles, der mich hierauf aufmerksam gemacht. S. dessen zur rabbin. Sprach- u. Sagenkunde 34.

אניס, *ἀγής*, der eine Blutschuld auf sich geladen hat. Sch. t. ψ 34: הרי אניס בא „da kommt der, der die Schuld seines (Goliaths) vergossenen Blutes trägt.“ Auf dies Wort und s. Bedeutung wurde ich durch Gebhardt, Beitr. z. Erkl. d. gr. Wörter etc. Jüd. L.-Bl. 1881 aufmerksam; jedoch irrt G., wenn er meint, *ἄγος* heisse Sühnopfer.

אנוריא, *ἀγορά*, Markt, Gerichtshof; in Tanch. II, Mischp. § 6 aus Scheelth. אנוריאות של ע״כום ebenso Gittin f. 88^b. (Syr. אנורסא bei Ephr. in Sam. II, 1, 21: Strasse).

אנינטרין s. **ארננטרין**.

אננייה, agninus, vom Lamme herrührend. Ber. r. § 20 f. 21^b.

אנמון s. **הנמון**.

אנסטרין, **אכּסיטורין**, **אקסיטורין**, *ἐξιτήριον*, Abschiedsegen. Sch. t. ψ 84. ψ 86; das. in ψ 102 corrprt. in איסטורין, Waj. r. § 21 f. 164[b] (und Pesikta Achre m. f. 175[a]) corrprt. in בסקווטירין aus באקסיטירין (die Endung *ιον* in *ιν* verkürzt, s. Einleitg.); Sch. t. *ψ* 27: אכסיטורין שכתבת בתורה בזאת יבא אהרן; Ag. Ber. § 45 und Tanch. I, Wajeze § 1: תן לי אכסיטורין; Mussafia s. v. u. Sachs I, 125 hatten die richtige Lesung hergestellt und die richtige Erklärung gegeben: *ἐξιτήριοι εὐχαί, ἐφόδιοι τοῖς πρὸς ἔξοδον ἰοῦσιν ἢ πρὸς θάνατον*, bei Suidas. Mussafia: פי' בלשון יוני ברכת הנפטר לדרכו ונתינת שלום לחבירו:

אנרדמון, אגרטמון, *ἀγορανόμος*, der Marktaufseher; gr. Wort für aedilis. (Wegen des Zusammenstossens von ר u. נ ist aus נ der leichteren Aussprache wegen ein ד oder ט geworden; ähnlich ist in הנדיוכין ein ד eingeschaltet: *ἡνιοχία*; vgl. *ἄνδρες* für *ἄνρες*, s. auch Lattes, Saggio di giunte e correzioni al lessico talm. del Dr. Rabb. M. Lattes f. 30 v. 1): plur. אגרדמים oder אגרדמין; letzteres aber auch für *ἀγορανόμιον*, der Gerichtshof der Ädilen. Sifra Kedosch. P. 3 § 8: יהיה לך: מנה לך אגרדימים על כן, ebenso Sifre 5. B. M. § 294 (Kiteze). In Ab. s. 58[a] ist אגרדמים כותי wohl אגרדמים עכ"ום (*ἀγορανόμος ἐθνικός*, ein heidnischer Marktaufseher) zu lesen. Pesikta Asser f. 96[a] Ende: הגרונימוס; in Tanch. I u. II an den entsprechenden Stellen durch die Glosse בעל השוק verdrängt: Waj. r. § 145[b] אגרונימון של מדינה. Jer. B. b. v. hat אגנרמוס (verschrieben aus אגרנמוס). Th. b. mez. VI., Kel. VI Ende haben אינראנאמין, איגראנמין.

אגרומי, *γρυμέα, γρυμαία*, ein Haufe gewalttätiger Menschen. Ber. r. § 75 f. 74[c]. הלך ונטל אגרומי ממצרים (Fischer zu Buxtorf).

אגרונימון s. **אגרדמון**.

אגרטין, *ἄκρατον*, zum Frühstück gehörige Sachen. Weil die Griechen beim Frühstück einen Schluck ungemischten Wein nahmen, hiess das Frühstück *ἄκρατον* oder *ἀκράτισμα*. Forbiger, Hellas und Rom IV, 136; Sachs I, 86. — Koh. r. s. v. כי ברוב חכמה f. 75[a] יין ישן ומיני אגרטין S. Aruch.

אגריון, *ἄγριος*, heftig, rauh. Pesikta Bachod. f. 44[a] (Pes. r. das. f. 26[c] ist בזעף Glosse. Midr. Schir. s. v. הנה מטתו f. 18[d] Bem. r. § 11 f. 211[c]). Ber. r. § 77 f. 77[a]: כלב אגריון —.

אגריסטים s. **ארגיסטים**.

אגריפס, *Ἀγρίππας*, r. pr., Agrippa, König, Enkel des Herodes. Sifre 5. B. M. § 157.

אדורא, *δέρας, δορά*, Fell, Haut. In Tanch. I r. II Wajassa hat Buber nach Aruch und Nedar. 25[a] und Schebu. 29[b] (wo אורוותא in אדורתא zu berichtigen) סרודות in אדורתא berichtigt. (De Lara, ebenso Rappoport, Er. Mill.). In Baba kama 11[a] ist die eine Lesung ארודה, entstanden aus dem richtigen אדורה oder עדורה.

אדרא, *κέδρος*, Ceder; Ber. r. § 15 f. 15 wird תדהר durch אדרא übersetzt. Aruch.

אדרא, *ἕδρα*, Sitz; Midr. Sch. s. v. שררך f. 30[a]. Aruch.

אדרא, *δόρυ*, Lanze, Spiess. Koh. r. s. v. ושבתי אני f. 81[a]. (Levy).

אדרבלא, *ὑδραύλης*, Orgelspieler; der auf der Wasserorgel spielt. Ber. r. § 25 f. 23[d] in אדרוכולין corrprt.; Ber. r. § 50[a] f. 50[a]. (De Lara).

אדרופיקוס, ὑδρωπικὸς, wassersüchtig. Waj. r. § 15 f. 158c. In der entsprechenden Stelle in Tanch. I u. II, Tasria hat Buber hiernach איסטנים richtig in אדרופיקוס geändert.

אדריאס, Ἀδρίας, das adriatische Meer; Tanch. II, Ber. § 7: חירם בנה לו פלטרין במגנין [במנגנין] בין אדריאס לאוקיינוס.

אדריינוס, **אנדרינוס**, Ἀδριανὸς, Eigenname des römischen Kaisers, Nachfolgers des Trajan. Ber. r. § 63 f. 61c; § 78 f. 77b; Schm. r. § 30 f. 127d. Echa r. f. 58a; f. 61b etc.

אדרייני, Hadrianisch; Anhänger und Soldaten des Hadrian. Echa r. f. 59d.

אדרימון s. **ארימון**.

אדרינטים s. **אנדרטא**.

אהלי, αὐλή, Castell, Burg; Tanch. I, Teruma § 8 (Tanch. II das. § 9; Waj. r. § 1 f. 145c. Bem. r. § 1 f. 182c. Midr. Schir. s. v. כתפוח f. 13a); Pesikta Hachod. f. 46. 47; (das. Schuba f. 163b); Pes. r. an den entspr. St. In Midr. Schir. s. v. אני ישנה f. 25a steht עגלות וקרניות für אהליות וכצוצטראות, offenbar eine erleichternde Lesung, aber desshalb nicht richtig. In Ber. r. § 28 f. 27a אמחה את האדם מה הם סבורים אריות נסטרות אני צריך?, von Buber berichtigt in אהליות וגזוזטראות. Sch. t. ψ 2, Ende. אהליות ובצוצריות (Jalkut: אהוליות וצוצריות), wo Levy אהוליות I, 35 für Schwefelhölzer nimmt, aber in Bd. IV, 216 unter צוצרה richtig erklärt für Redouten.

או, ὁ, (gr. Artikel), der; (Levy) nach Aruch in Waj. r. § 35 (fehlt in unseren Ausgg.). Jer. Rosch. h. I f. 57a in Waj. r. § 35 f. 179c vor den Worten מלך ב"ו נוזר גזירה רצה מקיימה וכו'.

או, οὔ, nicht; (Levy) in oben angef. St. א"ר אלעזר פרא בסיליוס או נומוס או גריפים πρὸ βασιλέως ὁ νόμος οὐ γραφεὶς, für den Kaiser[1]) ist das Gesetz nicht geschrieben, griech. Umschreibung des Rechtssatzes, der sich unter den gewissenlosen Kaisern allmälig mit Hilfe gefälliger Kronjuristen Geltung verschafft hatte; princeps legibus solutus. Dio Cass. 53, 18: λέλυνται γὰρ δὴ τῶν νόμων, ὡς αὐτὰ τὰ Λατῖνα ῥήματα λέγει.

אוגנוס, **אוונגוס** s. **אבננים**.

אוגניסטטי, **אוונגיסטטי** s. **אבנניסטטי**.

אוסוס, Ἔφεσος, Ephesus, Stadt in Jonien, später Hauptstadt von Asia proconsularis. Jer. Megilla I, 71b.

אויר, **אוירא**, ἀήρ, Luft; (syr. אאר, אאריא), leerer Raum. (Man sieht, dass wenn das Wau Ϝ od. Digamma als Buchstabe ausser Gebrauch kam, es in der Aus-

---

1) Bemerkenswert ist, dass während bei den Römern der Name rex für den Kaiser durchaus verpönt war, die Griechen um so unbefangener das Wort βασιλεὺς dafür brauchen, wie der Midrasch das Wort מלך. Dagegen werden die germanischen und gallischen Häuptlinge bei den Byzantinern ῥῆγες genannt; hebr. ריכא: so nennt sich auch Theodorich ῥὴξ, der Titel βασιλεὺς als höher ward für den Kaiser gebraucht. Vgl. Procop. b. Goth. I. καὶ βασιλέως μὲν τοῦ Ρωμαίων οὔτε τοῦ σχήματος οὔτε τοῦ ὀνόματος ἐπιβατεῦσαι ἠξίωσεν, ἀλλὰ ῥὴξ τε διεβίω καλούμενος οὕτω γαρ σφῶν τας ἡγεμόνας οἱ βάρβαροι καλεῖν νενομίκασι. Baba b. 4a לא רכא ולא בר רכא οὔτε ῥὴξ, οὔτε ῥῆγος υἱὸς. Vgl. Th. Jer. I und II geben אברך wieder mit אבא למלכא, welches auch in B. b. 4 citirt neben II, Sam. 3, 39 אנכי היום רך ומשוח מלך. Auch bei den späteren Byzantinern heisst der deutsche Kaiser ῥὴξ Ἀλαμάννων.

sprache sich dennoch erhielt). Ber. r. § 53 Ende. Ber. r. § 34 f. 33[d].

אוכלום, **אוכלוסא**, ebenso im Syr. ὄχλος, Volkshaufe, Schaar (auch im Syr. אכלסא, syr. Bibelübs. Act. 22. 34); Sifre 5. B. M. § 301, Tanch. I, Balak 15; Ber. r. § 6 f. 7[b]; § 39 f. 38[a].

אולוכורסון, ὁλόχρυσον, ganz, massiv von Gold. Waj. r. § 33 f. 177[b]; Waj. r. § 32 f. 176[d] corrp. in אילו כורסוון. In Waj. r. 33 steht richtig אולוכריסין. In Koh. r. s. v. ושבתי אני f. 80[c]: אנא חמיתיה אילו כורסין (אולוכריסון); richtig in Koh. r. s. v. כולך יפה f. 22[d].

אולומרגליטין, ὁλομαργαρίτης, ganz mit Edelsteinen besetzt. In Pesikta Chanukka f. 4[b] und 5[a] von Buber aus אולו מ' resp. אלו מ' berichtigt; in Midr. Schir s. v. צאינה וראינה f. 19[d] umschrieben, weil man es nicht mehr verstand; ebenso in Bem. r. § 12 f. 215[d] in לבוש משובח עשוי במרגליטין, und in Midr. Schir s. v. בעטרה f. 19[d] in לבוש נאה של מ'.

אולוסרוקין, ὁλοσηρικὸς, ganz seiden, wo Einschlag und Kette von Seide sind, holoserica vestis im Gegensatz der subsericae vestes, wo nur der Einschlag von Seide war, und die Kette von Leinen. Nach Hist. Aug. Heliogabalus 26 trug Heliogabal zuerst unter den Römern ein reinseidenes Gewand, während vorher nur subsericae im Gebrauch waren; höchstens Frauen trugen reinseidene. Die folgenden Stellen entstammen daher der nachdiokletianischen Zeit, wo reinseidene Kleider in Gebrauch kamen. Kaiser Aurelian hatte kein solches, u. schenkte kein solches. Hist. Aug. Aurelianus 45 u. Salmasius z. St. Marquardt, Privatl. d. Römer II, 479 ff. In Koh. r. s. v. כל הנחלים f. 72[d] heissen letztere סמיסריקין, ἡμισηρικὰ, und ארסקינין, letzteres verdorben aus אסריקינין (mit א prosthet יומא דין סימיסיריקין מחר אולוסיריקן und am Schluss, wo es heisst יומא דין ארסקינון (צ"ל אסריקינין) למחר אולוסריקין, wo אסרקינין, serica in Gegensatz zu holoserica (אולוסריקין) = subserica ist. In Tanch. I, Teruma § 1 f. 45[a]: זה לוקח מטכסא וזה לוקח אולוסיריקא „dieser kauft Rohseide, und Jener ganz seidne Kleider“. Hiernach ist in Tanch. II, Ter. § 2 f. 107[a] פלפלין und nach Jalkut Teruma und Jalk. Mischle zu berichtigen. Buber T. I, f. 45[a] Note 4. Die Lesung פלפלין ist wol aus פורפירין corrumpirt.

אולייר, ὀλεάριος, olearius, der Diener, der auf der Badenden Kleider Acht gibt. Ducange s. v. Epiphan. haer. 30 N. 24 ὁ δὲ ὀλεάριος ἐπὶ τῷ φυλάττειν τὰ ἱμάτια προςκαρτερῶν. Idem forte, qui ἀλειπτὴρ apud Pollucem; 2, der die Badenden mit Salben einreibt und sie frottirt. Pes. r. § 22 f. 40[d] und Jer. Berach. II, 3 כד נחית מיסחי כיון שהגיע אצל האולייר היה חולצן „wenn er zum Baden ging, zog er sie (die Tefillin) aus, sobald er zu dem Kleiderwart gekommen war.“ S. auch unter תורמסר. Die Erklärung Güdemanns, dass אולייר = olearium, Salbzimmer sei, widerlegt sich durch das Wort אצל, und durch das Zusammenstellen mit תורמסר, thermarius, der die

Badenden mit warmem Wasser übergiesst." [1])

אוליום s. **איליום.**

אומיניאה = **הומונייה**, **הומוניא**, ὁμόνοια, Eintracht, Übereinstimmung, Vereinigung. Est. r. s. v. נם ושתי s. 103[b]. In den Parallelst. הומוניאה, הומניה. In Tanch. I. behaaloth. § 3 u. Jalkut: למלך שעשה סעודה והיה קורא בכל יום אומניות אומניות „Gleichniss von einem König, der ein Gastmahl gegeben, und jeden Tag andere Gesellschaften dazu eingeladen"; Tanch. II. das. hat das Wort איסניות nur einmal hier, ebenso Bem. r. § 15. Mattn. Keh. und Levy nehmen das Wort für: Handwerker; auch De Lara scheint es so zu nehmen, da er die Stelle nicht unter אומניה anführt. Aber v. Handwerkern ist hier gar nicht die Rede, sondern: er ladet jeden Tag andre Gesellschaften dazu ein, und seinen Freund nicht: hier ist der Gegensatz; wie denn auch der folgende Satz zeigt: לכל בני המדינה עשיתי סעודה ולך לעצמך אני עושה סעודה אחת בלבד יחידה:, woraus hervorgeht, dass אומניות nicht Handwerker bedeutet, welches auch אומנין heissen müsste, oder בעלי אומניות, wie Levy selbst in Klammer anmerkt. Das ist auch der Sinn des Gleichnisses, jeden Tag hat ein andrer Stamm Einweihungsopfer bringen dürfen, nur der Stamm Levi nicht.

אונה, **אוני**, **אוניתא**, ὠνή ὤνησις, Kauf, Kaufbrief, Ber. r. § 79 f. 78[b]; § 84 g. E.: das. § 2 Anf. באוני אחת; Echa r. s. v. בלע f. 61[d], Tanch. I Wajesch. § 13 (Ber. r. § 84).

אונגא s. **אנונא.**

אונין, ἴνες, Fasern; Sfra Negaim, § 5, 13. (S. Kolut.)

אונסין s. **פרוקונסין.**

אונקוס, ὄγκος, Last. Masse. Tanch. II Teruma § 11. In Ber. r. § 12 f. 13[b]: כל האונקים [האונקוס] הזה בשביל מה.

אונקיא, **אינקי**, **אונקי**, **אונקא** οὐγκια, uncia, Unze, als röm. Münze = 1/12 as, später = 1/4 Sesterz; als Mass = 1/2 Fuss; als Gewicht = 1 Litra oder 1/2 as. Siehe Forbiger, Hellas und Rom III Kap. 15. — Ber. r. § 17 f. 17[d]; das. § 79; Echa r. s. v. העיר f. 51[b.c]. In Ber. r. § 29 f. 27[d] mit Anspielung auf אי נקי (nicht schuldfrei) אונקיא אחת ביד נח, „eine Unze (Sündhaftigkeit) hatte auch Noach"; dieselbe Stelle in Tanch. I Noach § 14: אונקיא של זכות היה בו.

אונקלי, ἀγκάλη, Ellbogen, wie ἀγκών, syr. אקונא; בית אונקלי und אונקלי allein: Ärmel; auch יד א׳: Echa r. s. v. בני ציון f. 76[b]: auch Ärmelgewand.

אוס ὡς, wie: s. **איליום.**

אוסי, **אוסיא**, **אוסיתא**, οὐσία, Wesenheit, Substanz; Ber. r. § 14 f. 15[c]: Vermögen, Grundstück, Feld; Ber. r. § 49 f. 48[b]; Schem. r. § 20 f. 247[a]; Echa r. s. v. צדו f. 68[d]; Koh. 7, s. v. טוב מלא כף

---

[1]) Gelegentlich sei hier bemerkt, dass in Schabb. 114[a] u. Nidda 20[a] האוליירין הבאים ממדינת הים nicht, wie Levy meint, mit Öl durchtränkte Zeuge sind, sondern wie Sachs I, 130 nachgewiesen, ὁλόβηρα, purpurne Gewänder sind. Der Zusammenhang beider Stellen zeigt, dass es dort auf die ächte Farbe ankommt. Neben der seltsamen Zusammensetzung von ὅλος und verum, ganz ächt, oder ἀληθινά, kommt auch ψευδόβηρα falsch ächte Zeuge, und ἀληθόβηρα (Sch. t. ψ 15 אלתוסבראות, wahrhaft ächte Purpurstoffe) vor.

f. 81ª מרו אוסים (Waj. r. § 3 Anf. מרי אסיין) Gutsbesitzer; ebenso im Syr.

אוסנא s. **מוסיא**.

אופיא, אופיתא, *εὐφυΐα*, Naturanlage, geistige Beschaffenheit (Fleischer zu Levy's W. B.) Pesikta Sukka f. 180ᵇ (Waj. r. § 30 f. 174ª steht irrig אין אנו יכולין לעמוד על אפו של דוד anstatt על אופיא של דוד); in Sch. t. ψ 102 ist על אופי durch eine Glosse על דעתו verdrängt worden; s. Buber z. Pesikta Sukka. In Schekal. I, 1 אין את' יכול לעמוד על אופיא של אומה. Ber. r. § 14 f. 15ª: נשמה: זו האופיא דברייתא אמרין האופיתא טבא „unter נשמה ist die geistige Anlage zu verstehen, wie die Leute sagen: die Naturanlage ist gut.“ Perles meint mit Unrecht, dass an dieser Stelle nach der ed. princeps des Aruch נשמה זו האופיא in נשמה זו אוסיתא zu ändern sei. Schon Raschi hatte die Lesung האופיא, und diese passt auch ganz allein.

אופניים in Midr. Ruth § 2, soll heissen אופנייא, *ὑπόνοια*, geheime Gedanken; מתוך שאתם עושים עצמיכם חרשים אתם עומדים על אופניים (אופנייא) שלהם „dadurch, dass ihr euch taub stellt, kommt ihr auf ihre geheimen Gedanken“. (Gebhardt, Jüd. Lit. Bl. 1881 S. 87.) Kohuts Ableitung von opinio ist nicht zutreffend, da lateinische Wörter nur durch den Umweg des Griechischen in den Misrasch gekommen sind; ausserdem fehlt in opinio der Begriff des Geheimen. Die Worte: עשו עצמיכ' חרשין ואתם עומדים על רזיהם sind eine erklärende Glosse.

אופיממאטא Schem. I § 28 f. 125ᵈ Ende, corrprt. aus אפיטגמאטא, *ἐπιτάγματα*, Aufträge, Befehle. Sachs I, 70.

אופסא = **קופסא**, *κάψα*, Behältniss. Mechiltha Wajassa § 3 f. 57ᵇ; (vgl. dazu die Note des Herausgebers Weiss)· Kohut.

אופסנין s. **אפסניא**.

אוקטו, *ὀκτώ*, (Zahlwort) acht. Tanch. I Bemidb. § 21: איטא אוקטו, „der Buchstabe η (ēta) bedeutet als Ziffer = 8; Ber. r. § 14 f. 15ª und § 20 f. 20ᶜ אוכטא geschrieben. In Tanch. II Bemidb. § 18 sind die beiden Worte in אוטה ארנון corrprt., bereits von Buber berichtigt; in Bem. r. § 4 f. 188ᶜ in אופטי corrprt. In Jer. Jebam. IV f. 5ᵈ ist der ganze Passus unrichtig.

אוקיי, *αὐγή*, Glanz, Strahl. Midr. Schir. s. v. וזאת קומתך Ende f. 31ᵇ. (Aruch und Landau).

אוקומיני, *οἰκουμένη*, die bewohnte Erde; Koh. r. s. v. אם וימח את כל היקום.....ר' בון יוליד f. 84ᵈ אמר אוקומיני. In Ber. r. § 32 f. 30ᵈ steht dafür יקומיני.

אוקיא = **אונקיא**, Schm. r. § 43 f. 137ᵈ (Levy).

אוקיינוס, איקיאנוס, *Ὠκέανος*, Ocean; ebenso im Syr.; insbes. das mittelländische Meer. Th. Jer. I r. II zu 4. B. M. 34, 6 übers. הים הגדול mit אוקינוס (ימא רבא); Ber. r. § 4 f. 6ª; § 13 f. 14ᵇ; § 23 f. 24ª; § 32 Ende. Schem. r. § 15 f. 115ª; Tanch. II Chaje Sara § 3 f. 32ᵇ.

אוריין, *ὅριον*, Grenze. Ber. r. § 50. Aber nach der Parallelst. Waj. r. § 26 f. 169ᵈ ist statt לבית אוריין auch hier למיתורין (*μεθόριον*, Grenze, Gebiet; Grenze seines Gebiets, seiner Provinz) zu lesen. Sachs I, 172.

אורולוגין, *ὡρολόγιον*, *ὡρολόγιν* (s. Einltg.), Stundenzeiger, Uhr.

Pesikta Hachod. f. 53ᵃ (Pes. r. § 15 f. 29ᵃ, Tanch. I Bo. § 12).

אורקומסיא, ὁρκωμοσία, Eidschwur; Waj. r. § 6 citirt v. R. Samuel Gama, ושמעה קול אלה ואת קולו שמענו א"ר יוחנן אורקמוסיות ניתנו בינינו, bei uns fälschl. קופרומסאות.

אותונין, ὀθόνιν, ὀθόνιον, feine Leinwand; Midr. Schir. s. v. צאינה וראינה f. 19ᵈ Kleid aus feiner Leinwand. א"ר אבין משל למלך שהיה לו אותונין נאה: Levy will אותונין nach Schem. r. § 35 f. 133ᵃ in איקונין ändern. Umgekehrt ist dort vielmehr איקונין verderbte Lesart: „gleich einem König, der ein schönes Linnenkleid hatte."

אותנטיא, **אוותנטייה**, αὐθεντία, (syr. אותנטיא Barhebr. chron. eccl.) Macht, Gewalt, Ansehen, Würde, Bestimmtheit. Ber. r. § 25 f. 29ᵃ; § 40 Anf. u. § 64 f. 62ᵈ; Ruth r. Anf. f. 36ᶜ; Midr. Schir. s. v. שיר f. 4ᵃa; Koh. r. Anf. f. 70ᵈ; wornach die St. in Bem. r. § 10 f. 207ᵃ zu berichtigen ist, wie bereits Buber angemerkt. In Mechiltha Nesikin § 17 ist באותיותיה ניתנה תורה zu berichtigen in באוותינתייה נ' ת' (Geiger, Jüd. Zschr. IX, 29 Anm. 2.) (In leg. secul. bei Land Anecd. אותנטיא, Eigenmacht.)

אוותנטין, αὐθέντης (in der Accusativform αὐθέντην), Urheber, Stammvater; mächtig. Aruch s. v. אמתנטין citirt Jelamdenu: אספה לי שבעים איש למה שבעים כנגד אמתנטין של ישראל שנ' בשבעים נפש ירדו אבותיך מצרימה: und citirt dabei אפתנטין. Levy nimmt es für ἑπτάντιν = ἑβδομήκοντα; das Naheliegendste ist αὐθεντής (אוותנטין): „entsprechend den 70 Stammvätern, die nach Ägypten gezogen". Offenbar ist aber auch der Text in Tanch. I Behaalothcha § 26 u. T. II das. § 15 und Bem. r. § 15 f. 230ᵈ verdorben; dort steht למה לא אמר שבעים אנשים אלא אלו שבעים סנהדרין מיוחדים שיהו דומין לי ולך, wie in Tanch. II (oder nach T. I noch eingeschaltet nach אלא שבעים איש eingeschaltet אנשים) und Bem. r. שבעים איש מיוחדים וכו'. Offenbar ist zuerst zu אוותנטין die Glosse מיוחדים gemacht worden und hat אוותנטין verdrängt; zu מיוחדין ist in T. II noch סנהדרין in den Text gekommen. Die Abschreiber haben auch die Frage nicht verstanden, indem sie aus למה שבעים איש änderten למה שבעים, und dann noch hinzusetzten למה לא אמר שבעים אנשים. Herrscher, vorzüglich. Ber. r. § 16 f. 16ᶜ: אובל אוותנטין של נהרות „der Ubal ist der mächtigste (der Herrscher) der Ströme." Pesikta Schekal. f. 16ᵇ. (Waj. r. § 2 f. 146ᵇ); Pes. r. § 21: משבעים אומות אוותנטיות, „von den 70 mächtigsten Völkern". Ferner führt Buber an, dass wo bei uns. Ausgg. von Pes. r. in § 9 g. E. ישראל בין שבעים אומות חזקים steht, in der ersten (Prager) Ausg. es heisst י' ב' ש' א' ח' איות נונא, und schliesst hieraus mit Recht, dass das Wort איות נונא zu berichtigen ist in אוותנטי, wozu dann das vorhergehende חזקים als Glosse in den Text gekommen ist. In Tanch. I Wajischl. § 5. עם לבן גרתי לא נעשיתי אוונתיסאי hat Buber berichtigt: אוותנתים nach einem röm. und einem parmenser Mscr.: „ich bin nicht selbstherrlich, mächtig geworden.

אומל, σμίλη, Messer, culter: Mechiltha zu 2. B. M. 14, 24 f. 38ᵉ (Tanch. I. Wajakhel § 9.

Schem. r. § 50 f. 152ᵃ; Waj. r. § 18 Ende f. 161ᵈ).

אזמרגדא (auch im Syr.; s. syr. Bibelübs. Apocal. 4, 3), *σμάραγδος*, Smaragd. Pesikta Schekal. f. 17ᵃ und Waj. r. § 2 f. 146ᵇ (nach Aruch: bei uns mit Weglassung der vorderen א); in Schem. r. § 38 'אסמרגד.

אטימטון, אטימיטא, *ἀτίμητος*, unschätzbar; Ducange: *πολλῆς τιμῆς ἄξιος*; Ber. r. § 35 f. 34ᵈ Ende; in Ruth r. § 3 f. 39ᵃ: מילא דאסטופיטא היא soll heissen מרגליתא אטימיטא היא, wie Jastrow berichtigt hat in s. Dictionary of the targumim etc.

אטימוס, *ἑτοίμως*, bereit, fertig, sofort. Ber. r. § 48 f. 47ᵃ; (Midr. Schir. s. v. דומה דודי f. 14ᵈ); Ber. r. § 100 f. 98ᶜ steht אוטמוס soll wohl heissen אטימוס.

איטימסייה, *ἑτοιμασία*, bestellte Station auf der Reise, Ausruheplatz, wo man wohnt; die vorbereitete Wohnung. Daher in Sicilien, wie Zunz, Zur Geschichte, S. 522, zeigt, timisia (i. J. 1373), *ἑτομασία*, die Mauervertiefung in der Synagoge für die Aufbewahrung der Thorarollen; dann auch für Synagoge gebraucht. Bem. r. § 16 f. 233ᵃ (Tanch. I Schlach lecha. Zusatz § 12 f. 41ᵃ).

אטלין, אטלים (wie Rappoport gezeigt, mit Weglassung des k), *κατάλυσις*, Herberge, Einkehr, Bazar; Thos. Baba m. VI; th. b. b. bath. V heisst es קוטלוין; Ber. r. § 79 f. 77ᵈ (Koh. r. s. v. חופר גומץ f. 94ᶜ: אתלים: ebenso Est. r. s. v. גם דושתי f. 103ᵈ; Ber. r. § 37 f. 36ᶜ plur. הוטלוסין. In Tanch. I Balak § 15 hat Buber mit Recht die Worte שעשה שווקים של מקח וממכר als eingedrungene Glosse zu ועשה אטלים bezeichnet; und so in Tanch. II Balak § 11, wornach auch die Stelle in Bem. r. zu berichtigen ist. Dagegen ist in Tanch. I Mase § 8 (Tanch. II das. § 11) statt איטליסוים, wie Buber berichtigt hat, אסטיליות (*στήλη*, Säule, Grenzsäule, Wegweiser) zu lesen, ebenso wie das. anst. ובכל איטלים zu lesen ist ובכל אסטלא.

אטלים, איטלים zu berichtigen in אוטוטלים, *αὐτοτελής*, unumschränkter Herrscher; Sch. t. ψ 16, 11 in der Hdschr. von Parma nach Buber (Agur des R. Samuel Note 39: איטולים אתה עשה ואכול, nach R. Samuel: אטלים; es ist wol zu lesen איטוטלים אתה: „du bist unumschränkter Herrscher; thue und geniesse; R. Samuel citirt auch Sch. t. Ps. 18, 44: א"ל הק"בה דוד איטלים; „(du befreiest mich von dem Hader des Volkes; leichter regierte ich über die ganze Welt, als über die 2 mit Sindon Bekleideten), da sprach Gott zu ihm: David, du bist unumschränkter Herrscher"; auch Bubers Mscrr. des Sch. t. haben אטלים. Der Aggadist hatte die römischen Verhältnisse seiner Zeit im Auge, wo der Kaiser unumschränkter Herrscher war. Dio Cass. 53, 28: *πάσης αὐτὸν τῆς τῶν νόμων ἀνάγκης ἀπήλλαξαν, ἵνα καὶ αὐτοτελὴς ὄντως καὶ αὐτοκράτωρ καὶ ἑαυτοῦ καὶ τῶν νόμων πάντα τε ὅσα βούλοιτο ποιοίη καὶ πάνθ' ὅσα μὴ βούλοιτο μὴ πράττοι.*

אטנס s. **אנונא**.

אטקטיקיא, *ἄτακτος*, ungesittet, aufrührerisch; Pesikta Echa f. 112ᵇ corrprt. ארני מדיונים דהוו זיינים

אטקטיא, nach Aruch's Lesung: ארכי בריונים דהוו אינון אטקטיקיא die Anführer des Gesindels, welche zur Empörung sich waffnen (statt אינון ist wohl זיינין beiznbehalten). Siehe s. v. בריוני. Nach Bacher, Ag. der Tannaiten II, 514: „Räuberhauptleute, deren Waffe Undisciplin ist."

אינואה, *αἰγειή*, Ziegenfell. Ber. r. § 20 f. 21[b].

איטא, איטה, der griech. Buchstabe Eta (H), bedeutet als Ziffer = 8; Ber. r. § 14 f. 15[a]; § 20 f. 20[c]; Bem. r. § 4 f. 188[c]. S. unter אוקטו. In diesen Stellen braucht Abbahu ein Wortspiel, um zu beweisen, dass ein im 8. 8. Monat geborenes Kind nicht lebensfähig sei; איטא, *η*, bedeutet den 8. Monat, und *ἦτα* oder *ἴτα* von *ἰέναι*, gehen: „er geht ab!" Vielleicht ist es aber, wie Mussafia meinet = *ἧττα*, Niederlage, Verlust, um so mehr, da das H dem hebr. ח entsprechend, auch in ältester Zeit das Zeichen für den spiritus asper gewesen. Kohut, und nach ihm Buber wollen mit Unrecht an diesen Stellen זיטא אפטא תיטא אוקטא lesen, weil *ϑ* (das gr. Theta) der achte Buchstabe im Alphabet sei; und weil *ϑ* (*ϑάνατος*) das Verdammungsurteil bedeute; hier ist aber nicht, wie in Echa r. s. v. ולא זכר von gewaltsamem Tode, von Hinrichtung die Rede, sondern von natürlichem Mangel an Lebensfähigkeit; und wie kann man *ζῆτα* für 7 nehmen, wenn man den zweitfolgenden Buchstaben *ϑ* für 8 nimmt? Was bedeutet denn dann *η*? Sie übersahen, dass im alten griech. Alphabet das *Ϝ* oder Waw, welcher Buchstabe später nicht mehr als Buchstabe, sondern nur als Ziffer = 6 gebraucht wurde, wie das hebr. Waw = 6 ist. Und wenn *ϑ* = 8 ist, wie kommt dann *ι* zur Bedeutung von 10?

איטליא, איטליה, Italia, bes. Süditalien, א׳ של יון Constantinopel (Rappoport). Ber. r. § 37 Anf. das. § 67 f. 68[c].

איטלקי, italicus, italisch. In Waj. r. § 37 f. 181[c] ist anstatt באיטלקיה nach Jer. Sanh. VIII, 2 באיטלקי zu lesen: nach italienischem Masse.

אילונין, אלוגין, *ἐλόγιον*, (*ἐλόγιν*, spätgriechisch) = commentarius, Verzeichniss; insbes. hiess so das Protokoll zur authentischen Fixirung der acta, der Amtshandlungen des Kaisers, in welchen Protokollen auch die bei dem Kaiser eingereichten Anklagen verzeichnet waren; daher *ἐλόγιον* und commentarius = Anklage, Anklageschrift. S. Mommsen, Röm. Staatsrecht II, 869 ff.; Amm. 14, 7: „Antiochensis ordinis vertices sub uno elogio jussit occidi (Gallus Caesar)". ib. 15, 5: „sub elogio uno morte mulctandos". — Schem. r. § 15 f. 113[d]: למלך שאמר לבניו היו יודעים שאני דן דיני נפשות ומחייב הקריבו לי דורון שאם תעלו לפני לבימה שאעביר אילונין שלכם: „Gleich einem Kaiser, der zu seinen Kindern sagte: wisset, dass ich peinliche Urteile fälle und verurteile; bringet mir ein Geschenk, damit, wenn ihr vor mein Tribunal kommet, ich eure Anklageschrift beseitige." Sch. r. § 31 f. 129[d]: משל לאחר שהיה אלוגין שלו נקרא לפני הדיין „gleich Einem, dessen Anklageschrift vor dem Richter verlesen worden“. Tanch. I Schlach lecha § 22 (Tanch. II das. § 12; Bem. r. § 16 f. 232^{e}) הניח המלך האלונין וחייבו מפיו „lässt der Kaiser die Anklageschrift liegen (legt sie bei Seite) und verurteilt ihn durch dessen eigene Worte.“ In Echa r. s. v. נשקד עול פשעי Anf. f. 57^{c} ist es in אנולונין verdorben: בשעה ששמעתי שאנולונין [שאילונין] שלי נקרע מלמעלה „Nachdem ich gehört, dass mein Sündenverzeichniss von Gott zerrissen worden ist“. Ber. r. § 28 Anf. f. 27^{a}: עד שהוא קורא אנאלינין [אילונין] שלהן מלמעלן („Gott bestraft die Ruchlosen nicht, ehe er deren Sündenverzeichniss im Himmel vorgelesen“). Pesikta Schuba f. 159^{b} zweimal בתחלה הוא קורא אנגלין שלו, soll statt אנגלין heissen אילונין, schon v. Buber berichtigt: „zuerst liest er die Anklageschrift“; Pes. r. Schuba, zweimal: כותב אמלונין [אילונין] קשה „er schreibt eine schwere Anklage“; die corrprte Lesart hat schon Friedmann berichtigt; um so auffallender ist, dass Levy in s. W. B. an der corrprten Lesart festhält, und ein nicht existirendes Wort *ὁμολόγιον* (Anerkenntniss, Geständniss) daraus macht; *ὁμολογία* heisst wohl Versprechen, Zugeständniss, aber nicht *ὁμολόγιον*.

אילוסים, אליסים, אילסים, *ἤλυσις*, das Kommen, Weg (Rappoport); Ruth r. § 3 f. 39^{a}: נפיק וצלי בהדא אילוסים דטבריא „er ging hinaus und betete auf jener Strasse nach Tiberias (führend)“; Koh. r. s. v. מה יתרון העושה f. 78^{b}: ר"ש ב"ל הוה לעי באוריתא כל צורכיה בהדא אליסס דטבריא; Ber. r. § 34 g. E. f. 34^{b}: בחרא אלטים [בהדא אילוסים] דטבריה der Pariser Cod. hat בהדא אילסום Pes. r. § 1: הוו מטיילין באילפס; muss heissen: הוו מטיילין באילוסים של טבריא, „spazirten auf der nach Tiberias führenden Strasse“; (Friedmann setzt irrig באילפא für das falsche אילפס: „sie spazirten auf einem Schiff (!)“; die Parallelstellen hätten ihm das Richtige zeigen müssen und dass דטבריא hier mit Unrecht fehlt); die Parallelst. in Ber. r. § 96 f. 93^{d} hat בפילי שחוץ לטבריא, ebenso Tanch. II. Wajchi § 3 f. 157^{a} (Tanch. I. Wajchi § 6 f. 108 בפולי של חוץ מטבריא; Jerusch. Kethub. XII, 3 f. 35^{b} und Kilaj. IX, 4 f. 32^{d}: מטיילין באיסטרין soll heissen מטיילין באיסטרטין auch hier באיסטרין דטבריא oder באיסטרטין aus באילוסים entstanden. Aruch erklärt das Wort für *ἄλσος*, Hain; Kohut nimmt es, aber mit Unrecht, für *ἴλος*, die sumpfigen Stellen (v. Tiberias); der Zusammenhang erfordert „auf dem Wege nach Tiberias spazirten sie, und da sahen sie wie ein Sarg mit einem Todten von ausserhalb des heil. Landes die Strasse gefahren kam.

איליום, *ἥλιος*, Sonne. Schem. r. § 15 f. 113^{b} סנדריאום אם איליום von Kohut berichigt in סדנרום אום איליום: *σθέναρος ὡς ἥλιος* „kräftig, wie die Sonne.“ Das beweist auch der Zusatz: חמה שמה והשמש גבור נקרא; vor חמה fehlt איליום; es muss heissen: איליום חמה שמה והשמש גבור נקרא „*ἥλιος* heisst (auf hebr.) חמה, und die Sonne wird stark (also *σθέναρος*) genannt.“

איליופולים, Ἡλιόπολις, 1. B. M. 41, 45 On genannt Stadt in Unterägypten. Pesikta Waihi bachzi f. 63^{b}, von Buber berichtigt; Pes. r. § 17 f. 32ª ebenso.

אליסים, אליתה (mit Abwerfung des k), *κλάσμα*, Span, Splitter. (Kohut) Waj. r. § 19 f. 162ᵇ (Midr. Schir s. v. נרד f. 24ᶜ; Koh. r. s. v. בעצלתים f. 95ᵇ) הדין רסיסה אית מינה אליסים והדין בקיעה לית מינה אליסין „Von Trümmern hat man Späne, von Splittern bekommt man keine Späne." In Mischna Tamid II, 4, וריוח היה בין הגיזרים שהיו מציתין את האליתא משם; Para III, 9: והצית את האש באליתות; Sifra Zaw 4, 5; Babli Joma f. 45ª (Jerusch. Joma II, 1) מנין להצתת אליתא וכו'.

אימות, אימום, Midr. Schir s. v. אמרתי אעלה f. 31ᶜ zweimal ונעשה נ"נ אימום שירוף: Tanch. I und II P. Zaw ונעשה אימת שירוף עליו, und שנפל אימת שירוף עליו; corrprt. aus אימיקסירום, *ἡμίξηρος*, halbverbrannt (die erklärende Glosse hat das Textwort verdrängt); s. Aruch, De Lara; in allen diesen Stellen muss es heissen (נ"נ) ונעשה אימיקסירום. In Sch. t. ψ 22 נעשה אמבירום für אימיכסירום, welches Gebhardt אמבירום = *ἡμίπυρος* lesen will. In Sanhedr. 92ᵇ ist והומק סודו, wie Buber nachgewiesen, verdorben aus 'ונעשא נ"נ אימיקסירו.

אימיכסורום, אימיקסירום s. **אימות.**

.אימיסו, *ἡμισεύω*, teilen. Tanch. I. Schlach II § 19.

אימירון, *ἥμερος*, zahm. Midr. Schir s. v. מי זאת f. 18ª ארי אימירון: (in der Parallelst. Ber. r. § 77 f. 76ª in נמורין verdorben); Pesikta Bachod. f. 44ᵇ von Buber berichtigt aus אי מכין; Pes. r. § 15 ist als Glosse בנחת noch in den Text gekommen Bem. r. § 11 f. 211ᶜ; in Midr. Schir s. v. הנה מטתו f. 18ᵈ in אריבון corrprt.; Gebhardt, Jüd. Litbl. 1881 S. 87 will diese Lesung rechtfertigen, und erklärt das Wort für *ἡδυβόης*: „mit angenehmer, lieblicher Stimme, lieblichtönend"; allein da dieses Wort nur bei Dichtern vorkommt, so kann es nicht in den Midrasch gekommen sein, welcher naturgemäss nur Worte, die im allgemeinen Gebrauch waren, bringen kann. — In Bem. r. § 5 f. 193ª: ויך באנשי בית שמש כי ראו בארון ה' ויך בעם מהו כי ראו בארון ה' ר' אבהו ור' אלעזר חד אמר קוצרים ומשתחוים היו וחד אמר מדברים דברים יתירים היו מה אמרו מאן אמרייך דאמרי' ומאן פייסך דאיפייסת: Sota 35ᵇ lautet die Stelle: ויך באנשי בית שמש כי ראו בארון, משום דראו ויך אלקים ? ר' אבהו ור' אלעזר חד אמר קוצרין ומשתחוים היו וחד אמר מילי נמי אמור מאן אמריך דאימריית ומאן אתא עלך דאיפייסת: „sie haben, sagt R. Elasar, nicht nur, während sie sich vor der Lade gebückt, fortgefahren zu mähen (ohne sich in der Arbeit stören zu lassen), sondern haben sogar scharfe (höhnende) Worte (gegen die Lade) gesprochen: sie sagten nemlich: wer hat dich denn besänftigt, dass du (jetzt) besänftigt bist (und zurück kommst)?" Raschi erklärt die Worte מאן אמרייך דאימריית für: „wer hat dich erzürnt, dass du gezürnt hast?" Es ist aber nicht einzusehen, wie dieses Wort אמרייך zur Bedeutung: „erzürnen" kommen soll. Das Wort ist vielmehr das griech. Wort *ἡμερόω* = besänftigen: (*τίς*) *σε ἡμέρωκεν*, (*ὥστε*) *ἡμεροῦσθαι* und die Worte מאן פייסך דאתפייסת sind eine Glosse, die Übersetzung der vorhergehenden griech. Worte. Raschi vermuthete nun, weil מאן

פיסך וכו' bedeutet: „wer hat dich besänftigt“, müsse das Vorhergehende heissen: „wer hat dich erzürnt“ etc.

אימנון, ὕμνος, Lobgesang. Tanch. I. Beschall. § 13 ובאו הבריות לומר לו אימנון „und die Leute wollten ihm einen Lobgesang anstimmen.“

אונמורנון, οἶνος μύῤῥινος, Myrrhenwein Midr. Schir s. v. נרד f. 20c wird מר als Myrrhenwein erklärt: ein Würzwein aus Myrrhe, dann aus Narde, Aspalathum, Malobathrum, wovon man Stückchen in Most oder süssen Wein that. Plin. h. n. 14, 16. Marquardt, Privatleben der Römer II, 444.

איסניא s. **אוסיא**.

איסר, ἀσσάριον, syr. אסר, ein kleines (röm.) as = 1/4 Sesterz gegenüber dem alten schweren as. Zwei as sind ein dupondium (שני איסרין פונדיון); Jerusch. Maaser Sch. IV f. 55b oben. — Forbiger III, 6. Sifre 5. B. M. § 295; Midr. Schir f. 3b; das. s. v. כתפוח f. 12d מה תפוח זה אתה נותן בו איסר ואתה מריח בו כמה ריחות „wie du für einen Apfel ein Assarion gibst, und dafür viele Düfte einathmest etc.“ Ber. r. § 42 f. 41a.

איפו, ὑπὸ, unter Pes. r. § 27 f. 47c: נאה בית האסורים שאתה בתוכו איפוטונקריק לינטין שאני בתוכו verdorben aus נ' ב' ה' ש' ב' איפו טון טריקליניון שאני בתוכו „schön ist das Gefängniss, in welchem du bist, unterhalb der Prachtsäle, in welchen ich bin.“ Güdemann hat nahe an das Richtige gestreift; nur irrt er darin, dass er איפו טון zu ὕπατος macht, und איפטון טרקלון für ὑπατῶν τρικλίνιον „Consulsgemach“ erklärt, was zur Stelle durchaus nicht passt; Jeremias war nemlich, nach Jer. 37, 13—15 von Jirija, dem Sohne Schelemja's, Chananja's Enkel, welchen Chanania Jeremia (c. 28) als Lügenprophet bezeichnet hatte, fälschlich verklagt worden, er wolle zu den Chaldäern übergehen. Dies that Jirija, um seinen Grossvater Chanania zu rächen, wie der Midrasch berichtet: und auf diese Anklage ward Jeremia in's Gefängniss geworfen, welches sich im Hause des Jonathan befand. Dieser Jonathan, sagt der Midrasch, war ein Verwandter des Jirija: es muss also anstatt שהיה קרוב לאליהו הנביא gelesen werden, שהיה קרוב ליראייה. Die Abschreiber, die auf den Text in Jerem. 37 nicht Acht hatten, schrieben dafür den bekannteren Namen 'אליה, und natürlich kam dann noch הנביא hinzu.

איפודרומין, איפודרומוס, ἱππόδρομος, die Rennbahn für die Pferderennen und die Pferderennen selbst. S. Perles, Thron u. Circus des Königs Salomo, S. 4, s. das. כמה איפודרומיות היו למלך שלמה בכל שנה.

איפומנימא, ὑπόμνημα, griech. Übersetzung v. commentarius, wie ἐλόγιον, אילוגין, Anklage, Anklageschrift. Debar. r. § 2 f. 252d oben. הרי איפומנימא שלו נקרא הרי הוא יוצא ליהרג אמר להם אני מתקיים עליו „seine Anklageschrift wird verlesen: schon wird er zum Tode geführt: aber Gott sagte zu ihnen: ich schütze ihn.“ Im Syr. הופומניםא, vgl. Land. Anecd. leg. sec. f. 204 r.

איפוריא, in Ber. r. § 72 Anf. soll heissen: אופוריא, ὀπωριαῖα, Sommerfrüchte.

איפיפודין, *ὑποπόδιον*, Fussschemel; Ber. r. § 1 f. 4c: למלך שעשה לו כסא ומשעשאו עשה איפיפורין שלו [איפיפודין]; in Waj. r. § 36 Anf. ist das Wort in אפיפירון verdorben. Tanch. I Kedoschim § 1: כורסוון זה הכסא ואפיפורין שלו soll heissen: ואפיפודין שלו, ebenso Tanch. II, Kedosch. § 1 anstatt ואפופרין שלו; 2. *ἐπιπόδιον*, Gesäss; Koh. r. s. עשה כי מקרה בני האדם f. 80b לו מנעול ואפופרין [ואפופודין] כפוי עליו.

איפטיא, איפטיה, אפטייא, אפטייה, *ὑπατεία*, die nach den Consuln benannte Jahresrechnung, Consulsjahr. Die Jahre wurden nemlich selbst noch im byzantinischen Reiche nach den am 1. Januar eingetretenen Consuln (*ὕπατοι*, praetores maximi, wie sie früher hiessen) benannt. Oft führte der Kaiser mehrere Jahre das Consulat und ernannte sich einen Collegen, wo dann das Jahr nach dem Consulat des Kaisers (zum so und so vielten Male Consul) und seines am 1. Januar eingetretenen Mitconsuls benannt ward. Madwig, Verf. u. Verwaltg. des röm. Staates I, 168. Dies wird nun vom Midrasch auf jüdische Verhältnisse übergetragen. Ausserdem fungirten seit Augustus mehrere Consuln im Jahre, in dem die Kaiser die Consuln nur auf kurze Zeit ernannten und statt der am 1. Januar Eingetretenen consules suffectos ernannten, welche ebenfalls nach Kurzem durch andere consules suffecti ersetzt wurden. Grösser war die Ehre der consules ordinarii, nach welchen allein auch das Jahr bezeichnet ward. Daher übertragen der Ausdruck: נמנה באפטייה של מלכים „er ward zu den ordentlichen Consuln gezält", welche dem Jahre den Namen gaben; nicht zu den Ersatzmännern. Waj. r. § 36 f. 180c הרי הוא (אחז) נמנה באיפטייא של מלכים „er wird dennoch in dem Verzeichniss der Könige, bei der Jahreszälung aufgenommen" (in Jer. Chelek 1 f. 27d: מתיבין ליה הרי הוא נמנה בפטייה של מלכים בימי עוזיה יותם אחז יחזקיהו); Pesikta hachod. f. 52b heisst es überhaupt: Aera: הוו מונין איפטיה לפדיון בני „zählet jetzt die Jahre nach der Aera der Befreiung meines Sohnes"; ebenso in der gleichlautenden Pes. r. § 15; das. „so zälet denn nun, sagte Gott, die Jahre (איפטיה) nach dem Auszug aus Ägypten"; nur steht dort irrig רמזי eingeschaltet היו מונין לו (רמזי) איפטייה לפדיון בני; ebenso an beiden Stellen in Bezug auf Ester u. Tanch. I Bo. § 11; dass. in Pesikta Bachod. haschl. f. 104a, und ausserdem das. הוו מנין אפטייא לנישואי בתי כך, ferner אמר הקב"ה היו מונין אפטייא למתן תורה. In Tanch. I u. II Bemidb. § 1; das. § 5 hat Tanch. I באיזה שבוע באיזה שנה, wofür Tanch. II richtig hat באיזה שבוע באיזה אפטיא. Buber zu Tanch. I Bemidb. 5 Note 52 ändert mit Unrecht das folgende באיזה איפרכיא in באיזה אפטייא: denn איפרכיא bezieht sich auf das Textwort במדבר סיני; auch passt nicht באיזה אפטייא nach באיזה חדש בכמה בחדש. Auch in Bem. r. § 1 f. 182a und 182d ist der Text corrprt.

איקונין, *εἰκόνιον*, *εἰκόνιν*, syr. יוקנא, Ephr. in Numeros, Bildniss, Ebenbild; Angesicht. Ber. r. § 40 f. 39b: איקונין של חוה נמסרה לראשי הדורות . . . . . והנערה יפה עד

מאר מנעת עד איקונין של חוה ברם הכא כי יפה היא מאד מאד מאיקונין של חוה; Ber. r. § 53 f. 52ᶜ זיו איקונין; das. § 78 f. 76ᵈ את הוא שאיקונין שלך חקוק למעלה; das. § 82 f. 79ᵈ; § 84 f. 81ᵈ (Tanch. I Wajesch. § 5; in Tanch. II Wajesch. § 2: כי בן זקונים: בן איקונים שהיה דומה לו); Tanch. II Schemoth § 5. אשר לא ידע את יוסף: א״ר אבין משל לאחד שרגם איקונין של דוכום אמר המלך התיזו את ראשו עכשו: שלמחר עושה בי כך: וכך פרעה עכשו לא ידע את יוסף למחר הוא אומר לא ידעתי את ה׳. Hiernach ist Tanch. I Schem. § 7 und Schem. r. § 1 f. 101ᵇ zu berichtigen. T. I hat איקונין של מלך, אורכסיניא (man sieht, dass מלך ein Zusatz ist, u. אורכסיניא muss heissen ארכונטא = ἄρχων). — Schem. r. hat אוהבו של מלך; es muss an beiden Stellen heissen: לאחד שרגם איקונין של דוכום: „Gleich Einem, der das Bild des Dux mit Steinen geworfen; da sagt der Kaiser, haut ihm den Kopf ab; denn morgen könnte er es mir so machen" (mein Bild mit Steinen werfen). Das Bild ist den Sitten der römischen Kaiserzeit entnommen. Der Anfang der Empörungen gegen die Kaiser war das Umstürzen ihrer Bildsäulen und die Zertrümmerung derselben. Tacitus, Hist. I, 41, 55. — Schem. r. § 15 f. 114ᶜ oben: לאחר ימים שלח פרוטומי שלו לאותה מדינה שיעשו לו איקונין. Es muss heissen: לאחר ימים שלח המלך פרוטומי שלו שיעשו לו איקונין. Aus der Antwort nemlich in den folgenden Zeilen: אין אנו כורעין לפניו בשבילו אלא בשביל פרוטימו (פרוטומי) של מלך שהוא חקוקה עליו ist zu ersehen, dass vorher das Subject zu שלח, nemlich „der Kaiser" המלך ausgefallen ist; das. f. 114ᵈ מלך ב״ו צר איקונין שלו על טבלא של עץ; das. § 27 f. 125ᵇ; § 30 f. 127ᵈ: רגם איקונין של מלך — In Schem. r. § 35 f. 133ᵃ ist איקונין נאה nach Midr. Schir s. v. צאינה f. 19ᵈ in אותונין נאה zu berichtigen; s. s. אותונין.

אקיסטרא .s איקוטמא.

איקי, εἰκῇ, auf's Gerathewohl, ohne Überlegung, umsonst. Pesikta Bachod. Haschl. nach Aruch's Lesung: אליקי אני תובע בה, nach Midr. Schir. s. v. משכני f. 6ᵈ; אל עיקי ist aber על איקי zu schreiben: εἰκῇ mit vorgesetztem על, wie על מנן nach Perles, Etymolog. S. 60. על איקי אני תובע בה „sollte ich umsonst, leichthin um sie freien?" Nein, ich will ihr erst viel Gutes erweisen. Midr. Schir: אל איקי אני נותן לכם את התורה „so leichthin sollte ich euch die Thora geben? Nein, bringt mir erst Bürgen." De Lara hat es richtig erklärt. Auch im Syr. kommt es vor: Matth. V, 22: ὁ ὀργιζόμενος τῷ ἀδελφῷ αὐτοῦ εἰκῇ gibt der Syrer mit: מאן דנרגז על אחוהי איקא wieder.

אירום, ἰός, virus, Gift. Waj. r. § 16 f. 159ᵃ. Echa r. s. v. כארם הזה של עכנא סורו טמא f. 68ᶜ; (in Pes. Wattomer f. 132ᵇ כהדין כריסה, von Buber berichtigt in כהדין אריסה).

איירינון, εἰρίνεον, von Wolle. Est. r. s. v. חור f. 102ᶜ (Levy).

אכאטים, ἀχάτης, Achat, ein Edelstein. Schem. r. § 38 f. 138ᵃ.

אכזריאל versetzt aus אכרזיאל (von κηρύσσω), der ausrufende Engel. Deb. r. § 11 f. 263ᵃ. Vgl. Zunz, Synagogale Poesie 467.

אכימן, ὀξύ, schnell. Waj. r. § 30 f. 174ᶜ: אמר ליה אכימן לא אשתייר

מכל דקפחית; nach Aruch. Das Wort fehlt in d. Ausgg. (Levy).

אכסדיא, σχεδία, Floss; Sifra Mezora 14, v. 34: בבית ארץ אחוזתכם § 5 פרט לבית בנוי בספינה ובאכסדיא.

אכסדרה, ἐξέδρα, Halle, bedeckter Gang vor dem Hause; Sifre 5. B. M. § 194; § 229.

אכסיומא, ἀξίωμα, Verlangen, Wunsch, Erbetenes. Sch. t. ψ 6 in אנסיומא corrprt.; das. 4, 102. (De Lara.)

אכסיום, Ber. r. § 46 f. 45^{c}: תרגום עקילס אכסיום (ואנקום), von Kohut berichtigt in אסכירוס, ἰσχυρὸς, stark.

אכסימרין s. **אנסטרין**.

אכסיריא, ἐξορία, Verbannung; Waj. r. § 18 f. 161^{d}; es muss aber אכסוריא heissen, wie auch Aruch in der Stelle liest, und wie auch im Syrischen אכסוריא vorkommt (Barhebr. und Ephr. in II, Sam. 14, 2, De Lara).

אכסן, Denomin. von אכסנא, gastlich aufnehmen, ξενόω; Nithp. נתאכסן, ξενοῦμαι, gastlich aufgenommen werden, als Gastfreund weilen. Sch. t. ψ 116 נתאכסן אצל בע"ה.

אכסנא, אכסנאי, ξένος, Fremder, Gast. Ber. r. § 50 f. 50^{a}. Pesikta Schor f. 78^{a} (Waj. r. § 27 f. 171^{d}; Tanch. I Emor § 17; Tanch. II Emor § 12). Auch die syr. Hexapla Hiob 31, 32 übersetzt גר mit אכסניא; vgl. auch Barhebr. Chron. Ephr. in Genesin: בפרצוף אכסנא „unter dem Scheine von Pilgern." Waj. r. § 34 f. 177^{d}.

אכסניא, ξενία, gastliche Aufnahme, Gastfreundschaft; Herberge; auch collectiv für: Gastfreunde, Fremde. Sifra Behar § 1, 1 הגרים עמך לרבות את האכסניא. Schem. r. § 4 f. 106^{c} שמסר נפשו על האכסניא שלו (Wirthin); Echa r. s. v. חד מאתינם Nr. VI f. 52^{d} בר נש אכסניא; Tanchuma I Wajeze § 32 Ende: וכשיצא לאכסניא „und als er in die Fremde zog." Schem. r. § 35 f. 133: אכסניא נעשו (עשו) לבני במצרים; In Bem. r. § 1 f. 182 ist in: כאן אני בונה כם נאה nach Tanch. I u. II Bemidb. § 2 כם נאה zu berichtigen in אכסניא, ebenso einige Zeilen weiter unten ist in בו אני בונה כנסיה das Wort כנסיה zu berichtigen in אכסניא. In Mechiltha Schira § 4 f. 45^{b}: מלך ב"ו עומד במלחמה אינו יכול לזון ולא לספק אכסניות לכל חיילותיו: muss אכסניות berichtigt werden in אפסניות (Nahrungsmittel, Sold), stipendium; ebenso einige Zeilen weiter muss es heissen ומספק אפסניות לכל באי העולם; s. Sachs. I, 171.

אכסרה, ἐνσχερῷ, in Bausch u. Bogen. Sifra Bechukk. § 4, 10. S. Kohut. Vgl. auch Demai 2, 5 und Maaser sch. 4, 2 und R. Obadias Erklärung zu אכסרה.

אכרוב = כרוב, κράμβη Kohl. Bem. r. § 7 f. 195^{b} גינה אחת מלאה אכרוב; (Levy).

אכרמוניא, Καρμανία, Karmamia, Provinz am pers. Meerbusen. Sch. t. ψ 19 s. v. בכל הארץ יצא קום. Siehe Kohut. In Jalkut steht dafür בריטניא.

אלא, ἀλλὰ (ebenso im Syr.), aber.

אלבנא, in Midr. Schir s. v. אעלה בתמר f. 31^{b} מן תלת אילנין אלבנין un-richtige Lesung und dieselbe ist nach Jalkut ψ 92 und Bem. r. § 3 f. 186^{b} zu berichtigen in מן תלת אנבובין; (in Bem. r. steht אנבונין irrig) ebenso ist in Midr. Schir daf. באתריה צווחין לאלבנייא סנסנייה das Wort לאלבנייא zu berichtigen in לאנבובייא. Ebenso ist in Sch. t. ψ 92 מנ׳ אכוכלין nach Jalkut in משלשה אנבובין zu berichtigen. Denn אכוכלא ist nicht die Frucht der Palme. Vgl. Teruma 11, 14. Ukzin 1, 6 und Chullin f. 67[b]; also אנבובא = סנסן oder Zweig. In Midr. Sch. s. v. אעלא f. 31[b] הדא תמרתא כדלא עבדה כלום לא פחיתא דהיא עבדה מן תלת אילנין אלבנין.

אלווס, ἀλόη (Aloeholz, Agalloche; Ber. r. § 15 f. 15[d].

אלון, ἄλλον (Accusativendung für Nominativ), ein anderer, ein zweiter. Ber. r. § 81 Ende: אלון בכות רשב״נ אומר לשון יוני הוא אלון אחד (אחר). Ähnlich Tanch. I Wajischl. § 26; Koh. r. s. v. טוב ללכת f. 86[b]: אלון תרי, ebenso Pesikta Sachor f. 24[a] אלון תרי, welches Buber berichtigt hat in אלון חורי, ἄλλον heisst: ein anderer, die folgenden Worte ובכה ב׳ בכייות an beiden Stellen sind Glosse. Ber. r. § 60 f. 59[b]: הלוה בא: רבנן אמרי הוא ופלסונו הלוה בא אלון זה d. h., wie die Rabbinen sagen, er und sein Schutzgeist (φυλάσσων); das ist ein Anderer."

אלונטית, λέντιον, linteum, ein leinenes Tuch zum Abtrocknen beim Baden. Ber. r. § 80 f. 79[a] (De Lara).

אלופסין, λυπηθεὶς, betrübt. Tanch. I Mikkez § 15 f. 101[a]: וישב לו לביתו (בביתו) אלופסין.

אלטיכסייא, Ber. r. § 8 f. 9[a]: מה אתה מבזה תכסים אלטיכסייה שלך: תעלה אמת מן הארץ הדא דכתיב אמת מארץ תצמח. Für אלטיכסייא hat Jalkut zu Ps. 85, 12 אלטמסין; jedoch Aruch hat die erstere Lesung; vielleicht wäre zu lesen: מה אתה מבזה תכסים אלטיא ספרגידא שלך „was verachtest du die Würde der Wahrheit, deines Siegels (σφραγίς)?" Auf diesen Gedanken brachte mich die Note von Matten. Keh. חותם: שחותמו של הק״בה אמת denn die Erklärung Mussafia's: „würdige Wahrheit" ist doch ungenügend; und dann wäre noch שלך überflüssig.

אלטין, ἐλάτινος, vom Fichtenbaum; Fichtenholz. Tanch. I Teruma § 9 f. 48[a] (T. II das. § 9 f. 110[a]). (De Lara.)

אלטינון, Koh. r. s. v. מה שהיה הוא שיהיה f. 73[c] und Jerusch. Schabb. II, 3: dort heisst es: תחשים מה הן ר׳ יהודה אומר אלטינון in Jerusch. Schabb. ריה״א טיינון לשם ציבעו נקרא: es ist also entweder an beiden Stellen יינטינין, ἰάνθινον, veilchenfarbig (Hesych. ἴανθον ἄνθος καὶ χρῶμα τι πορφυρειδές) zu lesen, oder אלטינון, ἀληθινά, ächtpurpurfarben. Vgl. Sachs I, 131.

אליון, ἧλος, Nagel, Pflock; aber auch Hühnerauge; daher Pes. r. § 32 f. 54[c] (Sch. t. ψ 137) für Daumen gebraucht; ונתנו אליוני ידיהם לתוך פיהם ומרצצים אותם. Siehe auch Güdemann, Lexikon zu Friedmann's Ausg. der Pes. r.

אלימא, Bem. r. § 18 f. 236[c]: מפני מה מי עינים מלוחים שבזמן שאדם בוכה על המת בכל שעה מיד הוא מסתמא אלא על שהן מלוחים פוסק ואינו בוכה: מפני מה מי אזנים שמנים שכשומע אדם שמועה קשה א ל י מ א ת ו פ ש ה באזניו מ ת ק ש ר ת ומת: מתוך שהם שמנים מכנים בזה ומוציא בזה: מפני מה מי החוטם סרוחים שבזמן שאדם מריח ריח רע אלימא מי החוטם סרוחים שמעמידין אותו מיד מת מפני מה מי הפה מתוקין פעמים אוכל אכילה ואינה מתקבלת בלבו אם אין מי הפה מתוקין אין נפשו חוזרת. Die gesperrt gedruckten Worte sind unverständlich. Beachtet man aber, dass die eigentümliche Beschaffenheit der Feuchtigkeit im Auge, in der Nase, im Munde dazu dienen soll nach dem Midrasch, eine Blindheit oder den Tod fernzuhalten: so wird das Ähnliche auch bei der Beschaffenheit der Feuchtigkeit der Ohren der Fall sein; auch hier soll eine lebensgefährliche Krankheit ferngehalten werden; ich vermute daher, dass anstatt אלימא תופשה באוניו מתקשרת zu lesen sei אכזימא תוססת באוניו ומתקשה; „würde ein ἔκζεμα, ein Geschwür aufgären in seinen Ohren, und sich verhärten, woran er sterben müsste." Die Änderung תוססת aus תופשה passt zu ἔκζεμα, dessen Stammwort ebenfalls bedeutet: brausen, sieden; auch מתקשה rechtfertigt sich durch den Zusammenhang, wärend מתקשרת einfach keinen Sinn gibt. Statt אלימא מי החוסם ist offenbar אילמלא מי החוסם zu lesen. Die Erklärung von Levy: „wenn es (was?) seine Ohren ergreifen würde, so würde es sie betäuben" ist ganz unbegründet und dabei unbefriedigend. Seit wann heisst אלימא „wenn"? und im nächstfolgenden Satz soll nach ihm אלימא „wenn nicht" heissen; seit wann heisst מתקשר „Jemand betäuben"? Die Stelle steht mit einigen unbedeutenden Veränderungen, z. B. statt אלימא steht beide Male אילמלא in Tanch. II Chukk. § 1. Tanch. I Ch. hat das erste Mal אילמלא, das zweite Mal אם לא. Das Wort אכזימא ἔκζεμα war später den Abschreibern unbekannt, daher die Änderung. Dies Wort ἔκζεμα war wie heute noch ein medicinisch-technischer Ausdruck, und war als solcher in die Umgangsprache der im griechischen Reiche Lebenden, daher auch in den Midrasch, gedrungen, wie heute z. B. die Wörter: Diphtheritis, Neuralgie, Podagra u. s. w. gebräuchlich sind.

אליקי s. unter איקי.

אליתא, ὄλυνϑος, eine Art Feigen, die den Winter über wachsen und selten reif werden, daher Ber. r. § 15 f. 16[b] das Wortspiel ברת אליתא דאסטיית אליתא לעלמא.

אלכסנדרא, ᾿Αλέξανδρος, Alexander. Waj. r. § 32 f. 176[c] (Midr. Schir s. v. גן נעול f. 24[a]).

אלכסנדרוס, wie das Vorige; Pesikta Schor f. 74[a] (Tanch. Emor; P. Schor; Waj. r. § 27 f. 170[d]; Ber. r. § 33 f. 31[d]); Ber. r. § 23 f. 23[e].

אלכסנדרי, der Alexandriner, aus Alexandria. Sifra Bechukkothai § 25 לוליינוס אלכסנדרי, Julianus aus Alexandria; 2. = אלכסנדרא, Alexander. Pesikta Schmini Azereth f. 193[b] ר' אלכסנדרי.

אלכסנדריאה, Alexandria, die von Alexander M. an der Stelle des ehemaligen Rhakotis erbaute Hauptstadt Ägyptens. Pesikta waihi bachazi f. 65[b] (u. Pes. s. § 17 f. 32[a].) Midr. Schir s. v. מי זאת f. 18[a]; Echa r. s. v. היו צרריה f. 55[c].

אלנסטי, ἑλληνιστὶ, in griechischer Sprache, Tanch. I Wajesch. § 26; Tanch. II Zaw f. 7[a].

אלסטרוס, Ber. r. § 37 Anf. Jer. Megilla I, f. 716 unten u. Th. Jer. II zu 1. B. M. 10, 3, Übersetzung von אלישה ותרשיש, muss heissen an allen jenen Stellen wie der Paris. Codex des Ber. r. hat (vgl. Grünwald, in Hammechakker I, 172). אלס וטרסוס, Αἴολος καὶ Τύρσηνος, Äolus und Thyrsenus (Stammväter der Äolier und Tyrsenier). (Knobel.)

אלפא, ἄλφα, der erste Buchstabe in der hebräischen, syrischen und griechischen Buchstabenreihe, daher: das Vorzüglichste: אלפאביתין, Gedichte mit Versanfängen nach der Buchstabenreihe. Echa r. Einlt. f. 49[b]; Echa r. s. v. שרתי f. 54[a] קינות אלפא ביתא; das. s. v. רוח אפנו f. 68[d]; Midr. Schir f. 3[a].

אלפביטא, plur. אלפביטרין (griech.) Gedichte, deren Versanfänge der Buchstabenreihe folgten. Ruth r. s. v. ליני f. 42[a] (Koh. r. s. v. טוב אחרית f. 87[a]); Midr. Schir s. v. ונתתי את לבי לדרוש ולתור f. 74[a].

אלפס = **לפס**, λοπάς, Schüssel. Ber. r. § 1 f. 4[c] (Waj. r. § 36 f. 180[b]) כאלפס וכיסויה. (De Lara.)

אלקפרא s. **אקלפרא**.

אלריא, ἱλαρία, Heiterkeit. Midr. Schir s. v. כמגדל דוד f. 20[c] ולא היו עומדין באלירא (באלריא) אלא ביראה ורתת; 2. = τὰ ἱλάρια, Freudenfest. Pes. Schemini Azer. f. 193[b]: למלך שבאת לו שמחה וכל ז' ימי המשתה מטרונה מרמזת לבני פלטין ואומרת להן עד שהמלך עוסק באלריא שלו שאלו צרכיכם; insbes. ein Freudenfest der Römer zur Zeit der Tag- und Nachtgleiche im Frühjahr. Es gab private und öffentliche Hilaria, letztere z. B. solche, welche der neuproklamirte Kaiser anordnete. Marquardt, röm. Staatsverwaltung III, 373 Anm. Auf dieses spielt unsere Stelle an.

אלתוסברא, ἀληθωσοβῆρα, ächtpurpurfarbene Gewänder, wie ὁλόβηρα; solche Zusammensetzungen aus lateinischen und griechischen gleichbedeutenden Wörtern sind in den Zeiten der Sprachmischung der Kaiserzeit nichts Seltenes; wie ἀληθῶς und verum, so χειρομανίκιον aus χείρ und manus, Handfessel. Sachs I, 130. Ducange. Sch. t. ψ 15: ממגור זה אלתוסבראות. Viell. ist אלתנובראות, ἀληθινόβηρα zu lesen. Das Gegenteil davon ist ψευδοαληθινά, s. Ducange. Bei Const. Porphyrog. II, 121 in der Form ἀληθινάερα; Reiske: vestes verae et ex veris factae.

אמאוס, Ἐμμαοῦς, Stadt in der Niederung (Schephela), berühmt durch ihre Heilquellen, daher חמת, daher das gräcisirte Emmaus. Koh. r. s. v. כי עושק f. 86[d]; das. s. v. חכמה f. 86[d] ist es in אמונים verdorben.

אמבונא, ἄμβων, Aufstieg, Berggipfel, Anhöhe. Waj. r. § 5 f. 149[b] nach Aruch und De Lara, כי הוה קאים אינש על אמבונייא דסדום, während unsre Ausgg. hier אילנייא lesen für אמבונייא.

אמבטי, ἐμβατή, Badewanne. Ber. r. § 10 f. 10[a]. Pesikta Sachor f. 27[a] (Pes. r. § 12 f. 20[b]); Tanch. I Tasria § 4 (T. II das. § 2). In Ber. r. § 68 f. 67[c] לאמבטי תחתונה zu berichtigen 'לבוטי ת, wie auch Aruch hat.

אמינטון, ἀμίαντος (Accusativendung für Nominativ), Amiant oder Asbest; er wird zur Anfertigung feuerfester Schnüre und Gewebe verarbeitet; Bergflachs; er kommt in verschiedenen Farben vor, grün, grau, weiss u. a. Ag. Ber. § 20 steht mehrmals irrig אמינאטון für אמיאנטון. Midr. Schir s. v. נפת f. 23[d] (Pesikta Beschall. f. 92[a] hat Buber nach der Parallelstelle Midr. Schir aus אמיטון, ebenso Deb. r. § 7 f. 260[a] aus אסימון und Sch. t. ψ 23, 2 aus הסימון berichtigt).

אמורים, אימורים, μηρία, die Hüftknochen, Lenden, Schenkel, die bei den Opferthieren mit dem Fett verbrannt wurden; dann übertragen auch auf diejenigen Opferteile, welche gegessen werden durften. Ber. r. § 56 f. 55[d]: כאילו אימוריו דיצחק. Die Erklärung Aruch's, das Wort komme von מר, weil sie die Herren, d. i. die vorzüglichsten aller Opferstücke seien, und als Anteil des Herrn auf den Altar kommen, ist von Rappoport widerlegt; aber seine Erklärung als „das Ersehnte" ἵμερος ist ebenfalls unbefriedigend. Die Erklärung Levy's von μοῖρα, „Anteil Gottes" stimmt ebenfalls nicht, da der Ausdruck „die Anteile" doch zu unbestimmt lautet, um sie als Anteile Gottes zu bezeichnen. Es freute mich, zu finden, dass ich mit Kohut, ohne vorher von seiner Erklärung zu wissen, übereinstimmte.

אמירה s. **איומם.**

אמיריא, אומירייה, ὁμηρεία, die Einstellung von Geiseln zum Unterpfand und zur Sicherheit; im Syrischen: המיריא; Echa r. s. v. רב ושמואל רב אמר בני אשפתו f. 65[a] „בני אופיכיה בני אמורים (אומיריא) Rab sagt: die (als Pfand) Zurückgehaltenen, die als Geisel Dienenden." In Est. r. s. v. שלשים ומאה f. 100[d]: ר' ברכייה אמר בני איכפית ובני אמוריי, zu berichtigen, wie oben; der Zusatz daselbst ורבנן וכו' sagt nichts Neues, von R. Berachia Verschiedenes, wie denn auch M. K. bemerkt, dass hier nicht entgegengesetzte Erklärungen gegeben werden. Nach Herodian III, 2 behielt Commodus die Kinder derer zurück, die er zu Statthaltern ernannte, um ein Pfand der Treue zu haben. Ebenso liess Severus, als er den Niger bekämpfte, alle Kinder von Statthaltern und sonstigen Beamten im Morgenland, in Rom aufgreifen, um an ihnen Sicherheit zu haben, dass die Väter es nicht mit Niger hielten. ורבנן אמרי בני אוכייפי (איפוכו) שהיו מרוצצין בארכיף (die letzten drei Worte sind eine Glosse), ובני אמוריי (אומיריא) שהיו תמורות של אבותיהן, (die vier letzten Worte sind wieder eine Glosse.)

אמלונין s. **אילונין.**

אמפורי, ἔμπορος, Seefahrer, Kauffahrer. In Ber. r. § 61 f. 60[b] ist לופרין nach Th. Jer. I zu 1. B. M. 25, 3 in אמפורין zu berichtigen.

אמפיליא s. **אנפיליא.**

אמפרטור, Ἰμπεράτωρ, Ἡμπεράτωρ, Imperator, der Titel, dem siegreichen Feldherrn vom Heere erteilt; i. J. 29 v. Chr. ward vom Senat dem Octavian der ständige Imperatortitel als Zeichen der unumschränkten Gewalt verliehen. Dio Cass. 52, 4. Seitdem ward es eine Benennung der Kaiser. Echa r. s. v. היו צריה f. 55[c] corrprt. ביבי מארי אפלטור, richtig bei Aruch und De Lara; ביבי דומיני אמפרטור vive, domine imperator! Diese lat. Worte kommen auch bei griech. Schriftstellern vor. S. Const. Porphyrog. de caerim. I, 75: Βήβητε, Δόμηνι Ἡμπεράτωρες, vivete, domini Imperatores. Tanch. I Mikkez in אמנה רטוק, nach Tanch. II Mikkez f. 51[a] אמפורטיר in אמפירטור zu berichtigen. S. Buber.

אמצע, *μέσον*, Mitte. Ber. r. § 81 f. 79[b]; auch im Syr.; s. Syr. Hexapla II. Kön. 2, 11. Ephräm.

אמרה, ἀμαυρὸς, dunkel, düster. Ber. r. § 42 f. 41[a] nach Aruchs Lesung: אמרפל לשון חשך אמרה אפילה (כמו חשך ואופל); unsre Ausgg. haben: שהיתה אמירתו אפילה דאמרי ואפלי בעלמא דאמרי ואפלי באברהם „Amafel bedeutet dunkel; ἀμαυρὸν und אפילה. In uns. Ausgg. ist jedenfalls שהיתה אמירתו אפילה falsche Lesung. Das Folgende biesse: er hat Dunkel gebracht (ἀμαυρόω) und Düsterkeit in die Welt; er hat Dunkelheit gebracht (ἀμαυρόω) und Düsterkeit über Abraham.“ Siehe auch Levy.

אנבטא, ἀνάβαθρον, Aufstieg, Stufe, Treppe. Schem. r. § 12 f. 111[d].

אנגרוטינא in Ber. r. § 64 Ende, corrprt. aus ארנונא = אנונא als Erklärung von והלך (in Esra 4, 13). Nun wird in B. bathr. 8[a] dies הלך mit אנונא erklärt. In Est. r. Anf. 99[c] wird הלך mit אנגריא umschrieben; auch an dieser Stelle muss es nach B. b. 8 berichtigt werden in אנונא.

אנגרבטוס, soll heissen אנגרבטים, ἀγγαρευτής, Postbeamter, der an seiner Station die Pferde oder Maultiere sammt Wagen für den kaiserlichen Dienst und für die berechtigten römischen Staatsbeamten bereit zu stellen hatte, nachdem er sie von den Einwohnern requirirt hatte. Diese Postbeamten waren auch beauftragt, wichtige Nachrichten zu sammeln und der Behörde anzuzeigen, wie die späteren Curiosi, z. B. über im Ausland geplante Kriege, über angezettelte Verschwörungen; s. Procop. Anecd. 30. Sie waren gefürchtete und verhasste Spione und Angeber, und dienten auch als Häscher zu Aufspürung und Verhaftung verdächtiger Personen (Madwig, Verf. u. Vwlt. des röm. Staates II, 742). Dies Alles geht auch aus vorliegender Stelle hervor, daher wird Simon ben Elasar, der in Pesikta Beschall. f.92[b] als ernannter אנגרבטים bezeichnet wird, das. f. 91 als „ernannter“ ארטל ליפרון (ארכיליפטיר), Oberster der Häscher, ἀρχιληπτὴρ erwänt; (vgl. auch B. M. f. 83[b]). Unsre Stelle Pesikta Beschall. f. 92[b] ist vielfach im Texte corrumpirt. Anstatt: ר"א בר"ש אתמני אנגרבטוס הוה מפיק עובדא muss es heissen: ר"א בר"ש אתמני אנגרבטים הוה מפיק בעירא. „R. Elasar b. R. Simon ward zum Postbeamten ernannt, und musste die Zugtiere erheben (requiriren)“; viell. ist מתקן zu lesen für מפיק: „er hatte die Zugtiere bereit zu stellen.“ Levy ändert mit Unrecht אנגרבטוס in אנדרכטים, welches er „Lastträger“ übersetzt (ἀνδραχθής), welche Bedeutung ἀνδραχθής gar nicht hat. Einige Zeilen weiter heisst es: כיון דאכל ושתה א"ל כל הדא טריפתא להן לך לא טב לך צייר אומנתהון דאבהתך. Dies übersetzt Geiger in der Recension von Bubers Pesiktahausg. Jüd. Ztschr. VI, 193: „Alles was er gegessen, seien verbotene Speisen, die dir nicht ziemen“ (לא טב לך). Es ist vielmehr כל הדא טריפתא להן לך zu berichtigen in כל הדא חריפותא אית בך „alle diese Geschicklichkeit besitzest du; wäre es dir nicht besser, das Geschäft deiner Väter zu ergreifen?“

אנגריא, *ἀγγαρεία*, der Dienst der Postkuriere im persischen, und später im römischen Reiche; die Verpflichtung der Einwohner, Wagen und Zugthiere für den Dienst des Staates zu stellen; daher Vorspannpflicht, und im weiteren Sinne: Frohndienste; die *ἀγγαρεῖς* hatten auch die Pflicht, Nachrichten über gefährliche Unternehmungen und Pläne gegen den Staat auszukundschaften, und den Behörden anzuzeigen; sie hiessen auch agentes in rebus, später frumentarii, seit Diokletian: Curiosi. — Nedar. f. 32ª מפני שעשה אנגריא בת"ח, d. h. „weil er sie zum Kriegsdienste gezwungen." Waj. r. § 13 f. 166ᵈ אע"פי שהן נגבין אונניות (אנוניות) ואנגריות „obgleich man Lieferungen (an den Hof des Prätors oder Proconsuls) und Vorspannleistungen von ihnen erhebt"; Tanch. I, Naso § 18. (T. II das. § 10. Bem. r. § 11 f. 212ᵈ) באנגריא ובבהלות „mit Zwang und in Eilfertigkeit." Tanch. I Schoftim § 33 (T. II das. § 9); Waj. r. § 12 f. 155ᵈ (Est. r. P. 5 f. 105ᵇ) שמעון אנגריא במדינתא ואזלון למחמי מה קלא במדינתא ...... „sie hörten, dass Postkuriere in der Stadt seien...... Da gingen sie, um zu sehen, was es für Neuigkeiten in der Stadt gebe." Levy übersetzt irrig: „sie hörten, dass eine Güterconfiskation im Staate vorgenommen werde;" nun hat aber אנגריא niemals die Bedeutung „Güterconfiskation," und מדינה heisst in der Midraschsprache meistens: „Stadt"; Sch. t. ψ 102: אברהם לא עשה את המצות באנגריא, „Abraham übte die Gebote nicht als Frohnleistungen, als gezwungene Lasten." In Midr. Pan. acher. II s. v. ויפקד heisst es: וכמה אינגריות של נשים מכל מקום באו לדרשו „und wie viele Frauen von allen Orten gezwungen aufgeboten, kamen, um ihn zu suchen."

אנדרוגינוס, *ἀνδρόγυνος*, Zwitter. Ber. r. § 8 Anf. — Sifre 5. B. m. 215; Waj. r. § 14.

אנדרטא, *ἀνδριάς*, Bildsäule. Schem. r. § 27, f. 125ª; auch אנדריאנטוס Schem. r. § 51 f. 143ª; das. § 27 f. 125ª אנדרואנטיא; in Sch. t. ψ 114 in אדריינוס corrprt.

אנדרולומוסיא, *ἀνδρολυμασία*, Hinraffung der Menschen, Niedermetzelung. Ber. r. § 26 f. 25ᵈ (das. § 32 f. 31ᵇ in דרולומוסיא corrprt.); Waj. r. § 23 f. 167ª; Bem. r. § 9 f. 203ᵇ. Tanch. I Bem. § 32. (Bem. r. § 5 f. 192ᵇ. Tanch. II Bem. § 26).

אנונא, **אנונס**, *ἀννώνα*, annona, auch im Syr. אנונס, Portion an Lebensmitteln; Ber. r. § 87 Ende nach Aruchs Lesung אני חותכת אנונא שלך; während in unsren Ausgg. אנונא שלך durch die Glosse פרנסה שלך verdrängt ward; Schem. r. § 41 f. 136ᵇ לחלק להם אנוניות, ferner das.: פוסק אנוניות שלהם; Waj. r. § 10 f. 153ᵈ עשרים וארבע אנונס; das. § 18 Ende. ב"ו נותן אנונס: .... והקב"ה נותן אנונס Midr. Schir. s. v. הגידה 2. Anfg. die an das Heer, sowie an den Statthalter und dessen Beamte zu liefernden Lebensmittel als Vieh, Wein, Brod, Mehl, Öl etc. S. Marquardt, röm. Staatsverwaltung II, 224. — Ber. r. § 64 Ende, והלך אנגרוטינה corrumpirt aus: והלך ארנונא; auch in B. bathr. 8ª wird הלך (Esra 4, 13) mit אנונא erklärt; auch in Est. r. Anfg. f. 99ᶜ ist ארנונא in אנגריא

corrprt.; auch dort soll es Erklärung für הלך sein. Sch. t. ψ 104 v. 26 (האנוניות) אלו האומות שמכתיבין עלינו בכל יום; vgl. Jalkut. 3. In der byzantinischen Kaiserzeit ist ἀννῶνα der Ausdruck für die aus dem kaiserlichen Hofstaate den dazu Berechtigten zukommenden Diäten (Sachs I, 15: δύο μόνοι τοῦ δεσπότου ἀννωνεύονται καὶ ὁ τῆς Αὐγούστης (sc. ῥεφερενδάριος)· οἱ γὰρ ἄλλοι πάντες δίχα ἀννωναρίων εἰσίν. Const. Porphyrog. de cerim. p. 392, von Sachs citirt. Bei Land Anecd.: leg. secul. ist אנונס Grundsteuer. Daselbst wird die annona genannt מדאתא דמלכא דאיתיה אנונס. Ber. r. § 47 f. 46[b]; Deb. r. § 6 f. 258[d]; Tanch. II Mischp. § 5. נתת לאסטרטילטים אנונה אא"כ נטל זיינו שלו. 2. „Gibst du dem Oberfeldherrn seine Besoldung, wenn er sein Schwert nicht anlegt?" ebenso wenig kann man die Thora erlangen ohne die Circumcision. Levy s. v. אנונה liest hier irrig אגונה: „würdest du dem Feldherrn die Kriegsführung anvertrauen, bevor er seine Waffen angelegt hat?" Aruch s. v. אסטרטינוס bezeugt die Lesung אנונה, was auch allein dem Zusammenhang entspricht; ausserdem heisst ἀγὼν niemals Kriegführung, sondern nur: Wettkampf, Kampfspiel, scenische Aufführung; und ebensowenig ἀγωνία = Kriegführung. Das Wort kommt auch in der Form ארנונא vor, vgl. בהמת ארנונא. Pesach. f. 6; Pesikta Schekal. f. 11 אייתי גלגלתיך אייתי דימוסיך אייתי ארנוניך; „bringe deine Kopfsteuer, bringe deine Grundsteuer, bringe deine Lieferung (Contribution): s. דימוסיא; ferner, Midr. Schir. s. v. יונתי f. 15. ודימוסיות וארנוניות, dieselbe St. in Tanch. I Noach § 15, T. II das. § 10. In Est. r. s. v. שתר ist על אטנס zu berichtigen in על אנונס; s. Sachs I 35.

אנטוכיא, Ἀντιόχεια, Antiochia; so hiessen mehrere Städte Asiens, insbes. Antiochia am Orontes, Hauptst. und Residenz der Seleuciden, von Seleukus 301 v. Chr. erbaut; nach dem Anwachsen der Bevölkerung ward noch eine zweite Stadt dazu erbaut, von Seleukus II eine dritte, und von Antiochus Epiphanes eine vierte Stadt, welche, jede von der anderen, durch eine Mauer getrennt, aber durch eine gemeinschaftliche äussere Mauer vereinigt, daher sie auch Tetrapolis (Vierstadt) hiess. In Midr. Schir f. 33[c] und Sota f. 33[a]: נצחו טלייא דאזלו לאגחא קרבא באנטוכיא steht באנטוכיא, soll aber heissen באנטיוכוס, da die Söhne Johanans nicht die Stadt Antiochia belagerten, sondern den König Antiochos bekriegten; vgl. Josephus, alte jüd. Gesch. XIII, 10, 2. 3. Später sah ich, dass schon Derenbourg, Hist. de la Palestine S. 74 Note 1 diese Verbesserung vorgenommen. 2. Als bedeutendste Stadt auch für das ganze Syrien gebraucht. S. Schwarz, das heil. Land S. 7. Ber. r. § 19 f. 19[a]: חולת אנטוכיא, der Umkreis von A.; Waj. r. § 5 f. 149[b]. חמת של א', Hamath in Antiochia, d. h. in Syrien; דפני של א', das zu Antiochia gehörende Daphne; Bem. r. § 2 f. 184[a].

אנטונינוס, Antoninus, Eigenname mehrerer römischen Kaiser, namentlich nannte sich so nach

Antoninus Pius und Marcus Aurelius Antoninus, auch Bassianus oder Caracalla. Entscheidend für die Lösung der Frage nach dem im Talmud u. Midrasch mit Rabbi befreundeten Antoninus ist die Stelle Mechiltha Schira s. v. יאכלמו כקש verglichen mit Dio Cass. 17, 22 und 51, 17. Siehe, Fürst, „Antoninus u. Rabbi" im Magazin für die Wissenschaft des Judenthums 1889. In Mechiltha besch. f. 30[a] nach der richtigen Lesung von Jalkut, erzält Rabbi, dass Antoninus, wenn er das Richteramt bis in die Nacht ausgeübt hatte, selbst die Lampe seinen Söhnen vorangetragen. Es scheint, dass man später über die Persönlichkeit des mit Rabbi befreundeten Antonin nicht mehr genaue Kenntniss hatte, u. daher gerne den Antoninus Pius darunter verstand. Bei diesen mündlichen Traditionen konnte ja von geschichtlichem Sinn keine Rede sein. In Midr. Koh. s. v. יש רעה f. 110 scheint אנטונינוס ועירא בר בריה דאנטונינוס רבה Caracalla, Sohn des Septimius Severus zu sein. Es scheint demnach der mit Rabbi befreundete Kaiser Antonin, Sohn des Severus, der Kaiser Antoninus Caracalla, Sohn des Septimius Severus, und unter Rabbi scheint in den betr. Stellen nach Grätz R. Juda II gemeint zu sein. Ber. r. § 75 f. 74[b]; das. § 67 f. 66[c]; in Koh. r. s. v. כל אשר f. 92[a] corrprt. in אנטלימוס; das. s. v. יש רעה f. 94[b]; öfter auch אנטולינוס geschrieben. 2. Eigenname des Grossvaters des Kaisers Antoninus Pius, des Proconsuls v. Asien. Arrius Antoninus, praeses (ἡγεμὼν). Jer. Sanh. I f. 19[c] אנטונינוס הגמון שאל את ר' יוחנן בן זכאי in Bem. v. § 4 f. 189[a] corrp. in הוננטים הגמון, Bechor. f. 5[a] in קונטריקוס השר corrprt., welche Stelle Jalkut mit ק' הגמון, und Thossaphoth zu Chullin 91[b] s. v. ק' הספסר mit קוביוסטים citirte; in Sifre 5. B. M. § 351: שאל אנניטוס הגמון es ist daher an allen diesen Stellen אנטונינוס הגמון zu lesen; und ist dieser Arrius Antoninus gemeint: 3. Name eines Tanna; Mechiltha Besch. § 1 f. 32[b]. Bacher, Agg. d. Tann. II, 551 liest in Mech. f. 30[a] u. f. 30[b] ר' אנטינוס.

אנטוס, אונטוס, ὄντως, in Wahrheit, Waj. r. § 33 f. 177[b]. Bem. r. § 15 f. 229[d]. In Tanch. II Noach steht dafür das hebräische האמת.

אנטופיטין, von R. Samuel im Agur citirt zu Jelamdenu Teruma: שני פרגמטוטין אחד בידו מטכסא וכו' אמרו זה לזה נעשה אנטופיטין; in Tanch. I Teruma § 1 steht dafür: אמר אחד לחברו מבקש אתה להחליף; in T. II Teruma § 2 בוא ונחליף ביני ובינך; es muss statt אנטופיטון heissen: אמיפסין, ἄμειψιν, Tauschhandel; in Tanch. hat die Glosse den Text verdrängt.

אנטיגרפא, ἀντιγραφή, Antwortschreiben. Ber. r. § 67 f. 66[c]. Bei Land Anecd. leg. sec.

אנטיגרפון, ἀντίγραφον, Abschrift. Est. r. f. 107; ebenso im Syr.

אנטידיקוס, ἀντίδικος, der Anwalt gegen Jemand. Ber. r. § 82 f. 80[b]; das. § 100 f. 99[d]. Pesikta Echa f. 122[b] (Deb. r. § 5 f. 257[a]); 2. Gegner, Widersacher. Agg. Ber. § 63; Est. r. § 3 s. v. ותמאן המלכה f. 104[b]: (אנטידיקוס) אנריתיקום של בית אבא. M. Abba Gor. hat dafür richtiger: קטדיקין של אבא „die

Verurteilten von m. Vater." Ag. Ber. § 23.

אנטיוכוס, Ἀντίοχος, Name mehrerer syr. Könige. Ber. r. § 23. Sch. t. Ps. 9.

אנטיפטא, ἀνθύπατος (auch in der syr. Bibelübs. Act. 13, 7), Proconsul, Statthalter in den senatorischen Provinzen des röm. Reiches; auch für Consularis im späteren Sinn gebraucht. Koh. r. s. v. שלח f. 95. Das. s. v. עת לבקש f. 77[d] wird der Statthalter in Cäsarea, der sonst den Titel Praeses oder Procurator (grich. אפיטרופוס הגמון) führte, als אנטיפטא bezeichnet. Auch der Consularis wird griechisch nicht nur mit ὑπατικὸς, sondern auch mit ἀνθύπατος übersetzt. Dio 53, 13. In der byzantinischen Zeit stand, wie die Notitia Dignitatum ausweist, Palästina unter einem Consularis, der dem Comes Orientis unterstellt war. In Midr. Koh. s. v. ויתרון ארץ f. 83[a] (f. 97[a]): ר"א הוה יתיב על בית הכסא אתא חד רומא ואקימיה. Die Parallelst. Jer. Schabb. VI, 9 lautet ר"א עאל לפוגייה אתא אבטיונא דרומאי ואקומיה. R. Samuel Gama hat für אבטיונא die Lesung אפטונה; es ist an beiden Stellen zu lesen אנטיפטא, welches im Midr. K. ausgefallen ist. Auch der Prätor in den cäsarischen Provinzen führte den Titel praetor legatus Augusti pro consule.[1])

אנטיפטרים, manchmal in אנטיפרס corrprt., Ἀντίπατρις, Antipatris, eine Stadt in Judäa, ehemals Kefar Saba, im Geb. Efraim, von Herodes gegründet und nach seinem Vater Antipater so benannt. Midr. Schir s. v. הנך יפה f. 11[d] und das. s. v. נפת תטפנה f. 23[c]. Koh. r. s. v. בבקר זרע f. 96[d]. Es lag an der Grenze zwischen Judäa und Galiläa. S. Gittin f. 76. In Ber. r. § 61 f. 59[d], wo aber statt מעכו ועד אנטיפרס zu lesen ist nach d. Parallelst. מנבת ועד וכו'. Ein andres Antipatris, Midr. Mischle zu c. 9 v. 2 erwänt, lag in Galiläa.

אנטיקיסר, Stellvertreter des Kaisers. Ber. r. § 53 f. 53[a] מלך יריחו אחד מה ת"ל אחד הוא ואנטיקיסר שלו, der Name scheint seit der Zeit, da seit Diocletian der Titel Caesar קיסר den Rang nach dem Augustus bezeichnete entstanden zu sein, wie Constantius Chlorus und Galerius bis nach Diocletians und Maximians Rücktritt nur den Titel Caesares führten; um nun durch das Wort קיסר nicht ein Missverständniss hervorzurufen, scheint vielfach für diess Verhältniss das Wort Ἀντικαῖσαρ, אנטיקיסר im gewöhnl. Gebrauch aufgekommen zu sein. Ber. r. § 83 Ende: ומלך בבל אנטיקיסר שלו היה יושב ביריחו; hiernach ist Midr. Schir s. v. כרם היה zu berichtigen. Tanch. I Wajeze § 19 f. 78[b] וכי אנטיקיסר של הק"בה אני. Ebenso im Syr. Siehe Land Anecd. III. de Justiniano, p. 255.

אנטלא, ἀντλίον, Schöpfgefäss. Waj. r. § 34 f. 178[c]. Ruth r. s. v. ותאמר לה חמותה f. 41[b]. (De Lara).

אנטנא, ἰάνθινα, violettfarbige Kleider. Sch. t. ψ 15.

אנינסקין s. **מוסיקין**.

אנטרי, ἄντρον, Höhle. Pes. r. § 24 f. 44[a] ר' ינאי ור' יונתן הוו מטיילין באנטרי. In Jalkut I § 297

---

1) ὀπτίων, optio, Gehilfe, Adjutant, wie Perles annimmt, kann es nicht sein, weil man zwar sagen kann: Adjutant des . . . ., aber nicht wol: ein Adjutant der Römer.

steht dafür ר' ינאי ור' יונתן הוו יתבין ohne באנטרי, u. dies scheint richtiger zu sein.

אנך, ὄνυξ, Onyx, ein Edelstein. Pes. r. § 21 f. 38[b] אנך אין אתה עומד במומיו; anst. במומיו liest Friedmann richtig בטימיו.

אנליפתין bei R. Samuel im Agur citirt Midr. Ruth § 3: ר'מאשא בר בריה דריב"ל נשתקע בחולי אנליפתין נ' ימים; in unseren Ausgg. fehlt das Wort אנליפתין; ist nach Buber (das. Note 120) in אפיליפתין zu berichtigen, ἐπίληπτος von der Fallsucht ergriffen: „war von der Krankheit der Fallsüchtigen ergriffen."

אננקי, (auch im Syr. s. syr. Bibelübs. Matth. 18, 7), ἀνάγκη, 1. Zwang; Tanch. I Told § 24, 2. Not, Bedrängniss; Schem. v. § 5 f. 106[d]. (Midr. Schir s. v. מי יתנך כאח f. 23[b]); Midr. Schir Anf. f. 3[d] (Koh. r. s. v. אני קהלת f. 74[a]); Ber. r. § 12 f. 13[c. d] בולוס אננקי: אהל אננקי, notdürftig, für den augenblicklichen Gebrauch. Auch Ephräm in Jesai. 5 hat אנקתא דמסכנא, „die Not der Armen"; Ephr. in I. Sam. 21, 9: Notwendigkeit.

אנפוריא, ἀναφορά, Berichterstattung, Bericht, Verzeichniss, Liste. Pesikta Schekal. f. 18[b] (Pes. r. § 11 f. 16[d] verschrieben in אפונראות [pl.]; Bem. r. § 2 f. 184[c]); in Tanch. II Schlach c. § 15 steht irrig אנפראות für אפוכיות s. auch Buber zu S. I Schl. l. Note 141.

אנפוריה, ἐμπορία, Waaren. Sch. t. ψ 118, 20. Kohut.

אנפילונוס, ἀμφίλογος, zweifelhaft. Koh. r. s. v. אי לך f. 95[a]: והתחיל אנפילונוס בחכמתו; „und er begann, zweifelhaft zu werden an seiner Weisheit." Levy übs. unrichtig: „der Streitsüchtige fing an mit seiner Weisheit." Das Subjekt ist: „er:" (Salomo).

אנפיליא, **אמפיליא**, ἐμπίλια, Filzsocken. Ber. r. § 61 f. 60[b]. (De Lara).

אנפקינין, ὀμφάκινον, Öl von unreifen Oliven. Sifre 5. B. M. § 355 s. v. יהי רצוי אחיו; (Ber. r. § 98 f. 96[d] s. v. והוא יתן מעדני מלך; Bem. r. § 10 f. 206[c] (Waj. r. § 5 f. 149[b]) שמן אנפקינון; ebenso Midr. Schir s. v. אתי מלבנון f. 22[d]. (De Lara). S. Plin. h. n. 12, 60.

אנקום s. **אקוום**.

אנקליטין, ἀνάκλησις, Berufung, Appellation an ein höheres Gericht. (De Lara). Ber. r. § 49 f. 49[a] שאין לך מי שיתלה לך אנקליטין; Koh. r. s. v. אין שלטון f. 90[a]: אין מי שיתלה אנקליטין; nach der Parallelst. Deb. r. § 9 f. 261[b]; dafür אין ... יכול ליתן לפניו אנקליטין, zu berichtigen: „Niemand kann gegen ihn Berufung einlegen;" Tanch. I Tasria § 9 (T. II Tasr. § 7; nur ist hier שלא ירננו עליו אונקליטין nach T. I das. שלא יתלו עליו אנקליטין zu lesen). Viell. wäre אנקליסין zu lesen für אנקליטין.

אנקלימא, **אנקלימין**, ἀνάκλημα, Berufung an ein höheres Gericht, Appellation. Koh. r. s. v. אין שלטון f. 90[a]: אין מי שיתלה אנקליטין (צ"ל אנקלימה) אין מי שיאמר אנקלומה; ebenso Deb. r. § 9 f. 261[a] אין אדם יכול ליתן לפני אנקליטין אין אדם יכול לומר לפני אנקלומא (אנקלימא).

אנקקתא s. **אקנקיתא**.

אנתרופי, Ber. r. § 18 f. 18[b]; das. § 31 f. 29[a], שמעת מימיך אומרים גוני נונו גונייא אנתרופי (אנתרופו) אנתרופיא ἄνθρωπος (mit Abwerfung des Endbuchstaben), Mensch.

אנתרופיא, s. vor. Art., „du

hast nie gehört, dass man ἀνϑρώπη sagt, ebensowenig wie man γυνό (γυνός) neben γυνή sagt."

אם, ὥς, wie. Schem. r. § 15 f. 113ᵇ; s. איליום.

אסגנטירין s. **אבגניסטטון**.

אסטאטיבא, stativa (castra), feste Station, Garnison. Tanch. I Wajeze § 22 (Ber. r. § 10 Ende: אסטאטיבה).

אסטבלא, **אצטבלא**, στάβλος, σταῦλος, (Malalas) stabulum, Stall. Tanch. I Ber. § 32 אמר לה (לרבקה) דומה את לשדה שנזרעה והצליחה ומלאו האוצרות בר והאצטבלאות קש; Bem. r. § 11 f. 213ᶜ ד' אלפים אסטבלאות; Est. r. s. v. ותמאן f. 104ᵇ nach der richtigen Lesung von M. K. קומים אסטבלאות, σταυλοκόμης, Stallmeister, später Κονοσταῦλος, daher Connetable.

אסטגנון, **אצטגנון**, nach Bacher, Agada d. Tannaiten I, S. 20, corrprte. Aussprache für ἀστρολόγος, אסטרולוגוס, אסטרולוגין, Sterndeuter. Schm. r. § 102ᵈ u. sonst. Davon das Abstractum

אסטגנינות, **אצטגנינות**, ἀστρολογία, Sterndeutung. Bacher das.

אסטווא, **אצטבא**, στοά, Säulenhalle mit Ruhebänken; Ruhebank. In der syr. Bibelübers. Act. 3, 11 ist στοά mit אסטווא wiedergegeben. Midr. Schir s. v. תורי זהב f. 10ᶜ (Bem. r. § 12 f. 15ᵃ) אלו שני העמודים ...... כמין אצטווין Tanch. I Mezora § 18 (Tanch. I das. § 9). Schem. r. § 31 f. 130ᵇ, Tanch. II Mischp. § 14 hat dafür אצטווניות.

אסטומכא, στόμαχος, spätgriech. στομάχι, Magen. Waj. r. § 3 f. 147ᵇ; ebenso im Syrischen.

אסטופיטא s. **אטימיטא**.

אסטטיא, στατίων, statio, Ruhestation, Aufenthalt. Pes. r. Wattomer: לא עשה אסטטיא בכל ארץ ישראל.

אסטטיון, στατίων, statio, stationarii, Aufenthalt, Ordnung, Bestand. Ber. r. § 66 f. 65ᵈ; (Midr. Schir s. v. שובי f. 29ᵇ): אומה שהיא משלמת אסטטיונו של עולם. (De Lara).

אסטטני, Ber. r. § 45 f. 44ᵈ, plur. האוסטטניות, nach Parallelst. Deb. r. § 6 f. 258ᶜ (נשים הן) אסטסיניות, στασιάζων, aufrührerisch, zänkisch; wie die Begründung zeigt ותאמר שרי אל אברם חמסי עליך. — Dies gegen Levy, der es mit stationalis: „still, müssig" erklären will.

אסטים, ἴσατις, isatis tinctoria, Färberwaid. Tanch. II Naso § 8: מי שהיו ידיו צבועות אסטים (Tanch. I hat סטים).

אסטית, στάσις, Stand, Stellung. Schem. r. § 15 f. 115ᵃ ואח"כ התקין מרכבותיו עננים ואח"כ האסטית שלו על סערה : ומי מודיעך .... המקרה במים השם עבים רכובו.

אסטכטין, **אסטקטין**, στακτὸν (ἔλαιον), Stakte, von selbst auslaufendes Öl. Plin. h. n. 12, 35. Waj. r. § 5 f. 149ᵇ וראשית שמנים ימשחו ר' יהודה בר יחזקאל אמר זה שמן אסטקטין; in der Parallelst. Bem. r. § 10 f. 206ᶜ ist es in אנטכנין (für אסטכטון) corrprt.; Midr. Schir s. v. אתי מלבנון f. 22ᵈ: בשמן המר ר' יהודה בר יחזקאל אמר זה שמן אפקסינון (אסטקטון). Auch bei Ephr. in I. Sam. 11, 2: אסטקטא.

אסטכיויא in Ber. r. § 19 f. 19ᶜ, nach Jalkut אסטכיון, στιχάριον, στιχάριν, Leibrock; es ist wohl אסטכרין zu lesen. In Midr. Abba Gorion § 6 corrumpirt in אצטבינ, s. Brüll, Jahrb. I, p. 197. Nach R. Samuels Gama auch in Jelamdenu Teruma v. 1 שאם ילבש אדם אסטוכרין; das letzte Wort v. Buber berichtigt in אסטכרין und richtig erklärt. Reiske zu Constant. de cerim. p. 185. sticharion est tunica, corpus arcte adstringens.

אסטלא, στύλος, ein spitzes Eisen. Midr. Sam. § 11; dah. auch: Schreibgriffel.

אסטלא, אצטלא, στολή, Kleid, Talar (syr. Hexapla 2. Kön. 5, 5); Koh. r. s. v. שלח לחמך f. 95ª; das. f. 96ª. Auch im Syr. אסטלא, Ephr. in I. Sam. 21, 9.

אסטלי, στήλη, Säule, auch als Document von Beschlüssen, Bündnissen u. dgl. Ber. r. § 74 g. E. Bem. r. § 23 f. 247ᵇ. In den Parallelst. Tanch. I Mase § 8 u. T. II § 11 ist irrig אטלים und Mehrz. אטליסיות für אסטלי und אסטיליות. S. Buber zu d. St.

אסטרסטיקין s. **אסכולסטיקון**.

אסטמיות, von R. Samuel im Gama citirt; Midr. Schir s. v. כמגדל דוד f. 21ᵈ תל שכל אסטמיות פונות בו פי' ל' יון פיות στόμα (pl. στόματα), Mund. In unsren Ausgg. steht dafür: תל שמתפללין בו כל פיות, wo also die Glosse den ursprünglichen Text verdrängt hat. Ebenso wird die Stelle כמגדל דוד f. 20ᵇ lauten müssen: ספר תלים שאמרוהו אסטמיות הרבה.

אסטנים, אסתנים, ἀσθενής, schwach, leidend, krank; (ebenso im Syr.). In Tanch. I Tasria § 8 u. T. II Tasria § 6 Ende: רובו מים ומיעוטו דם נעשה אסטנים ist nach der Parallelstelle Waj. § 15 f. 58ᶜ אסטנים in אידרופיקוס zu berichtigen. S. Buber. Ber. r. § 11 f. 11ᵈ; Schem. r. § 1 f. 101ᵇ.

אסתניסוה, ἀσθένεια, Schwäche; Ekel. Echa r. s. v. בני ציון f. 67ᶜ.

אסטסינית, στασιάζουσα, aufrührerisch, zänkisch. Deb. r. § 258ᶜ. S. אסטטנית.

אסטרוביל, אצטרוביל, στρόβιλος, ein sich drehender Körper, daher: Mühlstein. Ber. r. § 28 Anf.; das. § 30 f. 28ᵇ; Waj. r. § 31 f. 175ᵈ; Midr. Schir s. v. הנך יפה f. 20ª; 2. Fichtenapfel. Midr. Schir s. v. שרוך f. 30ᵇ; Pesikta r. § 10 f. 13ᵇ; Tanch. I Kitissa § 1 f. 53ª (T. II das. § 2 f. 116ª). Das Wort kommt auch im Syrischen vor.

אסטרטיא, אסטרטא, στράτα, Strasse. Koh. r. s. v. כל הדברים יגעים f. 73ª; das. s. v. כי העשק f. 86ᵈ; Echa r. s. v. רבתי f. 52ᶜ; das. s. v. נדר f. 64ᵈ. Mechiltha Wajassa f. 57ª. Tanch. I Mischp. § 5 f. 42ᵇ in אסטוטין corrprt. In Midr. Schir s. v. לחייו f. 26ᵇ ist in בהדא אסטרין das zweite ט ausgefallen.

אסטרטא corrprt. aus אסטרטלטא, στρατηλάτης, militärischer Befehlshaber; griech. Übersetzung für magister militum. Midr. Schir s. v. אמרתי אעלה f. 31ᶜ. אדרגוזריא אפרכיא גדבריא אסטרטיא (אסטרטלטיא) „unter Adargasrin sind die Präfekten, unter Gedobrin sind die Kriegsminister (der verschiednen Präfekturen) verstanden.“ Die Aggadisten verdeutlichten die Erklärung der im Text Daniels angeführten Würdenamen durch Bezeichnung der entsprechenden höchsten Verwaltungs- und Militärbeamten im damaligen oströmischen Reiche. Ebenso Deb. r. § 3 f. 253ᶜ mehrmals: bs. יבאו שני אסטרטין (אסטרטלטין) ושנים עשר בלבימין זה משה ואהרן וי"ב ראשי שבטים, „es sollen kommen die zwei obersten Heeresbeamten, nemlich

Moses und Aron, und die 12 Senatoren, nemlich die 12 Stammhäupter." Die ἔπαρχοι und στρατηλάται werden öfters zusammen genannt, so Pesikta Para f. 41[a], wo nach Buber das Oxf. Msc. ואיסטלים hat für ואסטרטלטין, und Tanch. I Para die Parallelst. אפרכיה ואסטרטיליא.

אסטרטיא, στρατιά, Kriegsheer, Kriegsschaar, (auch im Syr.; vgl. syr. Bibelübs. Luc. 3, 14 פלחי אסטרטיא für στρατευόμενοι des Urtextes). Bem. r. § 9 f. 199[b]: מוכתב באסטרטיה של מלך; das. § 12 f. 216[a]: כנתון באסטרטיא של מעלה הה"ד שרפים עומדים ממעל לו; ebenso Midr. Schir s. v. צאינה f. 19[d]. Echa r. s. v. בלע f. 61[b]: כל מי שאינו עוקר ארז מלבנון אל יכתב באסטרטיא שלך. Ber. r. § 87 f. 85: באסרטין של נואפים . . . . באסרטין של רצחנים soll heissen: באסטרטיא.

אסטרטיוט (syr. אסטרטיוטא, Math. 8, 9 u. a.), στρατιώτης, Soldat; Schem. r. § 15 f. 115[a] ב"ו מכתיב לו סטרטיוטין. Bem. r. § 7 f. 195[a] מלך ב"ו מחלק כלים ובסטיא לאיסרטיוטת (לאסטרטיוטין שלו) שלו. Öfters ist es falsche Lesart für אסטרטינון, so Tanch. II Haasinu § 2: אסטרטיוטין של אותה מדינה, während T. I das. § 2 die richtige Lesung אסטרטינון של אותה מדינה hat. In Jer. Kethub. v. 5: ונזרו שיהא אסטרטיוט (אסטרטינון) בועל תחלה. In Jer. Schekal. v. f. 49 מעשה בכהן אחד שהלביש לאסטרטיוט אחד, wo die Ausgg. des babyl. Talmud steht סרדיוט אחד. In Midr. Schir s. v. מי זאת עולה Ende; f. 18[c] hat dafür פנחס המלביש אלבש אסטראטינא; öfters ist es auch mit סרדיוט = ברדיוט verwechselt. S. Sachs I, 93.

אסטרטינא, **אסטרטינום**, στρατηγός, griech. Übersetzung von Praetor, auch wie Praetor für Propraetor, Statthalter einer kaiserlichen Provinz, während die Statthalter in den senatorischen Provinzen Proconsules אנטיפטי, ἀνθύπατοι hiessen. Tanch. I Haasinu § 2 א' של אותה מדינה wornach Tanch. II das., welches אסטרטיוטין hat, zu berichtigen ist. Ber. r. § 3 למלך שהיו לו ב' אסטרטינין א' שליט ביום וכו'; Schem. r. § 130 f. 130[d]: ומינוהו לעפרן אותו היום אסטרטינום (soll heissen ארכיסטרטינום) עליהם; Deb. r. § 10 f. 161[d]: לאסטרטינון ששימש בב' מדינות. Midr. Schir s. v. מי זאת עולה ist viell. אסטרטיוטא zu lesen st. אסטרטינא; 2. Übersetzung für magister militum, wie das Wort אסטרטילטים στρατηλάτης, beide bei Procopius und den Späteren in diesem Sinne gebraucht werden: militärischer Oberbefehlshaber einer der 4 Praefecturae des römischen Reichs seit Constantin: στρατηλάτης τῆς ἑώας oder κόμης τῆς Θρακίας, magister militum oder comes rei militaris per Orientem, per Thraciam; Schem. r. § 34 f. 134[a]; auch die Duumviri in den italischen Städten werden im Griech. στρατηγοί genannt. Auch bei Land, leges seculares: f. 195 heissen die magistratus municipales: אסטרטינא.

אסטרטינום in Sch. t. ψ 17 ist, wie Gebhardt richtig bemerkt, אסטריסנום zu lesen: כי שמי בקרבו שמו של הק"בה חקוק על לבן של מלאכים כמין איסטרטינום (אסטריסנום). Dies Wort ist nach Gebhardts Bemerkung: ἀστερίσκος, ein Sternchen als Zeichen; es ist das, was in den Parallelstellen Pesikta Bachod. Haschl. f. 108[b] (Schem. r. § 29 nach M. K.) טבלא, in Pes. r. § 21.

טבלרין heisst, ταβλίον ist aber das Einsatzstück von Purpur auf der Chlamys; Marquardt, Privatleben der Römer S. 533. Unterworfene Könige der Barbaren trugen eine Chlamys mit solchem ταβλίον, welches das Bildniss des römischen Kaisers als Zeichen der Anerkennung von dessen Oberhoheit trug. Malalas II p. 33, χλαμύδας φορεῖσθοι, τὰς μὲν βασιλικὰς πορφυρᾶς, ἐχούσας ταβλία χρυσᾶ. Das. XIV p. 413 wird berichtet, dass der König der Lazen die römische Oberhoheit anerkannt und als Kleidung χλαμύδα ἄσπρον ὁλοσήρικον, ἔχον χρυσοῦν βασίλικον ταβλίον, ἐν ᾧ ὑπῆρχεν ἐν μέσῳ στηθάριον ἀληθινόν, ἔχοντα τὸν χαρακτῆρα τοῦ αὐτοῦ. Dieses Zeichen der Anerkennung der Oberhoheit Gottes, welches die Engel an ihrem Herzen eingegraben tragen, heisst nun in Sch. t. ψ 17 כמין אסטריסנוס, ἀστερίσκος, eine Art Merkzeichen.

אסטרטילטא, στρατηλάτης, griechische Übersetzung von magister militum oder comes rei militaris; Ber. r. § 44 f. 43[c]; das. § 49 f. 49[a] תולין לו אנקליטין מדוכוס לאפרכוס ומאפרכוס לאסטרטלטא; „man kann Berufung einlegen vom Militärbefehlshaber der Provinz an den legatus Augusti (ὕπαρχος), vom Legaten an den magister militum"; das. § 78 f. 77[b]; Waj. r. § 1 f. 145[b]; das. § 16 f. 159[b] (Echa r. s. v. סורו f. 68[c]); in Pesikta Wattomer f. 133[a] fehlt אסטרטילטים, und Pes. Para f. 111 (Pes. r. § 14 f. 25[c]; Tanch. I Para § 27; Midr. Schir s. v. ישקני f. 5[b]). Sch. t. Ps. 80 יכרסמנה חזיר מיער זה המלך וזיז שדי ירענה זה אסרטיקולין.

„Es frisst ihn (den Weinberg Israel) der Eber vom Walde, d. i. der (römische) Kaiser, und das Gethier der Felder weidet ihn ab, das sind die στρατηλάται, die magistri militum, die Militärcommandanten"; es ist nemlich אסטרטילטין zu lesen st. אסרטיקולין. Das Wort kommt auch im Syr. vor. Siehe Land Anecd. III. De Justiniano rege p. 256.

אסטרולוגוס, ἀστρολόγος, Sterndeuter. Ber. r. § 1 f. 3[c]; das. § 44 f. 43[a]; § 87 f. 85[a]. Schem. r. § 1 f. 102[b]. Deb. r. § 4 f. 255[d]; § 8 f. 260[d]; § 9 f. 260[d]. Midr. Schir s. v. אמרתי אעלה f. 31[c] אסטרולוגיסי. Ebenso im Syrischen.

אסטרולוגיא, אסטרולונין, ἀστρολογία, Sterndeutungskunde. Ber. r. § 87 f. 85[a]; Waj. r. § 36 f. 180[d]; in Pes. r. § 14 f. 23[c] in אסטרונילא corrumpirt.

אסטרונגילון, στρόγγυλος, rund. Pes. r. § 10 f. 13[a].

אסטרופומטא, στροφωμάτιον, Thürangel. Ber. r. § 66 f. 66[a].

אסיא, Ἀσία, Asia, das Land der Asianen: Sardes. Indess in dem Cod. Baluzianus aufgeführten Bandurius, animadversiones in Const. Pphg. libr. de thanat. wird Ἀσία als der alte Name von Ephesos aufgeführt. In Sifre 4. B. M. § 131 מלכות זו מתנאה ומשתחצת אין לה אלא ד' מדינות שראויות למלכות ואלו הם אביא (אסיא) ואלכסנדריא וקרטיגני ואנטוכיא. Nach Rappoport Erech. mill. 155[b] ist für אביא zu lesen אסיא, wie es auch Jalkut Balak s. v. בשטים lautet; 2. die Stadt Assia am Orontes. Ber. r. § 37 Anfg. § 44 f. 44[a] רשב"י אומר דרמסקוס ואסיא ואספמיא ראב"י אומר אסיא ותרקי וקרתגינא (nach Kohut); Jer. Megilla I, 9;

wird אשכנז erkl. mit אסיא, Anspielung an Ascanien, Provinz des oberen Phrygiens. In Jer. Schbii'th VI, 1 erkl. R. Simon אסיא ואספמיא הקני הקנזי הקדמוני mit „die Apamenische, die Damascenische Provinz, also אסיא eine Provinz Kleinasiens. 2. Die Stadt der Asianen: Sardes, Sifre, Balak, Neubauer 308—310.

אסימן, *ἀσήμιν*, ohne Gepräge, Münze ohne Wertangabe und Gepräge (Ducange; Fabretti ad Nicephorum; *ἄσημον*, *ἀσήμιον*, *ἀσήμιν*, argentum non signatum). Sifre 5. B. M. § 107.

אסיתא, *ἄσωτος*, schlecht, liederlich, ausschweifend, verschwenderisch im Essen; in Ber. r. § 17 f. 17^b (Waj. r. § 34 f. 178^d letzte Z.) שבוק הדא אסיתא nach Aruch, unsre Ausgg. haben ש' הדא איתתא; für זולל וסובא hat Ephr. אסוטי ורוי.

אסכולי, *σχολή*, Schule; Pesikta bachod. haschl. f. 101^b; 102^a; (Midr. Schir s. v. סמכוני f. 13^b; Koh. r. s. v. את הכל f. 78^d); Schem. r. § 9 f. 110^a; § 20 f. 119^b; ebenso im Syr.

אסכילי, Deb. r. § 2 f. 252^c, richtiger אסכולי, *σχολαί*, scholae, die Palasttruppen; scholae hiessen in der späteren Kaiserzeit die Abteilungen der Palasttruppen. Madwig, Verfass. und Verwaltg. des röm. Staates I, 588; II 573. S. auch Sachs I 116 Anm. „Alle Abteilungen der Haustruppen Pharaos wurden teils stumm, teils taub, teils blind.“ כל אסכילי (צ"ל אסכולי) פרעה מהן נעשו אלמים וכו' ferner: מה שעשיתי לאסכילי (צ"ל לאסכולי) פרעה wie denn in Midr. Schir. s. v. צווארך כמגדל השן f. 30^a wirklich כל איסקולין של פרעה steht. In Sch. t. ψ 11 ist es corrprt. in כל אכלוסין של פרעה.

אסכולסטיקא, סכולסטיקא, *σχολαστικὸς*, Gelehrter, insbs. Rechtsgelehrter (Sachs II, 182). S. auch leg. secul. f. 226 in Land Anecd. אסכלסטיקו. Ber. r. § 64 f. 63^d אסכולסטיקא דאורייתא, „entweder gelehrter Kenner des jüdischen Gesetzes oder dessen Anwalt, Redner. Midr. Schir s. v. אעלה בתמר f. 31^c wird סגניא (Daniel 3, 27) mit סכולסטיקי erklärt. Wenn einige Zeilen weiter oben דתבריא (Dan. 3, 2) mit einem Wortspiel mit איסכלוסקוקי erklärt wird, so muss dies Wort ein andres sein, als das für סגניא gebrauchte, und es scheint mir wie das Sachs II, 180 für das in Schem. r. § 43 f. 138^a vorkommende אסטליסטקין annimmt, ebenfalls aus איקליסיסטיקי, *ἐκκλησιαστικοί*, „Redner, Anwälte, Kronjuristen,“ verdorben zu sein, die das Recht verdrehen (דתבריא).

אסכלה, *ἐσχάρα*, Bratrost. Sifre 4. B. M. § 158. Siehe Sachs II, 41.

אסכרה, syr. סכרוס, *σκίῤῥος*, Verhärtung, Geschwulst. Waj. r. § 118 f. 161^c (Bem. r. § 7 f. 195^b) wird לזרא 4. B. M. 11, 20 mit אסכרה übersetzt; ebenso Koh. r. s. v. כי גם לא ידע האדם את עתו f. 92^d. אסכרה עלת בגרונם ונחנקו; dann die dadurch erzeugte Halsbräune. Sachs hält es für *ἐσχάρα*, Schorf. Das passt aber nicht an allen Orten.

אסל, אסיל, *ἄσιλλα*, Tragholz, um auf beiden Seiten Lasten zu tragen. Koh. r. s. v. גם זה ראיתי f. 92^d: והאסל שיש לו בית קיבול מעות auch Kel. 17, 16, die Tragstange, worin ein Behälter zum Aufheben des Geldes ist, (unter den Arten betrügerischer Handlungen genannt).

אספננא, σπόγγιον, Schwämmchen, schwammige Kuchen. Mechiltha Bo. § 10 f. 14^a.

אספטיא, **אספטלייה**, ὁσπίτιον, ὁσπιτάλιον, hospitium, hospitale, Herberge: Aufenthalt als Fremde. Ber. r. § 44 f. 43^d (Midr. Schir s. v. עד שיפוח f. 16^d; Pesikta r. § 15 f. 27^b). Die richtige Lesung an diesen Stellen ist: גרות בארץ לא להם עבדות ועינוי אפי' באספיטלייה שלהם „als Fremde werden sie weilen in einem Lande, das ihnen nicht gehört (Kanaan und Ägypten [alle 400 Jahre]), Knechtschaft und Druck wird sie ausserdem treffen in dem Lande, wohin sie als Gastfreunde gekommen, d. i. in Ägypten; Letztere also, Knechtschaft und Druck dauern nicht 400 Jahre.

אספירם, σπεῖρος, Umwurf, Kleid. Bem. r. § 4 f. 191^b u. ^{c}. Siehe Gebhardt, Beiträge zur Erkl. etc., und Kohut.

אספליא, ἀσφάλεια, Sicherheit, Versicherung. Deb. r. § 7 Anfg. S. Sachs I, 169.

אספלידא, σπηλάδιον, Höhle. Th. Jer. zu 2. B. M. 33, 22 gibt באספלידא דטינרא als Übs. v. בנקרת הצור. (De Lara) 2. s. v. a. σπαλίς, ψαλίς אכסדרה, Halle, Schwibbogen; wie in Midr. Ester s. v. גם ושתי f. 104^a, in Menach. 33^b und Baba b. 7^a; daher Sachs I, 169 mit Unrecht in Midr. Est. 104^a אספלייא dafür lesen will. Gebhardt a. a. O.

אספליטין s. **אספרטון**.

אספלנית, σπλήνιον, Verband, Compresse, Pflaster. Pes. r. § 45 f. 71^a. (De Lara).

אספמיא, Hispania, Ἱσπανία, Spanien. Pesikt. Bach. haschl. f. 151^b (Waj. r. § 29 f. 173^a; Tanch. II Wajeze § 2, an welcher letzteren Stelle אספניה steht). In Ber. r. § 44 f. 44^a (Jer. Schebiith VI) steht es für אפמיא; in Ber. r. § 60 Anfg. steht es falsch für מיסופוטמיא; s. Rappoport, Er. Mill., Ber. r. § 5 f. 6^d und Schem. r. § 9 f. 110^a ebenfalls corrprt. für אפמיא. Auch in Sch. t. ψ 24 ist ימא דאספמיא nach Jer. Kilaj. IX f. 32^c in ימא דאפמיא zu berichtigen, wie auch ohne diese Parallelstelle schon der Inhalt erfordert. (S. auch Levy).

אספננוס, σπόγγος, Schwamm; Zusatz zu Debar. r. Nizzabim ed. Buber; syr. אספונא. (Land Anecd.).

אספנדימון, σφένδαμνος, Ahorn; in Tanch. II Terum § 9 in אספי גרמון corrprt. (Levy).

אספסיאנוס, **אספסיינוס**, Vespasianus, Οὐεσπασιανὸς, der erste der flavischen Kaiser. Echa r. Einl. f. 45^d; Echa r. s. v. היו צריה f. 55^c; Sifra Bechukkottai § 8 לא מאסתים בימי אספסיינוס; (Est. r. Anf. f. 99^c) r. a.

אספסיאני, Anhänger Vespasians; Echa r. s. v. פרשה ציון f. 59^d.

אספיקולא, spicula, σπέκουλα, der Dienst der spiculatores, und die von ihnen zu vollziehende Todesstrafe (Fleischer zu Levy's W. B.). Schem. r. § 15 f. 115^a.

אספקלטור, spiculator, σπεκουλάτωρ. (Ev. Marci 6, 27) Häscher, Profoss, Henker. Bem. r. § 19 f. 239^b; Ev. Marci 6, 27.

אספקלריא, σπεκλάριον, specularis, Glas, Spiegel. Mechiltha Jithro § 2 zu c. 18, 21: ואתה תחזה מכל העם באספקלריא במחזית זו שחוזין בה המלכים. Nach Bacher a. a. O. I, S. 200 ist hier ein astrolog. Instrument gemeint, mittelst dessen Moses die Männer wählen solle; s. v. a. er solle den zu Wählenden das Horoskop stellen. Ber. r. § 91 f. 88[c]; Waj. r. § 1 f. 145[d].

אספקסיטון, *ὀψαρτυτὴς*, Speisebereiter. Est. r. § 4 Anf. S. Jastrow, a dictionary of the targumim etc.

אספרין, *σφύραινα*, Hummerfisch. Ber. r. § 7 f. 8[b]. Siehe Mussafia und De Lara.

אספרטין, *σπάρτιον*, *σπάρτη*, Seil, Tau. Waj. r. § 17 f. 160[a] האשה הזאת טווה מעה אחת עבה ומעה אחת דקה אלו הציבום (לציבין) ולעונות ואלו לאיספליטון (לאספרטין). „Die Frau webt ein Gewicht (Flachs) dick, und ein anderes fein, dieses zu Fäden und Fasern, und jenes zu Stricken.“ 1) Bei dieser Gelegenheit sei auf eine corrupte Stelle im Waj. r. das. in Auslegung des angewendeten Psalmverses hingewiesen. Die Stelle lautet: כי אין חרצבות למותם ובריא אולם לא הרהרתים בחלאים ולא צבותים בעונות. Aruch hat צבתים. Levy leitet הרהרתים vom syr. הר, contendit; אהר (syr.) verletzen: „ich verletzte sie nicht durch Krankheiten.“ Offenbar soll חרצבות erklärt werden; der Midrasch erklärt es in zweierlei Weise, einmal durch (לא) חרחרתים „ich habe sie nicht angefeindet“, vgl. Gittin 57[b] בשוט לשון תחבא בחרחורי לשון, und dann durch ולא אחרתי צביונם; „und ich habe ihren Wunsch nicht verzögert.“ Diese letztere Lesung wird durch Raschi zu Ps. 73 bezeugt: ורבותינו פירשו חרצבות נוטריקון שאין חרדין ועצבין מיום המיתה (שבת ל"א) :ד"א שאין הקב"ה מאחר צביונם und ebenso heisst es in Sch. t. ψ 73: מהו חרצבות אין הקב"ה מאחר צביונם של רשעים אלא נותן להם מיד. Ähnliche Textverderbniss in Tanch. I Mezora § 11 Ende.

אספריסא, sparus, Speer, Lanze. Echa r. s. v. דרם f. 65[a]. (Mussafia).

אספתין, **אספטין**, *σπάϑη*, *σπάϑιον*, *σπάϑιν*, Schwert. Schem. r. § 15 f. 115[a] (Tanchuma II Chaje sara § 3); Pesikta Besch. f. 89[b].

אספתרון, *σπαϑάριος*, Schwertträger, Beamte in der nächsten Umgebung des griech. Kaisers. (Sachs I, 123), Waj. r. § 5 f. 149[d]. Midr. Schir s. v. אחזו f. 16[b].

אסקוטלא, scutella, *σκουτέλλα*, *σκουτέλλιον*, Schüssel. Sifre 4. B. M. § 89 s. v. וברדת הטל ist כגליד היה יורד תחילה ונעשה לארץ כמין סק בקוטלא והמן יורד עליו nach Jalkut zu berichtigen, nemlich כמין אסקוטלא „der Reif ist auf dem Erdboden wie eine Art Schüssel geworden, auf welche das Manna hinabfiel.“

אסקיוויי פטריי, **אסקוטרי** in Koh. r. s. v. טובה חכמה f. 93[c] ist nach Ag. Ber. § 58 in אסקריטורי, secretarius, *σεκρητάριος* zu berichtigen: Schreiber des kaiserlichen Geheimrathes; in hist. Aug. Aurelianus 36: notarius secretorum.

אסקפי, **אסקפטי**, *σκέπη*, *σκεπαστὸν*, Sänfte, bedeckter Wagen. (Sachs I, 171). Midr. Ruth s. v. ותלכנה f. 39[b]; (in Tanch. I Bo. § 16 f. 25[b] corrumpirt in אסקופא

---

1) S. Straschun, citirt bei Bacher a. a. O. II, 44.

סתמא, von Buber berichtigt); Echa r. s. v. נלתה f. 55ᵃ; Sch. t. ψ 3; das. ψ 103 בתוך האסקספסתי, soll heissen בתוך האסקפסתי; in der Parallelst. Koh. r. s. v. הבל הבלים f. 70ᵈ in אספקרפסתא corrprt.

אסקריטי, ἐσχαρίτης, auf dem Rost Gebackenes. (Levy); Mechiltha Bo. § 10; das. Wajassa § 5 zu וטעמו כצפיחת בדבש.

אסרדיוט, Koh. r. s. v. שלח לחמך f. 96ᵃ s. v. a. סרדיוט und ברדיוט, Oberster der Leibwächter des Kaisers.

אסרטיוט, στρατιώτης, Soldat. Bem. r. § 7 f. 195ᵃ.

אסרטיא, für אסטרטיא, στρατιά, Kriegerschaar, Heer. Sch. t. ψ 92. Ber. r. § 87 f. 85ᵃ. Midr. Sam. § 12. Mit exercitus, wie Sachs I, 171 meint, hängt es nicht zusammen.

אופובלסמין, **אופופלסמין**, ὀποβάλσαμον, Saft der Balsamstaude, der in kleinen Tropfen hervorquillt. Plin. h. n. 12, 54. Ber. r. § 27 f. 26ᵈ (Aruch. De Lara).

אפוטיקי, ἀποθήκη, Behältniss, Vorratskammer; Zufluchtsort. Schem. r. § 24 f. 123ᵇ; das. § 30 f. 128ᵃ.

אפוטרופוס s. **אפיטרופוס**.

אפוכי, ἀποχή, Quittung, Erlassurkunde. Ber. r. § 42 f. 41ᵃ; Echa r. s. v. תם f. 69ᵃ (Sifre 5. B. M. § 26 Anf.). Est. r. f. 100ᵇ; Midr. Ruth f. 36ᵇ. Bem. r. § 13 f. 219ᵃ, das. § 17 f. 233ᵈ; in Tanch. II Schlach corrprt. in אנפוריות. 2. Lohn, Belohnung; Waj. r. § 34 f. 177ᶜ; 3. ἐποχή, Zurückhaltung als Geisel, Echa r. f. 65ᵃ בני אפוכי (Est. r. f. 100ᵈ corrp. in אוכייפי).

אפומטא, Pesikta Besch. f. 86ᵇ, nach Jalkut Samuel § 152 zu berichtigen in אמפוטיות, ἀναφωτίς, Fenster. S. Buber Note 121 u. Kohut; (Lattes in Nuovo saggio, Atti della R. Accad. dei Lincei 1881 f. 296) findet es wahrscheinlich, dass es ἐμφώτειος sei, das ist aber kein Hauptwort, sondern ein Beiwort: erleuchtet. In Schm. r. § 28 f. 125ᵈ ist es aus אפיטנמאטא corrumpirt.

אפונדה, **פונדה**, φοῦνδα, funda, Geldgurt; Bem. r. § 4 f. 191ᵈ; Sifra Kedoschim § 3, 7 s. v. ואת מקדשי תיראו. In Pes. r. § 11 f. 16 steht irrig שני אפונדאות für אנפראות.

אפופודין s. **איפיפודין**.

אפופסין, **איפופסין**, ἀπόφασις, Verurteilung, Verdammungsurteil. Schem. r. § 2 f. 104ᵇ; § 18 f. 117ᵈ; Waj. r. § 6 f. 150ᵇ; § 20 f. 164ᶜ; § 21 f. 164ᵇ. Bem. r. § 1 f. 182ᵈ. Midr. Schir. s. v. כמגדל f. 20ᶜ. Tanch. I Waj. § 11 f. 8ᵃ·ᵇ. (Tanch. II Wajikra § 6), Tanch. I Wajikra § 15 f. 5ᵃ. (T. II Wajikra § 7 f. 4ᵃ).

אפורטים s. **אפירטים**.

אפותיקא, ἀποθήκη. Ebenso im Syr.: Behältniss. Sch. r. § 30 f. 128ᵃ. (Levy).

אפותיקי, ὑποθήκη, auch im Syr. אפותיקי, Pfandurkunde, Unterpfand. Schem. r. § 31 f. 129ᵈ.

אפטא, ἑπτά, sieben. Ber. r. § 14 Anf.; das. § 20. Bem. r. § 4 f. 188ᶜ.

אפטוניא, ἀφθονία, Neidlosigkeit, insbes. eminenter Ausdruck der Sekte der Karpokratianer für die neidlose Preisgebung der Jungfrauen und Ehefrauen zum Umgange mit Jedermann, wie Plato es in der „Republik“ lehrt. Koh. r. s. v. כל הדברים יגעים f. 73ᵃ. Grätz, Gsch. d. Juden IV, S. 564

hat mit genialem Blick und seiner ungemeinen Belesenheit diese Stelle berichtigt, und den eminenten Ausdruck des Wortes *ἀφϑονία* erkannt. Die St. lautet nach seiner Berichtigung: ר' יונתן ערק חד מן תלמידוי לגביהון אזל ואשכחיה עבד בן אפטוניות. Einer von R. Jonathans Schülern war zu ihnen (den Sektirern) enflohen; da ging er (R. Jonathan) und traf ihn, wie er bei ihnen der Frauengemeinschaft sich ergab (Neidlosigkeit übte): הלך ומצאן עסוקין בריבה אחת אמרין ליה רבי איתא גמול חסדא להדא כלתא אמר לון כן ארחיהון דיהודאי עבדין? אמרין ליה ולא כן כתיב גורלך תפיל בתוכנו כיס אחד יהיה לכלנו? ; vgl. über כיס Waj. r. § 12 f. 155[c] כי יתן בכוס עינו בכים כתיב לשון נקי הוא כדכתיב כיס אחד יהיה לכלנו. Mussafia, De Lara und Levy leiten das Wort unrichtig von *ὑπεύϑυνος* ab; ebenso irrig ist Kohuts Erklärung. [1])

אפטניה, *φατνή*, Krippe; Höhlung, Fach, Vertiefung. P. R. El. § 23.

אפטריכא, *πατριάρχης*, *πατριάρχα*, Patriarch, Oberhaupt. Ber. r. § 94 f. 92[a] אפטוריקא geschrieben.

אפיטגמטא, *ἐπιτάγματα*, Aufträge, Befehle; in Schem. r. § 28 f. 125[d] למלך שביקש לעשות אופיטמאטא (צ"ל אפיטגמאטא) חוץ מדעתו של איפרכום.

אפיטיקוס, *ὑπατικὸς*, consularis, gewesener Consul; wenn die Kaiser in eine cäsarische Provinz einen gewesenen Consul als Statthalter sandten, so hatte Dieser den Titel legatus Augusti consularis oder einfach Consularis, *πρεσβευτὴς ὑπατικὸς*; an Rang stand der Consular dem Proconsul nach. Siehe Salmasius zu Adrianus (hist. Aug.) 22; Mechiltha Amal. § 2. In Sifre 5. B. M. § 317 הפיטקים; Syr. Übs. Galat. IV, 2.

אפוטרופא, אפוטרופוס, אפיטרופוס, אפיטרופא, ebenso im Syrischen, *ἐπίτροπος*, Vormund. Schem. r. § 46 f. 140[d]. Pes. r. § 17 f. 32[b]; 2. Verwalter, auch Übersetzung von Procurator, Landpfleger, Statthalter in Ländern, welche nicht Provinzen des röm. Reiches, sondern Krongut des Kaisers waren, wie Judäa nach Herodes Tod, Noricum etc. (Mommsen, Röm. Staatsrecht II, 1 S. 236). Ber. r. § 6 f. 7[b]; Sifre 4. B. M. § 10 Ende; Echa r. s. v. שרים f. 69[d]; 3. Intendant, Steuererheber in den kaiserl. Provinzen (Mommsen, das. II, 2 S. 965 A, und Dio Cass. 53, 15, 3); Pes. Asser f. 95[b] (Tanch. II Reé § 10; Tanch. I Reé f. 11[a]). Ein Beispiel solcher räuberischen Intendanten siehe Herodian VII, 4. Buber zu Pesikta Asser teasser f. 95[b] zeigt in Note 11, dass in der Parallelst. in Schm. r. § 31 f. 31[a] der Passus unrichtig in's Hebräische übersetzt worden. Statt אילין אפוטרופיא דנפקין לקרייתא ועלון למדינתא heisst es dort אלא כגון הגמונים ודוכסים ואפרכין שהם יוצאים לעיירות וגוזלין. Weil der Sammler von Schem. r. den Ausdruck אפוטרופוס in seiner prägnanten Bedeutung nicht mehr kannte, gab er es mit einer Paraphrase, und zwar mit einer unrichtigen. 3. Gerichts- und Polizeiaufseher in den Städten, griech. Übs. von

---

1) Perles, Zur Sprach- u. Sagenkunde 21, 22 erklärt es für *πουτάνη*, Buhlerin: womit ich nicht übereinstimme, da hier בן unerklärt bleibt.

Curator; Mechiltha Amalek § 2 f. 63^a (פליריכום nach Jalkut) אפוטרופוס גוזר גזירה קליריקוס מבטל על ידו. „Wenn der Curator eine Anordnung trifft, kann der Tribun (φύλαρχος od. χιλιάρχης) sie aufheben."

אפייטרוס, ἱππίατρος, Pferdearzt, Thierarzt. (De Lara); Bem. r. § 9 f. 199^a.

אפילו, ἀπειλή, Unglück, Verderben. Midr. Schir s. v. ברח דודי f. 34^c אותה שעה חושב הב"ה אפילן לעולמו להחריבו (צ"ל אפילי): „in jener Stunde beschliesst Gott Verderben über seine Welt, sie zu zerstören." Jer. Ber. IX, f. 13^c: הוא אפילון לעולמו להחריבו; soll heissen: חושב הוא אפילין לעולמו וכו' „beschliesst er Untergang (ἀπειλήν) seiner Welt, um sie zu zerstören"; es ist das griech. Wort ἀπειλή, welches bei Malalas (z. B. p. 142, 12; p. 454, 10) die Bedeutung: „Unglück, Verderben" hat. Nach unsrer Stelle ist auch Sch. t. ψ 18, 8 מחרה אפו בעולמו zu berichtigen, ebenso das. ψ 104, wo וחושב אפילי umschrieben ist in ומבקש להחריבו; und Tanch. I § 12 f. 4^b ist es verändert in רוצה להפיל את עולמו ומזעזע s. Buber das.

אפיסטולי, ἐπιστολή, Zuschrift; letzter Wille. Ber. r. § 74 f. 73^b.

אפיקומין, ἐπιγεῦμα, Nachtisch. Mechiltha Bo. § 18. (Kohut).

אפיקורוס, Ἐπικουραῖος, Epikuräer, Anhänger der Lehre Epikurs, welcher die göttliche Vorsehung und die sittliche Überwachung der Menschen durch Gott läugnete, und das Vergnügen für das höchste Gut erklärte, daher: Gottesläugner; Ber. r. § 19 f. 19^a; Sifre 4. B. M. § 112 ואת מצותו הפר זה אפיקורוס Sifre 5. B. M. § 12.

אפירטים, πειρατής, Seeräuber. Waj. r. § 25 Anf.

אפיריטים, ὑπηρέτης, Diener, s. v. אל תרבו תדברו heisst es: אפיריטים משלו היה; in Midr. Schir s. v. אמרתי אעלה בתמר lautet es: פריטין משלו היה. Siehe: De Lara, Keth. Kehunna. u. W. Heidenheim zum Piut ארכין ה'.

אפיתיסים, ἐπίθεσις, Hinterlist, Betrug, Überfall, Überraschung. In Deb. r. (Münchener Hdschr. v. Buber edirt in Likutim) § 19 f. 21 באיש קשה מזימות אפותיסים לא קטלת ובמה קטלת in unserem Deb. r. ist die Lesung אפותיסים (צ"ל אפיתיסים) verdrängt durch die Glosse: בערמה. Midr. Sch. s. v. לסוסתי f. 10^a; והיה הסם אומר לרוכבו רמה בים מה בים איפותוסים נעשית לכם בים. Perles a. a. O. 25 lehrt, dass die Münchner Hdschr. nach רמה בים noch hat רמה בים (er täuscht euch im Meere), dass also איפתוסים = ἐπίθεσις, listiger Überfall, Hinterhalt.

אפלייא, φλυάσσω, Possen reissen. Ber. r. § 91: למה אפליית בי. Siehe Kohut.

אפליקתא s. **אפקילתא**.

אפלסמון, אפרסמון, βάλσαμον, Saft der Balsamstaude. Echa r. s. v. סורו f. 68^c (Pesikta Wathomer f. 132^b; Waj. r. § 16).

אפמיא, Ἀπάμεια, Apamea, Name mehrerer Städte; im Midrasch vorkommend, auch oft אספמיא geschrieben, ist es die in Syrien südlich von Antiochia am Orontes liegende Stadt A. ימא דאפמיא in Sch. t. ψ 24 und Jer. Kilaj. Ende (in Babl. b. b. f. 74^b irrig ימא דאספמיא) ist der Orontes, welcher bei dieser Stadt einen

See bildete: apamenischer See genannt. Jer. Schebi. VI, 1 ist unter הקני die Provinz Apamene verstanden, nach R. Simon.

אפנטי, **אפנתי**, ebenso im Syr., *ἀπάντησις*, das Entgegenkommen. Midr. Schir s. v. עד שהמלך; Tanch. I Emor § 30 לאפנטי של מלך ist dort verschrieben in לאנפטי ש' מ', ebenso das. Wajesch. § 2; Schem. r. § 24 f. 8ᵃ, u. öfters so verschrieben. In Waj. r. § 28 f. 172ᵈ כל עמא יפקון להון פרטי דיהודאי בעי למצטבלא welches Levy übersetzt: „Alles soll hinaus gehen, da der Erste (Vornehmste) der Juden gehenkt werden soll," ist falsche Lesart für (א)פנטי .... דיהודאי בעי למצטבלא Jedermann soll hinausgehen entgegen jenem Juden, welcher etc. Siehe Buber, Note 63 zu Pesikta Omer, welcher diese Berichtigungen gemacht.

אפנטיסון, *ἀπάντησον*, gehe entgegen! Pes. r. § 12 f. 55ᶜ. In Midr. Samuel ist נפיק לאפרכיא דידיה zu berichtigen in נפיק לאפנתי דידיה.

אפס, *ἄφες*, lass ab! Ber. r. § 40 f. 39ᵇ; Schem. r. § 45 f. 139ᶜ; Echa r. s. v. בכה f. 54ᶜ. (De Lara.)

אפס, *ὤψ*, Auge. Tanch. II Naso § 23, Auge. (Gebhardt.) Bem. r. § 12 f. 214ᵇ und Sch. t. ψ 91 haben dafür קליפין קליפין „lauter Schuppen".

אפסטלא, **פצטלא**, pastillus, Kügelchen, Brödchen. Schem. r. § 41 f. 137ᵃ (Midr. Schir s. v. ישקני f. 5ᵇ).

אפסיקין, *ὀψίκιον*, obsequium, die Wegebereiter, Quartiermacher des Kaisers. Tanch. I Wajescheb § 2. Const. Pphg. de them. l. 1: *ὀψίκιον γὰρ Ῥωμαϊστὶ λέγεται, ὅπερ σημαίνει τῇ τῶν Ἑλλήνων φωνῇ τοὺς προπορευομένους ἔμπροσθεν τοῦ βασιλέως ἐπὶ εὐταξίᾳ καὶ τιμῇ.* — ibid. *καὶ τὴν ὀνομασίαν αὐτοῦ εἴπομεν, διὰ τὸ προπορεύεσθαι ἔμπροσθεν τοῦ βασιλέως καὶ καταρτίζειν καὶ διευθύνειν τὰς ὅδους αὐτοῦ καὶ μονάς.* Es ist daraus sogar ein Zeitwort *ὀψικεύειν* gebildet. Das. de caerem. I, 55 B.

אפסניא, *ὀψώνιον*, Kost; Heeresverpflegung, Löhnung; ebenso im Syr. (vgl. syr. Bibelübs. Luc. 3, 14 wie der Urtext und Barhebr. Chron. eccl. אפסניתא). Sifre 5. B. M. § 159. Midr. Schir f. 5ᵇ s. v. ישקני, öfter steht אכסניא irrig dafür. S. Sachs I, 171; so in Mechiltha Schira § 4 ואינו יכול לזון ולא לספק אכסניות für אפסניות.

אפסתקיתא, *ὀψοθήκη*, Speisebehälter (Levy). Ber. r. § 70 f. 70ᵃ.

אפפין, *ἐφυφή*, Eintragfaden. Sch. t. ψ 18 zu אפפוני. Der Einschlagfaden gab den Tüchern das weiche und flockige Aussehen. Sch. t. ψ 18 כשאשה אורגת בתרי חוטין כפולין הן נקראין אפפין (Levy).

אפקלתא, **אפקילתא**, *ποικιλτά*, buntgestickte Kleider; Midr. Schir s. v. נפת f. 23ᵈ steht dafür irrig איפליקתא, ebenso s. v. גן נעול f. 24ᵇ und Pesikta besch. f. 82 אפליקטא; Echa r. f. 51ᵃ אפקלטורין אפליקטא corrprt. aus אפקילטא. Nemlich ואלבישך רקמה wird erklärt: „ich gab dir die Abzeichen königlicher Würde." R. Simi übersetzt demnach רקמה mit פורפירא, *πόρφυρα*, purpura, der purpurne Kaisermantel; wofür später auch eine Purpurschärpe genommen ward. Aquila nennt das andre Abzeichen kaiserlicher

Würde: das gestickte Triumphalgewand אפקילתא, ποικιλτά, in welchen die römischen Kaiser bei öffentlichen Festlichkeiten erschienen. Das Wort רקמה in Jechesk. 16, 10 und 17, 24 ist vom Aquila mit ποικίλα übersetzt, und 2. B. M. 28, 39 ist מעשה רקם mit ἔργον ποικιλτοῦ übersetzt; s. Montfaucon, wie auch bei den LXX.

אפקרסין (auch syr. Bibelübs. v. סדינים Richter 14, 12), Unterkleid; (Th. Jer. zu ומכנסי בד; 3. B. M. 16, 4 ist ואוורקסין דבוץ מילת; viell. ist aber dieses verschieden von אפקרסין, und eher von braccae abzuleiten, wie auch die LXX es mit περισκελές übersetzen); Pes. Schekal f. 15[b]; Waj. r. § 24 f. 168[a]. In Pes. r. § 22 f. 40[d] ist אפיקריתים (היה לבוש מבפנים) nach Jer. Berach II, 2 in אפיקרסין zu berichtigen.

אפרגיא, ἀπραγία, Geschäftslosigkeit, Entwertung der Waare, Midr. Schir s. v. מה יפו f. 29[d]. Pesikta Schemini f. 195[a].

אפרגים, ἀπραγής, unverkäuflich, entwertet, wolfeil. Pesikta r. § 44 f. 66[c] (Güdemann).

אפרגל, φραγέλλιον, flagellum, Geissel, Peitsche, Mechiltha bachod. § 6 Ende: מה לך לוקה מאפרגל (syr. פרגלא, Ephraem zu 2. Sam. 6, 16).

אפרדוכסוס, παραδόξως, auffallend, ausserordentlich. Ber. r. § 60 f. 58[d]. Bem. r. § 10 f. 107[b]. (De Lara.)

אפריון, φορεῖον, Tragsessel. Schm. r. § 1 f. 102[b]; das. § 20 f. 120[a]; Bem. r. § 12 f. 214[c]; § 20 f. 243[a]. (Midr. Schir s. v. עמודיו f. 19[a] wird אפריון erklärt durch פריומא, φόρημα).

אפריקא, Afrika, inbes. Nordafrika, Lybien; Waj. r. § 17 f. 160[d] (Deb. r. § 5 f. 257[d]); Bem. r. § 17 f. 233[c]; Waj. r. § 27 f. 170[d]. Nach Harkavy in Geigers Jüd. Zeitschr. V S. 34 ff. wäre אפריקא (für גמר) = Ἰβηρική, Iberien, das heutige Georgien, da die Georgier sich von Gomer und Thogarma ableiten. גרגשי עמד מאליו לפיכך ניתנה לו ארץ יפה כארצו וו אפריקי . . . . . . Die Girgaschiten wären die Georgier. Allerdings entspricht der angeführte Schriftvers Jes. 36, 17 „bis ich komme, und euch bringe in ein Land so schön, wie das eurige," nemlich אפריקי, für diese Ansicht. Die הרי סלוג, wohin nach Sanhedr. 94[a] die 10 Stämme geführt worden, seien der Kaukasus. H. citirt auch Cst. Pphgen. de administr. imperii c. 45 p. 197, wornach die Iberer sich von David und Bathseba ableiten. Es weist diese Sage auf einen Zusammenhang zwischen Kanaanäern und Iberern, welchen die dortigen Christen dann in dieser Weise darstellten. 2. Phrygien; Ber. r. § 37 Anf.; Echa r. s. v. היו צריה f. 55[c].

אפרכא, אפרכה, אפרכים, ἔπαρχος, gr. Übersetzung von Praefectus, insbs. hiess der Praefectus praetorio ἔπαρχος τῶν δορυφόρων oder blos ἔπαρχος, auch der Stadtpräfekt von Rom und der von Constantinopel hiess ἔπαρχος τῆς πόλεως. Seit Constantin aber stand jede der 4 Praefecturae, in welche er das Reich teilte: Praefectura Orientis, Illyrici, Galliarum, Italiae unter einem Praefectus (praetorio): ἔπαρχος und die Praefectura hiess ἐπαρχία (אפרכיא). Die Praefecti urbi in den italischen Städten, die eine untergeordnete Stellung hatten, hiessen auch nicht ἔπαρχοι, sondern πολίαρχοι. Oft wird ἔπαρχος auch im weiteren Sinne für Statthalter einer Provinz genommen. In der späteren, byzantinischen Zeit wird für ἔπαρχος (Praefectus) oft ὕπαρχος geschrieben. Ber. r. § 75 f. 75ᵃ; § 78 f. 77ᵇ; Schm. r. § 15 f. 114ᶜ; das. f. 115ᵇ; Waj. r. § 13 f. 157ᵃ; Waj. r. § 16 f. 159ᵇ; (Echa r. s. v. חורי f. 68ᶜ; Pesikta Wattomer f. 133ᵃ; Pesikta Para f. 44ᵃ; Pes. v. Para § 14 f. 15ᵇ; Tanch. I Para § 271; Tanch. II Para § 6); Koh. r. s. v. ראיתי את כל מעשה f. 90ᵈ. Bem. r. § 4 f. 189ᵃ; § 15 f. 230ᵇ; Debr. r. § 3 f. 250ᵈ; Midr. Schir s. v. מה יפית f. 30ᵈ; Sifre 5. B. M. § 3; das. § 27. Sehr häufig ist es היפרכוס geschrieben. In Tanch. II Tasria § 7 ist es היפרכוס gegeschrieben; קומוס מתירא מפני היפרכוס והיפרכוס מתירא מפני המלך der comes militum, der Militärcommandant fürchet sich vor dem Präfekten, der Präfekt fürchtet sich vor dem Kaiser. In Midr. Panim acher. (von Buber herausg.) s. v. עודם מדברים ist die Stelle יודעת אני שהוא דוכסון ובניו איפייטין zu berichtigen in יודעת אני שהוא דוכסין ואפרכין ובניו. Im Syrischen: הפרכא.

אפרכיא, syr. הפרכותא, ἐπαρχία, Praefectura, eine der 4 Abteilungen, in welche Constantin das römische Reich teilte: Präfektur. Öfters ist es auch, wie ἐπαρχία Übersetzung von Provincia im Allgemeinen; so Act. Apostol. 23, 34 im griech. Urtext und in der syr. Übersetzung. Strabo 17, p. 840: τὰς δὲ ἄλλας ἐπαρχίας ἔχει Καῖσαρ; Joseph. Jüd. Kr. 2, 21: τῆς δὲ Ἀρχελάου χώρας εἰς ἐπαρχίαν περιγραφείσης. Ber. r. § 39 f. 38ᵃ; § 55 f. 54ᶜ; § 89 f. 86ᶜ; Bem. r. § 1 f. 182ᵈ. Midr. Ruth s. v. ויען בועז f. 40ᶜ; das. Anf. f. 36ᵈ; Est. r. f. 100ᶜ, 100ᵈ. In Bem. r. steht איפרכיא falsch, es muss איפטיא heissen.

אפרכס, **אפרכסת**, πρόχοος, Trichter. Ber. r. § 4 f. 5ᵈ; Pes. r. § 10 f. 14ᶜ.

אפרסמון = אפלסמון.

אפתא, φυτεία, Pflanze, das Eingepflanzte. Echa r. s. v. על אלה f. 59ᶜ אפתא דקרא, das Eingepflanzte des Kohls; s. Levy.

אקוביטון, accubitum; (De Lara) ἀκκούβιτον, ein Sitz für mehrere Personen beim Mahle: Sopha. Gegen Ende der Republik nemlich, als die kostbaren μονοπόδια, orbes oder δίσκοι, runde kostbare Tische von dem feinsten Citrusbaumholz, Mode wurden, kamen statt der einzelnen lectuli halbkreisförmige Ruhebetten in Aufnahme, welche um den runden Esstisch gestellt wurden; diese hiessen accubita, oder von ihrer Gestalt (c) sigmata. (Marquardt, Privatleben der Römer S. 298.) Nicht nur das Wort accubitum ging ins Griechische über, sondern man bildete auch daraus ein Zeitwort ἀκκουμβίζειν. Waj. r. § 7 f. 151ᵈ: משל למלך שהיה מיסב על אקוביטון שלו. In den Parallelst. Pesikta Rosch chod. f. 61ᵃ und Pes. r., daselbst seht הקוביטין. Sachs I, 170 nimmt das ה für den Artikel: es ist aber vielmehr wie א, der spiritus lenis mit a, wie הבסתייר, a vestiariis, ὁ ἀβεστιάριος, wo das ה auch nicht Artikel ist.

אקטור, agitator, Wagenlenker, Circuskutscher. S. Perles, Thron u. Circus etc. S. 19. Mechiltha Beschall. § 1 f. 31^{a} und 31^{b}; § 2 f. 33^{a}.

אקיסטרא, ἀκέστωρ, Heilmeister, Geburtshelfer. Waj. r. § 5 f. 149^{d}, (f. 171^{a}): „übel ist die Stadt daran, deren Arzt gichtbrüchig ודאיקוטטא בחדא עינא (צ"ל ודאיקסטרא סומא בחדא עינא), und deren Geburtshelfer an einem Auge blind ist.“

אקמי, ἀκμή, Blüte, Reife des Menschen; Ag. Ber. IV f. 8 אם ינדל ויעמוד על אקמי „wenn er erwachsen u. in seiner Kraft ist.“

אקלפרא, aquilifer, Adlerträger, der den Adler auf der kaiserlichen Standarte trägt. Sch. t. ψ 45. Siehe Mussafia, De Lara und Sachs II, 178; s. auch Perles, David Cohen de Lara S. 15.

אקנום, ἱκανὸς, hinreichend, zulänglich, allgewaltig. De Lara. Ber. r. § 46 f. 45 תרגם עקילס אקיום ואנקים oder אכסיום ואנקום verdorben aus אסכירום ואקנום, ἰσχυρὸς καὶ ἱκανὸς, der Allmächtige und Allgewaltige. Der Pariser Codex hat aber אקנום; s. Grünwald in Hammechakker II, 233. (De Lara will אקיו'ם erklären = ἄκιος, ohne Wurmfrass; so auch Levy.) S. LXX zu Hiob 31, 2 und Ruth 1, 20. 21, wo שדי mit ἱκανὸς übersetzt ist. 2. vermögend, hinreichend, zalungsfähig; s. De Lara; daher ἱκανοδοσια = Bürgschaft. Tanch. I Mikkez § 9 f. 97^{b}. S. auch Lattes, saggio f. 61. אם בא אדם לשאול קוזמין שלך משאלת אותם לו אמרה לו אם יהיה אדם איקנום; Tanch. II Wajakhel § 2 u. Koh. r. s. v. כל הנחלים umschreibt das Wort mit עשיר zutreffender, richtiger als in Jalkut Hiob § 919 mit חכם, doch ist auch dort die Lesung איקנום bezeugt. R. Samuel Gama citirt Sch. t. ψ 416: מהו אני (ה' אלקיכם) איקטנוס אנא למיתן אגרך: anstatt איקטנוס ist zu lesen איקנוס: „was heisst das? ich der Ewige euer Gott? — Ich bin gut dafür, dich dafür zu belohnen.“

אקנקיתא, κυηκίας, der Falbe (Beiname des Wolfs). Sch. t. ψ 104. Lewysohn, Zoologie des Talmuds.

ארא, ἀρὰ, Verderben, Schaden. Midr. Schir s. v. עד שיפוח f. 16^{d} כדי שיתלו (שיטלו) המלכיות בתר אראיהון. Levy.

ארגטים (syr. ארגטא), ἐργάτης, Arbeiter. Tanch. I Korach f. 48^{b}. (De Lara.)

ארגליא, ἐργαλεῖα, Werkzeuge. Schm. r. § 40 f. 135^{a}; Midr. Schir s. v. אתי מלבנון f. 22^{d} (Waj. r. § 23 f. 167^{a}). De Lara.

ארגנטרון, **ארגנטין**, argentum, argentarium, ἀργεντάριν, Silbergeräte; Pesikta Bachod. haschl. f. 106^{b} (Estr. r. s. v. בהראותו f. 102^{b} corrprt. ארגנטרייא). S. Buber zu Pesikta f. 106^{b}, Note 126; kostbares Tafelgeräte; Tanch. I Jithro § 12. — Jer. Pea VII, 9 שמע קלהון אמרין בהדין אנגטין (צ"ל ארגנטין) אנן אכלין יומא דין בארגנטורין דהבא (דדהבא) או בארגנטורין כספא (צ"ל דכספא):

ארגניטין Ber. r. § 63 f. 61^{d} corrprt. aus אגירטין, ἀγύρτης (Accusativendung für den Nominativ), Gaukler, Zauberer. Ber. r. § 63 f. 61^{d}. Mit Argonauten, wie Mussafia und Levy meinen, hat das Wort keinen Bezug, ebensowenig mit ἀργὸς ναυτής, Schnellsegler, wie Kohut meint: עלון למסחי ואתי הדין ארנניטן (אנירטין) מנחיך ומרקד קדמיהון. In Jerusch. Terum. VIII, Ende, heisst es: אתא אבניטרים נבן, es ergibt sich also hieraus die richtige Lesung אנירטים, ἀγύρτης.

ארגיסטים, ἀργέστης, Westnordwind, auch Ἰάπυξ genannt, der von Japygien (Unteritalien) nach Griechenland wehende Wind; Italien hiess in alten Zeiten Argessa. Kohut irrt, wenn er es v. ἀγρέστης, reissend, ableitet. Das widerspricht den Midraschstellen. (Dio Cass. frgm. 4: Αἰνείας ἀπὸ Μακεδονίας ἦλθεν εἰς Ἰταλίαν, ἣ πρὶν Ἄργεσσα ἐκαλεῖτο), auch σκίρων genannt, bei den Römern Corus; Waj. r. § 8 f. 152[d]; Bem. r. § 13 Anf. f. 217[d]; Midr. Schir f. 24[d]; Est. r. f. 103[a]. S. Forbiger, Hellas und Rom V, 273 u. Plin. h. n. II, 46.

ארנסטירין, Koh. r. s. v. שמח f. 97[a], verdorben aus אנרטיסימון, ἀκράτισμα, Frühstück; s. אנרטין. Sachs I, 86.

ארודין, viell. Ἡρώδειον, Herodium, ein von Herodes angelegtes Castell in Idumäa. Midr. Wajissau. S. Lattes s. p. 65.

ארטיסים, Schm. r. § 13 f. 112[b], corrprt. aus אסטרסים, στερέωσις, Verdichtung. Siehe Gebhardt a. a. O.

ארזובניתא, ἐρισύβη, eine Heuschreckenart; LXX übers. Joel 1, 5 החסיל mit ἡ ἐρισύβη; Sifra, Schemini § 3, 5.

ארטילליפטור s. **ארכיליפטיר**.

ארימון, ἔρημος, einsam, öde. Waj. r. § 35 f. 179[d], wo es in אדרימון corrumpirt ist; Aruch Parallelstellen: Midr. Schir s. v. f. 29[a]; Pesikta Dibre Jirm. f. 115[a].

אירימיאיה, ἐρημία, Einöde. Koh. r. Anf. f. 76[e]. Das Wortspiel von ירמיה und ἔρημος, ἐρημία ergab sich um so leichter, da im Syrischen der Name dieses Propheten ארמיא oder אירמיא lautet (wie אידא für das hebr יד).

ארים, ἶρις, der Regenbogenstein. Deb. t. § 4 f. 154[a]; (De Lara.)

אריסטא, ἀρίστης, der zum Male Geladene. Koh. r. Anf. f. 71[b]; Echa r. s. v. בני ציון s. 67[a]; in Waj. r. § 28 f. 172[b] verdorben in אריסא.

אריסטון, ἄριστον, Frühstück, welches aber die Griechen um Mittag einnahmen. Ber. r. § 11 f. 11[d]; Waj. r. § 13 f. 156[d]; § 28 f. 172[a]; Echa r. s. v. העיר f. 51[b]; Tanchuma I Beresch. f. 1[b]; Sch. t. ψ 50 Ende.

ארכון, ארכונטים, ἄρχων, Stadtvorsteher, der Statthalter, praeses, wird bei den griech. Schriftstellern öfters mit ἄρχων wiedergegeben; ebenso im Syr. ארכונא. Midr. Schir s. v. אמרתי f. 31[c] אחשדרפניא אלו הארכונות וכו', A. das sind die obrigkeitlichen Personen; Echa r. s. v. בלע f. 61[d] בעית לאיעבדא ארכונטים „willst du Stadtvorstand werden?“ ebenso das. s. v. צדו צעדינו f. 680[d]; Ber. r. § 76 f. 75[c]. „Das ist die frevelhafte (röm.) Regierung, die mit Missgunst die Habe der Leute ansieht, und sagt: Jener ist reich, machen wir ihn zum Archonten (Dekurio).“ Die Stadtbehörden (Dekurionen) waren verpflichtet, für den Ausfall der Steuern der Stadt aufzukommen; daher man die Leute zum Decurionat zwingen musste.

ארכי, ἀρχή, Regierung. Ruth r. s. v. וימת אלימלך f. 37[c], 38[d] ארכיות ארכיות הן ואין אחד מהם נכנס לתוך ארכי של חברו אפילו כמלא נימא; Koh. r. s. v. דור הולך f. 71[c] אלו נכנסין לארכי ואלו נשמטין מן הארכי; Deb. r. § 2 f. 250[d]: הגיע ארכי ליהושע; 2. Regierungszeit, Verwaltungszeit; שהיה בארכי שלו לאיפרכוס „gleich dem Präfekten, der wärend seiner Amtsführung den Kaiser bestimmte, dass er seine Anordnungen ausführte etc.“ 3. Archiv. Bem. r. § 9 f. 199[d] בארכי ישנה של ציפורי, im Archiv von Vetera bei Sepphoris s. ביתר.

ארכיאטוס, Schem. r. § 46 f. 140[b] soll heisen ארכיאטרוס, ἀρχίατρος, Heilkundiger; diesen Titel führten die vom Kaiser oder von der Stadtverwaltung für die Stadt oder deren Bezirk angestellten Heilkundigen. Für jede der 14 Regionen der Stadt Rom war ein solcher Archiiatros (deutsch: Arzt); auch die Leibärzte des Kaisers hiessen archiiatri. S. Marquardt, Privatleben der Römer II 752 ff.; auch im Syr. ארכיטרוס.

ארכיון, ἀρχεῖον, syr. ארכיון, Rathhaus, Archiv, Gebäude der Obrigkeit des Gerichts. Midr. Est. Ende § 1 f. 101[d]: להדא ארכיון דנדר שהמלך יושב לדין מלמעלה; Pesikta Sachor f. 27[a] (Tanch. I Kiteze f. 21[a]; Tanch. II Kiteze f. 117[b]), Archiv.

ארכידיקי, ἀρχίδικος, Oberrichter, Vorsitzender des Gerichts. Ber. r. § 50 Anf.

ארכיטקטון, ἀρχιτέκτων, Baumeister. Ber. r. § 24 f. 24[a] (Tanch. I Naso § 8 f. 15[b]; Tanch. II Naso § 5 f. 55[a]); in Bem. r. § 9 f. 198[d] in ארכיקיטון, Sch. t. ψ 14 in ארכיטון קטן corrprt.

ארכיליסטים, ἀρχιλῃστής, Räuberhauptmann. Ber. r. § 48 f. 46[d]; § 75 f. 74[a]; § 77 f. 76[a]; Midr. Schir s. v. מי זאת f. 18[a].

ארכיליפטיר, ἀρχιληπτήρ, Oberhaupt der Häscher. Pes. Besch, f. 91[b] ר"א בר"ש אתמני ארטל ליפרן. Aus Baba mezia f. 83[b] ist ersichtlich, dass dieser R. Elasar b. R. Simon zum Obersten der Häscher ernannt wurde; es wird das Nemliche dort erzält, wie hier, nur dass dort die Veranlassung seiner Ernennung noch erzält wird; darum muss auch hier ein Wort stehen, das der Bedeutung: „Oberster der Häscher“ entspricht; und ist daher statt ארטל ליפרן zu lesen ארכיליפטיר. Auch die Lesung von Aruch ארכיליפורין ist falsch; Kohut nimmt es irrig für ἀρχιλάφυρος, Haupt der Erbeutung. Auch Pesikta f. 93[b] stimmt zu der Lesung ארכיליפטיר. Dort wird erzält, dass derselbe R. Elasar ben R. Simon zum Angareutes ernannt worden; die angari oder angareutae waren aber die Beamten für Bestellung der Curierpferde für den kaiserlichen Dienst, und hatten zugleich den Auftrag, Nachrichten zu sammeln, ob etwa Verschwörungen oder Hochverrat geplant werde, und hatten den Verbrechern auf die Spur zu kommen. Später ward dieser Auftrag davon abgezweigt und den Curiosi überwiesen.

ארכיסטים, ארכיסטרים, ὀρχεστής, Tänzer (syr. ארכיסטא). Bem. r. § 4 f. 191[c]; (Midr. Sam. § 25 Ende).

ארכיסטרטינוס, ἀρχιστρατηγὸς, die griech. Übersetzung für praetor pro consule, oder praetor cum imperio (wörtlich übersetzt ἀρχιστράτηγος), ein Prätor mit consularischem Imperium, mit consularischer Vollgewalt. Die Aggadisten übertrugen unwillkürlich die römischen Einrichtungen auf die biblische Vorzeit oder verdeutlichten vielmehr die biblische Vorzeit durch den Hinweis auf die römischen Einrichtungen ihrer Zeit. Den Prätoren von Spanien, Gallien, Asien etc. ward das imperium consulare übertragen; ebenso erhielten seit Trajan die Prätoren mancher cäsarischen Provinzen das imperium consulare. Mommsen, Römisches Staatsrecht II, 1, S. 629 ff. Levy irrt daher, wenn er es übersetzt: oberster Heerführer. Der Midrasch sagt Ber. r. § 58 f. 57[b]: die Chittäer hätten den Ephron an jenem Tage zum Prätor d. h. Richter mit consularischer Machtvollkommenheit und Würde ernannt, damit Abraham von einem ihm Ebenbürtigen kaufe. In der Parallelstelle Schm. r. § 31 f. 130[d] steht aus Unkenntniss dieses Bezugs auf römische Verhältnisse אסטרטינוס für ארכיסטרטינוס.

ארנונא = **אנונא**, ἀννῶνα, annona, Lieferungen, für den Hof des Prätors und das Heer in Wein, Brod, Mehl, Vieh, Öl etc. S. Marquardt, röm. Staatsverwaltung II, 224, siehe unter אנונא. Pesikta Schekal. f. 11[b] (Waj. r. § 29 f. 173[c]); Waj. r. § 33 f. 177[b]. Bem. r. § 19 f. 237[c]; Pes. r. § 10 Anf.

ארם (denominativ von אירימיא, ἐρημία), wegen ἐρήμη sc. δίκη, wegen ungehorsamen Ausbleibens vor Gericht verurteilen. Waj. r. § 34: אתם מארמאין שית מאה דינרין, „ihr werdet wegen Nichterscheinens vor Gericht zu 600 Denaren verurteilt". (Gebhardt a. a. O.)

ארנטום, ornatus, Schmuck. Vgl. Css. Pphgn. de caerem. I, 48 Ende: οἱ δὲ πραιπόσιτοι λαμβάνουσιν ἀνὰ ἱματίων ἐῤῥαμμένων ἀπὸ τριβλαττίων ὀρνεμένων; (Praepositi vero singuli vestes consutas, limbo purpureo ornatas . . . accipiunt; wozu Reiske bemerkt: ὄρνα non tantum Graecis, sed etiam Latinis medii aevi est ora, omne, quod aliquam non modo vestem, sed etiam rem quamquam ambit et quasi continet; vide Du Cange Gloss. Gr. v. ὄρνα et Latin. v. urna . . . . Sed, ut dixi, credibilius mihi quidem est, orna esse pro ornatio vel ornatura). Echa r. s. v. מדבר באישיה איכה יועם זהב f. 67[a] שהיה דומה לארנטס של זהב, wozu auch der Context passt: ישנא הכתם הטוב שהיה גופו דומה לאבן טובה ומרגליות.

ארנקי, ἀρνακίς (syr. ארנקא), schaflederner Beutel; Beutel. Waj. r. § 14 f. 157[d] (Syr. ארנכי; Ephr. adv. haereses c. 56).

ארסקינין in Koh. r. s. v. כל הנחלים f. 72[d], zu berichtigen in אסרקינין, σηρικὰ, durchsichtige, mit Leinen verwebte Seide, im Gegensatze zu ὁλοσήρικα, zu ganz seidenen Stoffen; es heisst demnach יומא דין אסרקינין ולמחר אולוסירקין. Siehe Marquardt, Privatleben der Römer II, 481.

ארפכס, **אפרכסת**, ἅρπαξ, Mühlentrichter Ber. r. § 144 f. 15[d].

ארקוליאני, Est. r. s. v. בשנת שלש f. 101[d]; Herculiani, die Leibgarden des Herculius oder Maximianus nebst den dort genannten יובייני, den Leibgarden des Jovius oder Diokletian. Sachs I, 113 ff. Im Text corrumpirt ברקריאני, von Sachs berichtigt.

ארקולאין in Midr. Schir s. v. ישקני f. 4[c], מיד הדיבור נושקו על פיו לארקולאין בן הדימה ולמדו התורה: das Wort ist mit Sachs mit εὐρυκλῆς, „Bauchredner" zu übersetzen und anstatt לארקולאין wahrscheinlich כארקולאין zu lesen; in Midr. Schir s. v. תורי זהב f. 10[c] זו התורה שלימד אלקולאין בדעתו של הב"ה: „das ist die Thora, welche ein Bauchredner (eine unbekannte Stimme) mit Wissen Gottes lehrte". In Th. II Ester מהו ארקלין איזל בריש כלהון . . . . . חדיי לצפורין נסים לנונין מתיב ואמר ליה כיתנא „Was ist der Bauchredner, der Allen vorangeht, ... eine Freude den Vögeln, Betrübniss den Fischen? — Sie antwortete: der Flachs."

ארתוסייה, Orthosias, 'Ορθωσιάς, eine Stadt in Phönicien südlich von Arka. Ber. r. § 37 f. 36[a] ist הסיני (1. B. M. 10, 7) mit ארתוסייה übersetzt. In Th. Jer. I ist es אנטוסאי corrprt. aus ארטוסאי, die Bewohner von Orthosias."

ארתיקופיון, ἀρτοκοπεῖον, Brodbäckerei. Midr. Sam. § 19 אל ישי בית הלחמי בית ארתיקופיון שלו שהוא בבית לחם יהודה: „zu Isai dem Bethlachmi, d. h. in seine Bäckerei, die sich in Bethlehem Juda befindet." Dasselbe Wort auch im Syrischen.

אתינא, אתונא, אתינס (syr. אתינוס), Ἀθῆναι, Athen, Hauptst. v. Attika. Echa r. s. v. רבתי f. 52 öfters.

אתליטים, ἀθλητής, syr. אתליטא, Wettkämpfer, Athlet (syr. אתליטא); Ber. r. § 22 f. 23[b]; das. § 77 f. 76[a]. Schm. r. § 21 f. 121[c]. Tanch. II Wajigg. § 4 f. 52[b]. (De Lara.)

אתנסייא, ἀθανασία, Unsterblichkeit. Waj. r. § 11 f. 155[c] (Midr. Schir s. v. f. 6[d] לריח שמניך Ende). De Lara.

ב

באיין, ביין, βαΐον, Palmzweig. De Lara; Ir D. u. Perles, D. Coh. de Laras rabb. Lexikon S. 16. Waj. r. § 30 f. 147[a] מאן דנסיב ביין בידיה, wer den Palmzweig in seiner Hand hält (von dem wissen wir, dass er gesiegt). In der Parallelst. Pesikta Sukka f. 180[a]: מאן דנסיב באנין, das נ weich gesprochen wie j, in Tanch. II Emor steht ובידו אנין (soll heissen: ובידו באנין); in Tanch. I Emor steht sogar ואנוו בידו statt ובאנין בידו. In Sch. t. 117 מהו נעימות בימינך נצח (א"ר אבהו) זה הלולב כמי שנוטל ונוצח ובא מי שנוטל ובא הוא מי שנוטל בייא הוא נוצח soll heissen נוצח. Jalkut hat diese Stelle ebenfalls fehlerhaft כמי שהוא נוצח ונוטל בימין; Levy liess sich verführen, diese falsche Lesung mit vimen „Gerte" (als Siegeszeichen) zu übersetzen. Siehe s. v. אנון. Schon De Lara hat das Richtige, s. Perles, Dav. Coh. de Lara S. 16.

באמי s. **כאמי**.

בנסא s. **פקתא**.

בגרון, Waj. r. § 28 f. 127[d] ist

die corrumpirte Lesung קומוס בגרון; die Stelle lautet dort: מאן דעביד קומוס בגרין מאן דעביד קומוס קלטור מאן דעביד מגסטאר פלטין אתעביד מעביד דומין פנטון בלנאי; in Est. r.: קנמין קלטור עביד בלן; in Midr. A. Gor.: קומים פנטון קומוקלטור אתעבד בלן; in Pesikta Omer: דעביד קומוס פנטון קומוס קלטור ואתעבד בלן. Aus dem Zusammenhalt dieser Parallelstellen erhellt, dass der ursprünglich einfache Text durch Glossen entstellt worden ist; diese ursprüngliche Lesung scheint zu sein: מאן דמתעביד קומוס פלטין מתעבד בלן. Zu קומוס פלטין comes palatii, Schlosshauptmann, kam später als erklärend hinzu מגסטאר פלטין, magister palatii. Allmälig ward פלטין in פנטין und בגרון corrumpirt, und gar in קלטור oder דומין פנטון, nachdem im Laufe der Zeit die byzantinischen Hofverhältnisse den Abschreibern und Erklärern des Midrasch vollständig unbekannt geworden. Daher sind alle Versuche, solche falsche Lesungen zu erklären, vergebens, wie דומין פנטון, *δόμινε πάντων*, der Herr über Alle; und קומוס קלטור für קוסמו קרטור, Weltbeherrscher (was ja Haman nie war); ebenso wenig passt Gebhardt's Vorschlag, קומים בגרון in קומים בנדון zu ändern; Führer einer Heeresabteilung: *κόμης βάνδων*; denn das passt nicht zum Zusammenhange, und H. war auch nicht Feldherr, sondern oberster Minister.

בגרים corrprt. aus בגדים, *Βακχίδης*, Feldherr gegen Juda Makkabbi; Meg. Anti. S. Grätz, Gesch. d. J. II, 2, 768 A.

בוטריגונון s. בורטיגונין.

בול, *βῶλος*, Klumpen, Scholle; Ber. r. § 13 f. 14c (Tanch. I Noach § 17).

בולי, *βουλή*, Rat, Ratsversammlung, die Senatoren. Ber. r. § 6 f. 7b: בולי ודימוס „Senatoren und Volk, der Senat und das Volk"; Schm. r. § 15 f. 114c: דימוס וכן כולו soll heissen דימוס וכן בולי (vgl. Levy); auch im Syr. בולי.

בולות, *πόλις*, Stadt (Kohut); Pes. r. § 22 f. 41a ist אלות mit Recht von Friedmann nach Jer. Nedar. III, 2 in בולאות geändert. Auch Lonsano erklärt בולאות für עיירות גדולות; in Gittin 37a: ושברתי את גאון עזכם אלו בולאות שביהודה.

בולבטס, בולווטים, *βουλευτής*, syr. בולוטי Ratsmitglied, Senator. Ber. r. § 75 f. 76d; Echa r. s. v. דרכי ציון f. 55b; s. v. בלע f. 61c; das. s. v. צדו f. 68a etc. Sifre 5. B. M. § 309 einmal בולאיוסטוס u. בוליוסטוס. (Syr. Bibelübs. Marc. 15, 43; Luc. 23, 50: בולוטא bei Land, Anecd. בולוטים).

בולוס, *βῶλος*, Klumpen, runde Masse, Kugel, von Glas oder Metall. Bem. r. § 2 f. 184d ומוציאו בולים, von Levy berichtigt in ומוציאו בולוס; Ber. r. § 12 f. 13d; ist מוסך כלים (und Jer. Ber. I, 1 בוסך כלים) in נוסך בולוס zu berichtigen (Aruch; daher auch והוא מעלה חלודה Singular); Pesikta Para f. 39b (und Pes. r. § 14): דברים שהם מכוסים מכם בעו"הז עתידים שיהיו גלויים לכם כהדין בולוס, die Dinge, die euch in dieser Welt verdeckt sind, werden euch zukünftig so offen (durchsichtig) sein, wie jene Glaskugel. Pes. r. § 11 מה דרכו של חול אדם מכניסו לאור ומוציאו בולוס ועושה הימנו כלי זכוכית; Mechiltha beschall. § 4 f. 37a כמין בולוס של זכוכית.

בולמוס, *βούλιμος*, Heisshunger, auch ein krankhafter Heisshunger, durch Störung der Magennerven hervorgerufen (De Lara). Joma VIII, 6; Koh. r. s. v. טובה חכמה f. 87[d]; 2. figürl. Heisshunger, heftige Leidenschaft, heftige Sinnlichkeit ב' של עריות. Ber. r. § 41 f. 40[a]; das. § 51 f. 51[a]; auch im Syr.

בולרין, *βωλάριον* (syr. בולרא), kleine Scholle, Erdkloss; Ber. r. § 8 f. 9[a]; das. § 28 f. 27[c] (De Lara); שהיו רואין בולריות של זהב ניתכות באש, „sie sahen Klumpen Gold in Feuer geschmolzen". Aruch; De Lara.

בורין s. **פולרא.**

בוקנוס, *βουκίνα*, *βυκάνη*, buccina, Trompete. Pesikta rosch haschana f. 152[a] (Waj. r. § 29 f. 173[b]); Midr. Schir s. v. עד שהמלך f. 10[d] (De Lara).

בורגמא, *πύργωμα*, Castell; Lattes, nuovo saggio in Atti della R. Accademia dei Lincei 1881 f. 30[b]. Siehe das Folgende.

בורגס (syr. בורגא), *πύργος*, Thurm, Burg, Thurmhaus, Einkehrhaus. Pes. rosch chod. f. 61[a] (Pes. r. das.); Waj. r. § 7 f. 151[d]; das. § 37 f. 181[c]. In Mechiltha Bachod. haschl. לא רציתם לתקן הדרכים והרחובות לעולי רגלים הרי אתם מתקנין את הבורגסין (ואת הבורגמין) לעולי לכרמי מלכים (Levy).

בורגני, *βουργέσιος*, Burgherr, Hütteneinlieger. Est. r. s. v. וישלח ספרים f. 105; Echa r. s. v. דרכי f. 55[b]. Sch. t. ψ 10.

בורגור, *βουργάριος*, Landmann; בורגרותא, Landbau; Ber. r. § 36 נח איש האדמה בורגר לשם בורגרותא:

בורדלא, *βουρδούλη*, Peitsche; Mehrz. Geisselhiebe. Pesikta besch. f. 81[b]. Bem. r. § 218[d]. (Sachs II, 88).

בורדסא, בורדיקא, bardocucullus, dunkelfarbige, trichterförmige Kappen, die man bei schlechtem Wetter und auf der Reise an die paenula oder lucerna heftet, und über den Kopf in's Gesicht zieht. Siehe Forbiger, Hellas und Rom I, 106 u. 158. Sachs I, 136. Ber. r. § 96 f. 93[d]; בכלים צבועים דבריקא ist nach Jer. Kethub XII, 35[a] zu berichtigen in בירידיקא (בורדיקיא), ebenso Ber. r. § 100 מאנין דבריקה. In Sifre 5. B. M. § 234 פרט . . . לבורדסים לפי שאינן מרובעים sind בורדסים Kleider mit bardaischer (illyrischer) Kapuze. Sachs nach Rappoport will darin das Wort „Kapuze" mit weggelassenem K erkennen; *καβάδιον*, *καβαδίκι*.

בורטיא, *βηρούττα*, verutum, Spiess (syr. באראדס). (Gebhardt a. a. O.) Pes. r. § 3.

בורטנונין, *ὀρθόγωνιν*, rechtwinklig.[1]) Pes. r. § 10 f. 13[a]: אנן הסהר בן חסדא אמר קורין לירח סיהרא זו סנהדרין שלא היו יושבין בוטרינונין שורה ארוכה אלא אסטרונגילון כחצי גורן עגולה. Güdemann will בטריגונון lesen und שורה ארוכה als Glosse eliminiren, und sagen: das sind die Sanhedristen, welche nicht in einem Dreieck sassen, sondern kreisförmig nach Art eines Halbkreises. Zugegeben, dass שורה ארוכה eine Glosse ist, obgleich es als Gegensatz zu כחצי גורן עגולה

---

1) Das ב ist für das Ϝ (Waw oder sog. Digamma aeolicum), das, wenn es auch nicht mehr geschrieben wurde, doch in der Aussprashe deutlich zu Tage trat; vgl. *ἀήρ*, אויר; *ῥόδινον*, ברדינון; *νοέμβριος*, novembris; *Ϝὸς*, וסת.

ganz gut passt, so ist es immerhin ein Beweis langer mündlicher Tradition, die das Wort 'ב so erklärte. Wollte man בטרינגונין lesen, so begreift sich nicht, wie so das Waw zwischen die 2 ersten Buchstaben gekommen; zudem ist der natürliche Gegensatz zu „halbkreisartig" nicht „im Dreieck", sondern „rechtwinklig". Im Dreieck konnten die Sanhedristen schon desshalb nicht sitzen, weil sonst die an der Grundlinie sitzenden Richter entweder dem Vorsitzenden oder den Parteien den Rücken zugewendet hätten. Das Einfachste ist eben, dass man בורטוגונין, ὀρθογώνιν, liest.

בורמא, πάρμη, Schild. Echa r. s. v. דרך f. 5[a].

בורסגנית in Midr. Schir s. v. אע"פי שהן נגבין ארגוניות כשושנה f. 12[c] בורסגניות; hier ist בורסגניות corrprt. aus כריסרגיריות; s. כריסרגירון.

בורסקי, בורסי, βυρσεύς, Gerber (im Syr. בורסיא, s. syr. Bibelübs. Actor. 9, 43), Midr. Mischle s. v. הולך את חכמים.

בורתידי Midr. Schir s. v. אתי מלבנון f. 23[a] corrprt. aus בורתירי, φέρετρον, Tragbahre (Levy).

בטא, βέτης, ein unterirdischer Ort. Ber. r. § 50 f. 49[c] (Sachs I, 135); in der Parallelstelle Ber. r. § 68 f. 67[c] ist es in אמבטא corrprt.; Ber. r. § 31 בהדא בטיטא דטבריה.

בי, ave! lebe wol! (Gebhardt.) Ber. r. § 49.

ביא, בייא, ביה, בייה, βίος, Leben, Lebensunterhalt. Tanch. I Wajigg. § 5 (Sch. t. ψ 144). S. Levy.

בייא, בייה, βία, Gewaltthat. Ber. r. § 93 f. 90[c]; Schm. r. § 20 f. 119[d]; das. § 27 f. 125[c]; das. § 43 f. 138[c]: בייא מעביר עלי, „er lässt Gewaltthat über mich ergehen". Waj. r. § 17 f. 160[d]: בייה בייה תותבה מפני למריה דביתא, „Gewalt! Gewalt! der Fremde vertreibt den Hausherrn (aus dessen eigenem Hause)!" (Deb. r. § 2 f. 251[d].) In Tanch. II Schmini § 3 אתה מעביר עלי שאחי גדול ממני ist בייה vor אתה ausgelassen; in Tanch. I Schmini § 5 steht es richtig.

ביבי, vive! lebe! Echa r. s. v. היו צריה f. 55[c]. ביבי דומיני אמפרטור βήβε, δόμινε Ἰμπεράτορ: vive, domine Imperator! „Du sollst leben, Herr u. Kaiser!" Const. P. de cerem. 1, 75: Κατὰ δὲ κερασίαν πιόντος τοῦ βασιλέως, λέγουσιν οἱ βουκάλιοι· βήβετε δόμηνι ἡμπεράτορες ἦν μούλτος ἄννος· „Wenn der Kaiser den gemischten Wein getrunken, stimmen die Sänger an: vivite, domini imperatores in multos annos!"

בילרין, Midr. Schir f. 3[b] verschrieben für בולרין, φολλάριον; s. פולסא.

בימה, βῆμα, erhöhte Sitz der Obrigkeiten, Richterstuhl (syr. בים); Meth. 27, 19, βῆμα; syr. Übs. בים; bei Barhebr. באמא; Mechiltha Jithro § 1 ויצילני מחרב פרעה f. 68[a]: העלוהו לבימה; das Wort ist griech. Übersetzung von tribunal. Ber. r. § 37; Schm. r. § 15 f. 113[d]; das. § 30 f. 127[c. d]; f. 128[b]; § 43 f. 137[d]; Waj. r. § 13 f. 157[d]; Koh. r. § 72[d] s. v. כל הדברים; das. s. v. טוב ילד f. 81[c]; Tanch. II Schm. § 10 r. a. In der Beschreibung des Throns u. Circus Salomon's ist בימי Stufe. Perles das. S. 16 A; auch Bühne zum Vorlesen; Ber. r. § 42 f. 41d; das. § 81 f. 79b.

בימוס, **בימסא** (syr. בומסא), βῶμος, Gestell; Altar. Ber. r. § 53 f. 53a; Schm. r. § 9 f. 110c; das. § 30 f. 130b; Sifre 5. B. M. § 36 Ende; 2. Stufe; Thron u. Circus S. 13. S. Perles.

בין, βυνέω, vollstopfen; Sifra Wajikra § 12, 14. במלח: יכול תבונהו ת"ל המלח (Kohut).

ביסא, vas, βῆσα, Gefäss. Echa r. s. v. ותזנח f. 65, (Sachs I, 135).

ביריה s. **בריווייה**.

בירניא, πορνεῖον, Bordell. Waj. r. § 19 f. 162d: על שהושיב בירניות בירושלם (Gebhardt a. a. O.).

ביתאונייקא, Βιθυνικά, Bithynien. Joma 10a Übers. für תובל; Jerusch. Weg. I 71a hat dafür die Schreibung ווּיתינייה. Ber. r. § 37 ותוניה. Aboda sara II, 5: גבינת בית אונייקי.

ביתום, Βόηθος, Boethos. Sifra Emor § 2, 2.

ביתר, Veter (sc. castrum), auch Castra vetera, ein Standlager, von Vespasian bei Sepphoris gegründet, eine römische Militärkolonie zum Schutze der Stadt, auch נסטרא של ציפורי oder קסטרא ש' צ', in Erachin IX, 6 u. Sifra behar § 4 קצרה הישנה ש' צ', der letzte Stützpunkt Ben Kosiba's: siehe Dr. Lebrecht, Die Stadt Bether. Echa r. s. v. בלע f. 61c.d: das. s. v. צדו f. 68d; in Midr. Schir s. v. עד שיפוח f. 16d zwei Mal בית תר geschrieben statt ביתר.

בלאדין, Tanch. II Wajeze § 6 בלארין zu lesen; πανάριον, Brodkorb. אני פוסקת בלאדין (בלארין) שלך (Gebhardt will es durch βρῶτα „Speisen" erklären).

בלבקיא, Koh. r. s. v. ם. זה ראיתי f. 92d; המערב מים ביין בלבקי בשמן Neubauer, Géogr. d. Talm. 298 verbindet irrtüml. בלבקי mit יין und übersetzt: „Wein von Balbek"; s. v. יש רעה f. 84d heisst es (המערב) מי בלקיא בשמן; Sifra § 13, 22 hat nach Rabed's Lesung בלבקיא; Tos.b.b.(Erf.Mscr.) f. 405, 1: כנלקייא (soll heissen בלנקייא). Es ist aber mit Jalkut Wajikra § 479 zu lesen (המערב) בלנקי בשמן, βαλάνικα, Saft vom Myrobalanenbaum und das daraus als Salbe benützte wohlriechende Öl; Plin. h. n. 12, 46. Also המערב מים ביין מי בלנקיא בשמן „wer Wein durch Wasser verfälscht, Myrobalanensaft durch Öl."

בלדר, βερεδάριος, veredarius, Postreiter, Depeschenträger, Currier; De Lara; Marquardt, röm. Staatsverwaltung I, 5, 61. Reiske zu Cst. Pphg.: βέρεδον, equi curribus juncti (sing. βέρεδον), et praesertim in usum cursus publici per certas stationes dispositi, semper prompti et paratí. Non est vox a vehendo, . . . sed Germanica; Veteres Germani Pared pro equo dicebant. A Germanis id vocabulum ad Romanos Thracicos, et deinceps ad Arabes transiit. S. auch Procop, Vandal. I, 16: τινὰ τῶν εἰς τὰς βασιλικὰς ἀποκρίσεις ἀεὶ στελλομένων, οὓς δὴ βερεδαρίους καλοῦσι. Perles a. a. O. S. 16. 17. S. auch De Lara bei Perles; B. r. § 10 f. 10d; das. § 78 f. 77b; Waj. r. § 22 f. 165d. Bem. r. § 18 f. 236d; Koh. r. s. v. ויתרין f. 83a; Est. r. s. v. והשתיה f. 103a. b.

בלוזמא, βαλλισμός, Tanz, Ball. Waj. r. § 12 f. 156b (De Lara).

בלוטא, βάλανος, Zapfen an der Thürpfoste. Pes. r. § 6. S. Güdemann, Lexidion.

בלוריא, Veluria, eine römische Dame, die mit ihren Sklavinnen die jüd. Religion angenommen; Mechiltha Bo. § 15 f. 21^a ed. Weiss; in Massech. Gerim (ed. Kirchheim) ברוציה genannt, in d. ält. Ausg. בלורית, Grätz IV, 123; viell. Veturia zu lesen, u. identisch mit Veturia Paulina, deren Grabinschr. bei. Grätz IV, 50^b (ält. Ausg.); auch der Namen ברוריא, der Gattin R. Meirs, scheint aus Veluria od. Veturia entstanden zu sein.

בלטוורא, *βλαδαρὸς*, einfältig. Midr. Schir s. v. אחזו f. 16^b: קינגין מכלה ודיארטיה עתידים מן בלטוורא דא דיחתו ויטורד, *κυνήγιον μεγάλα ἐδίαρτα, ἐζήτουν μέν, βλαδαροί δὲ διῶκται ἐθηροῦντο*: „er täuschte die Jagd sehr; sie stellten zwar nach, die thörichten Verfolger, wurden aber gefangen.“ (Neubauer in Frankel's Monatschrift III [1854] S. 73).

בלינום s. **כלינום**.

בליסטרא, *βαλιστης, βαλιστάριον*, Wurfmaschine. אבני ב׳, Steine, mit der Wurfmaschine geschleudert. Echa r. s. v. בלע f. 61^b; Pesikta Waihi bachazi f. 67^a (Pes. r. das.); Pes. r. § 30 f. 52^c. Echa r. Einlt. f. 47^a אבני בליסטרם; nach der Parallelst. Koh. r. s. v. וישב העפר f. 97^d in א׳ בליסטרא zu berichtigen. Sifre 5. B. M. § 204; Mechiltha besch. § 4 f. 36^b.

בליסטר, בלסטר, *βαλλιστάριος*, Schleuderer, Schütze. Sifre 5. B. M. § 102: אך את זה לא תאכלו אר״ע: וכי משה קניגי ובלסטר היה מכאן תשובה לאומרים אין תורה מן השמים (Chulin 60^b). In Midr. Schir s. v. יונתי בחגוי f. 15^d will Levy anstatt רמז לעבדיו ונפלו לה פתאום כליסטין [er (der König) winkte seinen Dienern, dass sie dieselbe plötzlich als Räuber (als wären es Räuber) überfallen], lesen ר׳ ל׳ ונ׳ ל׳ פ׳ בליסטרין (er winkte seinen Dienern, und plötzlich überfielen die Schützen sie); aber das רמז לעבדיו zeigt, dass er ihnen durch Wink befohlen, dieselbe als Räuber zu überfallen. Auch die Parallelst. in Schem. r. § 21 zeigt, dass nur כלסטין richtig sein kann; dort heisst es: מה עשה המלך נירה בה את הלסטים.

בלן, בלנא, בלנאי, *βαλανὸς*, Badediener; Mechiltha thischpat. § 1 f. 82^a חיים בלן ספר; Sifra Bahar § 5, 7: שאם היה בלן לרבים. Pesikta Omer f. 72^a (Pes. r. § 18 f. 34^a; Waj. r. § 28 f. 172^d; Est. r. s. v. קח את הלבוש f. 109^a); Bem. r. § 13 f. 209^a; Pes. r. § 7 f. 10^c. Im Syr. בלניא.

בלנטיא s. **בלקדיקה**.

בלס, *βλύζω*, überfliessen. Ber. r. § 28: אוצרות בלוסים. (Levy u. Kohut.)

בלסמיה, Tanch. I Told. § 21, soll heissen בלספימיא Lästerung, *βλασφημία*. S. Buber das. (S. auch Aruch und De Lara).

בלסם, בלסמון, *βάλσαμον*, Balsam. Ber. r. § 91 f. 89^a; Waj. r. § 31 f. 175^d; Midr. Schir s. v. הנך יפה f. 11^d und f. 20^b. Sifra Sabim § 2; (syr. בלאסמון).

בלקא s. **בלבקא**.

בלקדיקה, *λεκτίκια, λεκτίκιον*, lectica mit vorgeschlagenem Wau (Digamma aeolicum), welches zwar nicht geschrieben, wol aber gesprochen wurde, (siehe unter בורטינונין); Sänfte; in unseren Ausgg. ist das ב am Anfang des Wortes in כ verändert worden, dann aus כ in ק und נ, so dass unrichtig כלקדיקא und גלקטיקא daraus gemacht wurde; גלונדיקא könnte auch aus ולנדיקא entstanden sein, wo das Wau durch ו ausgedrückt wäre. In Midr. Schir s. v. אתי מלבנון f. 23[a] sogar in כל כדיקה getrennt, wo es heisst: כאילין סביא דלית אינון יכולין מטענין בכל קדיקה (בבלקדיקה) ואינון מטענין להון בבורתידה (בבורתירה), „wie man jene Greise, welche nicht in Sänften können getragen werden, auf Bahren trägt;" Midr. Schir s. v. קמתי f. 25[c] ואפילו בנלקטיקא (בבלקטיקא) לא יכול להטען, „welcher auch in einer Sänfte nicht getragen werden konnte"; in Sch. t. Ps. 87 ist die Stelle nach א״ר ברכיה nach Jalk. Ps. 87 zu berichtigen: הזקנים שבהם אינן יכולין ליטען כל קרקיא (צ״ל בבלקדיקיא) מה הן עושין; ebenso Koh. r. s. v. שבתי וראה f. 92[b]. In Sifre § 37 ואני מוליכך בנלנודיקא, soll heissen ואני מוליכך בבלנטיקא (בולנטיקא); Mechiltha Nesikin § 1: לקטיקא; in Sifra Behar § 5, 7 verdorben in בלנטיא, dort heisst es: שלא יטול אחריו בלנטייא; es ist nach Mechiltha Nesikin zu berichtigen, wo es heisst: לא יטול לו כליו לבית המרחץ ולא יסמוך ולא יטלנו לא בפוריון ולא בכסא ולא בלקטיקא, also muss es auch hier heissen שלא יטול אותך בבלקטיקא. Auch Jalkut hat בנלטק, soll heissen: בולנטק. Levy will בלנטייא mit βαλάντιον, Sack, Beutel (nach De Lara) erklären; Kohut will בלווטיא lesen: βλαύτια, Pantoffel; beides unpassend, da es schon in שלא יטול לו כלים enthalten ist.

בלקטיר, φυλακτήρ, Wächter. Pes. r. § 15 f. 29[d] שני בלקטירין, welches in Pes. Hachod. corrprt. ist in דלקטירין, in Jalkut in סלקטירין, in Est. r. s. v. קצף בגתן f. 106[c] in קלוסנטרין verdorben. Lattes l. l. f. 96 will es mit dilector, Freund, „Liebender" übersetzen.

בלריא, velaria, βηλάρια(τά), Umhänge, Tuch zum Ausbreiten und Bedachen. In Ber. r. § 45 ist nach Sachs II, 199 anstatt דליים ובנריות הוליכה לה למרחץ, wofür Aruch דליות כנריות hat, zu lesen בנריות ובלריות הוליכה לה למרחץ, „Badetücher und Umhänge musste sie (Hagar) ihr in's Bad tragen".

בני, βαλανεῖον, Bad; Ber. r. § 33 f. 28[d]: בי בני, „im Badhause."

בניפקין, soll heissen בניפקון, veneficus, Giftmischer, schlechter Mensch, Schurke. Aruch führt eine St. aus Jelamdenu P. Korach an, welche sich auch in Tanch. I, Zusatz zu P. Korach § 14 findet. משל לשושבינה של בת מלך שביקש בניפקין מן המלך אמר למלך אם אינך תובע בניפקין שלי אף אני אומר לא היו לבתך בתולים. In dieser Fassung gibt der Satz keinen vernünftigen Sinn. Die Stelle ist zum Teil aus Bem. r. § 18 f. 253[b], teils aus Tanch. I Korach § 22 und Tanch. II Korach § 8 also zu berichtigen: מל״הד לשושבין בתו של מלך (שהיו עדותיה בידו) עמד אחד מן המסובין וקילל את השושבין ואמר לא היו בתולים לבתו של מלך עמד השושבין כנגד המלך ואמר לו אם אין אתה תובע בניפקין שלך (הלז) ואין אתה מוציא את זה להרגו בפני הכל אף אני אומר בוודאי שלא היו בתולים לבתו של מלך. Weil man בניפקין irrig für beneficium hielt, wie Mussafia, Sachs, Levy, Kohut, hat man die Stelle missverstanden. Moses sagte: Wenn diese Menschen wie andre Menschen sterben: so hat Gott mich nicht gesendet. Das ist zu vergleichen dem Brautführer der Königstochter, als einer der Hochzeitsgäste sich erhob, den Brautführer lästerte und sprach: die Königstochter ist nicht als Jungfrau erfunden worden; darauf erhob sich der Brautführer, trat zum König und sprach: wenn du diesen Schurken (veneficus) nicht zur Rechenschaft ziehst, und ihn vor Aller Augen hinausführst zum Tode, so sage auch ich: „sicher ist die Tochter des Königs nicht als Jungfrau erfunden worden."

בניפקרים, Sifre 5. B. M. § 317 zu lesen בניפיקרים, beneficiarii, *βενεφικιάριοι*, chargirte Soldaten, Gefreite. (Perles, etymol. Stud.)

בנריות, *βανιάρια*, balneareae vestes, Badewäsche, Bademantel. Ber. r. § 45 f. 45ᵃ. Sachs II, 199. Siehe zu בלריות.

בסאטה, *φοσσᾶτα*, fossata, Gräben, Gruben. In Friedmanns Ausg. der Pesikta r. 2te Redaction der Pesikta Waihibachazi f. 197ᵃ עושה להם בסאטה בתוך הארץ כך עשה להם הק"בה שנאמ' והך את עפר הארץ „er machte ihnen Gruben im Boden; so that ihnen Gott, wie es heisst, und schlage den Staub des Erdbodens." Güdemann, Lexidion. Siehe auch s. v. פימסא. Bei den späteren Griechen, wie Cst. Pphg. wird *φοσσᾶτον* auch für exercitus gebraucht. S. dessen l. de adm. imp. p. 80, 21.

בסטיא, *βέστια* (Malalas), vestes, Kleider. Bem. r. § 7 f. 195ᵃ. Die syr. Übersetzung von *προσκεφάλαιον*, (Marc. 4, 38) ist בסדיא.

בסטרנא, *βαστέρνα*, basterna (Amm. 14, 6) Sänfte. Tanch. I Lech lecha § 10; s. Buber hiezu Note 120. Du Cange s. v.

בסיליון, Königsthron, königliche Residenz, königlicher Palast; *βασίλειον*. Koh. r. s. v. לשחוק in R. Samuels Zusätzen zum Aruch citirt, (צ"ל בבסיליון) שלמה יתיב בבסיליון דידיה s. auch Sanh. Jer. II f. 20ᶜ, fehlt in unseren Ausgg.

בסיליוס, **בסילגוס**, (in ersterem Wort das ג weich gesprochen wie j) *βασιλεὺς*, König. Insbes. wird mit dem Namen *βασιλεὺς* der römische Kaiser bezeichnet, wie denn in ähnlichem Zusammenhange und in Vergleichungen damit im Midrasch מלך immer den römischen Kaiser bedeutet, während man die Könige der barbarischen Völker nur mit dem Namen *ῥὴξ*, rex bezeichnete. Procop. bell. Goth. I: *καὶ βασιλέως μὲν τῶν Ῥωμαίων οὔτε τοῦ σχήματος οὔτε τοῦ ὀνόματος ἐπιβατεῦσαι ἠξίωσεν* (ὁ Θεοδόριχος), *ἀλλὰ ῥήξ τε διεβίω καλούμενος, οὕτω γὰρ σφῶν τοὺς ἡγεμόνας οἱ βάρβαροι καλεῖν νενομίκασι*, und noch Nicephorus nennt den Friedrich Barbarossa *ῥὴξ τῶν Ἀλαμάννων*. Daher übersetzt Th. Jer. I r. II אברך mit אבא למלכא; und לא ריכא ולא בר ריכא in Baba bathra 4ᵃ wäre *οὔτε ῥὴξ οὔτε ῥῆγος ὑιὸς*: „weder König noch Königssohn." Ber. r. § 8 f. 9ᵇ בסיליוס קיסר אנוסטוס; das. § 93 f. 91ᵇ; ferner von Aruch citirt, in unseren Ausgaben fehlend; Waj. r. § 3 f. 35 (Schem. r. § 8), dagegen in Jer. R. H. I, f. 57ᵃ u. Tanch. I Waëra § 7 noch erhalten: א"ר לעזר פרא בסיליוס או נומוס או נריפים *πρὸ βασιλέως ὁ νόμος οὐ γραφεὶς* „für den Kaiser ist das Gesetz nicht geschrieben;" princeps legibus solutus. Ber. r. § 93 f. 91ᵇ.

פטרון בסיליון, *βασιλεοπάτωρ*, Vater des Kaisers. Mit diesem Ehrentitel zeichnete Kaiser Leo seinen Schwiegervater aus, ebenso Konstantinos Porphyrogenetos seinen Schwiegervater, den späteren Kaiser Romanos. Ducange s. v. *βασιλεοπάτωρ*, Patricius, *οἱ τῶν ἐν τέλει τῆς συγκλήτου βουλῆς καὶ εἰς πατέρας βασιλέων ἀναγεγραμμένοι.*

בסילקי, *βασιλικὴ* (*στοὰ*), Säulengang, dergleichen um die Paläste der Könige in den macedonischen Reichen gingen; dann ein öffentliches Gebäude in Rom am Markt zum Gebrauch der Geschäftsleute und der Rechtspflege mit doppelten Säulengängen inwendig; Gerichtsgebäude, dann Prachtbau. Ber. r. § 68 f. 68[b]. Schm. r. § 15 f. 115[b]. Est. r. s. v. בשנת שלש f. 101[d]; Sifre 5. B. M. § 36: שערי בסילקאות; ebenso in Constantinopel waren 2 Basiliken, s. Notitia dignitatum. In Waj. r. § 24 f. 178[d] ist וחבשינון בסלקי zu berichtigen, wie schon Levy bemerkt, in וחבשינון בפילקי.

בסיס, *βάσις*, Untergestell, Fundament. Waj. r. § 25 f. 169[a] (Midr. Schir s. v. שוקיו f. 26[d]). Bem. r. § 10 f. 205[c]; auch im Syr.; vgl. syr. Hexapla 2. Kön. 16, 17; hohes Lied 5, 15. Davon das Denominativum ביסס, fest gründen, befestigen. Midr. Schir s. v. לסוסתי f. 10[a]; s. v. שובי f. 29[c]; Ruth r. Anf. f. 35[a]. Pesikta Chanukka f. 6[a]. (Bem. r. § 12 f. 216[c]; § 15 f. 230[b]. Tanch. II Naso § 19).

בסתייר s. **הבסתייר.**

בקלאן, vocalis sc. homo. (Bei Lampridius), *βοκάλιος* (Chron. Pasch. p. 158), Sänger, Musiker. Midr. Schir s. v. עד שהמלך f. 10[d]. העמיד עליהן בקלאנין בוקינום ושופר. Levy übersetzt es mit Pauken, Kohut nimmt es für buccula, das im Spätlatein. = buccina; ein Blick auf die Stelle zeigt, dass neben בוקינום nicht noch einmal das nemliche Wort gebraucht werden kann; auch führt Ducange nur ein Beispiel an, aus einem Gedicht an Herzog Ernst von Bayern. Dagegen nennt das Chron. Paschale p. 158 die Psalmensänger *βοκάλιοι*. In Const. Pphg. de caerem. I. 75 und öfters werden die *βουκάλιοι* erwähnt, die bei Festmalzeiten an der kaiserlichen Tafel fungirten. Siehe dazu Reiskes Commentar S. 869 „vocales musici cantabant per epulas a principio ad finem usque, pausam tantummodo interponentes ad singula illata fercula, quo tempore organa pulsabantur."

בקלסא, **בוקלסא**, *βάκυλος*, baculus, Stock. Ber. r. § 38 f. 37[b].

ברבר, *βάρβαρος*, ausländisch, wälsch, roh, wild, Barbar, barbarisch, (syr. ברבריא); Est. r. s. v. בימים ההם f. 106[c]: הברברי הזה, „diesen Barbaren, diesen Ausländer." Ber. § 42 f. 40[c]; (Waj. r. § 11 f. 155[a]; Ruth r. Anf. f. 35[d]); Schm. r. § 18 f. 117[d]; Schm. r. § 20 f. 120[a]: בין הברברים „unter den Barbaren." Echa r. s. v. על אלה f. 58[a] (das. s. v. קלים היו f. 68[d]); Echa r. Einl. f. 47[a] נקיטי ברברון, *νικητὰ βαρβάρων*; Waj. r. § 22 f. 165[c]: נקטא ברבריא, „Besieger der Barbaren!" Tanch. II Bo § 4 הביא ברבריים עליהם זה ערוב; für ברבריים steht in Tanch. I Bo § 4: Pesikta waihibachazi f. 67[a] und Pes. r. § 17 f. 32[d] fälschlich לגיונות; siehe darüber in דורמסאות; 2. Einer aus der Berberei; Ber. r. § 60 Anf. (Syr. ברבריא).

ברברי, der Berber, Sch. t. Ps. 25 Ende. „Wenn Esau den Jakob hasst, so ist es, weil dieser ihm die Erstgeburt genommen: לגרגרים לענתותים מה עשה muss nach Jalk. Ps. 25 berichtigt werden: לברברים ולגותיים; „was hat aber er (Jakob) den Berbern und Gothen gethan?"

ברבריא, **ברברייה**, Berberer in Nordafrika; Ber. r. § 23 f. 24[a]; Ber. r. § 75 f. 74[c]; Midr. Schir s. v. קול דודי f. 14[c]. (Pesikta hachod. f. 48[a]; Schm. r. § 18 f. 117[d]). Ber. r. § 75 f. 74[c]. Koh. r. s. v. קניתי לי f. 75[c]; (Pes. Rosch chad. f. 58[b]; Pes. r. das.); Sifre 5. B. M. § 320.

ברברייה, das Land der Barbaren, der Nichtrömer. Schm. r. § 18 f. 117.

ברדינון, ῥόδινος, der rosenrote Edelstein: Rubin; Erklärung von נפך. Schm. r. § 38 Ende; das ב am Anfang des Wortes ist das später nicht mehr geschriebene, nur gesprochene Wau.

ברדלים, πάρδαλις, Panther. Mechiltha Nesikin § 16 s. v. אם טרוף יטרף.

ברדס, Bardaicus (cucullus), ein Kleid mit bardaischer (illyrischer) Kapuze. Sifre 5. B. M. § 23 פרט . . . . לבורדסים לפי שאינן מרובעין. S. Kilajim 9, 7. Vgl. Sachs I, 135.

ברוני, Varronianus. S. Kohut. Pes. Beschall. f. 83[a] לראובן משפחת הראובני לשמעון משפחת השמעוני א"ר מרינוס ב"ר אושעיא כאינש דאמר ברוני סברוני סכיוני, Varronianus, Servianus (das letzte Wort ist wol סרביוני zu lesen oder סבניוני Sabinianus); ebenso Midr. Schir. s. v. גן נעול f. 24[a].

בריון, βαλλίων, ein liederlicher Mensch. Pesikta Echa f. 122[b] אדני מדיונים corrprt aus ארכי בריונים, s. Sachs I 8. 93; Buber z. St. Schm. r. § 30 f. 129[d].

בריויה, plur. βρέβιον, breve, (Hesych. βαιὸν γράμμα) kurzes Schreiben, Handschreiben, Niederschrift: Anna Komnena Alexias VI, 3, 29; dann: Breve, kaiserliches Handschreiben, Gnadenerlass. Neben breve kommt auch brevis vor. Pes. r. § 43 f. 68[b] נתן ביריות (בריויות) פיתח פלקיות „er gibt Erlasse aus, wodurch er die Gefängnisse öffnet." S. auch unter דורייה.

ברולקא, βαρύλογος, der durch seine Reden beschwerlich ist; Schmähredner, Satiriker. Midr. Sam. § 22 als Erklärung von נקורים של ברולקי, es seien תרפים; in Jalkut steht dafür ב' ש' ברוקלי, nach Luzzatto, nachgel. Briefe V, 712 נקום של ברולקי „Haut (νάκος) der Schmähdichter, der Satiriker, welche bei den Luperkalien eine Maske von zottiger Bockshaut vor das Gesicht nahmen."

ברקוריאני s. **ארקוליאני**.

ברקין, braccae, βράκιον, pl. βράκια, Beinkleider (wie die Gallier sie trugen); Ber. r. § 96 f. 93[d].

ג

נבסים (gewöhnl. נפסים), γύψος, Gyps. Sifra Mezora § 6 Ende: יכול אפי׳ סיד אפי׳ נבסים ת״ל עפר.

נולגס, καλίγα, caliga, Stiefel. Echa r. s. v. זנח f. 63^{a} nach Aruch ועשו רושם במסמרות הנולגסים בקרקע בית המקדש.

גולייר, γαλιάριος, (Euseb. in Chron. cf. Ducange), Knappe, Trossknecht. Pes. hachod. f. 45^{b} (Pes. r. das. f. 26^{c}; Bem. r. § 11 f. 211^{c}; Midr. Schir s. v. הנה מטתו f. 19^{a}); Koh. r. s. v. שבתי וראה f. 92^{c}. Tanch. I Mischp. f. 41^{b} (Tanch. II das. f. 99^{b}); Est. r. s. v. אחר הדברים f. 106^{b}; das. s. v. והמן נבעת f. 109^{b}. Sifre 5. B. M. § 30^{b}. (De Lara).

גונדא, γοῦνδα, Schaar. Ber. r. § 31 f. 29^{b}; Kriegsschaar, auch גודא, s. Sachs I, S. 95.

גוני, **גוני**, γυνή, Weib. Ber. r. § 18 f. 18^{b}; § 31 f. 29^{a}.

גוניא, γωνία, Winkel, rechtwinkliges Gebäude. Sch. t. ψ 48. Die syr. Hexapla gibt Hiob 38, 6: אבן פנתה (LXX: λίθον γωνιαῖον) mit כאפא ריש גוניתא wieder. Auch Barhebr. chr. eccl. saec. § 43 Ende: גניא.

גוסא, **גיסא**, γάζα, Schatz, Schatzkammer. Est. r. s. v. בהראותו f. 101^{d}. ששה ניסין (גיסין) הראה להם, ebenso Schm. r. § 9 f. 110^{a} (syr. גזא: syr. Bibelübs. Act. 8, 27).

גוסא s. **גווסא**.

גורדינון, **גורדיון**, **גורדיני**, Gordianisch, den (Kaiser) Gordianus betreffend; Waj. r. § 7 f. 151^{d}. Bem. r. § 12 f. 214^{d}; Midr. Schir s. v. עמודיו f. 19^{b}.

גזוזטרא, **כצוצטרא**, ἐξώστρα, äusserer Anbau, Gesims. Schem. r. § 15 f. 115^{a}. In der syr. Hexapla ist שבכה 2. Kön. 1, 2 mit כסוסטרון übersetzt, ebenso אשנב Richter 5, 28 bei Ephräm.

גימטריא, **גמטריא**, γραμματεία, Buchstabenberechnung nach dem Ziffernwert der Buchstaben. Bem. r. § 18 f. 236^{b}: יראת תר״יא ותורה תר״יא; das Wort יראת wie das Wort תורה haben beide im Wert der Buchstaben die Zahl 611; 2. Buchstabenvertauschung, z. B. א״ת ב״ש; Waj. r. § 13 f. 220^{a}. (In Aboth 3, 18 ist גמטריאות = γεωμετρία, Feldmesskunst, Berechnung, Mathematik).

גימטריקון, γραμματικὸν, die Buchstaben betreffend; die Ziffernbedeutung der Buchstaben betreffend. Pes. r. § 44 f. 70^{c}.

גיום, Gajus, ein römischer Vorname; der Vorname des Kaisers Cajus (Claudius Germanicus) Caligula. Midr. Schir s. v. אם חומה f. 35^{c} גיוסלוקון, corrumpirt aus גיוס קלינולס, Gajus Caligula, Γάϊος Καλιγόλας.

גלבא, γλυφεῖον, Messer; (syr. גלכא). Ber. r. § 31 f. 29^{a}: גלבין דטינרא als Übersetzung von חרבות צורים.

גלבטינון, Koh. r. s. v. מה שהיה f. 73^{c} und Jer. Schabb. II f. 4^{d}: „die Tachaschdecken waren nach W. Juda אלטינון, ἀληθινὸν, echt purpurfarben, nach R. Nehemia גלבטינון, soll heissen גלכטינון γαλακτινὰ, milchweiss.“ Daselbst weiter oben: einst wird die Schur des Wolfs מלתין, μιλήσια, purpurrote Wolle, und die Schur des Hundes גלבטינון, (zu lesen גלכטינון), γαλάκτινον, milchweisse Wolle geben.

גלקסינון, **גלאקסינון**, γαλῆ ξένη,

γαλῆ λιβυκή, vom Wiesel stammend. Ber. r. § 20 f. 21^b כתנות עור: גלקסינון, „Kleider von Fellen, nemlich von Hermelin". Sachs nimmt dies Wort für gleichbedeutend mit גלקטינון; allein mit diesem Wort ist die Farbe bezeichnet, an unsrer Stelle soll der Stoff bezeichnet werden.

גלג, *λαλαγέω*, schwätzen, plaudern. Ber. r. § 36 f. 35^a. Waj. r. § 5 f. 149^a; das. § 25 f. 168^d; Koh. r. s. v. וסבותי f. 76^d; prahlen, rühmen; Waj. r. § 10 f. 153^d. Pesikta Anija f. 137^a.

גלגא, *λαλαγή*, Geschwätz. Waj. r. § 26 f. 169^c.

גלגדקא, **גלוקדקא**, **גלקטיקא** s. **בלקדיקא**.

גלגם s. **גולגום**.

גלוסקא, *κόλλιξ*, Wecken, eine Art Waizenbrod, ein Laib Weissbrod. Ber. r. § 88 f. 85^d צרור נמצא בתוך גלוסקין שלו; Echa r. s. v. לאמותם f. 63^c; das. s. v. האוכלים f. 67^c; s. v. על אלה f. 58^a. Tanch. I Tasria § 7 (T. II Tasr. § 5); Sifre 5. B. M. § 3. In Sch. r. § 30 f. 129^a ist הגלוסקאות (פותח) corrumpirte Lesung für גלוסקמאות.

גלוסקום, **גלוסקמא**, *γλωσσόκομον*, (urspr. das Futteral, worin man das Mundstück [*γλῶσσα*] der Flöte aufbewahrte); Futteral, Behälter, Kasten; (Johann. 12, 6 gibt die syr. Bibelübs. das gr. Wort mit גלוסכמא, das. 13, 29 mit גלוסקמא wieder). In Schem. r. § 30 f. 129^a steht für הגלוסקמאות irrtümlich הגלוסקאות; s. ob. Art. De Lara.

גלימא, *κλῖμα*, Neigung, abschüssige Lage, daher Hügel; vgl. Th. Jer. II zu גבעות עולם; 2. Absenkung, Thal, Th. zu Hiob 39, 21 עמקים ist גלימתא; Pes. beschall. f. 93^a: מסיק ליה טורין ומחית ליה גלימין „er trug ihn auf Berge hinauf, und in Thäler hinab."

גלף, (auch im Syr.) *γλύφω*, eingraben, einschneiden. Ber. r. § 47 f. 46^b; das. § 53 f. 52^c; § 63 f. 61^b; Tanch. I Bal. § 23 (T. II Bal. § 14; Bem. r. § 20 f. 242^c); Pesikta Anija f. 137^a (Pes. r. § 33 f. 56^c מגלפים corrumpirt in מפליגים; vgl. Buber zu Pes. f. 137^a); davon

גלופה, *γλυφή*, halberhaben, geschnitztes Bild. Mechiltha Bachod. § 6 im Ggs. zu אטומה, (syr. Hexapl. 2. Kön. 7, 41).

גליפה, *γλυφή*, das Schnitzen; der Schnitt. Pesikta r. § 33 Nachmer f. 58^d גליפת שפתים, der Schnitt der Lippen.

גמסקום, **גמסקין**, (von *γαμίσκω*, verheiraten); גמיקון, *γαμικά*, die Ehepakten, Tanch. I Kitissa § 17 (Schm. r. § 32 f. 131^{b.c}; § 47 f. 140^d); Waj. r. § 23 f. 167^a שכתבו גומסיות לזכר ולבהמה (wie z. B. Nero mit seinen Freigelassenen Pythagoras und Sporus [Tacitus Annalen 15, 37], und Avitus mit mit Hierokles [Dio Cass. 79, 17]). Der Midrasch meint die verdorbenen Sitten Roms, wenn er die Unthaten Sodoms erzählt; ebenso Tanch. I Beresch. § 21 und § 33 in Ber. r. § 26 f. 25^d lautet es: עד שכתבו גמומסיות לזכר ולבהמה. Pesikta hachod. f. 52^b u. 52^a: גמקון (Pes. r. § 15 f. 292); Tanch. I Bo § 11.

גנגלין, *γάγγλιον*, Geschwulst; Ansatz am Leibe, an Kleidungsstücken. Sifra Schemini § 4 Ende; Sifra § 10 Ende; das. Sabim § 2; das. Achre § 8, 12 Ende: שבים של שבכה וגנגלין „das Netz der Kopfbedeckung und der Besatz."

ננון, *γενναῖος*, genuinus, ursprünglich, ächt, eigentlich. Pesikta Chanukka f. 1ª; (Midr. Schir s. v. באתי לנני f. 24ᵈ); Bem. r. § 13 f. 218ª: באתי לנן אין כתיב אלא באתי לנני לננוני במקום שהיא עיקרה מתחלה עיקר שכינה בתחתונים היה הה"ד וישמעו את קול ה׳ אלהים מתהלך בתוך הנן. Sämmtliche Erklärer nehmen ננוני hier für: mein Schlafgemach, mein Brautzelt, welche Bedeutung das Wort allerdings im Syrischen und in der Sprache des Talmud hat. Ich glaube aber, dass hier, in diesem Zusammenhange diese Bedeutung nicht passt, und wir ein andres Wort vor uns haben. Der Midrasch urgirt, weil es nicht heisse: „ich kam in den Garten", sondern: „ich kam in m e i n e n Garten", so heisse das: „da wo u r s p r ü n g l i c h, von A n f a n g a n meine Herrlichkeit weilte, hienieden auf Erden", wie die Schrift sagt: „sie hörten die Stimme Gottes, wie er im Garten wandelte, d. h. sich eilends (wegen ihrer Sünde) in die Höhe erhob;" mit dem Errichten des Stiftszeltes sei nun Gott wieder von den himmlischen Räumen in s e i n e, d. h. seine u r s p r ü n g l i c h e, e i g e n t l i c h e Wohnung, die Erde, wieder herabgekommen; von „Brautzelt" ist dem ganzen Zusammenhange nach nicht die Rede. Der Midrasch scheint an genuinus, *γενναῖος*, anzuspielen: ursprünglich, eigentlich.

ננוסים in Midr. Schir s. v. ישקני f. 4ᵈ, (Est. r. s. v. ויאהב f. 106ᵈ) und in Pes. Schimu f. 117ᵇ בת ננוסים ist nach Sachs I, 117 in בת אבננים, „Tochter von Edelgeborenen" (*εὐγενής*) zu berichtigen.

נניסיא, **ננוסיא**, *τὰ γενέσια*, Geburtstagsfeier, Feier des Tags des Regierungsantritts, Feier irgend einer frohen Begebenheit: so Spartian. vita Adriani 4 „quando et natalem adoptionis celebrari jussit. Tertio Iduum earumdem, quando et natalem imperii instituit celebrandum," wozu Casaubonus: Antiqui vocarunt natales omnes dies propter aliquam laetitiam insignem sibi solennes; inde in historiis principis ejusdem tot natales; vgl. Ab. s. f. 10ª מאי ויום נינוסיא של מלכים א"ר יהודה יום שמעמידין בו את המלך; Jer. Ab. s. f. 39ᶜ ויום נינוסיא של מלכים ויהי ביום השלישי יום הולדת את פרעה: יום הלידה ויום המיתה? עד כאן לציבור מכאן ואילך ליחיד; Suetonius, vita Vespasiani 6: Tiberius Alexander, praefectus Aegypti, primus in verba Vespasiani legiones adegit Kalendis Julii; qui principatus dies in posterum observatus est. Vgl. auch Tacit. Hist. II, 79. Schm. r. § 15 f. 113ᶜ ועשה לו המלך יום ננוסיא „da veranstaltete der König ihm (dem Königssohn) einen Festtag (den Tag von dessen Befreiung)"; Pes. r. § 24 f. 43ᵈ (Bem. r. § 8 f. 196ᵈ) איזה מלך רוצה שלא יהו מכבדין יום נינוסיא שלו, „welcher König wünscht, dass man nicht den Tag seines Regierungsantritts ehre?" (In Bem. r. ist יום נינוסיא corrprt. in את יום השבת), weil man יום נינוסיא für Geburtstag hielt, und dies bei Gott als unanwendbar fand. 2. Geschlecht, edle Abkunft. Pes. Nachmu f. 126ª (Ber. r. § 100 f. 99ᵈ steht für נינוסיא שלי das Synonym [הוננִיסים] הוננִיסים

שלי; siehe auch Buber zu Pes. a. a. O.

נסא = **נזא**, γάζα, Schatz, Schatzhaus; Est. r. § 2 f. 101[d] היה פותח ששה ניסין; Schem. r. § 9 ששה נוסין היה מראה להם; bei Ephräm **נזא**.

נסטרא, γάστρα, ein bauchiges Gefäss, Napf, Trümmer eines Gefässes, abgeschnittner Theil eines Thierkörpers, Behältniss; in letzterer Bedeutung Waj. r. § 15, 158[c]. (Levy).

נסטרא, **קסטריות**, **כסוסטרא**, **כצוצטרא**, **קסטרא**, κάστρα, castra, befestigte Kriegslager. Pesikta Hachod. f. 46[b] (Pes. r. § 15 f. 27[a]; Pes. Schuba f. 163[b]; Bem. r. § 1 f. 182[c]; Midr. Schir s. v. פתחי לי f. 13[a]; Pes. r. § 45; Tanch. I Teruma § 8; T. II Teruma § 9 etc.) אהליות וכצוצריות „öffnet mir eine Nadelöhr gross, und ich öffne euch eine Pforte, dass Festungswerke und Kriegslager hineingehen können“; Sch. t. ψ 2 s. v. נשקו Anf. — 2. Κάστρα, Kastra, Name einer aus einem befestigten Lager vor Sepphoris entstandenen Stadt; auch castra vetera, קסטרא ישנה של ציפורי und ביתר genannt; in Echa r. s. v. פרשה ציון f. 59[d] (Waj. r. § 23 f. 166[d]): „Gott entbot gegen Jakob seine Feinde; wie Chalmisch gegen Nawa, Kastra gegen Geba, Sussitha (Hippos) gegen Tiberias.“ Die erstgenannten waren heidnische Städte, jede feindselig der benachbarten jüdischen Stadt: Nawa, Geba, Tiberias.

נסקלגס s. **גיום**.

נענעא s. **חוגגים**.

נפא, **נפי**, ἀγαπή, Liebe, נפי של רומי in Sifre 4. B. M. § 115 „eure römische Liebden.“ Sachs I, 108. In der Parallelstelle Menach. 44[a]: נפא של פרס „eure persische Liebden.“ Es ist hier eine absichtliche Änderung der späteren Abschreiber. — Sifre 5. B. M. § 355, בנפי שכינה „(das zeigt, dass Moses starb) durch die Liebe Gottes“; vgl. Sifre 4. B. M. § 106 מלמד שהיה משה נתון על ידו של הב"ה ונו'.

נרנתנא, γύργαθος, ein von Weiden geflochtner Korb. Ber. r. § 10 f. 11[a]. Waj. r. § 22 f. 156[b]. Koh. r. s. v. ויתרון f. 85[a], s. Sachs I, 140, 1. Ber. r. § 79 f. 78[a]: שוקא דנרנתנא, Korbmarkt.

נרדי, **נרדיי**, γέρδης, γέρδιος, Weber. Sifre 5. B. M. § 278. Koh. r. s. v. כל אשר תמצא f. 91[d]. In Ruth r. s. v. ותאמר נעמי f. 28[a]; Ber. r. § 65 f. 65[a] ist הנרדי corrumpirt aus הנדרי, „der Gadarener, der aus Gadara“. S. אבנימוס.

נרדון, **נרדום**, gradus, die Stufen (des Gerichtshauses), (ich bin von der Meinung zurückgekommen, dass es die gemonischen Treppen bedeute); wahrscheinlich ist mit Buber נרדום, gradus zu lesen. Pesikta Schir f. 118[b] und Tanch. I Beschall. § 4 f. 28[b] ותלאו בנרדון von Buber mit Recht in והעלהו לנרדון geändert, ebenso Koh. r. s. v. ועוד ראיתי f. 79[d]; das. s. v. אמרתי אני f. 80[a]. Die Vermutung Kohut's, dass ותלאו = tollo, ist unbegründet.

נרדיקי, richtig נרידיקי, Γεραριτική, Name der Provinz Gerar im Philisterlande. Ber. r. § 52 f. 51[b]; das. § 64 f. 62.

נרוומי, **נרוומין**, **נרוומיתא**, γάρον, γαρίσμη, die Nachtischspeisen. Syr. נריסא, נורסא. Ber. r. § 33 f. 31[d]. נידומי דדהב soll heissen

גריזמי דדהב Näschereien (*γάρισμα*) von Gold. S. Sachs I, 85; De Lara bei Perles S. 17. Auch in Pes. Schor f. 74[b] ist וקרמונין דדהב corrumpirt aus גרוזמי ד׳. Waj. r. § 27 f. 170[b.c]; das. § 39 f. 153[a]; Echa r. Einlt. f. 45[a].

גרוטא, *γρύτη*, Gerümpel; Metall im Bruch. Sifre 4. B. M. § 61 אין להם מין קשה אל יעשו מין גרוטא und später: עושים מין גרוטא.

גריסין s. **פראסין**.

גרמטיון, *γραμματεῖον*, schriftliche Urkunde, Contrakt, Schuldverschreibung. Schm. r. § 15 f. 115[c] verschrieben in גרמסיון.

גרמיסא, *γραμμάριον*, Gramm, der 24. Teil einer Unze. Pes. Schek. f. 19[b] (Tanch. I kitissa § 7; T. II das. § 10).

גרממיה, **גרמניה**, Garamaea, Landschaft in Assyrien zwischen den Flüssen Gorgos u. Kapros, das Land der Garamaei. (Neubauer l. l. 421). Ber. r. § 37 Anf. ist גומר ומגוג übersetzt mit אפריקי וגרממיה, Phrygia und Garamaea; ebenso Th. Jer. I u. II zu 1. B. M. 10, 2; in Jer. Megilla f. 71[b] ist גמר mit גרממיה und מגוג mit גותייה übersetzt; 2. Germania, Deutschland. Ber. r. § 75 f. 74[c] מה זמם עשה לו הב״ה לעשו אר״ח ב״ח אלו בני ברבריאה ובני גרמאניאה שאדומיים מתייראים מהם. „Welchen Zügel hat Gott Esau angelegt? R. Chama b. Chanina sagt: die Bewohner der Berberei und Germaniens, vor denen sich die Edomiten (die Römer) fürchten."

גרמני, Germanus, der Germane (Deutsche); dann im Ggs. von כושי: ein Mensch mit weisser Hautfarbe: Weisser. Ber. r. § 86 f. 84[c] בכל מקום גרמני מוכר כושי וכאן כושי מוכר גרמני; Sifre Negaim § 1 מכאן אמרו בהרת עזה נראית בגירמני כהה והכהה בכושי עזה, ebenso Negaim II, 1; in Sifre steht irrig כגרמני und ככושי.

גרעין, *κάρυον*, Kern der Obstfrüchte (Levy, Kohut).

גרופית, *κάρφος*, das Reis, der Zweig. Ber. r. § 25 f. 25[b] (das. § 40 f. 39[a]; § 64 f. 62[d]; Ruth r. Anf. f. 36[c]); Ber. r. § 31 f. 30[b]; das. § 36 f. 35[b]; Tanch. I Bechukkothai § 34 f. 57[a]; Midr. Sam. § 28.

גרפית, *γρύψ*, Greif. Siehe Perles, Thron und Circus des Königs Salomo S. 12 ראם מימין וגרפית משמאל.

גתית s. **אבגתים**.

ד

דאימטין, *διάμειπτον*, abwechselnd. Schm. r. § 47 f. 141[a]: ר׳ שמעון בן לקיש היה אומר לתלמידיו בואו ולמדו תורה דשחירין ודקרין בלילה ור׳ יוחנן היה אומר לתלמידיו בואו ולמדו תורה דאימטין אלא אעפ״כ מודה היה ר״י שאין רנה של תורה אלא בלילה. Rapport in E. M. u. Kohut, Plenus Aruch s. v. אימטין: im Dunkel, nimmt דאימטין für: „in der Dämmerung", weil עמיטתא das Tharg. von ערפל; nun ist aber ערפל nicht: Dämmerung, sondern vielmehr, Wolke, Gewölk; in ודקרין בלילה will R. das Wort בלילה streichen, und דקרין = לאור היום erklären; also:

lernet Thora früh am Tage (דשחירין) und beim Licht des Tages (!); R. Jochanan sagte zu s. Schülern: lernet Thora in der Dämmerung (דאימטין) (!). Levy s. v. אימטין übers. „R. S. b. Lak. sagte zu s. Schülern: lernet die Thora des Morgens früh, und auch bei Licht (קרין) des Nachts; R. Jochanan hingegen sagte zu s. Schülern: lernet die Thora in der Nacht (דאימטין).“ Alles dies ist gezwungen und bringt doch keinen vernünftigen Sinn in den Satz. Sehen wir uns aber das Thargum zu Echa 2, 19 an, so wird uns die Stelle klar werden. Das Thargum von קומי רני בלילה לראש אשמורות lautet: קומי כנישתא דישראל . . . . . עסוקי במשנה בליליא ובפתגמי אורייתא בשירוי שפרפרא. „Auf, Gemeinde Israels . . . ., beschäftige dich mit der Mischna in der Nacht, und am Beginn der Morgenröthe mit den Worten der (schriftlichen) Lehre.“ Nun übersetzt der Anonymus der syr. Hexapla das Wort במשנה in 2. Kön. 22, 14 statt במסנא (LXX: ἐν τῇ Μασενᾷ) mit בדתרתין, (wie das Thargum בית אולפנא, und Peschito zu 2. Chr. 34, 22: באולפנא) wie Symmachus: ἐν δευτερώσει in (dem Hause) der Mischna. Wir haben also hier in ודקרין, mit welchem Worte alle Erklärer sich nicht recht zu helfen wissen, eine Corruption von דתרתין oder דתרסין = משנה: R. Simon b. Lakisch sagte zu seinen Schülern: lernet die Thora (die schriftliche Lehre) schon früh am Tage, und die Deuterosis, Mischna in der Nacht“; dieses stimmt genau mit dem Thargum „beschäftige dich mit der Mischna bei Nacht, und mit den Worten der (schriftl.) Lehre vom Beginn der Morgenröthe.“ Aber R. Jochanan sagte zu seinen Schülern, lernet die Thora (schriftliche Lehre) דאימטין = διάμειπτον, abwechselnd. „Dennoch, wenn R. Jochanan auch sagt, man solle die schriftliche Lehre abwechselnd, bald bei Tag, bald bei Nacht lernen, gesteht er zu שאין רנה של תורה אלא בלילה, dass das Studium der Mischna nur bei Nacht geschehen soll.“ Also רנה heisst hier, wie im Thargum, das Studium der Mischna. Dadurch wird der Sinn einfach und klar; und wir haben nicht nötig, wie Levy, an drei Stellen die Worte: „dennoch gesteht R. Jochanan“ zu ändern in „dennoch gesteht R. Simon ben Lakisch.“ Mose Halein in s. Commentare J'de Mosche hat den Sinn richtig getroffen, dass hier unterschieden wird zwischen Mischna und schriftlicher Lehre; und erklärt, R. Jochanan sage דאימטין, sie mögen lernen, was ihnen gerade zuerst gelegen ist, sei es mündliche, sei es schriftliche Lehre; er sagt: דאימטין פי' שילמדו מה שיגיע לידם ראשון הן שבעל פה הן תורה שבכתב. Die Erklärung Kohut's ist ganz verfehlt: דקרין soll nach K. דקדין zu lesen sein, und dies = σκότος (! !). R. Joch. sagte: lernet die Thora früh u. im Dunkel; R. L. sagte: lernet die Thora im Dunkeln (! ! !).

דילגים s. דגלום.

דו, δύο, zwei. Waj. r. § 7 Anf. דו פרצופין, δύο πρόσωπα, mit zwei Gesichtern. Schm. r. § 5 f. 107[a.b].

דונמא, δεῖγμα, Probe, Ähnlichkeit, Vergleichung. Ber. r.

§ 51 f. 51[a]; Midr. Schir f. 3[a]; das. s. v. הנך יפה f. 11[c]; f. 20[a] s. v. הנך יפה; Tanch. I Tezawe § 1 f. 48[b]; (T. II das. § 5 f. 112[a]); Koh. r. s. v. והארץ f. 71[d]; das. s. v. שבתי f. 92[b]; Schm. r. § 15 f. 116[a]; Beispiel: Tanch. I lech lecha § 8 f. 33[b]; (T. II das. § 5 f. 19[b]).

דונמטרין, δειγματήριον, Ähnlichkeit, Ähnliches. Ber. r. § 11 Ende f. 12[b]; (nach Aruchs Lesung): Tanch. II Pekude § 11 f. 136[b].

דונמנא, διαγνώμη, Beschluss. Sch. t. ψ 118, 10. Siehe Gebhardt im Jüd. Lit.-Bl. 1881 S. 67.

דוך, verkürzt aus דוכס, δοὺξ, dux, Oberer, das Haupt der Militärgewalt einer Provinz, während das Haupt der Civilgewalt praeses, griechisch ἡγεμὼν, הגמון hiess. So standen z. B. 13 duces unter dem comes orientis, welcher daher wol auch dux ducum, δοὺξ δουκῶν genannt ward; so in Bem. r. § 7 f. 195[a] דוך דוכנין, ebenso Bem. r. § 4 f. 191[d] ist דוך דוכנין.

דוכוס, **דוכס**, **דוכסא**, δοὺξ, δοῦκας, dux; Heerführer; insbes. im dritten Jahrh. n. Chr. Haupt der Militärmacht der Provinz. Ber. r. § 5 f. 6[c]; Schem. r. § 15 f. 114[c]; Ber. r. § 67 f. 66[d]; § 78 f. 77[b]; Waj. r. § 18 f. 161[a]; Midr. Schir s. v. אחוז f. 16[b]; Echa r. s. v. היו צריה f. 56[a]; das. s. v. חסדי f. 65[a]. In Schm. r. § 31 f. 131[a] ist die Stelle Pesikta Asser f. 95[a] (T. I Ree § 6 f. 11[a]; T. II Ree § 10 f. 108[a]) אילין אפוטרופיא דנפקין לקרייתא „das sind die Procuratoren, Steuereinnehmer, welche in die Dörfer hinausgehen“ falsch in's Hebräische übersetzt כגון הגמונים ודוכסים ואפרכין שהם יוצאים לעיירות. Das prägnante Wort אפוטרופייא, procuratores, Intendanten war dem Sammler nicht mehr in dieser Bedeutung bekannt, er gab dafür andre, aber unrichtige Bezeichnungen, und häufte dieselben Tanch. I Bem. § 11 f. 5[b] (T. II Bem. § 11 f. 49[a]) heisst es: ובאו לך אצלנו ואנו עושין אתכם שלטונים ודוכסין והגמונים, in Midr. Schir s. v. שובי f. 29[c] ואנו ממנים אתכם דוכסין ואפרכין ואטרטלין [אסטרטלטין]; Bem. r. § 2 f. 183[c] שלטונים הגמונים דוכסין ואפרכין ואסטרטילטין, wir ernennen euch zu Beamten: Provinzstatthaltern, Districtskommandanten, Präfekten und Generalen.“ Das Wort אסטרטילטים bedeutet comes militum in einer der Diöcesen der 4 Praefecturae des Reiches; oftmals auch den obersten Kriegsverwalter einer Praefectura, indem dann der Präfekt, ἔπαρχος nur die Civilgewalt hatte; so war z. B. Belisar στρατηγὸς oder στρατηλάτης τῆς ἑῶας, comes orientis, magister militum per Orientem. In Schm. r. § 1 zu c. 1 v. 8 ist לאחד שרנם אוהבו של המלך corrprt. aus לאחד שרנם איקונין של דוכוס, wie es in Tanch. II Schemoth § 5, in Jalkut und nach Aruch in Jelamdenu steht. T. I hat nach Oxf. Mscr. לאחד שרנם איקונין של מלך אורכסיניה פירוש דמותו. Hier ist מלך zu streichen; und אורכסיניה ist verdorben aus ארכונטא; ein andres Mscr. hat איקונין של אורכיטא; es ist א' של ארכנטא (ein allgemeineres Wort ἄρχων) als dux. Ebenso im Syr. דוכס; s. Land l. s. de Justiniano p. 256.

דוכוס = **דוקוס**, δόκος, Balken. Echa r. Einl. f. 47[d] (Waj. r.

§ 19 f. 162[b]) גלי דוכסיא „er hat das Gebälke entblösst.“ In Schm. r. § 15 f. 115[a] mit Beziehung auf Ps. 104, 3 (המקרה במים) heisst es: לא באבן ולא בנזית אלא ברכסים [בדוכסים] של מים „nicht von Stein und Quadern, sondern mit Gebälke von Wasser“; S. Sachs I, 106.

דוכסותא, δουκάτον, das Amt eines dux. S. Ducange. Midr. Schir s. v. לא ידעתי f. 29[b].

דולפקס, Sifre 5. B. M. § 231 Ende: או הדולפקס לנמלים ist nach Parallelst. Kilaj. VIII, 4 zu berichtigen in או הלובדקים לנמלים; welches bedeutet: lybischer Esel (p. sing. לובדקי).

דולריא s. **דרוריא**.

דומוס, δόμος, Schichte, Bauwerk. Midr. Schir f. 2[c]. Schm. r. § 50 f. 142[b] (דימוס geschrieben). Bem. r. § 7 f. 194[c].

דומיני, δόμινε, domine! o Herr! (Anrede der Sklaven an ihren Herrn, der Unterthanen an den Kaiser seit Domitian); Echa r. s. v. היו צריה f. 55[c]. Ber. r. § 8 f. 9[b] והיו בני המדינה מבקשין לומר למלך דומיני, „wollten die Bewohner der Stadt den Kaiser mit „domine!“ anreden“; statt דומינו ist nemlich דומיני zu lesen, welche Lesung auch Aruch bezeugt. In Koh. r. s. v. מה שהיה כבר נקרא שמו f. 85[a] steht דומינין; es soll ebenfalls דומיני heissen. Herr! Gebieter! Levy irrt, wenn er dafür mit Jalkut I § 23 und II § 261 הימנון lesen will: „sie wollten dem Kaiser einen Lobgesang singen.“ Er verkennt die prägnante Bedeutung der Anrede domine!, eine Begrüssung, die nur dem Kaiser gebührt von den freien Unterthanen. Siehe Amm. 21, 10. „Nun wussten die Stadtleute nicht, wer von Beiden ist der Kaiser, wer der Präfekt; so wollten die Engel Gott begrüssen mit „Du Heiliger!“, wussten aber nicht, wer es sei, ob Gott oder Adam.“ Levy liess sich durch Mattn. Keh. verleiten, den er falsch verstand. Mattn. Keh. nemlich erklärt es לשון שבח וברכה חי אדוני המלך. Über Est. r. s. v. מהר f. 109[a]. דומין פנטון s. בנרון.

דונטיבא, **דונטיבה**, donativa, die Geldgeschenke, welche die römischen Feldherren bei einem Triumphe, die Kaiser bei ihrem Regierungsantritt oder sonstigen festlichen Gelegenheiten an die Soldaten verteilten. Ber. r. § 10 f. 11[b] (Tanch. I Wajeze § 22 f. 80[c]); Schm. r. § 15 f. 115[b]; das. § 41 f. 136[b] in דונה טיבה getrennt; Bem. r. § 7 f. 195[a]. Sifre 5. B. M. § 328.

דוסתאי, Δοσίθεος, Dositheos, (Eigenn.). Sifre 4. B. M. § 78.

דופורין, διφερνή, das Doppelte der Mitgift. Ber. r. § 18 f. 18[c]. (De Lara).

דוקרן, δίκρανον, zweispaltig; Spitzpfahl. In Ber. r. § 50 f. 50[b] ist כמין תרתין קרנין nach Jer. Berach. I f. 2[c] und Jer. Joma III, 2 zu berichtigen in כמין תרין דוקרנין. Aruch. De Lara. Waj. r. § 12 f. 156[a].

דור, δορὰ, Haut. Sch. t. ψ 26 wird דורי נסע in Jes. 38, 12 mit עור erklärt: באיוב כתיב ואתמלטה בעור שני ובחזקיה כתיב דורי נסע ונגלה מגיד שאף עור שניו ניטל.

דורנן, δροῦγγος, eine Heeresabteilung, Leibwächter, Leibtrabanten. Schm. r. § 1 f. 103[a]; Bem. r. § 4 f. 190[b] והן עושין לו דורנין und sie verrichteten den

Leibwachtdienst um ihn. Koh. r. s. v. כל אשר תמצא f. 91[d]. De Lara; Sachs I, 96. De Lara in K. K. s. v. דרוקא erklärt es: globus militum. S. Perles, Dav. Coh. de Lara's rabbin. Lexikon S. 18.

דורון, δῶρον, (syr. דורא; in leges secul. bei Land Anecd.), Geschenk. Sifra Mezora § 3, 5. Ber. r. § 34 f. 33[c]; das. § 79 f. 77[b]; Schm. r. § 35 f. 133[b]; Midr. Schir s. v. אתי מלבנון f. 23[a].

דורייה, δώρεα, Geschenk. Schm. r. § 5 f. 107[c]. In Ber. r. § 53 ניתן דורייה לעולם; dafür hat der Pariser Codex: ניתן דרור לעולם s. Grünwald a. a. O. Es ist aber nach Pes. r. § 43 f. 68[b] בריויות zu lesen hier, wie in Pes. Sos asis. In Pes. r. § 43 f. 68[b] ist die Stelle ausführlicher u. steht ביריות statt דורייה; es ist בריויות zu lesen: breve, βρέβιον, ein kaiserliches Handschreiben, durch welches Gnadenbezeigungen gewährt werden. Die Stelle lautet in Pes. r. „mit Sara sind alle kinderlose Frauen bedacht worden, alle Blinde wurden sehend, alle Stummen wurden beredt." „Das ist gerade so, wie wenn der Kaiser einem Freunde an dessen Freudenfeste zeigen wollte wie hoch derselbe bei ihm in Ehren stehe; er gab desshalb ביריות (ברויות), Breve's aus (kaiserliche Handschreiben), dass die Gefängnisse geöffnet werden sollten; so auch hier: jeder Einfältige bekam seinen Verstand wieder, jeder Blinde und Stumme ward wieder geheilt." Die Byzantiner brauchen das Wort βρέβιον, Mehrz. βρέβια, wie das lateinische Wort breve. Auch in Pes. Sos asis f. 146[b] ist es in דורנייה corrumpirt. In Jalk. Ps. 90: לה"ד לשלשה ב"א שבאו ליטול דרוריה של מלך. Für דרוריה של מלך hat Sch. t. פרס מאת המלך. Es muss בריביה של מלך heissen; „das lässt sich vergleichen damit, dass drei Personen ein kaiserliches Breve (Gnadenbrief) erlangen wollten." Viele seltene fremde Ausdrücke, die in den öfter gelesenen Midraschwerken durch erläuternde Glossen ersetzt worden sind, haben sich in der weniger gelesenen Pesikta rabb. erhalten, wie הבסטייר, סרקראות u. a. dazu gehört auch dies בריביא. דרור scheint eine Glosse zu בריויה gewesen zu sein, dann in דורייה geändert.

דוריה, δέρριον, Decke, Oberkleid. (S. Gebhardt a. a. O.). Midr. Schir s. v. כרם f. 33[c] und Ber. r. § 85 זה משלח לזה כותבות וזה משלח לזה דוריות „dieser sendete Jenem Datteln, und jener dem Anderen kostbare Gewänder."

דורכיא in Mechiltha Beschall. § 1 f. 31[b], Joma VI, 8 Est. r. f. 100[d] ist statt דורכיות nach Jer. Joma VI, 8 דידכאות, διαδοχαί, aufeinander folgende, sich ablösende Wächter, Curiere; siehe Perles, etymol. St. Siehe auch Raschi zu Joma VI, 8. In Sifre 5. B. M. § 334: מעתה בא דייתוכוס שלו, es mus statt דייתוכוס heissen דיידוכוס, διάδοχος, Nachfolger; ebenso Sifra 5. B. M. § 27 מלך ב"ו יושב על בימה שלו מתירא הוא מפני ריתיכוס שלו . . . . . . אתה שאין לך ריתיכוס ist ריתיכוס in דיידוכוס zu berichtigen nach Perles.

דורמסאות in Pesikta Waihi bachazi f. 67[a] (Pes. r. § 17 f. 32[c], Tanch. I Bo § 4, Tanch. II Bo

§ 4); Midr. Wajoscha § 5; Aruch, Mussafia und Levy identificiren das Wort mit אנדרולומוסיא. Dies ist aus vielen Gründen unhaltbar. Die Stelle lautet: Gott hat mit den Ägyptern nach der Reihenfolge verfahren, wie es die (römischen) Kaiser machen gegen eine feindliche Stadt: zuerst sperrt der Kaiser ihnen das Wasser ab (so ward den Ägyptern das Wasser in Blut verwandelt); unterwerfen sie sich dann nicht, so lässt er Schreier über sie kommen (so kamen über Ägypten die quakenden Frösche); ergeben sie sich nicht, schiesst er mit Pfeilen gegen sie (so kam über die Ägypter das Ungeziefer); ergeben sie sich noch nicht, lässt er Barbaren gegen sie anrücken (מביא עליהם ברברים); so in Tanch. II u. Midr. Wajoscha § 5, während T. I, Pes. u. Pes. r. die Lesung לגיונות haben; ebenso brachte Gott über die Ägypter ערב, ein Gemisch von Thieren, vgl. Schm. r. § 11 חיות מעורבבות; dazu passt die Lesung: ברברים, auch wird Niemand die ursprüngl. Lesung לגיונות, wo es sich um römische Heere handelt, in ברברים ändern, wol aber, wenn ברברים die urspr. Lesung war, würde ein unkundiger Leser in לגיונות zu berichtigen glauben, in der Meinung, legio sei der allgemeine Name für die römischen grossen Heeresabteilungen; hilft dies nicht, lässt er die דורמוסיות über sie kommen (so kam über die Ägypter Viehseuche); (Midr. Wajoscha hat einmal דרמסואות und einmal דרמיסניות); hilft dies nicht, schüttet man Naphta über sie (so kamen über die Ägypter Geschwüre); hilft dies nicht, so lässt man Schleudersteine gegen sie werfen (so kamen über die Ägypter Hagelsteine), hernach lässt man Widder (Mauerbrecher) aufstellen (so kamen über die Ägypter die Heuschrecken); hernach bringt man sie ins Gefängniss (so kam über die Ägypter Finsterniss); hernach lässt man alle die Vornehmsten hinrichten (so ward über die Ägypter das Sterben der Erstgeborenen verhängt).

Nach allem diesen kann דורמסיות nicht s. v. a. אנדרולומוסיא sein; denn dies heisst: Hinraffung der Menschen; nun ist aber dort die entsprechende Plage der Ägypter die Viehseuche: also passt der Vergleich nicht; ausserdem ist das keine Steigerung, dass zuerst אנדרולומוסיא Hinraffung der Menschen eintreten soll, und dann Schleudersteine gegen die Bewohner geschleudert werden, und zuletzt die Vornehmsten hingerichtet werden.

Nun haben wir eine Parallele zu der vorliegenden Darstellung in der Schilderung der Belagerung Jotapata's durch Vespasian im 3. B. des Bell. jud. bei Josephus. Das. Cap. 7 § 3 erzält Josephus, Vespasian habe auf den Platz schiessen lassen, wo die Belagerten das Wasser holten; im § 25 erzält er, dass er selber (Josephus) als Commandant der belagerten Stadt, seinen Leuten geboten, sich gegen das feindliche Kriegsgeschrei und das Schmettern der Trompeten die Ohren zu verkleben; § 5 erzält er, dass der erste Angriff durch Bogenschützen geschah; § 18 befiehlt Vespasian, weil die Legionen viele Verluste erlitten und flohen, es sollen die arabischen Bogenschützen und syrischen Schleuderer vorgehen, und nicht die Legionen, da es sich für Römer nicht zieme, vor dem Feinde zu fliehen. Vespasian schickt also die Barbaren, die barbarischen Hilfsvölker gegen den Feind: הביא עליהם ברברים. Es bestand nemlich das römische Heer aus den Legionen und zweitens aus den Truppen der verbündeten und unterworfenen Völker, der socii und subditi; dieser Teil der Armee war streng von der Legion geschieden, hatte besondre Vorgesetzte, Praefecti; jede Legion hatte eine Anzahl auxilia neben sich, wie noch in später Zeit aus Vopiscus, vita Aureliani c. 11 zu ersehen. Waren die socii und subditi vorangeschickt, und hatten keinen Erfolg, so musste die Legion in's Treffen, und zwar zunächst das erste Treffen, die Hastati; die griech. Übersetzung für hastati wird δορύμαχοι sein, und mit Änderung eines einzigen Buchstabens, haben wir diese δορύμαχοι oder hastati vor uns, wenn wir דורמכאות lesen für דורמסאות. Herr Geh. Rath Prof. Fleischer, dem ich vor einigen Jahren diese Ausführungen mitgeteilt, erklärte sich mit der Änderung in דורמכאות und dessen Bedeutung von δορύμαχοι = hastati einverstanden. Wenn auch seit Marius die Bedeutung des Unterschieds zwischen triarii, principes und hastati aufhörte, so blieben doch die Namen, und hastati (δορύμαχοι) ist hier als das erste Treffen genannt für die Legionssoldaten. Nach dem Bundesgenossenkriege in Folge dessen alle Italiker das römische Bürgerrecht erhielten, bestand das römische Heer aus den Legionssoldaten und aus den auxilia der Provincialen und der verbündeten Könige und Völker. Marquardt, röm. Staatsvrwaltg. S. 428. „Das Heer teilte sich in der älteren Kaiserzeit, als der Unterschied zwischen cives und peregrini noch bestand, . . . in das eigentlich römische Heer, welches die Linieninfanterie, nämlich die Legionen und die Garde . . . . umfasste, und in Truppen aus Nichtbürgern bestehend, auxilia." Später fand ich, dass schon Güdemann in s. Lexidion die Änderung in דורמכיום vorgenommen, und es = δουρύμαχος erklärt, ohne es jedoch für hastati zu erklären, und ohne den Gegensatz desselben zu ברברים, den barbarischen Hilfsvölkern darin zu erkennen; um so weniger, da er in Pes. r. die Lesung לגיונות vor sich hatte, statt ברברים.

דיאו in Midr. Schir s. v. דומה דודי f. 14^{c}: דומה דודי לצבי: אמר ר' יצחק אמרה כנסת ישראל לפני הב"ה רבונו של עולם אתה אומר לנו דיו דיו פי' דיאו דיאו: דיאו את לגבן תחלה. In Pes. r. § 15 f. 27^{b} lautet die Stelle: דומה דודי אר"י אתה אומר לנו דימו דימו את לגבן אתה את לגבן קדמוהי; in Bem. r. § 11 f. 211^{a}: דומה דודי לצבי או לעופר האילים וגו' אר"י אמרו ישראל לפני הב"ה אין את אתא לגבן תחלה. In letzterer Stelle haben wir nur die Übersetzung von דיו oder דימו, beziehungsweise der Worte אתה אומר לנו דיו דיו דיאו את לגבן תחלה, komme du zuerst zu uns; es ist also ein Wort vorauszusetzen, welches bedeutet: komme her, und das ist das griech. δεῦρο. Es ist also zu lesen: דודי (mit Verwechslung des letzten ד mit ר) דירו דירו, δεῦρο δεῦρο; du sagst zu uns δεῦρο, δεῦρο, kommt her! kommt her! — אתה אומר לנו דירו דירו: דירו את לנבן תחלה; komme du zuerst zu uns; in Bem. r. sind die griech. Worte ausgefallen. Mattn. Keh. zu Midr. Schir sagt, דיו דיו sei der Gottesnamen (Dio). Lonsano erklärt es: אתה אומר לנו בואו ואנו אומרים בוא אתה תחלה אלינו: דיאו מלשון כאשר ידאה הנשר; Güdemann erklärt „du sagst zu uns: δῆμος, δῆμος, (דימו, דימו), Volk! Volk! und Israel erwidere ihm: דיו דיו אתא את לנבן; deus, deus, Gott! Gott! komme du zu uns.“ Offenbar höchst gezwungen und unverständlich dazu. Noch ungenügender ist Levy's Erklärung: „δῖος, δῖος, d. i. dius, dius, dius, du (deine Göttlichkeit) kamst uns (in drei Offenbarungen) zuvor, nämlich in Ägypten, am Schilfmeer und am Sinai.“ Auch die Ableitung von θέω, (laufen), wie sie Kohut vorschlägt, passt nicht. Das Einfachste ist, wie schon die traditionelle Übersetzung des Glossators zeigt in Bem. r. אין את אתא לנבן תחלה, es für δεῦρο zu nehmen.

דיאלא, δοῦλος, Sklave. Bem. r. § 9 f. 202[d]. (Kohut) רב יהודה ארוך בדורו היה ואדא דיאלא מגיע לכתיפו.

דידוכום, διάδοχος, Sifre 5. (B. M. § 27 zu lesen anstatt ריתיכום), Nachfolger.

דידימום, δίδυμος, doppelt, geminus. Sch. t. ψ 3: ויהי כבוא דוד מחנימה זו דימום und in Jalkut zu II. Sam. 17, 24 steht dafür ריטימוש; es ist דידימום zu lesen: doppeltes (Lager), die Übersetzung von מחנים. Die legio X war eine Doppellegion, wovon die eine Hälfte in Judäa im Krieg unter Titus stand. Dio Cass. 55, 23; ebenso die sexta gemina ferrata; (gemina ist griechisch διδύμη; wenn diese Gemina ihren Standort für eine Zeit in Machanaim hatte, konnte mit aus diesem Grunde die Stadt στρατόπεδον δίδυμον heissen: Castra Gemina, wie eine andre Stadt Castra vetera hiess). Wahrscheinlicher aber ist es Übersetzung von Machanaim: Doppellager, denn die LXX übersetzen מחנים meist mit παρεμβολαί.

דידכייה, διαδοχή, Ablösung, sich ablösende Wächter. Est. r. f. 100[d]; s. דורכייה; Mech. Beschall. § 1 f. 31[b].

דיו, δύο, zwei. Ber. r. § 28; Waj. r. § 1 f. 145[c]. Midr. Schir s. v. כתפוח f. 13[c].

דיוטא, **דיוטי**, **דיטי**, δίαιτα, Zimmer, Gemach. Koh. r. s. v. טוב ללכת f. 86[b]; Est. r. f. 99[a].

דיוטגמא, διάταγμα, Anordnung, Befehl. Waj. r. § 1 f. 145; Schm. r. § 30 f. 128[b]; Midr. Schir s. v. כתפוח f. 13[a]; Sifre 5. B. M. § 33.

דיוטריטין, **דיאטריטא**, διάτρητον, διάτρητα, Becher mit einem Glasnetze, mit Glas von durchbrochener Arbeit, vasa diatreta, calices diatreti, (De Lara). Ber. r. § 19 f. 19[c]; das. § 25 f. 25[c]; (das. in § 64 f. 62[d] corrprt. in דיירוטין); Schm. r. § 27 f. 125[c]; Est. r. s. v. והשקות f. 102[d]. Marquardt, Privatleben der Römer S. 733.

דיוטרון, διαιτητήριον, Gemach,

Stube. Ber. r. § 62 f. 60[d]. S. Gebhardt a. a. O.

דיופטין, διαβήτης, Lothwage. Sifre 5. B. M. § 7.

דיופלי, δύο βουλαῖοι, duumviri, zwei Ratsherren. Koh. r. s. v. אני אמרתי f. 180[a]; Sifra Emor.

דיופרא, δίφορος, zweimal im Jahre Früchte tragend. Tanch. I Tezawe § 1 והוא עושה לי שלשה דיפריות, von Buber berichtigt: והוא עושה לי דיפריות, ebenso in T. II Tezawe corrprt. in שלשה רפואות „und er bringt mir zweimal Früchte." Demai I, s. דופרא.

דיופרצופין, **דיופרוסופין**, δύο πρόσωπα, mit zwei Gesichtern. Ber. r. § 8 Anf.; Waj. r. § 1 f. 145 „in doppelter Weise, in zweifacher Gestalt." Midr. Schir s. v. כתפוח f. 13[c].

דיוקנא, εἰκών, Bild, Ebenbild, (syr. יוקנא). Tanch. II Waj. § 9. Das ד ist aus Dehnung des Jod entstanden; vgl. דיקנתין. S. Kaufmann, Revue d. e. j. 14, 46 N. 3.

דייתיכוס, διάδοχος, Nachfolger. Sifre 5. B. M. 334 für דידוכוס; ebenso Sifre 5. B. M. § 27 für ריתיכוס zu lesen. (Irrig nimmt es Levy für ῥητορικός, Sprecher).

דילטור, delator, δηλάτωρ, Angeber, Denunciant. Pes. Para f. 31[b]. Waj. r. § 26 f. 169, (Bem. r. § 19 Anf. Tanch. Chukkath): Debo. r. § 5 f. 257[b].

דילטוריא, δηλατωρία, delatura, Angeberei. Ber. r. § 19 f. 19[a]; Midr. Schir s. v. אל תראוני f. 8[b]; Pes. r. § 34 f. 57[c].

דילמא, δήλωμα, Bekanntmachung, Darstellung, Erzählung. Es entspricht dem im Talm. babli bei Eingang einer Erzählung stehenden מעשה. Pes. bachod. haschebii f. 155[a]; eig. ein Beispiel dafür = ein Beweis dafür; Ruth r. s. v. באשר f. 38[d]; Koh. r. s. v. מתוקה f. 84[a]. (Wie ich sehe, hat auch Kohut diese Erklärung).

דימוס = **דומוס**, δόμος, Schicht, Bau. Bem. r. § 7.

דימוס, δῆμος, Volk. Ber. r. § 67 f. 7[b]: בולי ודימוס, Rat und Volksversammlung; Schm. r. § 15 f. 114[a]; 2. Fraction, Partei, bes. die Parteien bei den Wettrennen; s. Perles, Thron u. Wagen des Königs Salomo S. 4, wo Perles דימוטיות in דימוסיות berichtigt hat; 3. = δημόσιον, was den Staat, das Öffentliche betrifft, öffentlich. Mechiltha bachod. § 1 f. 70[a] (und das. § 5 f. 74[a]) לפיכך ניתנה במדבר דימוס (פרהסיא), „darum ward sie (die Thora) in der Wüste gegeben, öffentlich (welche keinem Einzelnen gehört"); das Wort פרהסיא ist erklärende Glosse. Schem. r. § 2 Anf. וכל מי שמתעצל במלאכתו ינתן בדימוס, und Jeder, der sich saumselig zeigt in seiner Arbeit, soll in das Gefängniss gesperrt werden. Bezügl. Sch. t. ψ 3: ויהי כבוא דוד מתנימה זה דימוס s. s. v. דידימוס.

דימוס, dimissio, dimissus, Freisprechung, freigesprochen. Ber. r. § 79 f. 77[d], (Koh. r. s. v. חופר f. 94[a]; Est. r. s. v. גם ושתי f. 103[d]), an welchen beiden letzteren Stellen es aber heissen muss: שמע ברת קול אמרה דימוס ואשתיזבת שמע ספיקולא ואתפסת; in Pes. Beschall. f. 88[b] ist דימוס (demissio) verdorben in דינים, schon von Buber berichtigt; Waj. r. § 24 Anf. (Pes. rosch. haschana f. 150[b]); Koh. r. s. v. שלח לחמך f. 96[a]: והוא נפיק לדימוס. Richtig hat Buber Tanch. I

Wajeze § 13 (נמצא) נוטל דמים כפי שניהם geändert in נוטל דימוס מפי שניהם. Auch Agg. Ber. § 27: נתן לה דימוס ולא נשרפה „er (Juda) gab ihr ein freisprechendes Urteil"; das. § 82: כשיבא אותו שניצל מן המים הוא נותן לך דימוס. In Koh. r. s. v. כל הדברים יגעים f. 73^{a} und Ab. sara 16^{b} in den Worten דימוס אתה פטור, das Wort פטור in den Text gekommene Glosse als Erklärung für דימוס: „du bist dimissus, freigesprochen." Die Erklärung Levy's, דימוס sei = δειμός, Furcht, Furcht erregendes Wesen, Gott, und die Stelle heisse: דימוס „bei Gott! אתה פטור, du sollst von der Strafe befreit sein" ist ganz unzulässig; „bei Gott! du sollst frei sein" hiesse sicher nicht אתה פטור, sondern vielmehr פטור אתה; das Wort μίσσα, pl. μίσσαι kommt im Chron. Pasch. p. 624 vor in der Bdtg. Abschied: ἔδωκε μίσσας. In Pes. r. § 46 f. 188^{a} (der Friedmann'schen Ausg.) נכנס' שבת ופייסה עליו ונטל דימוס, und vorher השבת ופדה אותו מדין ונטל דימוס identificirt Güdemann דימוס mit δαμία, Strafe: „und nahm die Strafe hinweg"; das Wort δαμία kommt in der κοινή gar nicht vor, es ist ein kretisches Wort. Man darf doch nur im allgemeinen Gebrauch stehende Wörter als Erklärung nehmen, und nicht solche, die höchstens bloss den Gelehrten jener Zeit bekannt waren. Die Stelle heisst vielmehr: „es trat der Sabbat ein, und erlangte Befreiung"; es trat der Sabbat beschwichtigend ein, befreite ihn vom Gericht, und erlangte Freisprechnung, dimissio, und נטל wie λαμβάνω. Bei Cst. Pphgn. de caerem. II, 1: μίνσα, dimissio, Entlassung, ποίησον μίνσος, fac missos.

דימוסיא, δημόσιος, den Staat betreffend. Ber. r. § 8 f. 8^{c}, שהיו עוסקין בדימוסיא של מדינה, welche beschäftigt waren mit den öffentlichen Angelegenheiten der Stadt; Waj. r. § 1 f. 145^{c}: בדימוסיא של מדינה auf dem öffentlichen Platze der Stadt (forum); Midr. Schir s. v. לכה f. 32^{a}: נטייל בדימוסיא של עולם, „lasst uns umhergehen in den öffentlichen Plätzen der Erde"; daher auch: die Staatssteuern Pes. Sukka f. 182^{a} (Waj. r. § 30 f. 174$^{b.c}$) למגבי דימוסיא מדינתא, „um die Steuern jener Stadt zu erheben. Insbes. ist דמוסיא oder δημόσιον die Grundsteuer und heisst desshalb δημόσιον, weil sie ganz in den Staatsschatz (δημόσιον) fiel, während die אנונא, annonae an den Hof des Statthalters geliefert wurden oder für die Armee (Forbiger, Hellas und Rom III); Pesikta Schekal. f. 11^{b}; (Ruth r. Anf. f. 35^{b}) אייתי גלגלתיך אייתי דימוסיך; Echa r. s. v. נדר f. 64^{d}; הכביד עלי ארנוניות ודימוסיות וגלגליות; 3. öffentliche Bäder, δημόσια; Ber. r. § 1 f. 4^{b} ועדיין לא בנה לה דמוסיות ועדיין לא בנה לה פריבטאות „und noch hat er ihr weder öffentliche Bäder errichtet, noch Spaziergänge (Parks) gebaut." Ber. r. § f. 9^{a}; siehe פריבטא; Waj. r. § 26 Anf.; das. § 34 f. 178^{c}; Koh. r. s. v. מתוקה f. 83^{d}; Tanch. I Para § 5 (T. II Para § 4); hiernach hat Buber Pesikta Para f. 30^{b} berichtigt. Koh. r. s. v. ותענונות בני אדם f. 75^{d} (Midr. Schir s. v. הנה מטתו f. 19^{a}; Bem. r. § 11 f. 211^{d}), an welchen beiden letzten

Stellen das Wort דימסאות fehlt, und beizusetzen ist. Dagegen ist Waj. r. § 5 f. 149[b] י״ג דימסאות היו לכל שבט ושבט ואחד לכולם nach Tanch. I Schmini § 8 (T. II das. § 5) Bem. r. § 10 f. 206[c] zu berichtigen י״ג מיומסאות היו לישראל אחת לכל שבט ושבט ואחת דימוסיא לכולן; „dreizehn Majumafeste hatten die Israeliten, jeder Stamm eines, und eines gemeinschaftlich (דימוסיא) für alle.“ Vgl. Jer. Sanh. X f. 28[b] י״ג ענלים עשו ישראל (אחד לכל שבט ושבט) ואחד דמוסיא לכולן; aus dem Zusammenhange der Stelle, namentlich aus dem Folgenden ומה טעמא ויאמרו אלה אלהיך ישראל הרי לי״ב שבטים זה אלהיך הרי דימוסיא אחת לכולן ergibt sich, dass die in Klammern eingeschlossenen Worte einzufügen sind, wie sie denn auch in Sch. t. ψ 3 f. 5[b] enthalten sind. S. auch s. v. מאיומס.

דינמים, δύναμις, Macht. Midr. Schir s. v. אתי מלבנון f. 23[b].

דינסטים, **דניסטים**, δανειστής, Geldverleiher, Gläubiger. Schm. r. § 29 f. 126[c]; § 31 f. 129[b]; Bem. r. § 9 f. 199[a]; Agg. Ber. § 6. De Lara, Lonsano.

דינר, **דינרא**, δηνάριον, denarius, Denar, und zwar ein Silberdenar = 4 Sestertien oder 1 Golddenar, (auch Aureus, זהוב) = 100 Sestertien = 25 Silberdenare; s. Baba mezia f. 44[b]. — Ber. r. § 11 f. 11[d]. Waj. r. § 7 f. 151[d]; § 34 f. 178[c,d]. Bem. r. § 12 f. 214[d]. Midr. Schir s. v. עמודין f. 19[b]; Sifra Emor § 8, 8; Sifre 5. B. M. § 17.

דיסקום, δίσκος, runde Scheibe. Schm. r. § 15 f. 115[d]: דיסקום של לבנה, die Mondscheibe; 2. Teller, Schüssel; Ber. r. § 33 f. 31[d]; Tanch. I Told. § 17 f. 68[b]. Est. r. f. 105[a]; 3. δίσκος, Übersetzung v. orbis, die kostbare runde Platte des Prunktisches, der Prunktisch selbst; siehe unter דיסקרין; Ber. r. § 11 f. 11[d]; והביא לפנינו דיוסקום טעון בי״ו מוטות, „er brachte vor uns einen Tisch.“ (Dr. Grünwald Varianten in Ber. r. in Hammechakter II, 63) liest דיוסקום, will es für διάσκευμα halten, und mit: Tafel übersetzen; 4. halberhabne Bilder; das. § 34 f. 33[c] משל לאוהבו של מלך שכיבדו ושלח לו דורון נאה דסקום נאה ist nach Jalkut Ps 24 Ende zu berichtigen שכיבדו ושלח לו דורון בדסקום נאה: die Worte sind Glosse; in Jalkut I, § 30 Ende: בדורון נאה בדסקום נאה; Ber. r. § 10 Anf. לאמבטי שהיתה מלאה מים והיו בה שני דיוסקוסים נאים „gleich einer mit Wasser gefüllten Badewanne, in welcher zwei schön halberhabene Bildwerke (eingemeisselt) waren; so lange sie voll Wasser war, konnten die halberhabenen Bilder nicht gesehen werden (לא היתה מלאכת דיוסקוסים נראית).“ Sachs II, 105: „erhabene Bilder, wie sie gewiss auch der Luxus an Badewannen anbrachte, sind δίσκος; vgl. Salmas. zu Treb. Pollio, trig. tyranni: „nam propter clypeorum et discorum similitudinem, quem Latini clupeum, i. e. clypeatam imaginem vocant, Graeci κύκλον et δίσκον appellant.“

דיסקיפלינא, disciplina, Zucht, Gehorsam. Midr. Panim ach. II s. v. ויצא המן in דסקיא פלניא corrumpirt, von Buber berichtigt.

דיסקרין, δισκάριν, Schüssel. Ber. r. § 78 f. 77[b]; das. § 93 f. 90[b]; 2. wie δίσκος, als Übersetzung von orbis, die runde Platte des Prunktisches bei den Römern, auch dieser Prunktisch selbst; orbes, δίσκοι oder κύκλοι hiessen diese Platten, weil sie von dem Stamme des Citrusbaumes (thuia cypressoides in Mauretanien) dem ganzen Durchmesser nach geschnitten waren. Je nach der Grösse der Platte und der feinen Maserung steigerte sich der Preis eines solchen orbis oder δίσκος. Sie standen entweder auf einem Fuss von Elfenbein, wesshalb sie dann auch monopodia hiessen, oder auf drei Füssen, dann hiessen sie tripodes. Es ward damit ein sehr grosser Luxus getrieben; der Preis betrug eine halbe bis anderthalb Million Sestertien. (Forbiger, Hellas und Rom I, 217.) Cicero kaufte nach Plinius n. h. 13, 20 einen solchen Tisch für 1 Million Sesterzen, eine, wie Plinius hinzufügt, bei dem damaligen hohen Geldwert ausserordentlich grosse Summe; ein von den Cethegern stammender, um 1,400,000 Sesterzen erkaufter, verbrannte zu Plinius Zeit, und Plinius bemerkt, dies sei auch der Preis eines grossen Landguts. Seneca besass nach Dio Cass. (61, 10) 500 solcher Prunktische, obwohl Seneca gegen Luxus eiferte (πενταкοσίους τρίποδας κεδρίνου ξύλου ἐλεφαντοπόδας ἴσους καὶ ὁμοίους εἶχε). Diese Bedeutung von Prunktisch hat דסקרין in Pes. bachod. haschl. f. 101[a] (Para; Achre; Waj. r. § 20 f. 163[a], Tanch. Achre, Tanch. Chukkath, Koh. r. s. v. מי כהחכם f. 89); Midr. Mischle s. v. שקר החן.

דיפלומטור, διπλωματάριον, ein Behältniss für Aufbewarung der Diplome; Behältniss zur Aufbewarung wertvoller Gegenstände. (Fleischer zu Levy's W. B. der M.) Ber. r. 20 Anf. In Pes. r. § 10 f. 13[d] verstümmelt in פלומטירין.

דיפלון, δίπλουν, duplum, die Verdoppelung des Soldes; Soldaten, die sich ausgezeichnet hatten, erhielten vom Feldherrn ein Geschenk oder Verdoppelung des Soldes; ein solch ausgezeichneter Soldat hiess duplarius oder duplicarius. Marquardt, Röm. Staatsr. II, 574 (II. Aufl.). Angespielt hierauf wird Ber. r. § 59 f. 57[d], zu זקן בא בימים. R. Juda sagt בא בדיפלון „er kam durch seine Tugenden zur Auszeichnung einer doppelten Belohnung." Die Erklärung von Kohut: dies und πόλιον oder παλαιὸν erwäne ich nur, ohne sie zu widerlegen.

דיפלופוטירין, διπλοποτήριον, Doppelbecher. Ber. r. § 10 f. 11[a] (Midr. Koh. s. v. ויתרון ארץ f. 83[a]); Ber. r. § 51 f. 50[d]; an diesen Stellen scheint das in unseren Ausgg. stehende, und auch schon Aruch vorgelegene פיילופוטירין nach Jer. Pesach. X f. 37[c] in דיפלופוטירין berichtigt werden zu müssen; denn aus מנת כוסם wird in letzterer Stelle und in Ber. r. § 51 geschlossen, weil neben כוסם nach מנת steht (Ps. 11, 6), dass die Bösen einen doppelten Becher des Taumeltranks trinken werden, und dieser doppelte Becher wird hier und Ber. r. § 51 verglichen mit dem doppelten Becher (Weins), den man nach dem Bade zu trinken pflegte; demnach ist auch in Ber. r. § 10 (u. Koh. r.) כשיצ' מן המרחץ מזגו לו דיפלופוטירין zu lesen. In der Parallelst. Waj. r. § 22 f. 165[c] ist es durch eine

Glosse ersetzt worden מזגו לו כסא דחמרא.

דיפתרא, διφθέρα, abgezogene Haut; das daraus bereitete Schreibmaterial; Pergament; Urkunde, Verzeichniss. Ber. r. § 1 Anf. דיפתראות ופנקסאות: „Pergamente und Tafeln (Risse und Entwürfe), wo die Einteilung der Zimmer und Gemächer verzeichnet ist.“ Tanch. I Waëra § 2 f. 10ᵃ (T. II das. § 5) דיפתרא של אלהות, das Götterverzeichniss, wofür in Schm. r. § 5 f. 107ᶜ ספר steht. Pes. r. § 18 f. 11ᵃ; das. § 11 f. 16ᶜ.

דיקי, δίκη, Recht, Genugthuung. Land, anecd. Syr. leg. sec. f. 196 v. דיקא. Ber. r. § 44 f. 45ᶜ; Schm. r. § 19 f. 118ᶜ; Ber. r. § 22 f. 245ᶜ: אינו אלא דיקו שלכם (statt דיקו ist דיקי zu lesen); es ist nur eure Genugthuung; (in Tanch. I Matt. § 3 sind durch die Glosse דין שלכם die Worte דיקי שלכם verdrängt; in T. II das. § 3 f. 94ᵇ verdorben הריני ואתם זיקו שלכם מתקשים. S. Buber zu Tanch. I Matt. f. 79ᵇ); Midr. Schir s. v. השבעתי f. 14ᵇ עד שנובה דיקי שלה, „bis er Genugthuung für sie einfordert.“

דקיון, דיקיון, δίκαιον, δίκαια, Recht, Rechte, Gerechtsame. Ber. r. § 9 f. 10ᵇ: שהיא תובעת דקיון של בריות, wie das griech. τά δίκαια πράττεσθαι, den Menschen Genugthuung (für zugefügtes Unrecht) schaffen. Ber. r. § 22 f. 23ᶜ; Bem. r. § 20 f. 241ᶜ. Ber. r. § 10 f. 10ᶜ.

דיקולוגוס, δικολόγος, δικαιολόγος, Anwalt. Pes. bachod. haschbii f. 153ᵇ (Waj. r. § 29 f. 173ᵇ); an beiden Stellen haben unsere Ausgg. ניקולוגוס, während Aruch und De Lara die Lesung דיקולוגוס bezeugen.

דיקימייני, Decumani, die Soldaten der zehnten Legion, die zu den hervorragendsten und tapfersten Legionen der römischen Armee zälten, und deren Befehlshaber meist nachler auf den Kaiserthron kamen. Vopiscus vita Probi 6: „Quid Aureliani judicium (afferam)? qui Probo decimanos, fortissimos exercitus sui, et cum quibus ipse ingentia gesserat, tradidit sub hujusmodi testimonio: „Aurelianus Augustus Probo S. D. Ut scias quanti te faciam, decimanos meos sume, quos Claudius mihi credidit. Isti enim sunt qui quadam felicitatis praerogativa praesules nisi futuros principes habere non norunt.“ Ex quo intellectum est Aurelianum in animo habuisse, ut si quid sibi scienti prudentique eveniret, Probum principem faceret.“ Von Diokletian wurde diese und die Augustische Legion aufgelöst. S. Sachs I S. 113. Ber. r. § 94 f. 92ᵇ; Est. r. s. v. בשנת שלש f. 101ᵈ. S. Sachs I, S. 113.

דייקינתין, ὑάκινθος (syr. Bibelübers. Apocal. 21, 20 הואיקנתוס), ein Edelstein von der Farbe der Hyacinthblume; Hyacinth. Schm. r. § 38 g. E.; Ber. r. § 79 g. E. Das ד wie bei דיוקנא aus Dehnung des Jod am Anfang des Wortes.

דיקוריון, Decurio, δεκουρίων, Befehlshaber einer Decurie Reiter. Sifre 5. B. M. § 322; 2. Ratsherr in den Municipien und italischen Städten; Mechiltha Amal. § 2 f. 63ᵃ: אפיטרופוס גוזר גזירה קלירקים מבטל על ידו קילירקוס גוזר גזירה

דיקוריון מבטל על ידו דיקוריון נוזר גזירה הגמון מבטל על ידו הגמון גוזר גזירה אפיטיקוס מבטל על ידו: „wenn der Intendant eine Anordnung trifft, kann der Tribun (χιλίαρχος) sie aufheben; wenn der Tribun eine Anordnung trifft, kann der Decurio (der Vorsitzende des Senats) sie aufheben; eine Anordnung des Decurio kann der Praeses (Statthalter) aufheben; eine Anordnung des Statthalters kann der Consularis wieder aufheben.“ Siehe s. v. אפיטיקוס.

דוקסומין s. דכסומיני.

דירכייא s. דידכיא.

דייתיקי (auch im Syr.), διαθήκη, Verfügung, Anordnung, letzter Wille. Ber. r. § 59 g. E. (Tanch. I Wajeze § 3 f. 73[a]); Ber. r. § 60 f. 61[a]; Tanch. I Wajibi § 8 (T. II das. § 8); Waj. r. § 19 f. 162[a]; Midr. Schir s. v. ראשו f. 26[a]; Bem. r. § 2 f. 184[a] (Tanch. I Bem. § 11); in Tanch. steht dafür צוואת.

דיקליטינוס, Diocletianus, Eigenname des röm. Kaisers, der durch Tödtung des Aper auf den Thron kam. Ber. r. § 63 f. 32[a]. Daher, und weil er von niederer Herkunft gewesen, scheint die wahre oder geglaubte Nachricht im Midrasch geflossen zu sein, dass er früher ein Schweinehirt gewesen; oder vielleicht rührt es von der Thatsache, dass ihm geweissagt worden, nach Tödtung Apri werde er Kaiser werden; er habe darnach viele Eber auf Jagden getödtet, aber gesagt: „ego semper apros occido, sed alter utitur semper pulpamento.“ Vopisc. in Numeriano § 15. Sch. t. ψ 24, 2, ימא דקלטיינוס, „der diokletianische See“ oder der See von Emesa (ימא דחמץ), welchen Diokletian erst graben und durch hineingeleitete Flüsse speisen liess. Jer. Kilaj. Ende: דקלטינוס הקוה נהרות ועשאו; hiernach ist obige Stelle in Sch. t. והיא ימא דחמין ימא דקליטינוס הקוה הקבה ועשה עליהן zu berichtigen in: ימא דחמץ והיא ימא דיקלטינוס הקוה נהרות ועשאו.

דכסומיני, δεξαμενή, Wasserbehältniss; Pes. r. § 4 f. 5[d]. In Ber. r. § 5 f. 6[d]: לדיכסאים לדיכסאים, „in einzelne Wasserbehälter“. S. Perles, Thron u. Circus d. Kön. Sal. S. 15.

דלנים, διαλγής, bresthaft, krank. Koh. r. s. v. יש רעה חולה f. 84[b] sind die Worte דנלום פטרנוס, wie Gebhardt, Jüd. Lit.-Bl. 1881, S. 167 gezeigt, zu berichtigen in דלנים פטוכוס (διαλγής, πτωχός), (letzteres: פטוכוס nach Kohut) zu berichtigen; „krank und arm dabei“. Die Worte: מסכן תשיש ערטיל וכפון sind 2 verschiedene Glossen: מסכן ist Übs. zu פטוכוס, und תשיש Übs. von דלנים (vgl. Pes. beschall. f. 93[b]: ראבר"ש איתשש). Kohuts Erklärung דלנוס = δειλός (furchtsam) passt nicht.

דולפקי, δελφίκη, delphica, ein Prunktisch in Form eines Dreifusses mit runder Platte (orbis, δίσκος) zum Aufsetzen des Silbergeschirres; Procop. bell. Vand. 1, 21, δέλφικα δέ τὸν τρίποδα καλοῦσι Ῥωμαῖοι, ἐπεὶ πρῶτον ἐν Δελφοῖς γέγονε. Sifra Schmini § 7, 6. In Schm. r. § 43 f. 138[b] (f. 188[c]) משל למלך שנכנס לביתו ומצא את אשתו מנפפת לדלפקי (לדליפים) וכעס אמר לו שושבינו אם היה מוליד יפה היית כועס. Mit Recht hat Kohut aus dem Zusammenhange der Stelle nachgewiesen, dass לדלפקי eine

Corruption ist, und dass לדליפים dafür zu setzen ist, und דליפים = ϑλιβίας, „mit zerdrückten Hoden", und citirt als Beweis die Parallelstelle Bem. r. § 2 f. 185[a] (f. 212[c]), wo dafür steht מנשקת לסרים. Auch Pes. r. § 11.

דלם, **דלום**, δόλος, dolus, List, Betrug. Mech. Nesikin § 13 f. 96[a] השמן אינו מקבל מכל; für מכל hat Jalkut מעל, und Thosafta b. R. § 7 hat dafür דלים, woraus Weiss (Mechiltha Nesikin § 13 Note 4) mit Recht schliesst, dass hier, wie dort דולום zu lesen sei; vgl. auch Pesach. f. 57[a]: כדי שיהו עולי רגלים רואין שמלאכתם נאה ואין בה דלם.

דליפום, ϑλιβιας, mit eingedrückten Hoden. Schm. r. § 43 f. 138[b] in דולפיקי corrumpirt. (Kohut).

דפני, Δάφνη, Eigenname der Stadt Daphne. 40 Stadien von Antiochia entfernt (2. Makkabb. 4, 33; Josephus, alte jüd. Gesch. 17, 2, 1). Ber. r. § 94 f. 95[b]; Waj. r. § 19 f. 162[c.d]. Echa r. s. v. ישבו f. 63[b] (Bem. r. 17 f. 233[a]).

דפום, τύπος, Form. Bem. r. § 4 f. 189[c]; § 13 f. 220[c]; Sifre 5. B. M. § 355.

דקרטים in Ber. r. § 19 דקרטים היה עומד כקנה ורגלים היו לו; directus, aufrecht; Perles, Sprach- u. Sagenk. 12.

דקרין s. **דתרותין**.

דרא, δόρυ, ein Stück Holz. Midr. Schir s. v. כמעט, f. 17[c]: ודרא יקידתא יקדת, „und ein brennendes Holzscheit hast du verbrannt". Kohut in Echa r. s. v. ממרום f. 57 steht וקרתא, corrprt. aus ודרא.

דרדניא, Δαρδανια, Dardania, eine Landschaft im oberen Mösien. Ber. r. § 37 f. 37[a].

דרדסא, δεῤῥίδιον, lederne Decke, Oberkleid; in ds. Bdtg. Ber. r. § 100, אלבשוני דרדסאי וכו', „leget mir mein Oberkleid an, gebt mir meinen Stock in die Hand, und meine Schuhe an die Füsse." In Jer. Keth. XII, 35[a] heisst es דנרסאי, wie denn oft נ mit ר in der Aussprache wechselt; vgl. אנגרדמין; es kann also nicht wol „Schuhe" heissen; Lattes will es in ברנסיי ändern; in Jer. Kil. Ende דרדסין דעימר על דרדס͏ין דכיתנא sind es Socken od. Strümpfe (Landau); immer aber von der Urbedeutung: eine lederne Decke; dann übhpt.: Bekleidung.

דרולומוסיא s. **אנדרולומוסיא**.

דרומילום, Ber. r. § 48 f. 47[b]: אהל פלן של אברהם אבינו מפולש היה ר' יודן אמר כהדון דרומילום (דרופולים). Statt דרומילום ist mit Gebhardt wahrscheinlich דרופילים (= τετράπυλος) zu lesen: ein viertoriger Durchgang; vgl. Chron. Pasch. S. 589: ἕως τοῦ χαλκοῦ τετραπύλου.

דרכמון, δραχμή, δαρχμή, Drachme, eine griech. Münze, entspricht dem römischen Silberdenar. Echa r. s. v. ויגרם f. 65[b].

דרניקום, **הדרנקום**, ῥοδόνικος, auffallend roth. Jer. Berach. IX; Tanch. I Pinchas in הדרקנום corrumpirt.

דרקון, δράκων, Drache. Pes. Wattomer f. 132[b] (Waj. r. § 16 f. 159[a]; Echa r. s. v. סורו f. 68[b]). Auch im Syr.

דרריא, διάῤῥοια, Durchfall. Waj. § 18 f. 161[c] (Bem. r. § 7 f. 185[b] in קדרן corrprt.); Pes. Wattomer f. 131[a] ist גוסא ודלוריא

in נווסיא ודרוריא nausea et diarrhoea (ναυσία καὶ διάῤῥοια) zu berichtigen: „Erbrechen und Durchfall“. S. Mussafia s. v. und Buber zu Pes. f. 132^b Note 29. In Sifre 5. B. M. § 1 ist es in דולריא corrprt.

דיתרוסין, δευτέρωσις, Mischna. In Schm. r. § 47 f. 141^a ist anstatt בואו ולמדו תורה דשחרין ודקרין בלילה zu lesen: בואו ולמדו תורה דשחירין ודיתרוסין בלילה, „kommet und lernet die (schriftliche) Lehre früh am Tage und die Mischna in der Nacht“. Vgl. Echa 2, 19: קומי רני בלילה בראש אשמורות, wozu das Tharg. lautet: קומי כנישתא דישראל דשרא בגלותא עסוקי במשנה בליליא ארום שכינתא די״י שריא לקיבלך ובפתגמי אורייתא בשירוי שפרפרא; hieraus ist zu ersehen, dass רני, רנה als das Mischnastudium gedeutet wird, und entspricht das Tharg. ganz den obigen Worten des R. Simon ben Lakisch im Midrasch. S. unter דאימטין.

ה

האסטריות, histrica, histrionia, Schauspiele, Pantomimentänze. Das lat. Wort histrio ist von dem etruskischen histor gebildet und bedeutet Schauspieler von extemporirten lustigen Darstellungen, in Verbindung mit Sang und Flötenspiel. (Pauly, Realencyclopädie s. v.) Insbes. sind die Pantomimenspiele und pantomimischen Tänze, durch ihre schamlose Unzüchtigkeit berüchtigt, darunter zu verstehen. Das Wort histrio bedeutete in der Kaiserzeit ganz besonders diese Pantomimentänzer. (Friedländer, Darstellungen aus der Sittengesch. Roms. 2. Aufl. Bd. II, 328.) Von dem Pantomimen wird ἱστορίας δεῖξαι gesagt; viell. absichtliches Wortspiel. Sifra Achre § 9, 13 ובחוקותיהם לא תלכו שלא תלכו בנימוסות שלהן בדברים החקוקים להם כגון תיטריות וקרקסאות והאסטריות. Levy will האסטדיות lesen und es mit στάδιον, Rennbahn, übersetzen. Allein dem widerspricht das ה, welches nicht Artikel sein kann, da derselbe sonst auch bei den zwei vorhergehenden Wörtern stehen müsste. In Jalkut lautet das Wort טרטיאות וקרקיסאות והאיצטבאות; offenbar gehört also das ה zum Stamm, denn hinzugefügt hatte es der Abschreiber nicht; aber da er es vorfand, nahm er es als Artikel; das unbekannte האסטריאות (oder nach ihm: איסטריות) glaubte er durch איצטבאות mit dem Artikel ה berichtigen zu müssen. Es ist auch desshalb האסטריות das Richtige, weil die verschiedenen theatralischen Darstellungen aufgezält werden; stadium wäre in Circenses schon enthalten. In Tosifta Ab. s. II ist in העולה לסרטיות של כותים אסור משום ע״ז ד׳ ר״מ וח״א ...... ואם אין מזבלין אסור משום מושב Das Wort לסרטיות wol aus לאסטריות entstanden.

הבסתייר, ἀβεστιάριος, a vestiario, der Aufseher über das vestiarium, die Kleiderkammer des Kaisers. Pes. r. § 10 f. 15^a: למלך שהיה לו פורפראות הרבה והיה לו

עוד פורפירא אחת והיה מפקיד בכל שעה את הבסתייר שלו. Die Pes. r. hat uns an vielen Stellen die alten ächten Lesarten erhalten, welche in den anderen, mehr gelesenen Midraschwerken als unverständlich verdrängt worden sind; so steht für את הבסתייר שלו in Pes. Schekal. f. 16[b] und in Tanch. I ki tissa את עבדו; Tanch. II hat dafür gar לאחר; Güdemann und Levy nehmen daher mit Unrecht das ה als Artikel, und בסתייר als vestiarius. Dies Wort heisst der Kleiderhändler; aber in הבסתייר gehört das ה zum Wort, ist wie der Spiritus lenis, heisst a vestiario, ὁ ἀβεστιάριος, wie man sagt: a secretis, ὁ ἀσεκρῆτις; Sachs schon bemerkt, dass βεστιάριον der Aufbewarungsort der Kleider heisse, und der Beamte darüber ἀβεστιάριος; nimmt aber doch an unsrer St. das Wort für בסתייר; er sagte, bemerkenswert bleibe der Gebrauch von βεστιάριος, der in dieser Stelle deutlich erscheine, da doch nach Fabrotti der Beamte über die Kleiderkammer ἀβεστιάριος hiess; er heisst eben hier ebenfalls ἀβεστιάριος, הבסתייר. Dasselbe ist mit הקוביטון. (S. Sachs I, 170), vgl. אטלים und הטלים, ἀτελής, unverheiratet. Bei den Späteren kommt allerdings πρωτοβεστιάριος und πρωτοβεστιαρία vor; s. Anna Komnena II, 5; VI, 8, wo es aber mehr ein Titel ist, als eine amtliche Würde.

הגמון, ἡγεμών, syr. אינמונא, הנמונא, griech. Übersetzung des lateinischen Praeses provinciae, Statthalter einer Provinz, welches sowol einen Proconsul als einen Proprätor bedeuten kann; auch in dem Sinne = ἡγεμών, insofern dies bedeutet das Haupt der Civilgewalt der Provinz im späteren römischen Reich, Übersetzung von praeses; oft ἐπίτροπος, procurator, אפוטרופא, Landpfleger, genannt; während das Haupt der Militärgewalt der Provinz δούξ hiess, דוכס, dux. S. Mommsen, Röm. Staatsr. II, S. 230 A 2. Matth. 27, 2 wird Pilatus der ἡγεμών (syr. הנמונא) Judäa's genannt. Dann wird es auch im allgemeineren Sinne für Oberherr genannt; auf den Kaiser angewendet ist es griech. Übersetzung von Princeps. So nennt sich Augustus Princeps, und in diesem Sinne braucht es auch Strabo für Augustus an mehreren Stellen; s. Mommsen, Röm. Staatsr. S. 733. Auch kommt הנמון, wie im Syrischen (leg. secul. bei Land, f. 20), in der Bdtg. v. Stadtvorsteher vor. In Est. r. s. v. אחר הדברים האלה s. 106[d] עשה אותו טריבונוס ואח"כ עשה אותו הנמון. In Schm. r. § 31 f. 131[a] ist הנמונים ודוכסין ואפרכין corrprte. Lesung für das einfache אפיטרופיא der Originalstelle Pesikta und Tanchuma Asser teasser; s. s. v. אפרכוס. Bem. r. § 2 f. 183[c] (Midr. Schir s. v. שובי f. 29[c]) ואנו עושין אתכם שלטונים הנמונים דוכסין אפרכין אסטרטלטין. Sifre 5. B. M. § 317: הפטקים והנמונים שלהם „das sind ihre Consularen und Statthalter"; Sifre 5. B. M. § 327. Tanch. II Jithro § 5 f. 94[b].

הגמוניא, ἡγεμονία, die Würde eines ἡγεμών, eines Praeses provinciae, die Provinz eines Praeses oder Statthalters. Ber. r. § 50 Anf. לאחר שנטל הנמוניא מן המלך „gleich Einem, welcher eine

Provinz vom Kaiser erhalten hat" (der einen Statthalterposten vom Kaiser erhalten hat), in der syr. Bibelübs. Luc. 2, 2, אגמנותא. In Midr. Schir s. v. אל תראוני f. 8^b und Echa r. Einltg. f. 45^a ist הומוניאה zu lesen statt הגמוניא. Wie ἡγεμών auch den Kaiser als princeps bezeichnet, so wird auch ἡγεμονία für kaiserliche Herrschaft, kaiserliche Regierung gebraucht.

הדיוט (syr. הדיוטא), ἰδιώτης, Privatmann, im Ggs. zum öffentl. Beamten; plebejus, כהן הדיוט, gegenüber dem כהן גדול, der einfache Priester. Bem. r. § 8 f. 197^d הדיוטים im Ggs. zu בני מלכים, gemein, niedrig, gering; Est. r. s. v. מכאן שהדיוט ויאמר מומכן f. 104^d: קופץ בראש; Ruth. r. s. v. ותלכנה f. 39^b פרה הדיוטית, „eine schlecht aussehende, geringe Kuh"; allgemein, gewöhnlich; משל הדיוט, ein allgemeines Sprüchwort. (Ber. r. § 96 f. 93^{c.d} und Bem. r. § 19 g. E.) — Sifra Behar § 3 ist הדיוט, Privatmann, dem תגר, Kaufmann, gegenübergestellt. Bem. r. § 4 f. 199^c שקל הדיוט gegenüber dem שקל הקדש.

הדיוכין s. **הגדיוכין.**

הדראה s. **הרדאה.**

הונן, היגין, ὄγκινος, Widerhaken, Anker mit Widerhaken. Ber. r. § 12 f. 13^c; § 83 f. 80^d. Sifre 5. B. M. § 346.

הגון, הונן, εὐγενής, edel; schicklich, geziemend. S. Sachs I, 164. Ber. r. § 60 f. 58^b (Waj. r. § 37), Ber. r. § 93 f. 91^a.

הגרונימוס s. **הגרדמין.**

הוננים, הוגנס, εὐγενής, edel, vornehm, würdig. Ber. r. § 48 im Paris. Cod.: בני אדם הוננסים (in unseren Ausgg. ב"א מהוננים; s. Grünwald a. a. O.).

הונניסים, εὐγενεσία, edle Abkunft. Ber. r. § 100 f. 99^d; (in der Parallelst. Pesikta Nachmu corrprt. הודעתם גנוסיא שלי aus הודעתם הנניסים שלי).

הדימה (viell. ἡδυοσμία), angenehmer Duft. Midr. Schir s. v. ישקני f. 4^c.

הומוניא, ὁμόνοια, Übereinstimmung, Einigkeit, Vereinigung, Gesellschaft. Echa r. Einltg. s. v. ר' אלכסנדרי f. 46^b; das. s. v. זבדי בן לוי f. 49^c; Waj. r. § 33 f. 177^b; Tanch. I lech lecha § 12: מה אברהם נודוונו לו ד' מלכים אף ישראל עתידין האומות לעשות המוניה עליהם; in Tanch. II lech. l. § 9 ist לעשות המוניה עליהם geändert in: להתרגש עליהם, und als begründendes Schriftwort beigefügt: למה רגשו גוים anstatt 'יתיצבו וכו, offenbar weil die Abschreiber nicht mehr verstanden, was לעשות המוניה bedeute. Dagegen in Echa r. s. v. פרשה f. 59^d ist הומניות, Plural von המון, Gebrause, Volksmenge, Flut. S. חוננים.

הוטלים = אטלים, κατάλυσις, Einkehr. Ber. r. § 37 f. 36^a: פתרוסים וכסלוחים היו מעמידין הוטליסין היו אלו מגנבין נשותיהן של אלו ואלו מגנבין נשותיהן של אלו; Bordell; in Ber. r. § 79 f. 77^d: התחיל מעמיד הטליסין, „er begann, Bazare zu errichten, Stätten der Unzucht."

הטלם, הוטלם, ἀτελής, unverheiratet, ledig. Ber. r. § 19 f. 19^b (das. § 20 f. 20^d).

הטלים, ἄθλιος, unglücklich; Ber. r. § 87 f. 85^a הטלים חייך שאני מגרה בך את הדוב, „Unglücklicher! so wahr du lebst! ich reize die Bärin gegen dich". Gebhardt richtiger, als Levy: „du bist ledig etc.“.

הורודוס, Ἡρώδης, Herodes, Sohn des Antipater, später zum König v. Judäa durch die Römer eingesetzt. In Sifre 5. B. M. § 241 גם שניהם ולא העושה מעשה חידודים ist מ' הורודוס od. מעשה הירודים zu lesen, wie auch in Sanhedr. f. 66[b]: „beide sollen sterben, nicht aber der, welcher das Verfahren des Herodes nachahmt“, welcher nach B. b. f. 3 mit seiner Gattin Marianne, nachdem sie todt war, den coitus vollzogen haben soll. S. Geiger, Ozar nechm. III, 1. Die corrupte Lesung מעשה חידודים ist auch in Raschi's Bibelcommentar z. St. eingedrungen.

הידור, ὕδωρ, Wasser. Pesikta Sukka f. 183[b]: תירגם עקילס הדר הידור שהוא דר ע"פ המים ist, wie Buber z. St. bemerkt, nach Jer. Sukka III, 5 zu berichtigen in: תרגם עקילס הדר הידור אילן שהוא גדל ע"פ המים, vgl. auch Babli Sukka f. 35[a]. Ebenso ist Waj. r. § 30 f. 174[c] darnach zu berichtigen, wo ausserdem auch noch הידור irrig ausgefallen ist; s. Buber z. St.

הילני, Ἑλένη, Helena; Eigenname der Königin von Adiabene, die mit ihren Söhnen das Judentum angenommen. Sifre 5. B. M. § 42: בימי הילני המלכה, wofür in Sifra Bechukkothai und Waj. r. § 35 richtig בימי שלמצו המלכה.

הילני, Ἕλενος, Helenus, Eigenn. Waj. r. § 12. Zunz, Ges. Schr. II, 8.

הימוס, οἶμος, Gesangweise, Melodie; Besprechung, Zauberspruch; Gebhardt a. a. O. Ber. r. § 45 f. 44[b] הימוס היא צריכה, „sie bedarf einer Besprechung, eines Zaubermittels“; das vorherstehende קמיעא היא צריכה scheint eine Glosse zu sein.

הימיונוס, ἡμίονος, Maulesel. Ber. r. § 82 f. 80[d].

המנון, הימנון, ὕμνος, Lobgesang. (Nominativ mit Accusativendung ὕμνον); Schm. r. § 45 f. 139[c]; Midr. Schir s. v. כמגדל f. 20[c] (Koh. r. s. v. החכמה f. 88[c]; Sch. t. ψ 1 f. 2[c]).

הימסין, Schm. r. § 38: נד הימיסיון; ferner das. על אחלמה היה כתוב גד; Nun geben die LXX, 2. B. M. 28, 19 אחלמה mit ἀμέθυστος wieder; wir haben also המטסטון zu lesen (ἀμέθυστος) Amethyst, (auch im Syr. so; syr. Bibelübs. Apokal. 21, 20 אמוטסטוס). Aus diesem Grunde ist Mussafia's u. Levy's Erklärung: αἱματίτης (Blutstein) zu verwerfen, denn es soll ja ein Edelstein sein, was der Blutstein nicht ist.

הין, ἕν, eines. Schm. r. § 12, Anf.; Waj. r. § 27 f. 171[c].

הכרזה, (von כרוז, κήρυξ, nomen verbale von הכריז), die öffentliche Ausrufung, Verkündigung. Deb. r. § 11 f. 263[a].

הלפים, ἐλπίς, Hoffnung, Vertrauen. Ag. Ber. f. 17.

המיסו, ἥμισυ, halb. Ber. r. § 82 f. 80[d].

המסו, ἡμισεύω, halbiren, teilen. Bem. r. § 17 f. 233[c] und Jer. Maaseroth I, 2 f. 48[d]. אחינו המסו את לבבנו: in Bem. r. § 17 aber ist der Zusatz von Jerusch. weggelassen פלנון לבבינו, der doch notwendig ist auf die Frage: מהו המסו את לבבינו; ferner an beiden Stellen הרמונים משימסו; dies משימסו der Mischna bedeutet daselbst nach R. Seira: sobald das Essbare davon sich in der

Hand zerdrückt; nach R. Juda: sobald die Granatbäume die Hälfte ihres Ertrags liefern. R. Seira erklärt das Wort משימסו der Mischna als ein rein hebräisches Wort; R. Juda hält es für ein griechisches Wort.

המסס, ὄμασος, die Haube der wiederkäuenden Thiere. Waj. r. § 3 f. 147ᵇ; das. § 4 f. 148ᶜ; das. § 18 Anf.; Koh. r. s. v. ביום שיזועו f. 97ᵇ.

הנדיוכון, ἡ νίοχος, Zügelhalter, Wagenlenker; Kämpfer in den Wagenrennen im Circus. Das ד ist eingeschoben der besseren Aussprache halber, wie in ἄνδρες statt ἄνρες Sch. t. ψ 17, 2: שני הנדיוסין רצין בהפרכום מי שנוטל ובא הוא נוצח ist zu berichtigen: שני הנדיוכין רצין בהפיכום מי שנוטל בייא הוא נוצח: „von zwei Wettkämpfern im Wagenrennen im Hippikos (Circus) ist Derjenige der Sieger, welcher den Palmzweig erhält.“ Bei den Wagenrennen im Circus übergab nemlich der Kaiser dem Sieger den Palmzweig. Sachs II, 152 erkannte, dass הנדיוסין corrumpirte Lesart sei; „die richtige Lesart zu ermitteln ist mir noch nicht gelungen,“ fügt er hinzu. Levy erklärt es zuerst für: „Gegner, (viell. griech. ἐνάντιος)“, setzt aber hinzu: „richtiger jedoch הניוכין, ἡνίοχοι, Rosselenker“. Perles, Thron und Circus S. 19 hat das Richtige, dass es ἡνίοχοι ist; nur scheint mir für הנכיוסא müsse הדיוכא oder הנדיוכא zu lesen sein. Es ist das allein Richtige, und das ד von הנדיוכין ist eingeschaltet, während in הדיוכין (s. das Folgende) das נ ausgefallen ist, ähnlich wie in אגרדמון, ἀγοράνομος, das נ ausgefallen und ein ד eingefügt ist; s. s. v. אגרדמון.

הנדיוכין, ἡνιοχία, Wagenrennen, Circusspiele. Ber. r. § 10 f. 10ᶜ הרבה להן בהדיוכון, „er veranstaltete ihnen viele Wagenrennspiele, Circusspiele.“ Wie in אנרדמון ist das נ ausgefallen, und das ד beigefügt, wie ἄνδρος statt ἄνρος; ebenso הנרונומוס neben אנרדמין, und Levy verwirft ganz mit Unrecht Brülls Identificirung des Wortes mit ἡνιοχεια.

הנדיקי, Ἰνδική, Indien; Koh. r. s. v. עשיתי לי. Sachs I, 68.

הפטקי, ὑπατικὸς, Consular; s. אפיטיקוס Sifre 5. B. M. § 330; in Sifre § 309: הפחקס; das. § 317 u. 327.

הפטקוס, היפטקוס, s. das Vorherg.

הפרכום in Sch. t. ψ 17 שני הנדריוסין (הנדיוכין) רצין בהפרכום das letztere Wort ist corrumpirt und muss heissen: בהפיכום, im ἱππικὸς beim Wagenrennen im Circus; ἱππικὸς heisst bei Malalas der Circus; bei Const. Porphyr. heisst er τὸ ἱππικόν. Sachs II, 152 will בהפרכום ändern in בהפודרומוס; richtiger und einfacher ist die Lesung בהפיכום, Land, leges secul. f. 196 r. אילין דמשמשין תאמרון ואפיקוס.

הפרכום, ἵππαρχος, so hiess der Präfekt von Ägypten, weil derselbe stets aus dem Stande der Ritter genommen ward, niemals vom Senatorenstande. Marquardt, Römische Staatsverwaltung I, S. 442 A. I. Dio Cass. 42, 21. Er ward desshalb auch ἵππαρχος genannt bei Plutarch; Joseph. Antiq. 19, 5, 2: ὁ ἱππαρχῶν κατὰ τὴν Αἴγυπτον. — Schm. r. § 2 f. 117ᵇ sagt Moses zu Pharao: אתה בא אצלי ושר צבא הזה שעומד

עמך וזה היפרכוס שלך. Viell. ist es aber = ὕπαρχος, Legatus, Stellvertreter, wie legatus Caesaris.

היפרכיא (syr. הפרכיאסא, Barhebr.), ἐπαρχία, die Präfektur, Provinz, die einem Statthalter zugeteilt ist. Sifre 5. B. M. § 33[c].

הקוביטון = אקוביטון, ἀκκούβιτον, accubitum, Ruhebett beim Essen, Sopha; s. אקוביטון Pesikta roschchod. f. 61[a] und Pes. r. das. Sachs und Güdemann nehmen das ה irriger Weise als Artikel; das Wort heisst aber nicht cubitum, sondern accubitum, und ist ה wie א, das a mit sp. lenis, wie המינטין, ἀμίαντος; המטסטין, ἀμέϑυστος; vgl. auch s. v. הבסתייר.

הרדאה, hordeaceus, aus Gerste bestehend; פת הרדאה oft corrumpirt in פת הדראה, panis hordeaceus, Gerstenbrod, war die niederste Brodsorte; straffällige Soldaten erhielten zur Strafe nur solches panis hordeaceus, Kleienbrod, statt des panis cibarius. Sachs I, 145.

הרדופנו, ῥοδοδάφνη, Oleander; derselbe hat rosenfarbige Blätter. Mechiltha Wajassa § 53[a]; Schm. r. § 50.

הרהון, οὐρηρὸν, Nachttopf. Ber. r. § 38 f. 39[d].

הרס, ἐρίζω, streiten. Sch. t. ψ 39: כל אבריו מהרסין זה עם זה (Gebhardt, a. a. O.).

ו

ווה, οὐά, ha! Ausdruck der Freude. Est. r. f. 99[c]. Echa r. s. v. הין פריה f. 55[c]; Koh. r. s. v. טובה חכמה f. 87[d]. Pesikta Asser f. 97[b] (Levy).

ויי, vae! οὐαί, wehe! Ber. r. § 26 f. 25[d]; das. § 36 f. 35[c]; § 42 f. 40[c]. Est r. § 99[c] (Waj. r. § 11 f. 155[a]) etc.

וילון, βῆλον, velum, Vorhang (syr. וילא). Ber. r. § 52 f. 51[b]; Waj. r. § 1 g. E.; Waj. r. § 5. Est. r. f. 102. Sifre 5. B. M. § 355. (Syr. וילא).

ולוטוס, βουλευτής, Senator, Staatsbeamter, Vornehmer. Midr. Samuel § 2: לולוטוס שעבר עני על שלחנו.

וסת, ἔϑος, Gewohnheit, Sitte. Sifre 5. B. M. § 1 s. v. ודי זהב, Ber. r. § 87 f. 85[a]. In Waj. r. § 28 f. 172[d] ist אסר מטא וסתיה nach Pesikta Omer f. 72[a] in אסר זוניתיה zu berichtigen; 2. Übersetzung von ארח כנשים, Periode der Frauen.

ורד, ῥόδον, Rose (syr. ירדא); Ber. r. §. 94 f. 92[a]; Waj. r. § 23 f. 166[d]. Ag. Ber. § 37 שמן ורד.

ושט, ἱστός, Mastbaum. Waj. r. § 4. Tanch. I Mikkez § 15 (T. II das. § 10). S. Levy.

ווחונייה, Βιϑυνία, Bithynien, Landschaft im nördl. Kleinasien am Schwarzen Meere, nordöstl. von Galatien; Ber. r. § 37 Anf. Übs. von משך 1. B. M. 10, 2.

ותיק, εὐϑίκτως, eig. woltreffend, gewissenhaft; Raschi zu Berach. 26[a] ותיקין היו גומרין אותה עם הנץ החמה erklärt ותיקין המקדימין למצות ומחורין לעשות דבר בזמנו. — 2. scharfsinnig; Waj. r. § 22 תלמיד ותיק.

ותרקו s. תרקי.

ז

זוג (ebenso im Syr.) *ζεῦγος*, ein Paar; ein Ehepaar. Deb. r. § 2 f. 252^{a}.

זוגא, Paar; Echa r. s. v. רבתי f. 53^{a}; Kleid. Ber. r. § 92 f. 89^{d}.

זיווג, Denominativ des Vorigen; wie im Syr. *ζεύγνυμι*, paaren, verheiraten, vereinen. Bem. r. § 2 Anf.: בי״ח מקומות משה ואהרן מזווגין. „An 18 Stellen der Bibel sind Moses und Aron zusammen genannt.“ Hithp. und Nithp., sich (feindlich) an Jemand machen: überfallen, angreifen. Schm. r. § 1 f. 101^{a}; Waj. r. § 11 f. 155, (das. § 17 Ende).

זיווג, (זיווגא syr.), Paarung, Verbindung, Ehe. Ber. r. § 68 f. 67^{b} (Waj. r. § 8): Paar, Ehegenoss; Genosse. Pes. r. § 31 (Nachmu) Anf.

זום, *ζωμὸς*, Brühe. Bem. r. § 7 f. 195^{a} (syr. זאמא in der syr. Hexapla, Übs. v. מרק in Jes. 65,4).

זון, זונם, זוני, זונין, זוניתא, זונירא, *ζώνη*, *ζωνάρη*, *ζωνάριον*, Gürtel; Gurt, Waffe, Schwert; ebenso im Syr.; vgl. syr. Hexapla 2. Kön. 3,21; das Schwert war ein Attribut des Herrschers; mit Bezug auf חגור חרבך heisst es in Ag. Ber. § 16 S. 25: אני חוגרך זונין שלי: „ich umgürte dich mit meinem Schwert“; s. auch Tanch. I Lech § 23. Jellinek will es mit „Gürtel“ übersetzen und es auf die Beschneidung beziehen, die ein Gürtel sei, um ihn vor Gelüsten zu bewahren. Die Beziehung auf חגור חרבך zeigt aber, dass es Schwert bedeuten soll. Auch Ag. Ber. § 5: מה עשה יוסף השליך עטרה והתיר זונין שלו. „Josef warf s. Krone zur Erde u. löste s. Schwert“, (die Zeichen seiner Herrscherwürde). Dessgleichen wird in Schm. r. § 45 und § 51 der Schmuck, den die Israeliten abgelegt hatten, von R. Jochanan erklärt für die ihnen von Gott verliehene Krone, von R. Simon für das verliehene Schwert, beides Zeichen der königl. Würde. Midr. Schir s. v. כמגדל f. 20^{c}; das. s. v. מצאוני f. 25^{c}; Bem. r. § 16 f. 232^{c}; Waj. r. § 13 Anf. f. 156^{c}; Sch. t. *ψ*. 103; Echa r. s. v. מה אעידך f. 63^{c}; Schm. r. § 45 f. 139^{b}.

זונרא, *ζωνάριον*, Gurt; Jer. Schabb. VI, f. 8^{b} ist החרימים (Jes. 3,2) mit זונרין מצויירין wiedergegeben, das. Sanh. Chelek: הדין זונרא הדין כלינירין.

זונא, pl. **זונין**, *ζάνιν*, *ζιζάνιον*, Lolch. Ber. r. § 28 f. 27^{c}. Ag. Ber. § 23 משל לזונין שאמרו לחטים.

זוסטא, **זוסתא**, *ζωστὴρ*, Gürtel, Wamms, Schürze. Pesikta Omer f. 72^{a}: אסר זוניתיה; in Waj. r. § 25 corrprt. in אסר מטו מטו ווסתיה; s. Levy und Buber zu Pes. Omer Note 67. Bem. r. § 4 Ende: לובש מקורעים ווסטא.

זיטא, *ζῆτα*, der Buchstabe Z im griechischen Alphabet, und als Ziffer = 7 sieben; mit Anspielung auf *ζήτω*, er lebe. Ber. r. § 14 Anf.; das. § 20: זיטא אפטא איטא אוכטא. In Jer. Jeb. IV ist die Lesung corrumpirt.

זיטויטום s. **זימיוטום**.

זיטימא s. **זימיוטא**.

זיין, *ζώννυμι*, umgürten; das Schwert umgürten, sich rüsten, waffnen. Schm. r. § 20 f. 120^{b}; Waj. r. § 34 f. 179^{b}; Bem. r.

§ 20 Anf. (Auch im Syr. hat es diese Bedeutungen).

זיין, ζώνη, Gurt, Gürtel; das Umgürtete, Schwert. Schm. r. § 45 f. 139[c]; § 51 f. 143[b]; Waj. r. § 28 f. 172[b]; Midr. Schir s. v. כמעט f. 17[c]. (Syr. Hexapla 2. Kön. 24,22 אחידי זיינא für נדודי.)

זימיא, ζημία, syr. זאמיא in leg. sec. bei Land Anecd. Geldstrafe; Pesikta bachod. haschebii f. 151[a] (Waj. r. § 59 f. 173[a]); Bem. r. § 11 f. 212[d].

זימיוטא, ζημιώδης, straffällig; in Bem. r. § 4 f. 188[d] ist es corrprt. in זימטא; in der Parallelstelle Pesikta achre f. 173[a] in זינומא corrp.; in Waj. r. § 20 f. 164[a] ist es umschrieben durch שמצה; in Tanch. II Achre durch מקולקל, in Tanch. I das. durch זוהמא, in Bem. r. § 2 f. 186[a] in לונמיא.

זימיוטוס, ζημιωτός, strafbar an Gut und Leben, vogelfrei. Ber. r. § 32 Anf. und § 38 Anf. in זימיומים corrprt. S. Sachs I, 125.

זכורו, ζάκωρος, Todtenbeschwörung. Ber. r. § 11 f. 12[a]; Waj. r. § 26 f. 170[a]; Sifre 5. B. M. § 172; Pes. r. § 23 f. 43[b].

זמי, ζημιόω, Schaden zufügen (davon das latein. damnum); Pes. Chanukka f. 10[a]; 2. strafen um Geld; Waj. r. § 34 f. 178[c.d].

זפק, οἰσοφάγος, Schlund. Sifra Waj. § 8, 7. (Kohut).

זפרן, **זופרין**, Ζεφύριον, Zephyrion, Stadt und Vorgebirge in Cypern. Bem. r. § 4. Kohut.

זקר, σκαίρω, springen, hüpfen. Waj. r. § 5 (von Aruch citirt) כהדין תרנגולא דנלי מאתר לאתר מזדקר.

זרבוכית, Pes. r. Ronni corrprt. aus

זרבובית, σέρφος, ein kleines geflügeltes Insekt. Siehe Güdemann. Pes. r. Ronni.

ח

חוננים, in Jalkut ψ 42 steht חוננים, in Sch. t. ψ 42: חונים, es muss aber חוננים heissen, und ist das Samech in Mem corrumpirt worden: Ὠγυγής, Ogyges, nach der ingeniösen Erklärung der Stelle Sch. t. ψ 42 durch Sachs (I S. 56). Die Stelle lautet: (nach Jalkut berichtigt) מהו המון חונג לשון יוני הוא חוננים של מים כשם שלא היה להם לחוננים של מים שיעור כך לא היה להם לישראל שיעור כשעולים לרגל לכך המון חונג; Sachs bemerkt, dass מים של חוננים zu lesen sei für חוננים של מים; was heisst המון חונג? das ist griechisch: Wasser des Ogyges. Wie das Wasser des Ogyges unermesslich gewesen, ebenso unermesslich war die Zahl der Israeliten, wenn sie die Festwallfahrten unternahmen; daher: המון חונג, der „Ogygischen Fluth (vergleichbar).“ Als man später die Anspielung nicht mehr verstand, was mit מים של חוננים anzufangen sei, änderte man es in חוננים של מים, indem man bei חוננים an ἀγωγοί dachte, an: Wasserleitungen. In Echa r. s. v. פרשה f. 59[d] lautet die Stelle: לשעבר הייתי עולה המוניות המוניות של חנינה כד"א המון חונג א"ר לוי כהדין נענעא דלא פסיק לא בימטא ולא בלילא „Früher zog ich hinauf in

Mengen, Mengen der Feiernden, wie es heisst: המון חוגג. R. Levi sagt: wie das Wasser des Ogyges, das nicht aufhört zu fliessen Tag und Nacht. כהדין נענעא ist nämlich eine Corruption aus כמים של ענאגע. Ich glaube nicht, dass נענעא ἀγωγοὶ bedeutet; das würde das Bild abschwächen nachdem es vorher geheissen: ich zog einst in Ogygischen Fluthen hinauf; in המוניות של חנינה liegt ein Wortspiel = Festwallfahrt und Ogygesfluthen; המוניות ist hier nicht, wie Levy meint, ὁμόνοια, Vereinigung, Gesellschaft. Es ist vielmehr das ächt hebr. Wort המון, gebraucht von dem Brausen und Geräusch einer Volksmenge, wie von dem Brausen der Meereswogen.

חכאבית, Ber. r. § 34; das. § 19: חככים'; § 53: אכאכית, wahrscheinl. חכבסא od. אכבסא zu lesen; ἔκκαυσις, hitziges Fieber; חמה וחכבסא, χεῖμα καὶ ἔκκαυσις, kaltes und hitziges Fieber.

חולאה, חווילאה, Villa, Landhaus (Kohut). Sifre 5. B. M. § 37 ארץ חמדה ארץ שעשויה חווילאות חווילאות למלכים ושולטונים שכל מלך ושולטון שלא קנה חווילאות בא"י אומר לא עשיתי כלום.

חכינא, חכינה (wie עכנא), ἔχιδνα, Otter, Viper; Ber. r. § 82 f. 80d; das. § 88 f. 85d; Ruth r. s. v. ליני f. 42b; (Koh. r. s. v. טוב אחרית f. 87b; Pesikta Wathomer f. 133a).

חידודים s. **הורדום**.

חלב, ἀλφός, weiss. Ber. r. § 98 כבס ביין לבושו זה החלב ובדם ענבים סותה זה האדום (Kohut).

חלודה in Tanch. I und II Kitabo; soll heissen: חלידה, χιλίδιον, Täfelchen (Gebhardt). בני אדם שרואים אותם אומרים חלודה [חלידה] מלאה חטאים יש בידן: „die Leute, welche sie sehen, denken: sie haben eine Tafel voll Sünden, eine ganze Liste voll Sünden."

חלפסדרה, κλεψύδρα, Wasseruhr. (De Lara). Die Dauer der gerichtlichen Reden ward vom Gerichte bestimmt und festgesetzt, wie oft die Wasseruhr umgekehrt werden solle; s. Demosth. de falsa legatione. Hierauf wird in Ber. r. § 49 f. 49b angespielt; das Wort ist dort חלף סדרה geschrieben, als Wortspiel, wie Perles bemerkt; ist die Wasseruhr abgelaufen, ist der Vortrag zu Ende.

חומה, חמה, ὁμῶς, ὁμοῦ, zusammen, vereinigt. Midr. Schir r. s. v. השבעתי אתכם f. 11a: שלא יעלו חומה מן הגולה „(Gott beschwor die Israeliten), dass sie nicht zusammen aus dem Exil hinausziehen sollen"; M. Keh. erklärt es ביד חזקה כולם יחד. In Kethub. f. 111a: שלא יַעלו ישראל בחומה (צ"ל חומה, wo ebenfalls Raschi erklärt יחד ביד חזקה. Die Erklärung יחד ist traditionell; ביד חזקה scheint desshalb beigefügt, weil man חומה für „Mauer" gehalten. Midr. Sch. s. v. אם חומה הִיא f. 26b אילו ישראל העלו (צ"ל עלו) חומה מבבל וכו' (wo M. K. erklärt כולם בבת אחת), „wenn die Israeliten zusammen, alle auf einmal aus Babel hinaufgezogen wären, wäre der Tempel nicht zum zweiten Mal zerstört worden." Eisler, Beitr. zur rabbin. Sprach- u. Alterthumskunde II, 43, citirt bei Lattes, saggio etc. S. 121. Pes. r. § 21 f. 40d (ed. Friedm. f. 108b): לא יהיה לך כנגד מכת צפרדעים שעלו בתנורים חומה. „Du sollst keine anderen

*8

Götter haben" ist gesagt gegen die Plage der Frösche, welche alle zusammen in die Öfen eingedrungen sind. „Aber neben Gott sollst du nicht zusammen andre Götter haben." Lattes in Atti della R. Accad. dei Lincei 1881 f. 338.

חמה, χεῖμα, Frost, kaltes Fieber. Ber. r. § 19 f. 18[d]; § 34 f. 33[d]; § 53 f. 53[b]; siehe Levy.

חסין, Schm. r. § 43 f. 138[c]: קלו חסין s. פראסין.

חקרא, **חקרה**, ἄκρα, die Hochstadt, Citadelle, Burg. Sifra Behar § 3, 5: חקרה של גוש חלב. „Die Citadelle von Gischala."

חרדל, χαράδρα, Giessbach. Waj. r. § 31: Thr. u. Circus S. 16. (Perles).

חרסון, Κροῖσος (mit Accusativendung im Nominativ), Krösus; dann: ein besonders reicher Mann, ein Krösus; Beiname des R. Elasar.

חרסום (gewöhnl. חרסום geschrieben). Koh. r. s. v. יש אחד ואין שני. Siehe Perles, Sprach- u. Sagenkunde 18—22.

ט

טארגא, τάργα, (spätgriech.), Tartsche, Schild, Brustpanzer. Sch. t. ψ. 1.

טאריקי s. קטדיקי.

טבלא, **טבלה**, τάβλα, tabula, Bret, Tafel. Schm. r. § 15 f. 114[a]; Tisch; Sifra Schmini Par. 6. In Pesikta bachod. haschl. f. 108[b] (Pes. r. § 21 f. 37[d] steht dafür טבלרין, ταβλίον), ist es ein Einsatzstück auf dem Oberkleid, der clavus. Vgl. Malalas II, p. 33: χλαμύδας φορεῖσθαι, τὰς μὲν βασιλικὰς πορφυρᾶς, ἐχούσας ταβλία χρυσᾶ; das. lib. 14 p. 413 wird von dem Könige der Lazen berichtet, dass er trug χλαμύδα ἄσπρον ὁλοσήρικον, ἔχον . . . . . χρυσοῦν βασιλικὸν ταβλίον, ἐν ᾧ ὑπῆρχεν ἐν μέσῳ στηθάριον ἀληθινόν, ἔχοντα τὸν χαρακτῆρα τοῦ αὐτοῦ βασιλέως Ἰουστινιανοῦ. Von dieser Sitte ist das Bild genommen, dass die Engel ein ταβλίον, einen Einsatz am Kleide haben, auf welchem der Gottesname eingegraben. Siehe auch Marquardt, Privatleben der Römer S. 533.

טבלרין s. das Vorige.

טבריא, **טבריה**, Τιβεριάς, Tiberias, Stadt am See Genezareth, früher Chammath geheissen; von Herodes Antipas gegründet, u. dem Kaiser Tiberius zu Ehren benannt; ימה של טבריה, Tiberiassee oder See v. Genezareth. Ber. r. § 32. Pesikta beschall. f. 89[b]. Echa r. s. v. פרשה Ende f. 59[d].

טברירי in Pesikta Azereth f. 191[b] ist nach Pes. r. (ed. Friedm. f. 201[a] in טבריטי; auch das Leydener Ms. des Aruch hat טבריטי, s. Dernburg in Geigers Wissensch. Zeitschr. IV, 128), θεωρητής Zuschauer תהא מטבריטי ולא מקיניגיא, „sei lieber von den Zuschauern, und nicht von den Unternehmern von Thierhetzen." Es ist die Rede von den venationes, κυνήγια, den Thierhetzen im Amphitheater, wo man wilde Thiere gegeneinander hetzte, oder auch Sklaven und Gefangene zu Tausenden, oder z. B. Juden oder Christen zwang, mit wilden Thieren zu kämpfen. „Sei von den Zuschauern der Thierhetzen“, damit man möglicherweise Einen retten könne, während im Allgemeinen die Teilnahme an derlei rohen Belustigungen verpönt war. Sachs I, 123. Kohut's Ableitung von θηρευτής, („sei von den Jägern und nicht von den Gejagten“) verdient keine Widerlegung.

טבריני, Tiberinus, n. pr. Tanch. I. Ber. § 3: ר׳ לוליני בר טבריני; in Pesikta Para f. 39^a corrprt. in ר״ל בר שוורי׳ (s. Buber das. Note 167). Wahrsch. ist aber טיבריוס zu lesen, und das נ aus ו verschrieben, und aus dem Apostroph ein י geworden, wie denn nach Buber das. im Mscr. Oxford der Pesikta בר טיברים steht. Jer. Meg. IV, 12: בר טברי שאל לרבי יצחק.

טגא, *τόγα*, toga, das Kleid des römischen Bürgers. Sifre 5. B. M. § 234: פרט לינא, soll heissen פרט לטגא (על ארבע כסותך); „an den vier Ecken deines Gewandes“; darum ist also ausgeschlossen die Toga, dieselbe ist, wie die Kyklas rund, während das Pallium viereckig ist. Die Kyklas ..... weil sie nicht viereckig, s. auch Lattes l. l. f. 133. Aruch citirt Midr. Wijschalchu טגיות אינן חייבין בציצית, sie haben nemlich die Form einer Ellipse; daher לפי שאינן מרובעות. Marq. Privatleben der Römer II, 537.

טווס, *ταῶς*, Pfau, (syr. טווסא). Ber. r. § 28 g. E. das. § 7 f. 8; das. § 70 f. 69^b. Bem. r. § 7 f. 169^a. Tanch. I Tasria § 3 (T. II Tasr. § 2). Agg. Ber. § 31.

טולמוסין, *ἐτόλμησεν*, er erkühnte sich. Ber. r. § 41 Anf. עלו דטולמוסין, weil er sich erkühnt hatte; ebenso das. § 32 g. E. Aber anstatt עלו דטולמוסין למקרבו למסאנא דמטרונא ist nach Jer. Kethub. VII Ende f. 31^d zu lesen: על דטלמסן למנע בסמה דמטרונא; „weil er sich erkühnt hatte, den Leib der Herrin zu berühren.“ Man milderte סמה in מסאנא. In Tanch. I u. II lech lecha ist der ganze Satz in's Hebräische übersetzt, und מסאנא ist נעלה, resp. מנעלה übersetzt. (Siehe Levy).

טומוס, **טימוס**, syr. טומסא, *τόμος*, ein abgeschnittnes Stück Pergament: Liste, Verzeichniss. Ber. r. § 24 Anf. בתוך טימוסן של צדיקים אינו נכתב; Tanchuma I und II Sachor: ירד לארכיון של מצרים ונטל טימוסן של שבטים, wornach Buber die Stelle in Pesikta Sachor f. 17^a berichtigt hat. Auch Pes. r. § 12 f. 20^b ist hiernach zu berichtigen. Ber. r. § 25 Anf. בראש טומוס, in Waj. r. § 5 f. 149^b ist טומוס weggelassen in unsren Ausgg., während Aruch es für diese Stelle citirt. In Deb. r. § 4 f. 256^a steht dafür irrig ראש פרק. In Sifra Emor § 20 בטימסמירום, von Levy berichtigt in בטימום ניירות „mit einem Pack Papiere.“

טומפזין, *τομπάζιον* (LXX für פטדה), Topas; in Schm. r. § 38 Ende in שומפזין corrprt., (im Syr. טופאדיון; s. syr. Hexapla Hiob 28, 19 für פטדת כוש).

טונס, Tunis, Stadt in Nordafrica, in der Nähe des ehemaligen Karthago; Sifre 5. B. M. § 320.

טופוס, *τύπος*, Abdruck, Form; Formel, Formular, Figur. Waj. r. § 34 Ende. Midr. Schir s. v.

יפה את f. 27[d]. Sifra Emor § 13, 18. (Syr. טופסא).

טוים, θιάσος, feierlicher Aufzug. Schm. r. § 15: על כל נאה ורם (ישעיה ב׳ י״ב) אלו הטויסין שלהם (Mussafia). Die Erklärung von Brüll und Kohut (θεοί) passt nicht, indem noch והאלילים כליל יחלף nachfolgt; ebenso aus sprachl. Gründen.

טוריה, τούρη, turris, Thurm. Ber. r. § 83 f. 81[a].

טורנוס, τύραννος, Tyrann, grausamer Herrscher, Beamter. Ber. r. § 11 f. 11[d]; Koh. r. s. v. אמרתי אני f. 80[a]; Tanch. I Tasria § 7 (T. II das. § 5).

טטרגון, (syr. טטרגנוס syr. Apocal.), τετράγωνον, vierwinklig; Midr. Schir s. v. כמגדל f. 21[d]; das. s. v. ידיו f. 26[c] in טטרונא corrumpirt; 2. vierfach. Sch. t. ψ 78 s. v. ישלח heist es: טטרגון היה על כל אחת ואחת הרי ארבעים.

טטרומולין, טטראמולי, τετράμουλον, ein Viergespann: die Alten bedienten sich zum Ziehen der Sänften und Wagen zumeist der Maulthiere; im späteren Griechisch sagte man μοῦλος für ἡμίονος; Fleischer zu Levy Bd. 2, 209. Ducange. Schm. r. § 3 f. 105[a]; das. § 42 f. 137[b]; das. § 43 f. 138[c]. Tanch. II Kitissa § 21.

טטרפליה in Jer. Kilaj. IV f. 29[b] und Jer. Erub. I, 9 f. 19[c] טטרפליות שבכרמים אסור לטלטל תחתיהן מפני שהן סוף תקרה ואין סוף תקר׳ מציל משום פיאה. Anstatt שבכרמים ist nach Jer. Succa f. 52[a] שבכרכים zu lesen, wie schon der Commentar zur St. in Erub. bemerkt. Und anstatt טטרפליות ist טטרפלטיות שבכרכים zu lesen; ebenso anstatt טטפראות in B. bathr. 75[a] und Sch. t. ψ 48 ist ebenfalls טטרפלטיות zu lesen; τετραπλάτεια ist aber nach Henr. Stephanus: quadriporticus, seu potius forum, quaterna porticu cinctum. Derselbe citirt, aus Chronic. pasch. a. 10 Hadriani: „Ἀδριανὸς ἐν Νικομηδείᾳ καὶ Νικαίᾳ καὶ ἀγορὰς ἐποίησε καὶ τετραπλατείας καὶ τὰ τείχεα. Die Stellen im Jer. heissen daher: Es ist verboten (am Sabbat) unter den mit vier Säulenreihen umgebenen Markthallen in den Städten zu tragen, weil diese (Säulen) das Ende des Daches bilden, und das Ende des Daches nicht schützt (vor dem Verbot des Tragens am Sabbat), selbst wenn Guirlanden herabhängen.“ א״ר פנחס אתא עובדא קומי ר׳ ירמיה בארבעה עמודים ועליהם ארבע פצטליות והתיר לטלטל משום פיאה. „R. Pinchas sagte: dem R. Jeremia kam der Fall vor (man fragte bei ihm) wegen vier Säulen, auf welchen vier Epistylien waren, und er erlaubte, darunter (am Sabbat) zu tragen wegen der herabhängenden Guirlanden.“ Die Stelle in Sch. t. ψ 48 (nach Jalkut berichtigt), lautet: כמה בינאות (נונאות) עתיד להיות בירושלם אלף קפ״ד וכמה מגדלים אלף ור״צו כמה טטפראות [טטרפלטיות] אלף ותע״ו. „Wie viele rechtwinklige Gebäude werden einst in Jerusalem sein? — 1184 (nach Sch. t. אלף תפ״ה 1485); wie viele Thürme? 1296; und wie viele mit Säulen umgebene Markthallen? (טטרפלטאות) — 1476.“

Ebenso in Bab. bath. 75. So heisst: אלף קפל מגדלים, nicht: tausend Kuppeln, Thürme, wie Levy sagt, sondern nach Raschi's

Erklärung, welche durch Sch. t. ψ 48 bestätigt wird, ist קפל eine corrumpirte Zahlbezeichnung, und ist nach Sch. t. zu berichtigen in ור״צו. Die Lesung טטרפלטאות und dessen Bedeutung: τετραπλατεῖαι Markthallen — wird bestätigt durch den Nachsatz in B. bathra 75 וכל אחת ואחת הויא כצפורי בשלותה „und jede einzelne (dieser Markthallen) wird sein wie Sepphoris in der Zeit ihres Wohlstandes"; ferner heisst es: תניא א״ר יוסי אני ראיתי צפורי בשלותה והיו בה מאה ושמנים אלף שווקים של מוכרי ציקי קדירה: (צ״ל אלף מאה ושמנים שווקים וכו׳.)

טיאטרא, טטריא, טרטיא, θέατρον, Schauspiel, Theater. Ber. r. § 67 f. 66[b] (§ 80 f. 78[c]); Tanch. I Schm. § 6 f. 2[b]; Pesikta achre f. 168[b] (Tanch. I achre; T. II das.; Koh. r. s. v. לשחוק f. 75[a]); Pesikta Echa f. 119[b] לא נכנסתי) (בבתי תרטייאות; Echa r. Einleitg. f. 44[b]; Echa r. s. v. הביא f. 65[a].

In Ber. r. § 87 f. 85[b] ר״י אומר יום ניבול של נילום היה . . . . . ור״נ אומר יום תיאטרון היה; die Parallelst. Midr. Schir Anf. רי״א יום ניבול וזיבול היה יום טיאטרון היה ורנ״א יום טיארון של נילום היה. In Pes. r. § 6 f. 8[d] רי״ה אומר יום זיבול נילום היה . . . . רנ״א יום תיאטרון וקרקוסיא In Tanch. II Wajesch. § 9: רי״א יום זיבוחו של נילום היה. Jedenfalls ist in Midr. Schir das erste יום טיאטרון falsch; denn das nämliche sagt ja auch R. Nehemia; ausserdem sind ניבול in Ber. r., זיבול in Pes. r., זיבוח in Tanchuma, wie ניבול וזיבול in Midr. Schir sämmtlich Corruptionen; die richtige Lesung hat Jalkut Wajesch. יום גידול נילום היה; R. Juda sagte: „es war der Tag der Nilanschwellung." Der Tag aber, wo der Nil so weit angeschwollen war, dass die Dämme durchstochen wurden, um den Segen der Überschwemmung auch in das Binnenland zu leiten, der erste des Monats Epiphi war ein Fest- und Freudentag. Siehe Dümichen, das alte Ägypten in Onckens Allgem. Geschichte I. S. 29. 135. 180. Richtig hat Sachs II, 101 die Νειλῷα, das dem Wachsen des Nil (also יום גידול נילום) zu Ehren veranstaltete Fest, welches in die Zeit des Sommersolstitiums fiel, darin erkannt; aber unrichtig זיבול für σύμβολα genommen: die für das Fest gesammelten Beiträge, (es war der Tag der Beiträge für den Nil?). Vielmehr ist זיבול eine der vielen Corruptionen der Abschreiber, welche das schlichte Wort גידול נילום in seiner prägnanten Bedeutung nicht mehr verstanden; nach diesen Abschreibern sollten ניבול und זיבול verächtliche Ausdrücke sein für ein Götzenfest. [1])

טיגן, τήγανον, Pfanne. Pes. r. § 44 f. 70[a]. De Lara, auch bei Ephraem in Exodum: טיגנא.

טיגן, denominativum des Vorigen, τηγανίζω, in der Pfanne braten. Pes. r. § 44 f. 70[a]. Levy citirt Tanch. Wajiggasch. § 5: ומיגנת את אביך; die Mantuaner Ausg. hat ציערת את אביך, auch Aruch und De Lara citiren es

[1]) Mein verehrter Freund, Herr Rabbiner Wagner, machte mich darauf aufmerksam, dass auch R. Samuel b. Meir zu 1. B. M. 39, 11 die ursprüngliche Lesung גידול bezeuge in den Worten: ומדרש אגדה שהלכו לראות נילום נהר מצרים שעלה על כל גדותיו.

für diese Stelle nicht, Agg. Ber. § 60 אתה טיגנת מעיו של אביך.

טימיון s. טימיקון.

טיכס, **טיכסא**, τεῖχος, Mauer; in Ber. r. § 63 f. 61[d] ist anstatt על מטכסא, mit Aruch und Jalkut zu lesen על טיכסא; Echa r. s. v. היו צריה f. 56[a]; Pesikta Para f. 23[b].

טימי, τιμή, Schätzung, Wert, Preis, syr. טימא. Ber. r. § 35 f. 39[a]; Sch. t. ψ 19,2; Ber. r. § 2 בטימי אחת, um den gleichen Preis; das. § 11 f. 11[d], מסיק ליה בטימי, steigerte den Preis; Koh. r. s. v. שמח f. 97[a]; Pes. r. § 18 f. 34[a] (Pes. Omer f. 71[b]; Waj. r. § 28 f. 172[d]; Est. r. s. v. ויקח המן f. 109[c]). Pes. r. § 21 f. 38[b] אנך אין אתה עומד בטימיו corrprt. in במומין; s. die Stelle in Friedmanns Ausg. f. 105[b]; ebenso im Syrischen. Die syr. Hexapla übs. ערכו 2. Kön. 12,4 mit טימי.

טימיון, ταμεῖον, ταμιεῖον, syr. טמיון in leg. secul. bei Land anecd. 1920. Schatzkammer, insbes. das aerarium Saturni, in welchem der Staatsschatz und die öffentlichen Urkunden von den Quästoren (ταμίαι) aufbewahrt wurden. Dieser Staatsschatz, der ursprünglich vom kaiserlichen Schatz, dem Fiscus, gesondert war, wurde allmälig von diesem absorbirt, so dass später das aerarium, ταμεῖον den kaiserlichen Schatz bedeutet, welcher zugleich auch Staatsschatz war, über welchen der Kaiser verfügte. Von diesem ταμεῖον, dem Staatsschatz und Fiscus zugleich, war verschieden die res privata principis, das persönliche Eigenthum des Kaisers, welches seine Familie erbte, während die Einkünfte aus kaiserlichen Domänen, wie Äcker, Wiesen, Bergwerke, auf den kaiserlichen Nachfolger übergingen. Vgl. Mommsen, Röm. Staatsr. II, 962. Madwig II, 406. Dieser Unterschied bekundet sich auch in Pes. r. § 10 f. 13[d] כל אלו (תסבריות) אינן שלי יורדין לטמיון של טמיון הם, „alle diese (anderen Schätze) gehören eigentlich nicht mir, kommen in den Kronschatz, gehören dem Kronschatz an; אבל זה עמד לי בכמה צער, aber dieses habe ich mir mit vieler Mühe erwerben müssen." Ber. r. § 2 f. 4[c]; das. § 42 f. 40[d]; Waj. r. § 11 f. 155[b]; Ber. r. § 51 f. 50[c]; Schm. r. § 31 f. 130[a]. וכל הממון הזה נכנס לטמיון; Waj. r. § 19 f. 162[d], f. 91[a]; Ber. r. § 61 f. 60[b]: עד שנמצאת ארץ מצרים לטמיון. Koh. r. s. v. לך אכול f. 91[a] und Ber. r. § 42: נבאי טמיון, procurator fisci, der Erheber der Steuern und kaiserlichen Einkünfte. Sch. t. ψ 116. למלך ששלח שלטון לגבות טמיון שלו, „gleich einem Kaiser, der einen Beamten schickt, um das für seinen Fiskus Schuldige einzuziehen." Auch im Syr. טימיון in dieser Bedeutung. Siehe lib. Caliph. ed. Land f. 37.

טימיתא, τίμησις, Schätzung, Wert, Preis. Echa r. f. 51[d]; Waj. r. § 12 f. 153[d] (Est. r. f. 105[b]); Ruth r. f. 39[a].

טימום, τιμή, census, Schätzung, Tribut. Echa r. s. v. בלע f. 62[a].

טמיקא, **טמיקון**, **טימיקון**, ταμειακός; zum Krongut gehörig; ταμειακόν, possessio principis (Ducange); ταμειακά, Eigentum des kaiserlichen Kronschatzes; טמיקא אתם Est. r. Anf. f. 99[b]; „ihr seid Eigentum des kaiserlichen Schatzes"; על דפשט ידיה בטמיקא: „weil er sich am Krongut vergriffen." Pesikta Chanukka f. 7[b] (Midr. Schir s. v. יפה את f. 27[d]; Bem. r. § 12 f. 217[a], in Est. r. f. 101[b] in טימיון corrprt.) הן דמלכא שרי טימיקון, diejenige, worin der König wohnt, gehört zum Krongut (wird daher nicht mitgezählt)." Vgl. Herodot I, 98, wornach innerhalb der siebenten Mauer Ekbatana's der Königspalast und der Staatsschatz sich befand. Der siebente Himmel galt also den Alten als Sitz der Gottheit, war ein Vorbild für den Königspalast, der daher innerhalb der siebenten Ringmauer sich befand. Vgl. Bähr und Creuzer zu Herod. I, 98. Ebenso sagt der Midrasch, wurden von den Fürsten nur sechs Wagen gespendet entsprechend den sechs Sphären, denn die siebente Sphäre als Sitz und Eigentum Gottes, zähle nicht mit. Desswegen ist Levy's und Buber's Meinung, טימיקון = τιμητικὸν „geehrt", welche auch Kohut annimmt, unrichtig.

טיינון, Est. r. f. 103[c], corrprt. aus יינטינון, ἰάνθινον, veilchenfarben; in Pes. r. § 34 f. 59[a] ist es מאינון verdorben. Siehe Sachs I, 131.

טיסני, πτισάνη, enthülste Gerste, Gerstengraupe; daraus bereiteter Trank, Gerstentrank. (De Lara). Plin. H. N. 18,15; 22,66. Tanch. I Schem. § 22 f. 7[b] und Tanch. I Beschall. § 22 f. 3[a] כטיסני הזה שעושין לחולה.

טיקסא s. **טיכסא**.

טירון, τήρων, ὁ νέος στρατιώτης, tiro, Rekrut; übertr.: Anfänger. Schm. r. § 3 Anf.; das. § 45 f. 139[d]; Echa r. Einltg. f. 47[a] ist nach Kohel. r. f. 97[d] טירונין in כרקומין zu berichtigen.

טירונין, טירוניא, τιρώνια, Rekrutensteuer, (Güdemann); Jelamdenu Ki tissa: באין לעסק טירונין, „kommen sie zum Geschäft der Rekrutensteuer"; in Tanch. Ki tissa Anf. in טירופין corrprt.; in Pesikta r. § 10 f. 12[d] corrprt. in באין עליהם טירבוס; Ber. r. § 42 f. 41[a]; das. § 70 f. 69[d] מכתבת טירוניא; „sie schreibt Rekrutensteuern aus"; in Ber. r. § 88 f. 85[d] in טרימוסיא corrprt.; 2. Rekrutenaushebung. Ag. Ber. § 40 S. 57: למי שמכתיב טירוניא; „gleich Einem, der Rekrutenaushebung veranstaltet." Die Parallelst. Ber. r. § 65 hat dafür: למדינה שהיתה מכתבת ענקמן.

טירונא, Echa r. Einltg. s. v. וזכור f. 47[a] ist טירונין nach Kohel. r. s. v. וישב העפר f. 97[d] in כרקומין zu berichtigen.

טירונייא, τυραννία, τυραννίς, übermütiges gewaltsames Benehmen. Pesikta Hachod. f. 52[b]. (Waj. r. § 23 Anf.; Midr. Schir s. v. כשושנה f. 12[b]; Pes. r. Hachod. f. 28[d]). Im Syr. טרונותא, siehe Ephräm zu 1. Sam. 22. In Pesikta f. 11[b] heisst es: לית ליה קנים ליה ומומי ליה, „wenn er Nichts hat, straft man ihn, und lässt ihn schwören"; was soll das heissen? darum will Sachs II, 140 statt קנים ליה ומומי ליה lesen קנים ליה ומומי ליה wie in Ruth r. f. 35[a]; aber das ist ja eine Tautologie; eher empfiehlt sich קנים ליה ומחי ליה, „er straft ihn und zwar indem er ihn schlägt"; wie denn die römischen Machthaber schnell bereit waren, die angesehensten Männer der Provinz, um so mehr die ärmeren, zu entkleiden und mit Ruthen zu streichen; vgl. die Rede des Cajus Gracchus beim Gellius. Auch Zosimus II, 38 sagt: „In jedem vierten Jahre, wo das Chrysargyron zu entrichten war, hörte man in der ganzen Stadt nur Geisselhiebe und Folterqualen, welche die Ärmsten zu erdulden hatten, denen es unmöglich war, die Steuer aufzubringen"; קנס, censio heisst nicht nur Geldstrafe, sondern bedeutet jede in der Willkür des Censors oder Beamten überhaupt beruhende Züchtigung. S. Mommsen, röm. Staatsrecht.

טירין, θεωρία, das Zuschauen der götzendienerischen Festspiele. Sifre 4. B. M. § 157 מקום שהיו בטירין. (S. Kohut).

טירכא, τρόχος, Rad. Est. r. s. v. בימים ההם f. 101ᵇ; כטירכי מרכבתו של מי שאמר והיה העולם.

טכס, denominativ. von טכסים, τάσσω, ordnen; ausrüsten (syr. Hexapla 2. Kön. 10, 24). Pes. Chanukka f. 8ᵃ (Midr. Schir s. v. יפה את f. 27ᵈ, Bem. r. § 12 f. 217ᵈ) צב מטוכסות, „das Wort צב" bedeutet: geschirrte Wagen; ebenso im Syrischen.

טכסיארכים, ταξιάρχης, Führer einer Compagnie; Mechiltha Jithro § 27 Ende: בשעה שביקש משה להעמיד מכיוסטינוס [טכסיארכים] על ישראל.

טכסיטין, ταξείδιον, (deminut. v. τάξις), Anordnung. Waj. r. § 12 nach Aruch ונעביד ליה טכססטים [טכסיטין]; in unseren Ausg. steht dafür תקנה.

טכס, **טכסים**, **טקסים**, **טקסין**, τάξις, (syr. טכסא), Ordnung, Reihenfolge. Midr. Schir s. v. מי זאת f. 28ᵈ; Pesikta Waihi bachazi f. 66ᵇ (Pesikta r. das. Tanch. I und II Bo.; Schm. r. § 28 f. 125ᵈ); Bem. r. § 15 f. 230ᵈ; Midr. Schir s. v. גן נעול f. 24ᵃ·ᵇ.

טלנס s. **פלנים**.

טסבלא s. **אסטבלא**.

טנדס, τένδα, tenta, Zelt. Pirke R. Elieser § 41 Aruch. Kohut.

טפוס, τύπος, Abdruck, Figur, Bild, Form. Midr. Schir s. v. יפה את כתרצה f. 27ᵈ. Sifra Emor § 13, 18; auch im Syr. טופסא.

טפיטא, τάπης, Teppich, Decke. Ber. r. § 33 f. 31ᵈ heisst es טפיסין, in Pes. Schir heisst es קיטיות (κοίτη); Waj. r. § 27 f. 170ᵈ; das. § 30 f. 174ᶜ; Pesikta Sukkoth f. 182ᵇ; Echa r. Einl. f. 49ᵃ; Echa r. s. v. על אלה f. 58ᵇ; Sifra Sabim § 3: טפיטו של סוס.

טרגא, τάργα, Schild, Tartsche. Sch. t. ψ 1. Ducange, Glossar. graec.

טרקוינוס, **טרכינוס**, **טרגינוס**, Trajanus, Eigenname von Nerva's Nachfolger auf dem römischen Kaiserthrone. Mechiltha Besch. § 2 f. 34ᵇ; Echa r. s. v. על אלה f. 58ᵃ; Ech. r. s. v. בלע f. 64ᶜ; Est. r. f. 99ᵇ; 99ᶜ; Koh. r. s. v. אמרתי f. 80ᵃ.

טרגיני, Anhänger des Trajan, Soldat des Trajan. Echa r. s. v. פרשה f. 59ᵈ.

טרוקסימון, **טרוכסימון**, τρώξιμον, was roh gegessen wird, insbes. von Endivien gebraucht: Endivie. Waj. r. § 174ᶜ; Est. r. s. v. בהראותו.

טרוקטי, wie **דורקטי**, τρυγετή, ausgetrocknet, ohne Blut. Midr. Sam. § 2. (Kohut).

טרטיוטין s. **טרמנטין**.

טרטימר, τριτημορίον, eine Münze s. v. a. sechs χαλκοῦς. Sifre 5. B. M. § 220.

טרטין, triti homines, gemeine Menschen. Sifre 5. B. M. § 86. Levy.

טריבונוס, τριβοῦνος, tribunus, und zwar tr. militum, Militärtribun. Est. r. s. v. גדל המלך f. 106[d]: עשה אותו טריבונוס, in Midr. Pan. ach. § 3 ist es in ארטינוס corrprt.

טריגון, τρίγωνος, dreieckig; Sifra Mezora § 3, 6 ist בן טריגון in בית טריגון zu berichtigen.

טריה, τρεῖς, τρία, drei. Ber. r. § 98 f. 96[b].

טריטני, τρυτάνη, trutina, Wage. Sifra kedoschim § 7, 8, Erkl. zu משקל.

טרימוסיאה s. **טירונייא**.

טריון, tyrische Gewänder, Purpurkleider. Ber. r. § 79 Ende.

טרימיסא, **טרמיסא**, τριμίσιον, tremissis, ein drittel As. Echa r. s. v. רבתי f. 53[a].

טרית, ϑρίσσα, Sardelle. Sifre Beracha § 364.

טרמוסיא, Sch. t. ψ 13 soll heissen טולמריא; Jalkut hat תלמידא; Sch. t. ψ 12 [טלמיריא] באיזה טרמוסיא אתה אומר דברים הללו א"ל שאני בוטח בך Kühnheit, Zuversicht, τολμηρία; s. auch Kohut.

טרמנטין, tormentum, τόρμεντον, grobes Geschütz; Mechiltha beschall. § 2 in טרמנטנה corrprt.; in Sch. t. ψ 18 in סימנטרא corrumpirt, nach Jer. Sota VIII in טרמנטא zu berichtigen; siehe auch Kohut. 2. Marterwerkzeug, Folter; Schm. r. § 36 f. 133[c] corrp. in טרטיוטין (Perles, brieflich).

טרסיאה s. **סטרטיאה**.

טרסוס; Ber. r. § 37 אלסטרוס ist zu berichtigen in אלם טרסוס: Äolier u. Tyrsener, nach Knobel, wozu denn passt, dass כתים durch איטליא wiedergegeben ist.

טרסים, Τάρσος, Tarsus, Stadt in Cilicien. Koh. r. s. v. טובה חכמה f. 87[d].

טרסקל, τρισκελής, ein dreifüssiger Sessel; Sessel. Bem. r. § 12 f. 216[c] (Pes. r. § 5 f. 6[d]).

טרסקל, transponirt v. קרטלס, κάρταλος, Korb. Waj. r. § 19 f. 126[a].

טרפון, Τρύφων, Tryphon, Eigenname eines Tanna im 2. Jahrh. n. Chr. Mechiltha besch. 5, u. A.

טרפיזין, τράπεζα, τραπέζιν, Tisch. Ber. r. § 11 f. 11[d]; Wechslertisch; Ber. r. § 64 f. 63[c].

טרפיסיטים, (auch im Syr.), τραπεζίτης, Geldwechsler, Banquier. Bem. r. § 4 f. 188[d].

טרפעיקא, τροπαϊκα, victoriatus, Name einer Münze, gleich der Hälfte eines Silberdenars. Ihren Namen hatte diese Münze, weil sie das Bild der Siegesgöttin trug. Sifre 5. B. M. § 294.

טרקארין, Schem. r. § 25 Anf., nach De Lara's Lesung: טרקלין, wahrsch. nach Jelamdenu Chukkath (v. Aruch citirt) טרקלארין, τρικελλάριον, ein Gefäss mit drei Behältnissen, mit drei Fächern. (Fleischer zu Levy).

טרקלינא, **טרקלין**, τρικλίνιον, Speisesaal; überhpt.: Prachtsaal. Sifre 5. B. M. § 29. § 43. Waj. r. § 16 f. 159[c]. Mechiltha beschall. § 6 f. 39[b]. In Ag. Ber. § 55 אם אתה חושב עצמך שאתה סריקלונו (צ"ל טריקלונו) של הב"ה. In Pesikta r. § 27 f. 47[c] corrprt. נאה בבית האסורין שאתה בתוכו אפו טון טריק לינטין שאני בתוכו. Die Stelle ist dahin zu berichtigen:

נאה בית האסורין שאתה בתוכו איפו טון טרקליניון שאני בתוכו „schön (ironisch!) ist das Gefängniss, worin du bist, ὑπὸ τῶν τρικλινίων unter den Prachtsälen, in welchen ich wohne.“ S. unter איפו.

י

ינא s. **טנא**.

יה, αἴ, ei! o! Ausruf der Bewunderung, des Schmerzes; Ber. r. § 92.

יון, Ἰάων, Ἴων, Jonien; und weil die jonischen Colonien in Asien dem Orient zuerst unter den Griechen bekannt wurden, auf das Ganze ausgedehnt: Griechenland; später auch auf die orientalisch-macedonischen Reiche ausgedehnt. Ber. r. § 44 f. 43[c]. Est. r. § 99[c].

יוני, griechisch (s. das Vorige). Pesikta Sachor f. 24[a] (Ber. r. § 81 Ende); Schm. r. § 12 Anf.

יוסטי, Justus, Eigenname. Ber. r. § 6.

יכולני, Est. r. s. v. בשנת שלש f. 101[d]: יכולני וברקוריאני, von Sachs berichtigt in יוביאני וארקולאיני, Joviani und Herculiani, die Garden des Diocletianus Jovius und des Maximianus Herculius. Siehe Sachs I, 113.

יקומיני, οἰκουμένη, die bewohnte Erde, die Erdbewohner. Ber. r. § 32 f. 30[d]. In der Parallelstelle Koh. r. s. v. אם יוליד איש f. 84[d] heisst es אוקומיני.

יקנטון, ὑάκινθος, ein Edelstein von der Farbe der Hyacinthblume: Hyacinth. Schm. r. § 38 Ende. Ber. r. § 79 f. 78[b]. An beiden Stellen steht דייקנתן, vgl. דיוקנא.

ירדינון, Schm. r. § 23 corrpt., s. h. ורדינון, ῥόδινον, Rosenlorbeer; (Fleischer zu Levy).

כ

כאמי, χαμαί, zur Erde! Midr. Schir s. v. כמעט f. 17[c] wird Jes. 47, 1, רדי ושבי על עפר בתולת בת בבל heisst es: כך אמרה ירושלים לבת בבל פני פילאי קקים כאמי מחי; Mussafia ändert richtig קקים in קתים (κάθιζε), und פני in פורני, so dass es nun heisst: also spricht Jerusalem zur Tochter Babels: πόρνη παλαιά, κάθιζε χαμαὶ μοιχή: „alte Buhlerin, setze dich auf den Boden, Ehebrecherin!“ Levy liest mit Unrecht באמי, erklärt es für βῆμι; (imperativ aor. v. βαίνω: steige herab!) Wie Fleischer schon bemerkt, ist βῆμι kein Imperativ, sondern βῆθι, und dies heisst nicht: steige herab; χαμαὶ κάθιζε ist Übersetzung von שבי על עפר; die Worte בתולת בת בבל sind absichtlich verkehrt in πόρνη παλαιά, das Wort רדי ist nicht übersetzt.

כורז, κήρυξ, Ausrufer; Midr. Ab. Gor. § 6 s. v. וישב מרדכי אל שער המלך.

כריסרגירון s. **כורסגניות**.

כי, χί, der drittletzte Buchstabe im griech. Alphabet; כי יונית, ein griechisches χί; s. auch Levy. Bem. r. § 10.

כיכלא, κυκλὰς, ein rundes

Prachtgewand der Römer (Jelamdenu toldoth bei Aruch) עשו מלובש כיכלא Esau ist in die κυκλὰς gekleidet. In Sifre 5. B. M. § 234 ist statt תיכלא viell. כיכלא zu lesen; der Samaritan. übersetzt, 1. B. M. 25, 25 כאדרת שער mit ככוכלית סער. Die Cyklas ward sowohl v. Männern als v. Frauen getragen, und zwar in späterer Zeit auch insbes. von den römischen Kaisern. Salmas. ad Vopisci Saturninum 9. „Hic erat habitus tunc imperatorum, purpurea chlamys et aurata tunica. Da für Saturninus gerade keine tunica aurata vorhanden war, ward dem Saturninus der Cyclas seiner Gattin umgeworfen, cyclade uxoria amictus est. Cyclas, tunica muliebris aurata; tales etiam et viriles fiebant, quas per illa tempora usurpabant imperatores jam inde a Gallieno.

כיכלי, κίχλη, Drossel; (Mussafia). Sifra mezora § 1, 1, hat der gelehrte Erklärer des Sifra, J. Weiss: אף ציפור הברורה שבעופות זו קיפל das letzte Wort in כיכלי verbessert.

כילי, χίλιοι, tausend. Pes. bach. haschl. f. 107 nach Bubers Correctur.

כיליאדין, χιλιάδες, Tausende; Pes. bachod. haschl. f. 107ᵇ (Pes. r. § 21 f. 37ᶜ).

כילון, κήλων, ein geiler Mensch. Echa r. s. v. דרכי ציון f. 55ᵇ; s. Levy.

כילירכין, כליסריקים, כאליריקין, χιλίαρχοι, griech. Übersetzung v. tribuni militum: Kriegstribun, Major. Ebenso im Syr.: s. syr. Bibelübs. Actor. 21, 33. Koh. r. s. v. וישב f. 97ᵈ in כלורכין corrumpirt; die Parallelst. Echa r. Einlt. f. 47ᵃ hat dafür die irrige Lesung פולמרכין; in Sifre 5. B. M. § 317: אלו כיליסריקים [צ"ל כלירקים] שלהם; in Mechiltha Amal. § 2. קלידיקום מבטל על ידו soll heissen: קילירקום מבטל ע"י (wenn der Epitropos, der Curator ein Gebot erlässt), kann der Militärtribun es wieder aufheben; wenn der Militärtribun ein Gebot erlässt, kann der Decurio (der Senatsvorstand in den Städten) es wieder aufheben; s. s. v. קלידיקום.

כיליי, κοχλίς, κοχλίας, Schnecke. Ber. r. § 51 Anf. S. Gebhardt, Jüd. Lit. Bl. 1882 S. 175; siehe auch Kohut.

כילסופים, Pes. r. § 23 f. 41: מלך ב"ו כשהוא כילסופים אומר לעבדיו עשו עמכם יום אחד ועמי ששה ימים. Levy will für כילסופים lesen כליפום χαλεπός: „heftig, streng"; das widerspricht aber dem Zusammenhange; Friedmann in der Pesikta rabb. Ausg. will dafür lesen פולמיטים und es für πολεμιστής, „Krieger" erklären, was noch weniger passt; Güdemann schlägt ebenfalls die Lesung פולמיטים vor, das griech. πολύμητις: klug. Es ist vielmehr פילוטימוס, (φιλότιμος) zu lesen; φιλότιμος heisst im Spätgriech. (z. B. bei Malalas, Anna Kommena): gnädig, freigebig; φιλοτιμεῖσθαι, schenken; s. Sachs I, 120 u. II, 195: „Ein König, selbst wenn er gnädig, freigebig ist, sagt zu seinen Arbeitern: arbeitet für euch einen Tag, und für mich sechs Tage; anders bei Gott; er sagte zu Israel: arbeitet, meine Kinder, sechs Tage für euch, und einen Tag für mich." Vgl. auch Schem. r. § 30: פילוטימיא.

כירי, χαρά, Freude; Ber. r. § 87 f. 86ᵇ nach Aruch: כר נרחב

כירי כירי מרובה בעולם; χαρά, χαρά: „die Freude, Freude ist gross auf der Welt.“ Unsere Ausgg. haben die Lesung: כירי עבד קירי אדין.

כירי, κύριε, o Herr! Bem. r. § 4 f. 191.

כירי, χαῖρε, sei gegrüsst! Bem. r. § 4 f. 191 ist כירי כירי (κύριε, χαῖρε, Heil dir, mein Gebieter!) zu lesen anst. כירי רם, da ja das Wort כרכר gedeutet werden soll; siehe auch Levy. Tanch. I Mikkez § 11; in קירי בדא (Tanch. II Mikkez § 9) קירי ברא corrprt. S. Buber und Levy.

כרודוטון, χειρόδοτον, eingehändigt; Geschenk. In Midr. Schir s. v. תשורי מראש אמנה f. 22 unten; ועתידות או״ה להביא אותה סרדיוטות למלך המשיח, welches Levy übersetzt: „die Völker der Welt werden einst Israel als Feldherren (d. h. als hochachtbare Geschenke) dem Könige Messias zuführen.“ Sachs I, 168 meint, es sei statt סרדיוטות vielleicht טריבוטאות zu lesen. In der That ist aber für סרדיוטות vielmehr כירודוטון zu lesen: „und einst werden die Völker der Welt sie als Geschenk dem gesalbten Könige übergeben.“ Denn der folgende Satz, welcher die Begründung enthält, zeigt, dass ein Wort erfordert wird, welches bedeutet: „Geschenk.“ Der folgende Satz nämlich lautet: מה טעם? תשורי מראש אמנה אין לשון תשורי אלא לשון קרבן המ״ד ותשורה אין להביא לאיש. Ebenso das Tharg. zu Schir 4, 8: ויהון מקרבין לך ראשי עמא; u. Sch. t. ψ 87, 4: עתידין או״ה להביא דורונות למלך המשיח שנ׳ תשורי מראש אמנה. Das Wort χειρόδοτον ist übrigens zu unterscheiden von χειρίδυτον, כרדוטין, dem Thargum von מעיל.

כירומניקייה, χειρομανικόν, Handfessel; Pesikta Schuba f. 162[a]; Midr. Ruth s. v. ויאמ׳ לו בועז נושי הלום f. 40[d]; in Midr. Schir s. v. אתי מלבנון f. 23[b] ist בזקים (Jes. 45, 14) durch בקרקומניקיא übersetzt. Levy; Sachs I, 130 A. 2.

כלבוס, κλάβος, clavus, Nagel. Koh. r. s. v. דברי חכמים כדרבונות f. 98[c]; κλάβος, clavus ist auch der Streif an der Toga, daher: διβήτησιν αὐρόκλαβον, bei Const. Porphg. de caer. t. 92.

כליך, κύλη, κύλις, κύλιξ, Becher. Midr. Mischle s. v. נורלך תפיל heisst es: בשעה שישבו ונטל הכליך והיה מקיש בו, syr. כלידא; das Tharg. von ואת נביעי נביע הכסף lautet: וית כלידי כלדיא דכספא, ebenso der Samar.

כלידה, κύλη, κύλις, κύλιξ, Becher. Tanch. I Jithro § 10: מעשה בשפחה של ר״ג שהיתה מפנה מבית לבית כל ידות וחביות; Buber hat richtig כל ידות in כלידות geändert, und zugleich bemerkt, dass in Pesikta bach. haschl. f. 105[b] ebenfalls für כלי טהרות וחביות zu lesen sei כלידות וחביות, auch die Bedeutung richtig erklärt.

כלידים, Mehrzahl von כלידי, χλιδή, Armband, Halsband. Ber. r. § 89 f. 66[d].

כלינוס, χαλινός, Zaum, Zügel. In Tanch. II Balak § 13 ist כלבוס nach Bem. r. § 20 f. 242[b] in כלינוס zu berichtigen: כאדם שנותן כלינוס בפי בהמה ופוקמה. Pes. r. § 43 f. 68[a] in בלינוס corrumpirt. S. Friedmann z. St. und Güdemann im Lexidion.

כלמוס, χλαμύς, Mantel, den die griech. Feldherren im Kriege trugen; auch Sulla trug eine Chlamys. Jelamd. 1. B. M. 25, 23.

כלנידין, χλανίδιον, (χλάνιδιν),

Mantel, Oberkleid. Jer. Chel. (S. Levy). Jer. Schabb. VI ist הרעלות (Jer. 3, 22) mit (בלנידייא) כלנידייא übersetzt.

כלקטורין, **כלקטירין**, χαρακτήρ, χαρακτήριον, das Gepräge, Gesichtszüge, Porträt. Waj. r. § 167[b] getrennt in כל קטורין; Pes. r. § 25 f. 45[a. b] öfters in בלקטירין corrprt. S. Levy.

כמם, κημός, Maulkorb; Pesikta Schuba f. 159[b].

כמרוסא s. **קמרוטא**.

כוסטריינים; Midr. Schir s. v. הושיב בו כוסטריינים f. 29[a] אל גנת, in der Parallelst. Waj. r. § 35 f. 179[d]. קיסטריינוס, von Sachs I, 118 u. II, 61, und Levy mit castrenses, Grenzsoldaten erklärt; es ist aber verschrieben für כוסטודיינים (קוסטודיינים): Besatzungssoldaten. Aus Ev. Matth. 27, 65 ἔφη δὲ αὐτοῖς ὁ Πιλάτος ἔχετε κουστωδίαν (in der syr. Übersetz. אית לכון קסטונרא, wo das ד in ר übergegangen) ist zu ersehen, dass es custodiani, κουστωδιανοί ist: Besatzungsmannschaft. Agg. Ber. § 23 S. 36: וקוסטריא נכנסת אחריו ist ebenfalls וקוסטודיא zu lesen für וקוסטריא, und die Bedeckungsmannschaft tritt nach ihm ein, die Wache; das. וקוסטריא [וקוסטודיא] בפילקי, „und die Wachmannschaft bezieht das Gefängnis."

כסוסטא, ξέστης, sextarius, Sextarius, ein Hohl- u. Flüssigkeitsmaass, der sechste Theil des congius = 16 modii. Siehe Forbiger, Hellas und Rom I, 2; IV, 312. Ber. r. § 4 f. 6[a]. In Waj. r. § 12 f. 155[d] (Est. r. § 5 f. 105[b]) steht dafür קסטא (Mehrz. קסטין, auch wohl קוסטין geschrieben mit Verwechslung von ו und י); Ber. r. § 49 f. 48[c]: קסיט דחמר, ein Sextarius Wein. S. auch Levy.

כסוסטרא wie **גזוזטרא**, ἔξωστρα, äusserer Anbau, Gesims, Altan; auch כצוצטרא geschrieben. Syr. 2. Kön. 1, 2 ist השבכה mit כסוסטרא übers.

כסוסטרא, κάστρα, Burg, Castell. Pesikta hachod. f. 47[a] (Pes. r. hachod. f. 27[a]; Midr. Schir s. v. פתחי לי) Pes. Schuba f. 163[b] u. A.

כסוריא, ἐξορία, Verbannung. Waj. r. § 18 f. 161[d]. Siehe Levy, Sachs.

כסופים, für **סופים**, σοφοί, weise, gelehrt. Sifre 4. B. M. 92; das. 5. B. M. 1, 12. Das כ ist irrig zugesetzt. Siehe Donath im Magazin für die Wissensch. des Judent. I, S. 38.

כפא, κάππα, ein Buchstabe im griech. Alphabet, bedeutet als Ziffer: 20. Echa r. s. v. כפא בלשון יון עשרים רבתי עם f. 53[c]; vgl. auch Ber. r. § 68 f. 68[a].

כפליות, κεφαλῶν, cephalo, eine Palmenart, Palmfrucht. Ber. r. § 98 f. 96[d]; in der Parallelst. Sifre 5. B. M. § 55 s. v. יהי רצוי אחיו ist es קיפלאות geschrieben שהיה מתרצה לאחיו בשמן אנפיקנון ובקיפלאות.

כרבלין, χοραῦλαι, Flötenspieler. Ber. r. § 50 f. 50[a]; das. § 23 f. 23[d] corrprt. in בורבלין.

כרדוכא in Sifre 4. B. M. § 158 s. v. וכל אשר לא יבא באש כנון הכורכאות והכוסות; es ist כרנבאות zu lesen nach Aruch, und wie Friedmann bemerkt, hat auch eine Handschrift: קרנבאות; im Th. Jer. steht dafür כהנכתא; es muss heissen: כרנבתא, χερνίβιον, Becken. Levy will כרנכאות lesen.

כרוז, κῆρυξ, Herold, Ausrufer, Prediger. Ber. r. § 30 f. 28ᵇ; Waj. r. § 6 f. 150ᵇ; Pes. r. § 5 f. 7ᵃ; 2. öffentliche Verkündigung. Sifra Emor § 8, 8; auch im Syr. כרוזא.

כרוז, κρωσσὸς, Krug; Waj. r. § 10 f. 154ᵃ ככרוז של מי רגלים ככרוז של מקיז דם nach Aruch, während unsre Ausgg. ככדין haben; die Stelle in Pesikta Schuba f. 163ᵃ hat ככלי anstatt ככרוז; es ist auch dort ככרוז zu lesen. R. Samuel Gama hat in Ber. r. § 19 ד' הן שהקיש הב"ה על הקנקן ומצאן קרידם של מי רגלים; unsre Ausgg. haben קנקן; nach Buber in קרווס zu berichtigen, welches dasselbe wie כרוז, κρωσσὸς ist; in Bem. r. § 20 corrprt. in קרון. Siehe Agur des R. Samuel Gama u. Bubers Note 385. 386. 389.

כרז, κηρύσσω, öffentlich ausrufen, verkündigen; ebenso im Syr. Est. r. f. 109ᵇ s. v. והמן נדחף; Tanch. II Mischp. § 19, Hiphil. הכריז, öffentlich ausrufen. Tanch. II Mischp. § 19.

כרוזמין, γάρισμα, γαρίσμιον, Imbiss, die verschiedenen zum Nachtisch kommenden Speisen. Est. r. s. v. גם ושתי f. 103ᵇ·ᶜ. Siehe auch גרוזמי.

כרך, χαράκωμα, Umwallung; eine mit Ringmauer versehene Stadt. Sifre 5. B. M. § 52. Midr. Schir s. v. משכני f. 7ᵃ; ebenso im Syrischen.

כרכד, κερκὶς, Weberlade. Sifra Wajikra § 9, 7. Sifre 5. B. M. § 96 Anf. כרכר geschrieben, wie öfter auch im Talmud. S. Levy und Weiss zu Sifra.

כרכדון, καρχηδὼν, Karfunkel, ein Edelstein (syr. כרכדנא). Schm. r. § 38 Ende.

כרכדנא, Karfunkel; so ist in Pesikta Anija f. 136ᵃ zu lesen anstatt כודכייא, wie es denn auch in der syr. Bibelübers. und in Tharg. Jer. 2. B. M. 28, 18 heisst.

כרכדינון, καρχηδόνιος, von Karfunkel; Pes. Anija f. 136ᵃ אבני כרכדינון zu lesen anstatt א' כדברינון. Levy.

כרכום, κρόκος, Safran. Sifra Sabim § 6, 4.

כרכיא, χάραξ, Pallisade; Sifre 5. B. M. § 204, wo es in כרכיא corrumpirt ist.

כרכם, wie κροκίζω, denom. v. כרכום, gelb färben wie Safran. Ber. § 99 f. 98ᵃ: ופניהם מכורכמות. Im Hithp. sich gelb färben, gelb werden, erblassen; Midr. Schir s. v. אל תראוני f. 8ᶜ. Ber. r. § 20 f. 20ᵇ; das. § 33 f. 32ᵇ; Pesikta Para f. 38ᵃ (Bem. r. § 19 f. 237ᵈ); Sch. t. ψ 18 v. 35.

כרכסון, καρχήσιον, ein hoher Becher; Sachs I, 34. Est. r. s. v. ביום השביעי f. 104ᵃ: כרכסא לשון יוני הוא היך מה דאת אמר כרכסון. Der Name Karkas wird also als „Weinfass" erklärt, wie man von einem Trinker sagt.

כרכר s. **כרכד**.

כרנבי, κράμβη, Kohl. Echa r. s. v. נחנו פשענו f. 66ᵇ: אית כרנבי מירון; „es gibt bitteren Kohl." Levy.

כרוספא, Χρύσιππος, Chrysippos. n. pr. eines Tannaiten; Pes. Schuba f. 157ᵇ; in babli R. H. 16ᵇ heisst er כרוספדאי, Χρυσιππίδης, Chrysippides.

כריסרגירון, χρυσάργυρον, syr. כריסרגורון (Land, Anecd. leg. secul.) die alle 4 Jahre erhobene Lustralsteuer, seit Constantins Zeit χρυσάργυρον genannt; in Midr.

Schir s. v. כשושנה f. 12c corrprt. in כורסנניות; in Est. r. f. 99c in פרוניגון, in der Parallelst. Ber. r. § 64 g. f. in פרבנירון corrumpirt. Sachs II, 141 N. In diesen beiden Parallelst. werden die Textworte (Esra 4, 8) מנדו בלו והלך erklärt; insbes. wird מנדו als מדת הארץ, Grundsteuer (bei den Römern: tributum soli) erklärt. (Baba bathra 8a מנת המלך); בלו ist nach B. b. 8a כסף גולגלתא, die Kopfsteuer; es muss also auch hier ein Wort stehen, welches „Kopfsteuer" bedeutet. Die Kopfsteuer, tributum capitis, im röm. Reich war theils eine Vermögens- und Erwerbsteuer, theils eine Personensteuer. Diese Personensteuer hiess seit Constantin chrysargyron oder chrysargyrion, ward alle 4 Jahre mit grösster Härte eingetrieben; Zosimus II, 38, erzählt, dass man unter Constantin in jedem vierten Jahre in der ganzen Stadt überall Geisselhiebe und Folterqualen wahrnahm, welche die Ärmsten zu erdulden hatten, denen es unmöglich war, die Steuer aufzubringen; Mütter, sagt er, verkauften ihre Söhne, Väter gaben ihre Töchter der Entehrung Preis, um das chrysargyron entrichten zu können aus dem Erlös. In Pesikta Schekal. f. 11a sind diese drei Steuern מנדו בלו והלך gemeint; es heisst dort: כך הוא עשו הרשע מתהפך אייתי גלגלתיך אייתי דימוסיך אייתי ארנוניך; unter גולגלתיך ist eben dieses chrysargyron gemeint; auch des Zosimus Schilderung wird bestätigt: לית ליה קנים ליה ומזמי ליה (צ"ל ומחי ליה): „wenn der Arme Nichts hat, um die Steuer zu bezahlen, dann wird er mit willkürlichen Strafen (das ist die Bedeutg. von censio; s. Mommsen, röm. Staatsrecht II, 320 Anm. 1) belegt und mit Ruthen geschlagen (das bekannte virgis caedere, mit welchen die römischen adligen Beamten besonders gegen Provincialen, selbst gegen die vornehmsten derselben so freigebig waren; s. Cicero in Verrem.; ferner Gellius n. a. X. 3). Siehe auch Rappoport Er. Mill. S 193 und Sachs II, 141, mit Unrecht von Kohut in Aruch completum missbilligt.

כרקום wie כרכום, χαράκωμα, syr. קלקומא; 1. Pfahl. Ber. r. § 98 f. 95d. 2. Umwallung, Einschliessung einer Stadt. Koh. r. s. v. וישב העפר f. 97d wird כרים (arietes, Sturmböcke) mit כרקומין erklärt, in der Parallelst. Echa r. Einl. f. 47a in טירונין corrprt.

כתר, κίδαρις, κίταρις, persischer Kopfbund, Krone. Schm. r. § 1; § 34 u. a. St.

ל

לאיטור, ῥήτωρ, Redner, Anwalt. Sifre 5. B. M. § 343; in Jer. Ber. III, 1 f. 6a ist es ליטור geschrieben; syr. רהטור, ריטור; s. Fleischer zu Levy.

לביסא, λέβης, Kessel. Sifre 4. B. M. § 158 s. v. כל דבר אשר יבא באש steht כנון הלכוסין; es soll heissen כנון הלביסין, wie Th. Jer. zu 4. B. M. 31, 23a dafür לביסיא hat.

לבלר, libellarius, λιβελλάριος, Schreiber. Constantin. Porphyrog. de Caeremoniis I, 91, 22. Schm. r. § 46 g. E.

לגאי, λαγώεια (τά), von Hasen kommend; Ber. r. § 20 f. 21[b] Hasenfelle; in der Parallelst. Tanch. I Ber. § 24 f. 9[b] in ליגנון corrprt.

לגטיגא, λέκτικα, lectica, Sänfte. Sifre 5. B. M. § 80.

לגיון, λεγεὼν, legio, Legion, die aus 10 Cohorten bestehende römische Heeresabtheilung, nur aus römischen Bürgern bestehend; die Truppen der socii und der dediticii gehörten nicht zur Legion. Ber. r. § 4 g. E.; das. § 5 f. 6[c]; § 20 f. 20[d]; § 94 f. 92[b]; Schm. r. § 15 f. 114[a]; das. § 23 f. 122[b]; auch im Allgemeinen: Schaar; Schm. r. § 23: לגיונותי נתונים בצרה. In Pesikta Sukka f. 182[b] (Waj. r. § 30 f. 174[b]) חד ליגיון בעי למיעבר דימוסיא דהדא מדינתא übers. Levy חד ליגיון durch: ein Feldherr; ebenso Band 1 S. 477[b] s. v. הימנון übersetzt er Sch. t. ψ 93,1 לגיון mit: Befehlshaber einer Legion. Diese Bedeutung hat legio und לגיון durchaus nicht; er hat an dieser letzten Stelle übersehen, dass der Text in Sch. t. corrumpirt ist; die Lesung למלך שמלך תחילה עמד לגיון אחד אמר לו המנון נתן לו פרוקופי שאינה זזה ממנו כך כשמלך הקב"ה אמרה לו הארץ הימנון תחילה muss nach Ber. r. § 12 Ende berichtigt werden und nach Jalkut Ps. 104: משל ללגיון שהמליך את המלך תחילה אמר המלך הואיל ולגיון זה המליכני תחילה הרי אני נותן לה וכו'; „wie wenn eine Legion den Kaiser zuerst proclamirt hat, der Kaiser sagt: weil diese Legion mich zuerst zum Kaiser ausgerufen hat, gebe ich ihr eine Auszeichnung, die sie stets behalten soll.“ Schm. r. § 15 f. 114[c] in dem Passus וכן דוכוס וכן אפרכוס וכן הפרופוסיטין וכן הלגינו' וכן דימוס וכן בולי ist הלגינו' zu lesen הליגטא, indem das י versetzt ist aus Versehen, und ט getrennt ward in נו; wie im Folgenden. In Pes. Sukka aber ist לגיון falsche Lesung; Tanch. I und II Emor haben dafür שליח של מלך; das ist eine in den Text übergegangene Glosse, welche das zu erklärende Wort verdrängt hat; nämlich: ליגטא. Jalkut, welcher im Anfang die Lesung עבר חד לגיון hat, hat im Nachsatz שמע ההוא ליגוניה; dieses ליגוניה, wofür in Pesikta u. Waj. r. לגיונא steht, ist aus ליגטא entstanden durch Trennung von ט in נו. Das Wort legatus war den späteren Abschreibern nicht mehr bekannt, sie änderten daher es in לגיונא. Es heisst also: „ein Legat (legatus Caesaris) wollte die Steuern einer Stadt erheben“; und neben πρεσβευτής kommt auch ληγᾶτος vor, s. Marquardt, a. a. O. I, S. 527 Note 7 und ist gemeint ein legatus ad census accipiendos für eine cäsarische Provinz; s. Mommsen, röm. Staatsr. II, 411. Auch die St. Tanch. Balak. § 12 לגיון שמרד במלך חייב מיתה heisst nicht: ein Feldherr, der gegen den König widerspenstig ist etc.“, sondern eine Legion, die sich gegen den Kaiser empört, ist des Todes schuldig; und diese haben ihn verleugnet und sich wider ihn empört, und zum Kalbe gesprochen etc. Hieraus ist zu ersehen, dass לגיון nicht bedeutet: Feldherr.

לגלג, λαλαγέω, plaudern, spotten, lachen; Ber. r. § 64 f. 63[c]: תהא מלגלג, du kannst lachen; Deb. r. § 5 Anf.; Pesikta Anija f. 137[a].

לגלוג, nomen verbale des Vorigen, λαλαγή, das Lallen, Stottern. Midr. Schir s. v. הביאני f. 13[a]: ולגלוגו עלי אהבה.

לוגמיא, Bem. r. § 2 f. 186[a]: דבר של לוגמיא soll heissen דבר של זימיוטא, etwas Strafbares; s. זימיוטא.

לוגיסטים, λογιστής, curator, ein kaiserlicher Bevollmächtigter in den italischen und den freien Städten zur Beaufsichtigung der Finanzen der Stadt und des Rechtswesens. Madwig II, 126, Mommsen, Röm. Staatsrecht II, 1033—1038. Tanch. II Zaw f. 6[a]: ועבר הלגסטים ומסתכל בבשר, „und der Curator ging vorbei, und betrachtete das Fleisch“; in Tanch. I Zaw § 1: ועבר הלונסטוס. In der aus Tanch. genommenen St. in Bem. r. § 20 f. 241[d] ist הלוגיסטים durch eine erklärende Glosse verdrängt worden: בעל השוק.

לודקיא, Λαοδίκεια, Laodicea, Name mehrerer von Seleukos I gegründeter, nach seiner Mutter Laodike benannter Städte; in Ber. r. § 11 f. 11[d]. Sifre 5. B. M. § 334; Koh. r. s. v. אמרתי אני f. 80[a] ist Laodicea am Meere nördlich von Antarados gemeint, in der Nähe von Antiochia.

לודר, λουδάριος, der confector d. i. derjenige Gladiator, der die wilden Thiere, nachdem sie im Circus gekämpft, mit einem Messer zu tödten hatte; was ein sehr gefährlicher Dienst war, wenn Thierhetzen mit 3500 wilden Thieren, wie solche von Augustus veranstaltet waren, oder mit 5000, wie sie Titus veranstaltete, stattgefunden. S. Sachs I, 121, welcher zuerst die richtige Erklärung aus Dufresne gegeben: „si quando enim bestiae efferatae stragem populo minarentur, ii (confectores, λουδάριοι) immittebantur, qui eos conficerent et occiderent.“ Schm. r. § 30 g. E. Dann im Allgem. = gladiator. Ag. Ber. § 81: אין לודר עושה דייתיקי; „ein Gladiator darf kein Testament machen.“ Leges secul. f. 196 in Land Anecd. Syr. „לודרא dürfen, wie solche, die im Theater, im Hippikus Dienste haben, ferner Wagenkämpfer (הניוכא), nicht als Erben eingesetzt werden, noch Testamente machen.“ Daselbst Menandri sentent. Anf.: ואן נפוק ברך מן טליותה חניף ואתלט ורמח וגנב ודגל וקלי אלפיהי לודרותא וסים באידה חרבא וסכינא וצלי עלוהי דבעגל נמות ונתקטל; „wenn dein Sohn von Jugend an schlecht ist . . . . . . so lass ihn das Gladiatorhandwerk lernen . . . .“ Siehe auch Jastrow, Les Ludim ou Loudaï in Revue d. Et. Juives 18 f. 308 ff.

לוטיינוס, Licinius, Mitkaiser Constantins I u. dessen Schwager, dann von diesem besiegt und getödtet. Ber. r. § 83 g. E. heisst es: יום שמלך לוטיינות נראה לר' אמי בחלום היום מלך מגדיאל עוד מלך אחד נתבקש לאדום. R. Ammi war ein Zeitgenosse des Diocletian, des Licinius und Constantin. Er sagte also, dieser Licinius sei der vorletzte römische Kaiser, der nun folgende, Constantin sei der letzte; wohl, weil er nach Besiegung des Licinius mehrere Jahre darauf Rom in seiner

Stellung erniedrigte, indem er Byzanz, Neurom zur Hauptstadt machte.

לווטם, Ber. r. § 20 f. 20[d] nach Aruch, in unseren Ausgg. corrumpirt in ליסטים: λιτὸς, schlicht, gering, niedrig. (Levy).

לוליינוס, Julianus, Eigenname eines Märtyrers zur Zeit Trajans und Hadrians. Sifra Emor § 8, 9. Ber. r. § 64 f. 63[c]. Koh. r. s. v. כל אשר תמצא.

לולייני, Mehrzahl des Vorigen: Juliani. Midr. Schir s. v. גן נעול f. 24[a] (Waj. r. § 32 f. 176[c]): „die, welche Simon hiessen, nannten sich nicht Julianus (in der Mehrzahl), die, welche Joseph hiessen, nicht Justus, die, welche Benjamin hiessen, nicht Alexander.“

לולכי s. **לונכי.**

לוניא s. **ליניא.**

לונכי, syr. לונכיתא, λόγχη, Lanze; Tanch. I und II Masé: נעצו בו שלש מאות לולכיאות; mit Verwechselung von נ und ל, was öfter vorkommt; ebenso Tanch. II Waëthchan. § 1; in T. II das. in לונביות corrprt.

לוסטוס, Ἰοῦστος, Justus, ein Eigenname. Midr. Schir s. v. גן נעול f. 24[a] (Waj. r. § 32 f. 176[c]); an beiden Stellen in לסטים corrumpirt.

לופר, ληπτὴρ, Häscher. Bem. r. § 10 f. 208[b]; Pesikta Beracha f. 196[b]: רמז ללופירין שלו, „er gab seinen Häschern einen Wink“; für ללופירין hat Aruch die falsche Lesung ללטירין; da aber Jalkut Beracha ללובירום, und Jalk. Sam. ללוכידין hat, so sind beide Lesungen ein Beweis, dass sie aus der richtigen ללופירין entstanden. In Ber. r. § 61 f. 60[a] ist aber anstatt לופרין nach Th. Jer. I אמפורין zu lesen.

לוקוטינגנטים, eine Glosse in Sch. t. ψ 419, die Stelle ist auch sonst corrprt. מלך ב"ו דוכוס יש לו לוקוטינגנטוס והם נושאים עמו במשוי המלכות . . . . . אבל הקב"ה אינו כן אין לו לא דוכוס (ולא) אפרכוס ולא משנה. Es muss offenbar heissen: מלך ב"ו יש לו דוכוס איפרכוס או משנה והם נושאים וכו'.

לוקוס, λύκος, ein geiler Mensch; in Pes. r. § 21 f. 39[a] ist anstatt: גיים מן הגדר אלקים מן סוסיתא, nach Levy's Berichtigung zu lesen: ולוקוס מן סוסיתא . . . . „Kriegshorden von Gadara und Wüstlinge von Sussitha (kamen heimlich die Einen zu den Ehefrauen der Anderen.“ Levy; die Erklärung Güdemanns: „Cajus von Gadara und Lucius von Sussitha“, („wie Hans und Kunz“) ist unzutreffend, weil hier von thatsächlichen Freveln berichtet wird, die in beiden Städten allgemein waren.

לוקניתא, λεκάνη, Schüssel, Becken, (syr. לגנא und לקנא); Koh. r. s. v. כל הנחלים f. 72[b].

לווקן, auch **לבקן**, λευκῶν, weiss, von auffallend weisser Gesichtsfarbe (als Missbildung); Sifra Emor § 3, 5. Tanch. I Pinchas § 1 f. 75[b] (Tanch. II Pinch. § 10 f. 91[b]).

לורטיא, Echa r. s. v. טומאתה f. 56[c] corrprt. aus לוטריא, λουτὴρ, λουτήριον, Badewanne; נטלה ללוטריא, oder wohl ללוטרין; „sie nahm die Badewanne (des Königs)“; in Jalkut Jechesk. steht dafür נטלה לברנטין של מלך, corrprt. aus ללוטרין.

לטרגיה, λειτουργία, jede vom

Staat auferlegte Leistung, munus, sei es Amt, Geldleistung oder Arbeit. Tanch. I Waëra § 4: שבטו של לוי היה פנוי לטרניה במצרים. „Der Stamm Levi war in Ägypten von Zwangsarbeit frei"; in T. II und Schm. r. § 5 ist es durch die Glosse מעבודת פרך verdrängt worden. Siehe Perles, Beiträge z. Gesch. d. hebr. und aram. Studien S. 68, 69; Perles nimmt es im Sinne von: Tempeldienst. Vgl. aber Raschi zu 2. B. M. 5, 4 מלאכת שעבור מצרים לא היתה על שבטו של לוי, was offenbar eine Übersetzung der Tanchumastelle ist. Buber zu T. I Waëra Note 3.

לטרא, לטרתא, λίτρα, Pfund, Litra, das Gewicht von 12 Unzen. Ber. r. § 10 f. 11[a]; das. § 13 f. 14[d]; Waj. r. § 22 f. 165[c]; 2. Litra, eine Münze, und zwar eine Silber- und eine Goldmünze. Seit Constantin legte man bei allen Zahlungen im ganzen röm. Reich das Gewicht zu Grund, u. rechnete nach Pfunden Goldes (litra, λίτρα), zu 72 solidi, und nach κεντηνάριοι zu 7200 solidi. Marquardt, röm. Staatsr. II 31 ff. Ber. r. § 58 f. 57[b]; Deb. r. § 4 f. 256[a]; das. § 7 f. 259[b]; Pes. r. § 30 f. 52[c]; Sifre 5. B. M. § 16.

ליגטא, λη̃γᾶτος, legatus, der Beauftragte; in republikanischer Zeit hatte der Consul oder Proconsul als Commandirender einen oder zwei Legaten: Generallieutenant; in der Kaiserzeit beauftragte der Kaiser Legate zu verschiedenen Verrichtungen, sei es als Statthalter einer cäsarischen Provinz, sei es für bestimmte besondre Zwecke, z. B. legati ad census accipiendos. S. darüber s. v. לגיון. Ein solcher legatus ad census accipiendos ist in Pesikta Sukka u. Parallelst. gemeint.

ליגאטין, ליגטא, ληγᾶτον, Vermächtniss. Tanch. I Noach § 20 (T. II das. § 14). In Sanh. 91[a] ist anstatt (אב) שנתן אנטין לבניו mit Aruch s. v. נט zu lesen אב שנתן לגטון לבניו; in Ber. r. § 61 g. E., wo unsre Ausgg. haben והיכן שטר שילות שחילק בין בניו hat Aruch das. die Lesung והיאך הוא לוקטור אמר להם ולבני הפילגשים וכו', wo Buber zu T. I Noach § 20 Note 208 richtig bemerkt, dass anstatt: והיאך הוא לוקטור und statt unsres Textes zu lesen sei והיכן הוא הלינטון „wo ist das Vermächtniss geschrieben?" in den Worten: 1. B. M. 25, 6. Syr. לינטון bei Land l. l.

למן, למין, לימין, (syr. למאנא; syr. Bibelübers. Art. 27, 12), λιμήν, Hafen, Bucht. Ber. r. § 31 f. 29[b]; das. § 32 f. 31[a]. Schm. r. § 48 f. 141[c]; Koh. r. s. v. טוב שם f. 84[d]; das. s. v. נם שמש f. 85[c]; Est. r. s. v. והשתיה f. 103[a]; auch mit Buchstabenversetz.: נמל.

לימצא, λείμαξ, nackte Schnecke. Ber. r. § 51 Anf. S. Gebhardt im Jüd. Lit. Bl. 1882 S. 175.

ליניא, ליניה, λινέα, Flachsfaden, leinener Faden, eine Schnur. Tanch. I Bem. r. § 23: והיה לו ליניה אחת של מרגליות נאות „und er hatte eine Schnur schöner Perlen" (linea margaritarum bei Plinius). Hiernach ist T. II Bem. § 20 סחורה אחת und Bem. r. § 4: פרגמטים אחת של מרגליות נאות zu berichtigen in ליניא אחת וכו'. In Midr. Schir s. v. צוארך בחרוזים Anf. שהיו חורזים אחריהם בלוניא (צ"ל כליניא) של מרגליות.

ליסטים, ליסטאה, λῃστής, Räuber, syr. ליסטיא, Land, l. l. Mechiltha Schira § 7; Pesikta beschall. f. 80[a] (Waj. r. § 30 f. 174[b]). Koh. r. s. v. אמרתי f. 80[a]; das. s. v. ומוצא אני f. 89[b]. Ber. r. § 20 f. 20[d]; Schm. r. § 1 Anf.; das. § 20 f. 120[a]; Est. r. § 104[b]. Tanch. I ki teze § 12 (T. II ki teze § 9). Hiervon das Denominativum.

לסטם, λῃστεύω, berauben, plündern. Schm. r. § 1 Anf. (Tanch. II § 1) והיה מלסטם את הבריות soll heissen והיה מלסטם וכו'.

ליפס, λοιπάς, Steuerrest, Steuerrückstand. Ber. r. § 42 f. 40[c]. Est. r. f. 100[a] (Koh. r. s. v. לך אכול f. 91[a]); Ruth. r. s. v. ושם האיש f. 36[a]; Waj. r. § 30 f. 174[c]; Tanch. I u. II Emor. Schm. r. § 15 f. 114[a]. In Ber. r. § 1 f. 4[b]; Pesikta bachod. haschl. f. 151[a] (Waj. r. § 29 f. 173[a]; Tanch. II Wajeze f. 38[b] ist für במסים zu lesen בליפסין; da Aruch in der Pesiktastelle die Lesung פסין citirt, wie auch Jalkut hat. S. Sachs I, 176, ff. Note).

לכוסא s. **לביסא**.

לכסן, **לוכסן**, λοξός, schräg. Echa r. Einlt. s. v. הוי מגיעי f. 46[c]. (De Lara).

למה, λῦμα, Schande, Schmach. Midr. Schir s. v. הגידה לי f. 9[a]: שלמה אהיה כעוטיה על עדרי חבריך ר' עוריה אמר שלמה שלא אעשה למה בעיני חבריך (על עדריהן) חילול שמים בדבר בניך בצרה ועדרי חבריך ברוחה; R. Asaria erklärt שלמה also: „damit ich nicht zur Schmach werde in den Augen deiner Genossen; es ist eine Entweihung des göttlichen Namens dabei, dass deine Kinder in Noth sind, während die Heerden deiner Genossen (die anderen Völker) im Glück und Wohlstand sind.“

לפס, λοπάς, Kochgeschirr, Schüssel, Brei. Midr. Sam. § 5; 2. Gericht, Brei. Mechiltha Wajassa § 5 f. 59[b]: וטעמו כצפיחת בדבש רבי יהושע אומר כלפס וכעין אסקריטא. So heisst es Ned. 50[b]. מיני דתאיני דעבדי מהן לפרא „Arten von Feigen, aus denen man einen Brei macht“; לפרא ist die Accusativform für Nominativ. (De Lara).

לקטקא s. **לגטינא**.

מ'

מאנגיה, μάγγανον, künstliche Vorrichtung, Werkzeug; in Pes. r. § 34 f. 58[d] in der Bedeutung: Buchstaben; ובתיבה אחת משמשים אחד עשר מאנגיות וכעלילותיכם (יחזקאל כ' מ"ד). — Güdemann, Lexidion zu Pes. r.

מאון, **מאים**, μῆον, aethusa maeum (Linn.), Bärwurz. Plin. h. n. 20, 94. Koh. r. s. v. גם זה ראיתי f. 92[d]: אר"ש בר אמי זו מחשבתן של רמאין ברמיותן כגון המערב מים ביין בלבקי (צ"ל מי בלנקי) בשמן מי מאים בדבש; R. Samuel ben Ammi sagt: damit sind die Absichten der Betrüger gemeint mit ihren Betrügereien, wer z. B. Wasser in Wein mischt (zum Verfälschen), Myrobalanum in Öl, Saft von Mäum (Bärwurz) in Honig. Das. s. v. יש רעה f. 84[c] lautet die St.: כגון המערב

יין בסים מי בלקיא בשמן וכו׳. Tos. b. b. (f. 405, 1 Zuckmd.) ולא יהא מערב מים ביין מי כגלקייא בשמן מי מאון בדבש: In Sifra Wajikra § 12, 22 steht מעיין für מי מאים, aus Unkenntniss des Wortes מאים corrprt. Aruch, De Lara und Levy haben das Wort nicht. Tos. b. b. f. 405 Z. hat cod. Erf. מי מאון cod. Wien מעיין. S. Plin. h. n. e. 20 c. 94. Vgl. unter בלבקיא.

מאחיך, Tanch. II Mischp. § 15 f. 105[a.b] ולא תקפץ את ידך מאחיך האביון מהו מאחיך לא כתיב מעני אלא מאחיך ששניכם שוים ואל תגרום לעצמך שתיעשה כמותו מאחיך לפיכך את העני עמך: „du sollst deine Hand nicht verschliessen vor deinem Bruder, dem Dürftigen"; was bedeutet מאחיך? Es heisst nicht מעני, sondern מאחיך, verschliesse nicht deine Hand, μή אחיך, als wäre er nicht dein Bruder, da ihr Beide gleich seid (vor Gott): und mache nicht μή אחיך, dass er nicht dein Bruder (in Armuth) werde, dass du nicht gleich ihm arm werdest. — Es ist das Verdienst von Sachs, dies erkannt zu haben. Beitr. I, 19, 20. Die Vermuthung Brüll's, dass das Wort mit ἔοικε zu übersetzen sei, ist gezwungen.

מאסייא in Echa r. zu Echa III, 45. סחי ומאוס תשימנו בקרב העמים: מאסייא פסילאייא; Levy erklärt die beiden Worte durch μισητὴ ψιλότης: „verhasstes Nacktes". Sieht man die Übersetzung der LXX; καμμύσαι με καὶ ἀπωσθῆναι und Vulg. eradicationem et objectionem: so ergibt sich, dass wir hier im Midrasch die griechische Übersetzung von סחי ומאים haben; μυσαροὶ καὶ ἀπωσθήτοι, ekelhaft und verworfen machtest du uns; wir hätten also zu lesen: מאיסרין ואפותיטין, μυσαρὸν καὶ ἀπωσθητόν; der Syrer: הי זבלא ותסטותא und Raschi erklärt das Wort הוא גיע בלשון משנה כיחו וניעו שניסח מתוך הריאה.

מגים, מגיסא, gekneteter Teig, Brod von einer gewissen Gestalt; Speise, Gewicht, auch wie τράπεζα = Mahlzeit. Waj. r. § 128 f. 172[a.b]; Koh. r. s. v. מה יתרון f. 71[b]; Echa r. s. v. רבתי f. 51[d]; (De Lara, Levy).

מגיסטי, μέγιστοι, die Grössten, die Gewaltigsten. Ber. r. § 26 f. 26[b]: מגיסטי מלחמה; s. Sachs I, 55.

מגיסטר, μάγιστρος, μαγιστρής, der kaiserliche Haushofmeister, magister sacri palatii. Schm. r. § 30 f. 127[d]: קרב קיסין למגיסטר: „er legt den kaiserlichen Haushofmeister in den Block". Über Waj. r. § 28 und die Parallelst. s. unter בגרון.

מגירום (syr. מגירסא), μάγειρος, Koch. (Aruch, Landau.) Pes. Omer f. 70[a] אנא מגיסך (von Buber u. Levy nach Waj. r. § 28 u. Pes. r. u. Aruch in אנא מגירסך berichtigt): „ich bin dein Koch (lasse dir deine Frucht reifen, von der Sonne kochen) und du willst mich von deinem Gericht nicht einmal versuchen lassen?" Ebenso hat Buber daselbst כמו גריים שהוא טועם בתבשיל berichtigt in כמגיירם וכו׳: „wie der Koch, der das Gericht kostet". Pes. rosch. chod. f. 61[a] שני מגירסין: „zwei Köche"; in Pes. r. in שני מגריפין corrprt.; s. Levy. Bem. r. § 4 f. 191[d] ist es in מגירם corrprt. (s. Levy);

Echa r. s. v. ויגרם nach Aruch: מעשה באשה אחת שהוליכה את בנה אצל המגרום; unsre Ausgg. haben אצל הנחתום.

מנורסי, ὁμήγυρις, Versammlung. Aruch citirt das Wort zu Echa r. s. v. תקרא כיום מועד מנורי, wo unsre Ausgg. haben מנו ביתאי מהו מנורי; was heisst מנורי? — eine Versammlung; s. Sachs I, 170.

מנני, מננין, μάγανιν = μάγγανον, Maschinerie, Kriegswerkzeuge, Belagerungswerkzeuge; künstliche Veranstaltung. Ber. r. § 43 f. 42ª: אשר מגן: רב הונא אמר שהפך מננין שלך על צריך: „der deine Wurfmaschine auf deine Feinde gewendet hat"; Tanch. I lech. lecha § 19: מהו אשר מגן צריך מנינה עשה הב"ה והפיל אותם לפניך; „eine kluge Veranstaltung (Überfall) hat Gott gemacht, und ihnen eine Niederlage bereitet"; in Ber. r. § 43: כמה מנניות עשיתי להביאן תחת ידיך. Ber. r. § 88 f. 85ᵈ: מננין עשו לחנקו (nach Aruch; unsre Ausgg. haben an beiden Stellen מננגאות). In Sch. t. Ps. 18, 18 ist נטל מנינות שלהם wie in Mechilt. beschall. § 2 f. 34ᵇ der corrprt. Satz: הממם וערבבם נטל מנפות שלהם ולא היו יודעים מה היו עושים ד"א אין הממה אלא מנפה: nach Jer. Sota VIII, 3 zu berichtigen in: הממם ועירבבם והפיל סיננם שלהם ר' אומר אין לשון הזה ויהמם אלא לשון מנפה. So citirt auch Aruch aus Jelamdenu: ויהם הממם וערבבם ונטל סנניות שלהם.

מודיא, μόδιος, modius (syr. מודיא) ein Getreidemass = 8,74 Liter enthält 16 Sextarien. Bem. r. § 4 f. 188ᵇ: כמה שקים כמה מודיאות „wie viele Säcke, wie viele Scheffel". Est. r. s. v. בהראותו f. 102ª: חד מודיה דדינרין, „ein Scheffelmass, gefüllt mit Denaren".

מוור, μύραινα, Muräne, Meeraal. Ber. r. § 7 f. 8ᵇ. Aruch, De Lara.

מולא, מולה, מולי, מילא, μοῦλα, mula, Maulthier; bei Const. Pphgr. kommt μωλάριον dafür vor; übertragen auf ein ehernes Marterwerkzeug in Gestalt eines Maulthieres, mit Löchern versehen; in solchen Marterwerkzeugen, ähnlich dem ehernen Stier des Phalaris, wurden Menschen durch unten befindliches Feuer zu Tode gemartert. Pesikta Schuba f. 162ª. Jer. Sanh. X, 2. Ruth r. s. v. נשי הלם f. 40ᵈ. Deb. r. § 2 f. 251ᵈ.

מוליניה s. **מלונמא**.

מולייר, μιλιάριον, miliarium, Meilenzeiger, und wegen der Ähnlichkeit in der äusseren Form: ein Wärm- und Kühlungsgefäss bei den Römern; es war aus Metall, oben spitz mit verschiedenen Röhren innen, um Wasser oder Wein zu wärmen oder in Eis zu kühlen. Später kochte man das Wasser und liess es dann durch Schnee zu Eis gefrieren, um den Wein zu kühlen. Marquardt, Privatleben der Römer, S. 280. Schm. r. § 25 Anf.: משל למולייר של זהב בקש צוננים הוציא ממנו בקש נחלים הוציא ממנו; Tanch. I, Toldoth § 9: למה היה עשו דומה למולייר של זהב ומרגליות קבועות בו אלא מבפנים הוא של חרס.

מומוס, μῶμος, der Momus, die lustige Person im spätgriech. Possenspiele. Hanswurst. Echa r. s. v. הביא f. 65ª: מכניסין את המומוס לתיאטרון שלהם in Echa r. Einlt. f. 46ᵇ: ומכניסין את המתים

(צ"ל המומום); Ber. r. § 89 f. 78c: ומכניסין את המומסין; (Levy).

מונוגינים, *μονογενής*, der einzige Sohn. Pes. r. § 10 f. 14b.

מוניטא, מוניטה, מוניטין, moneta, *μονέτη, μονέτιν* (ebenso im Syr.). 1. Prägstätte, Münzstätte, vom templum Iunonis monetae so genannt, in welchem die Münzstätte war (Madwig II, 462); Ber. r. § 36. 2. Münze, Geld. Schm. r. § 5 f. 107d: Münze, als Ausfluss des Fürstenrechts und das Bild des Kaisers auf die Münzen zu prägen, ist es Symbol der Herrschaft: „die Übung des Bildnissrechts auf den Münzen ist unter dem Principat wahrsch. eine der gewöhnlichsten Formen gewesen, um den stattgefundenen Regierungswechsel rasch und allgemein kund zu thun". Mommsen, Röm. Staatsver., S. 768. „Seine Münze ist hinaus gegeben worden" = er hat das Herrscherrecht angetreten; § 39 f. 38b. Schm. r. § 5 f. 107b, § 15 f. 116a. — Ber. r. § 37: כל מוניטין של מצרים אינן אלא בים לודיים ענמיים „die ganze Herrschaft der Ägypter versinkt einst im Meere" (ein Wortspiel zwischen der Pluralendung ־ים— und dem Wort יָם (Meer). Siehe Levy.

מונייק, *μανιάκιν*, Halsband, Armband; Waj. r. § 12 f. 156a; Bem. r. § 4 f. 255c. Pesikta r. § 30 f. 51c. (De Lara.)

מוסיא, Mysien; in Ber. r. § 37 in איסנייא in Th. Jer. I zu 1. B. M. 10, 2 in אוסייא, Th. Jer. II das. in אנסייא corrprt., ist nach Jer. Megilla I f. 71b und Babli Joma f. 10a in מוסיא zu berichtigen. Siehe auch Buber zu lek. tob. 1. B. M. Seite 26 Note 7. Die Meinung Rappoports, dass zu lesen sei אוסניא = Ausonia, wird durch die citirten Talmudstellen widerlegt, und durch den Umstand, dass Gomer und Magog etc. für die Namen östlicher Völker dort erklärt werden.

מוסיקין, *μουσικοί*, Tonkünstler, Dichter, Sänger. Midr. Schir. s. v. כמגדל דוד f. 20c (Koh. r. s. v. החכמה תעוז f. 88c): לחבורה של אנשים המבקשת לומר הימנון למלך; Sch. t. Ps. 1 hat של זמרין für של אנשים; R. Samuel Gama in dem von Buber edirten Agur citirt Midr. Schir: לחבורה של אנינסקין, wozu Buber, Note 118, bemerkt, dass das Parma-Mscr. in Sch. t. liest לח' של כווסקין, und schliesst daraus mit Recht, dass an allen genannten Stellen zu lesen sei לחבורה של מוסיקין.

מוצטבא s. מסטיכי.

מורום, מורה, מורא, *μωρός*, albern, thöricht, Narr. Pesikta Schmini f. 118b; Tanch. II Chukk. § 9 (wornach, wie Buber ausgeführt, auch Tanch. I § 29 Ende zu vervollständigen ist); Bem. r. § 19 f. 238a; Echa r. Einlt. f. 49d s. v. רשב"י פתח; Sch. t. Ps. 20.

מורטניא, Mauretanien. Sifre 5. B. M. § 320.

מוריים (syr. מוריא), muries, eine Fischbrühe, die aus dem scomber und thynnus (Arten von Thunfischen) bereitet ward; sie ward meist aus Spanien und Südfrankreich nach Rom geliefert. Schm. r. § 9 f. 110a כלום מביאין מוריים לאספמיא „importirt man etwa muries nach Spanien?" S. Forbiger, Hellas u. Rom III, 320. Marquardt, Privatleben der Römer. S. 323. 325.

מחי, μοιχή, Ehebrecherin: Midr. Schir s. v. כמעט f. 17[c]; vgl. s. v. כאמי.

ממטור, מיטטור, μητάτωρ, metator, der Bote, welcher dem Herrscher voranzieht; Suid: μετάτωρ ὁ προαποστελλόμενος ἄγγελος πρὸ τοῦ ἄρχοντος. De Lara: metator, mensor, qui jussu atque auctoritate principis milites in domibus incolarum collocat, sive in castris qua parte debeat quisque tentoria figere, ostendit. Siehe Sachs I, 108. Bei Const. Pphg. auch der, welcher den ankommenden fremden Gesandten entgegenging und ihre Absteigquartiere (μετατώρια) anwies. Tanch. II Kitissa § 35: במדבר אני הולך לפניהם מיטטור. Tanch. I Balak § 14 (T. II Bal. § 10) מלמד ששלח שלוחין לבשרו ist nach Jelamdenu Balak, von Aruch citirt (וישמע בלק כי בא בלעם ששלח שלוחין (מיטטור לפניו das Wort in מיטטור zu berichtigen. In Sch. t. Ps. 93, 3 ist קולו של הב״ה היה מטרטר לפניהם nach Ber. k. 5 f. 6[c] מטרטר in ממטור oder מטטרון zu berichtigen.

מטטרון, μετάτωρ, metator, der die Grenzen absteckende Bote: der die Absteigequartiere den fremden Gesandten anweist, die Wege angibt, auf welchen sie sich nach der Hauptstadt begeben. Ber. r. § 5 f. 6[c]: Echa r. Einlt. s. v. משא גיא f. 48[a]: Sifre 5. B. M. § 338; Tanch. I Waëthchan. § 6.

מטקסא, מטכסא (syr. מיטכסא), μέταξα, der Cocon und das Gespinnst des Seidenwurmes: Rohseide, Seidengarn (nach Perles mit Lautversetzung aus „Damask" gebildet, ähnlich wie Damast). Ber. r. § 40 f. 39[b]; § 77 f. 76[a] (Midr. Schir s. v. מי זאת f. 18[a]); Waj. r. § 34 f. 178[d]; Midr. Sam. § 10. In Ber. r. § 63 f. 61[d] ist ואוקמן על מטכסא דמרינתא nach Aruch und De Lara zu berichtigen in ואוקמן על מיכסא דמדינתא. In Waj. r. § 34 f. 178[d] wird erzählt, dass die Neffen des R. Jochanan, weil sie mit Seide handelten, deshalb von den kaiserlichen Beamten gestraft werden sollten. Weil die kaiserlichen Fabriken Seide producirten, war es straffällig, dass Private damit Handel trieben.

מטליה, μέταλλα, Bergwerke, Steinbrüche. Echa r. s. v. גדר f. 64[d] (Gefangene und Verbrecher wurden in Steinbrüche zu Zwangsarbeit verbracht, daher in metallum damnare).

מטלון, μέταλλον, Bergwerk. Bem. r. § 7 f. 195[a]. Deb. r. § 2 f. 252[d]; § 6 f. 258[d].

מטרונא, מטרונה, ματρώνα, matrona, vornehme Dame, Fürstin, Gattin des Fürsten oder hohen Beamten; übhpt. ehrende Bezeichnung der verehelichten Frau bei den Römern. Ber. r. § 1 f. 3[c]; § 4 f. 6[a]; § 41 f. 39[a] u. a.

מטרוניתא, מטרונית = מטרונה: Pesikta Omer f. 71[b] (Pes. r. § 18 f. 33[d]); Waj. r. § 8 f. 152[a]. Tanch. I Beresch. § 2: Sifre 5. B. M. § 204. In Schm. r. § 3 f. 105[b] ist שפחה אחת מטרונית zu berichtigen in ש׳ א׳ מורטנית s. Sachs I, 109. In Sifre 5. B. M. § 317: חמאת בקר אלו הפטקים והנמונים שלהם: עם חלב כרים אלו כילירקין שלהם: ואילים אלו בניפיקרים שלהם: בני בשן אלו קנטרונים שלהם שמכישים מבין שיניהם: ועתודים אלו סינקלימין שלהם: עם חלב כליות חטה אלו מטרוניות שלהם „Rahm der

Rinder“, das sind ihre Consularen und Statthalter, sammt dem Unschlitt der Schafe — das sind ihre Kriegstribunen: und Widder — das sind ihre Gefreiten: Erzeugnisse Baschans — das sind ihre Hauptleute, welche mit den Zähnen beissen; und die Böcke — das sind ihre Senatoren; sammt dem Fett des Waizens — das sind ihre Matronen“. Denn nicht allein die Beamten vom Statthalter herab bis zum Centurio waren durch ihre Habsucht, Grausamkeit und ihren rohen Übermuth die stete Plage der Provincialen, sondern hierzu kamen noch die Launen der Gattinnen der höheren Beamten. Von dem Übermuth und der Grausamkeit solcher Beamtengattinnen in Italien gibt C. Gracchus beim Gellius n. A. X, 3 drastische Beispiele. „Kürzlich kam der Consul nach Teanum Sidicinum; seine Gattin verlangte, in dem Männerbad zu baden. M. Marius gab sofort dem Quästor von Sidicinum den Auftrag, alle, die sich eben badeten, aus den Bädern zu vertreiben. Das Weib meldet ihrem Manne, das Bad sei ihr nicht schnell genug bereitet worden, sei auch nicht elegant genug. Daher wird auf dem Markt ein Pfahl errichtet, der vornehmste Mann in seiner Stadt, M. Marius, dahin gebracht, entkleidet und mit Ruthen gestrichen. Die Calener, wie sie das erfuhren, erliessen den Befehl, dass Niemand baden dürfe, wenn ein römischer Staatsbeamter dort weile. In Ferentinum liess unser Prätor ob der näml. Ursache die Quästoren (der Stadt) aufgreifen; der Eine derselben stürzte sich von der Mauer herab, der Andre ward ergriffen und mit Ruthen gestrichen.“ So trieben es die Beamten und ihre Matronen in Italien! Wie müssen sie erst in den fernen Provinzen und gegen „Barbaren“ ihren Übermuth ausgelassen haben! Es ist daher nicht gerechtfertigt, dass Perles das Wort מטרניות ändern will in קמטרניות (Commentarienses) od. in מנסטרניות oder in מסטרניות (*μάστωρ*, Inquisitor). Zu dem Wort בניפקרים sei hier noch nachgetragen, dass beneficiarius nach Festus heisst: qui beneficio (ducis, vel tribuni vel praefecti) munerum vacationem habebant; von militärischen Dienstleistungen befreit. Dafür wurden die beneficiarii oft zu anderen civilen Geschäften verwendet, wie als speculatores, curiosi, Steuererheber, Ausforscher; über ihre Härte spricht ein Edict des Maximian bei Euseb.: *ἵνα μήτε ὑπὸ τῶν βενεφικιαλίων μήτε ὑπ᾽ ἄλλων τῶν τυχόντων ὕβρεις . . . . . ὑπομένειν.* Siehe Salmas. zu Adrian. 2 in Spartian. Solcher Art Bedienstete sind die hier genannten בניפקרים, deren Übermut auch hier gemeint ist.

מטרופולין, *μητρόπολις*, Hauptstadt. Ber. r. § 92 f. 90[a]: ebenso im Syr. In Ber. r. § 42 corrprt. aus אליתרופולים; s. Levy I 85[a]. Echa r. s. v. היו צריה f. 55[c] היתה קיסרין מיטרופולין ותנופולין belehrt mich Perles, dass letzteres Wort aus Dittographie von מיטרופולין entstanden, und daher zu streichen ist.

מטרניות, *ματερία*, materia, Bauholz. Sifre 5. B. M. § 204. (Perles.)

מיטרין, מיתרין, $\mu\acute{\eta}\tau\rho\alpha$, Mutterleib. Pesikta Sachor f. 23ª und Parallelst.

מיומס, מייומא, $\mu\alpha\ddot{\iota}ov\mu\tilde{\alpha}\varsigma$, das Majumafest, die Majumafestlichkeit, eine in den syrischen Städten, bes. Daphne, Hierapolis, Gaza, begangene mehrtägige Festlichkeit mit Schaustellungen, Schmausereien und vielen Ausschreitungen verbunden; von Constantius ward die Feier verboten, von Arkadius wieder erlaubt i. J. 399 unter der Bedingung, ut servetur honestas et verecundia castis moribus, i. J. 399 wieder verboten: „illud vero, quod sibi nomen procax licentia vindicavit Majumam, foedum atque indecorum spectaculum, denegamus“. Gothofr. zum Cod. Theodos. Diese Festlichkeit scheint in vielen Städten nachgeahmt worden zu sein: sie erhielt sich noch lange trotz der Verbote; selbst Kaiser Leo (457—474) nahm an der Majuma noch Theil. Später, z. B. bei Cst. Pphg. appendix ad libr. I de caerem. p. 451 und sonst, hat $\mu\alpha\iota ov\mu\tilde{\alpha}\varsigma$ die Bedeutung von Festmahlzeit, $\grave{\alpha}\rho\iota\sigma\tau\epsilon\tilde{\iota}ov$, auch von congiarium. Der Midrasch, welcher die Vorwürfe des Propheten Amos über Verschwendung, Schlemmerei und Ausschweifung ausmalt, nimmt die Majumafeste als Exempel solcher unzüchtigen Festlichkeiten, welche die Israeliten nachgeahmt hätten. Tanchuma I Schmini § 8 (Tanch. II Schmini § 5, Bem. r. § 10 f. 206ᶜ) כל שבט ושבט היה לו מיומס בפני עצמו. „Jeder Stamm hatte sein eigenes Majumafest. Wollte Einer zu seinem Majumafeste gehen, (כיון שהיה מבקש לילך למיומס שלו), nahm er seine Heerde mit sich.“ In Waj. r. § 5 ist, wie Levy schon bemerkt, dafür gesetzt כשהיה אחד מהן מבקש לאכול נדרי, weil den Abschreibern das Wort מיומס unbekannt war. Eben weil das Fest aus dem Leben geschwunden war, ward das nun unbekannte Wort vielfach durch ein andres ersetzt, wie schon Perles bemerkt, z. B. in Waj. r. § 5: י״ג דימסיאות היו לכל שבט ושבט לכולם. Hier ist י״ג מיומסאות zu lesen für י״ג דימסאות „sie (die Israeliten) hatten 13 Majumasfeste; je eines für jeden Stamm, und eines gemeinschaftlich für Alle“; vgl. Jer. Chelek f. 28ᵇ. שלשה עשר עגלים עשו ישראל ואחד דימוסיא לכלן, dabei ist ausgefallen אחד לכל שבט ושבט, wie aus dem Folgenden hervorgeht: ויאמרו אלה אלהיך ישראל הרי לשנים עשר שבטים וזה אלהיך הרי דימוסיא אחת לכלן. Meine Vermutung hat sich, wie ich später ersah, bestätigt; denn Perles, Sprach- u. Sagenk. 1—4 berichtet, dass der Münch. cod. des Waj. r. מיומסאות anstatt דימסאות hat. Ferner hat nach Perles das. derselbe cod. in Mechil. besch. § 1, wo unsre Ausgg. zu den Bibelworten בין מגדול ובין הים haben שם היה מקומם מרומם dafür die Lesung שם היתה מיומס שלהם; „dort zwischen Migdol und dem Meere war ihre (der Ägypter) Majumalustbarkeit“; dagegen irrt P., wenn er in Sch. t. ψ 43 in dem Satze י״ג עגלים עשו א׳ לכל שבט ושבט דימוס לכולם statt דימוס setzen will ואחד מיומס; es muss vielmehr heissen ואחד דימוסיא dreizehn goldne Kälber hatten sie gemacht, je eines für jeden Stamm, und eines gemeinschaftlich für alle Stämme)." Als ich die Stelle bei Perles gelesen, war d. Artikel דימוסיא schon gedruckt; ich konnte dort also noch keine Notiz von dieser Bestätigung meiner Vermutung nehmen, wesshalb es nun jetzt geschieht, und das Verdienst von Perles hier hervorgehoben sei.

2. Bedeutet es grosse Festschmäuse, ausserordentliche Festlichkeiten überhaupt; Cst. Pphg. append. ad libr. I de caerem. p. 487: καὶ ὀφείλει λαβεῖν . . . . εἰς τοὺς μαϊουμάδας πρόβατα ὕπαρνα ρ', κριάρια φ', ἀγελάδια ν', ὀρνίθας σ', χηνάρια ρ'. Auch in dieser Bedeutung, wo es vorkommt, ist es häufig aus Unkenntniss mannigfach geändert. So in Pes. r. § 21: מלך ב"ו כשהוא יוצא לפיום יוצא בעשרה בני אדם; hier ist למיומס corrumpirt in לפיום; s. Friedmann, Pes. r. § 21 Note 69; in Sch. t. Ps. 18, 13 ist eine andre Corruption וכשהוא הולך לטייל למיומס שלו נוטל כל לניונותיו לתשמישו; statt נוטל כל לניונותיו לתשמישו muss es nach den Parallelstellen u. dem Sinn gemäss heissen: יוצא בעשרה אינו נוטל כי אם עשרה בני אדם oder בני אדם. Vgl. Jalkut zu 2. Sam. 22, 13, wo die St. in Sch. t. Ps. 18 steht. In Schm. r. § 29 ist מלך ב"ו יוצא לאמירה corrumpirt aus מלך ב"ו יוצא למיומס; Sifre 4. B. M. § 102: מלך ב"ו כשהוא יוצא למלחמה יוצא בבני אדם מרובים וכשהוא יוצא לשלום אינו יוצא אלא בב"א מועטים; auch hier ist לשלום eine in den Text gedrungene Glosse für למיומס, und zwar ist die Erklärung nur errathen. Es ist mir auch wahrscheinlich, dass in Pes. r. § 21 למלך שהיה בקימפון, und Pesikta bachod. haschl. f. 108ª מלך ב"ו יוצא לסימפון, wo Jalkut לקימפון hat für לסימפון, beidemale למיומס zu lesen ist.

מיל, μίλιον, Meile, 1000 Doppelschritte; Pes. r. § 45 f. 72ª (Bem. r. § 2 f. 184ª); 2. Meilenzeiger; Midr. Debarim sutta § 15: למסלה שלא היו מילין.

מילא, מילת, μιλησία, milesische Purpurwolle, mit dem Safte der an der Küste von Milet vorkommenden Purpurschnecke gefärbte Wolle und Stoffe, syr. מילתא; Ruth r. s. v. ותלכנה f. 39 לשעבר היתה מהלכת בבגדי מילתין, „früher ging sie in milesischen (purpurnen) Kleidern." (Tanch. I, Bo § 16); Sifre 5. B. M. § 305 E. ושל בית ריבה זו לא היו נכנסין להר הבית להשתחוות עד שהיו פורסין כלי מילת תחת רגליהן. Koh. r. s. v. מה שהיה (cap. 1, 9): ישב ר' מאיר ודרש עתיד זאב להיות נוזז מילתין והכלב גלבטינון (צ"ל גלכטינון) ferner erklärte R. Meir: „einst wird die Schur des Wolfs milesische, und die des Hundes milchweisse Wolle liefern." Der Samaritaner übersetzt שש durch מילת. Das Pfund dieser milesischen Purpurwolle kostete nach dem diokletianischen Edikte 10,000 — 12,000 Denare = 250 bis 3000 M. Marquardt, Privatleben der Römer S. 494.

מילא, μελία, Esche, Eschenholz. Waj. r. § 17 Anf. מלתריות של מילא (Levy).

מילי s. **מירי**.

מיליאדין s. **מיריאדין**.

מילן, μέλαν, atramentum, Dinte. Ber. r. § 1 f. 3ᶜ.

מילופפון, μηλοπέπων, Apfelmelone, Erzeugniss der Kreuzung von Apfel und Melone; Jer. Kil. I: אדם נוטל מעה אחת מפיטמה

של אבטיח ומעה אחת מפיטמה של תפוח ונותנן בתוך גומא אחת והן נתאחין ונעשין כלאים לפום כן צווחין ליה בלשנא יוני מילופפין. „Man nimmt einen Melonenkern und einen Apfelkern, legt sie in eine Grube, sie wachsen da zusammen und geben eine Mischfrucht, desshalb nennt man sie im Griech. *μηλοπέπων*, (Apfelmelone"). Sifra Kedosch. s. v. ובקצרכם; Tanch. I Jithro § 5 (Tanch. II Jithro § 7). Siehe Sachs II, 96.

מילת, *μαλὸς*, weich, zart; das Ohrläppchen. Sifre 5. B. M. § 122: אין רוצעין אלא במילת.

מימר, mimarius (sc. scurra; hist. Ang.: Verus c. 8), *μῖμαρ* wie *μῶμος*, Possenreisser, Unzüchtiger; (Hesychius: *ἀναιδής*); Midr. Schir s. v. אמרתי אעלה בתמר f. 31[c] wird תפתיא (Dan. 3, 2) erklärt durch מימרים ולמה הוא קוראם כן תפתיא מפני שמפתין יצר הרע על זנות.

מיסון, *μίσος*, *μίσσος*, missus, ein Gang in der Mahlzeit, fercula, ein Gericht. (De Lara). Bei Cst. Pphg. de caerem. kommt *μίσος*, *μίσσος* und *μίνσος* vor für die Gänge bei der kaiserlichen Mahlzeit; s. Reiske zu Const. Pphg. de caerem. p. 865. Tanch. I Beresch. § 2 לא הכנסתי לפניהם אלא מיסון מיסון pl. מיסין; das. וכמה מיסון היה לך, soll heissen: וכמה מיסין היו לך „wie viele Gerichte hast du ihnen vorgesetzt? . . . so u. viele . . . aber ich habe immer nur ein Gericht auf einmal vorgesetzt, u. nicht alle zusammen." (Jelamdenu v. Aruch u. Lonsano citirt) und von denselben für תבשיל erklärt, s. Buber a. a. O. Note 8.

מיסוון, *μέσον*, Mitte. (De Lara). Echa r. s. v. חד מאתינם No. 7. f. 53[a]: במיסוון דאורחא, „in der Mitte des Weges"; s. Levy. Der Samaritaner übs. בתוך הגן in 1. B. M. 2, 9 mit במיסון פרדיסה, ebenso das. 1, 6: בתוך המים für מיסון מיה.

מיריאדין, מירי, *μύριοι*, *μυριάδες*, Zehntausend, Myriaden; Pesikta bachod. haschl. f. 107[b] von Buber aus מילי מיליאדין berichtigt; ebenso in Pes. r. das.

מיצטרא, *μύστρον*, Löffel. (De Lara). Waj. r. § 33 Anf. מות וחיים ביד לשון תירגם עקילס מיצטרא מכירין מות מכאן וחיים מכאן: „Tod und Leben sind in der Gewalt der Zunge." (Spr. 18, 21) übersetzt Aquila mit *μυστρομαχαίριν* „ein Löffel, an dessen unteren Ende ein Messer sich befindet", also oben Leben (Nahrung), unten Tod bringend.

מיתורין, *μεθόριον*, Grenzgebiet; Ber. r. § 50; Waj. r. § 26 f. 169[d]; s. Sachs I, 172; s. auch De Lara.

מכירין, *μαχαίριν*, Schwert, Messer, Dolch. Ber. r. § 99 f. 98[a]: מכירותיהם לשון יוני שקורין לחרבות מכירין; Ber. r. § 88 f. 85[d] (Tanch. II Wajchi § 9): קונדו מכירין נתנו בתוך מנעליהם „sie hatten einen kleinen Dolch in ihre Schuhe gelegt."

מכסיארכים s. **מכסיומים**.

מלונמא, *μάλαγμα*, ein erweichendes Pflaster; Sifra behar. § 1, 2 Ende; übertr.: ein Labsal; Schabb. f. 119[b]: פת חמה במוצא שבת מלונמא „frisches Brod am Ausgang des Sabbat ist ein Labsal"; Sch. t. Ps. 19, 9 דברי תורה שהן עטרה לראש . . . . מלונמא ללב; hiernach und nach Jalkut Schmini § 528 ist in Waj. r. § 12 f. 156[a] מולגיה zu berichtigen in מלונמא ללב; und sowohl Levy, als Fleischer irren, dies Wort aufzunehmen; Letzterer erklärt es irrig für μαλακία.

מלטמיא, μελίτωμα, Honigkuchen, Lebkuchen. (De Lara). Ber. r. § 48 f. 47[a]; in Pes. rosch. chod. f. 58[a] ist לציקי קדירה nach Jalk. Pinchas in מיני מליטמיא zu berichtigen, wie auch nach Jalk. zu 1. Kön. 4, 22; in Pes. r. das. in מלטוכים verschrieben; s. Buber zu Pes. f. 58[a] Note 35 und Levy s. v.

מלכיא, μαλακία, Weichlichkeit, Schwächlichkeit, Krankheit (Hesychius: νόσος); Mutlosigkeit, Saumseligkeit. (Hesych. βλακία). Debr. r. § 6 f. 258[d] (f. 279[d]) לתלמידו של רופא שעלתה מלכיא לראותו; Pes. hachod. f. 43[a] (Pes. r. hachod.) ist die richtige Lesung פסק הדא מלכיא מלבך (oder קטע), „reisse diese Mutlosigkeit aus deinem Herzen"; die Lesung מלניא, wie sie in Jalkut vorkommt, und welche Levy annimmt, ist durch das Oxford. Mscr. verworfen, und durch den Umstand, dass μελανία nicht die Bedeutung von „Mutlosigkeit" hat. Hiernach ist auch die St. in Ber. r. § 44 und Sch. t. Ps. 40 zu berichtigen. Siehe Buber Note 28 zu Pesikta hachod.

מלתרא, **מלתרה**, μέλαθρον, Querbalken. Waj. r. § 17 f. 160[a] (Aruch, Levy).

ממפים, Μέμφις, Memphis, alte Hauptstadt Unterägyptens. Pes. Waihi bachazi in מרפים, Pes. r. § 17 f. 32[a] in מנפום corrumpirt, von Buber berichtigt.

מנגנון, **מנגנא**, μάγγανον, Maschine, Hebelwerk, übtr.: künstliche Mittel. Waj. r. § 20. Pes. beschall. f. 81[a]; Schm. r. § 18 f. 117[d]; Est. r. f. 109[d]; Tanch. II lech. l. § 15 מנגנא עשה הב"ה; Tanch. I behar § 5 (Tanch. II behar § 2) „ich streite mit dir, denn ich, der ich ihn arm und dich reich gemacht habe", אני הופך מנגנון שלי; „ich kehre meine Maschinerie um", und mache dich arm und Jenen reich.

מנגניקין, auch im Syr. מנגניקא = מנגנא; Koh. r. s. v. וראיתי f. 90[c]; s. Sachs I, 153.

מנוולין s. **מנטילין**.

מנטילין, μαντῆλα, μανδήλιον (Cst. Pphg. de caerem I, 75), Handtuch, Kopftuch; Ber. r. § 5 und 28: למלך שבנה פלטין והושיב בתוכה אלמים והי' משכימין ושואלין בשלומו של מלך ברמיזה ובאצבע ובמנוולין, Levy übs. ובמנוולין „und mit Handschwenken (manuale), Schwenken der Tücher mit der Hand." Sachs I, 5, 6 will es durch μόναυλον = fistula, „Rohrpfeife" erklären. Da aber in Echa r. s. v. פירשה ציון dieser Satz, wo in unseren Ausgg. ובמנוולין fehlt, Aruch dafür citirt ובסודרין, so ergibt sich, dass ובמנדילין oder ובמנטילין zu lesen ist. S. auch Fleischer zu Levy. Auch bei Barhebr. kommt מנדילא in der Bedeutung v. Kopftuch vor.

מנטרומין, in Ber. r. § 26 s. v. הנפילים ist in מנטורסין zu berichtigen, s. Sachs I, 55. Das Wort זמזמים welches Anklang hat an זמה „unzüchtige Lust", wird mit dem Erzeugniss der viehischen Lust einer Pasiphae exemplificirt; ihr seien diese Samsumim, Minotauren entsprossen, die zugleich als מנסטי מלחמה, hervorragende Krieger bezeichnet werden, wie die Centauren, halb Vieh, halb Mensch, hervorragende

Kämpfer waren. Die Centauren werden Ber. r. § 23 erwähnt.

מנמכום, *μονόμαχος*, Fechtsklave, griech. Übersetzung von gladiator (De Lara). Jelamdenu nach Aruch zu 1. B. M. 49, 1: ויקרא יעקב אל בניו למה לא קרא עשו לבניו שאין מנמכום עושה דייתיקי שכן עשאו אביו מנמכום: שנאמר ועל חרבך תחיה. „Jakob berief seine Söhne“; warum berief Esau nicht seine Söhne? weil ein Gladiator kein Testament machen kann, und sein Vater (Isak) hatte ihn durch die Worte: (1. B. M. 27, 4^{a}) „von deinem Schwerte sollst du leben“ zum Gladiator gemacht, wornach Tanch. I Waichi § 9 zu berichtigen ist. In der That konnten Gladiatoren, da dieselben Sklaven waren, und nicht sui juris, kein Eigenthum haben, also auch kein Testament machen. S. Buber z. Tanch. I Waichi Note 42 ff. Als später nach Untergang des röm. Reichs die Gladiatorenspiele allmälig ausser Brauch kommen, verstand man das Wort מנמכום nicht mehr, und ersetzte es durch עבד; aber die Belegstelle ועל חרבך תחיה zeigt, dass nur מנומכום die richtige Lesung ist. In Ag. Ber. steht dafür לודרא, ludarius.

מסטוביתא, *στιβάς*, *στιβάδιον*, Lager, Matratze, Ruhebank .Midr. Schir s. v. לא ידעתי f. 29^{b}. (Levy).

מסטיכי, *μαστίχη*, Mastix, das wohlriechende, aus der Rinde der Mastixpistacie fliessende Harz; (De Lara). Ber. r. § 91 gegen Ende wird לט durch מסטיכי (nach Aruch's Lesung) erklärt, unsre Ausgg. haben מוצטבא, jedenfalls aus מוצטכא verdorben.

מסטורין, *μυστήριον*, Geheimniss. Ber. r. § 50 f. 50^{a} (§ 68 f. 68^{b}; § 78 f. 76^{c}). Tanch. I lech. l. § 23 (T. II das. § 19) u. a. In Ber. r. § 50 f. 49^{c} ist רב מסטורין Corruption aus רב מסטי דין. Siehe Levy s. v.

מספטמיא, *Μεσοποταμία*, das Zweistromland, das Land zwischen Euphrat und Tigris. Ber. r. § 30 g. E., § 44 f. 42^{c}; § 60 Anf.

מפה, *μάππα*, Serviette; auch ein Tuch als Signal: Fahne. Tanchuma I Bemidb. § 13 f. 6^{b} (T. II Bemidb. § 12 f. 49^{b}; Bem. r. § 2 f. 183^{d}).

מפטילון, Sifre 5. B. M. § 43: שמעו קול המייה של מפטילון; Echa r. Ende: קול המונה של רומי מפוטליילום; Makk. Ende: ושמעו קול המונה של בבל מפלטיה, wo בבל aus Gründen der Censur für רומי steht. In allen diesen Stellen muss es heissen קפיטוליון, sie hörten das Geräusch Roms vom Capitol herkommend: Capitolium, *καπιτώλιον*, capitolium, mit dem Tempel des Jupiter, Apollo u. der Minerva, zugleich Citadelle der Stadt.

מצע, *μεσάζω*, *μεσόω*, in der Mitte sein; Hiph. in die Mitte nehmen. Ber. r. § 95 Anf. — Schm. r. § 2 f. 104^{c}; davon מיצעא, אמצע, אמצע; syr. מצע.

מוקדון, מקדון, *Μακεδών*, der Makedonier. Pes. Schor f. 74^{a} (Tanch. I Emor § 9; T. II das. § 6; Waj. r. § 27 f. 170^{d}); Ber. r. § 33 f. 31^{d}; § 61 f. 62^{b}; Mechiltha Jithro § 9.

מקדוניא, *Μακεδονία*, Makedonien. Ber. r. § 37 Anf.

מקולין, *μάκελλον*, *μακελεῖον*, *μάκελλιν*, macellum, Schlachthaus, Fleischladen. (Syr. מקלון; syr. Bibelübs. I. Corinth. 10, 25).

Ber. r. § 86 f. 84^b. In Sifre Balak § 131: עמדו עמנים ומואבים ובנו להם מקולים ist קילין zu lesen für מקולים, welches Levy für die richtige Lesart hält, obwohl Fleischläden nicht passt für das Folgende ומוכרים כל מיני כסנים, ausserdem ist auch desshalb מקולים hier unpassend, da die Israeliten doch kein Fleisch von den Heiden assen; ausdrücklich ist bemerkt, ועדיין לא נאסר יינן של גויים, was voraussetzt, dass sie selbst das rabbinische Verbot von vorne herein nicht übertreten haben würden, für מקולים hat Jer. Sanh. Chelek 2 קנקלין, Sanh. babli f. 106, Tanch. I u. II Balak, und Bem. r. § 20 קלעים. Sachs bemerkt mit Recht, dass es nach Jalkut Hosea § 526 zu lesen sei קעילים = cellae, Wohnungen der feilen Dirnen.

מקרולפרום, *μακροελαφρός*, hochgewachsen und schnell. Ber. r. § 65 f. 64^b; Midr. Schir s. v. אחוז f. 16^b.

מקרין, Macrianus, einer der vielen unter dem Namen der 30 Tyrannen bekannten Eintagskaiser im 3. Jahrh. Ber. r. § 76 f. 75^{c. d}: משתכל הוית בקרניא ואלו קרן אחרי זעירה סלקת ביניהון זה בן נצר ותלת מן קרניא קדמיתא אתעקרו מן קדמיה זו מקרין וקרוס וקרדידוסי. In Jalkut zu Dan. lauten die drei letzten Worte: מקירם וקירום וקירידים. Levy versteht darunter das babylonische, medisch-persische und das griech. Reich; ich weiss nicht, mit welchem Rechte. Nach Trebell. Pollio, trig. tyranni nahm Kyriades, der mit seines Vaters Schätzen nach Persien entflohen war, nach Valerians Gefangennehmung den Kaisertitel an, bewog den Sapor zum Krieg gegen Gallienus, aber Odenath besiegte den Sapor, Kyriades ward dann von seinen Soldaten ermordet; zu gleicher Zeit ward Makrianus mit seinen Söhnen Makrianus u. Quietus zu Kaisern ausgerufen, aber von Aureolus geschlagen und nebst seinem Sohne Makrianus getötet; Quietus ward hierauf von Odenathus getötet. Wir haben also zu lesen: מקריאנום וקידום וקירידים, Macrianus, Quietus und Kyriades. In בן נצר will Levy auffallender Weise eine Anspielung auf den Nazaräer Jesus sehen; es ist Odenath, der in Kethub. 51^b dem Sapor gegenüber als Räuber betrachtet wird, den Räubern gegenüber als König. Damit ist richtig seine Stellung als Usurpator bezeichnet. Dass mit בן נצר in der That Odenath gemeint ist, erhellt aus der Inschr. IV der palmyren. Grabschriften auf Septimios Odänath, Sohn des Hairanos, Enkel des Vaballathos, Urenkel des Nassoros, wie schon Cassel u. Levy erwiesen. Siehe Levy, die palmyren. Inschriften etc. in Z. D. M. G. Bd. 18 S. 95. Die Stelle heisst demnach: „Ich betrachtete die Hörner, und da erhob sich ein andres kleines Horn zwischen ihnen; damit ist Ben Nazor (der Nachkomme des Nazor, Odenath) gemeint; und drei von den ersten Hörnern wurden von ihm ausgerissen, das sind die, deren Reich ihm gegeben wurde[1]): Makrianus, Quietus und Kyriades."

---

1) Es ist anstatt זו שניתנה להם שניתנה לו מלכותם zu lesen: שניתנה לו מלכותם.

Levy hat a. a. O. nachgewiesen, dass der in der Geschichte bekannte Odenath, der von Gallienus zum στρατηγὸς τῆς ἑῴας ernannt worden, ein Enkel jenes in der Grabschrift genannten Odenath sei.

מרגזאות s. **פרווטגמא.**

מרקולים, Mercurius; dem Merkur zu Ehren richtete man Steinhaufen in den Wegen auf, und jeder Vorübergehende warf einen Stein darauf; auch diese Steinhaufen hiessen מרקולים; Sifra Behar g. E. ופסל ומסכה וגו' אלו אבני מרקולים שעל גבי דרכים; Midr. Mischle: מי שחולק כבוד לכסיל כזורק אבן למרקולים.

מתיסטים, μεθυστής, Trunkenbold; zu Tanch. I kedoschim § 2 bemerkt Buber Note 11, dass im Oxforder Mscr. nach זה שיכור הוא die Worte stehen מתיסטים הוא, wornach also שיכור הוא eine Glosse ist, die den eigentlichen Text verdrängt hat.

נ

נווטא, ναύτης, Schiffer, Schiffslenker, Steuermann. Ber. r. § 12 f. 13[c]; plur. Schiffsleute, Matrosen; Koh. r. s. v. עת לבקש f. 77[d]; (auch syrisch) vgl. Apocalypse 18, 7 in der syr. Bibelübs.

נווטי, Ναβαταῖος, Nabatäer, ein arabischer Volksstamm; Ber. r. § 48: אחד נדמה לו בדמות סרקי ואחד בדמות נווטי ואחד בדמות ערבי; „der Eine erschien ihm in der Gestalt eines Saracenen, der Andre in der Gestalt eines Nabatäers, und Einer in der Gestalt eines Arabers“ (Levy); Ber. r. § 44 wird קדמני mit נווטיא erklärt.

נווסא, ναὸς, Tempel. Ber. r. § 16 f. 16[d] nach Aruch's richtiger Lesung בנווסין ובפנקסין, während unsre Ausgg. בנימוסין ובפניקסין haben; auch im Syr. kommt נווסא als ναὸς vor; s. liber Calipharum Anf. in Land, Anecd.: ונווסיהון סחף.

נווסא, ναυσία, nausea, urspr. Seekrankheit, in Folge deren: Erbrechen und Übelkeit, daher: Übelkeit, Erbrechen. Pes. Wattomer f. 131[a] (Echa r. s. v. מה יתאונן f. 66[a], wo irrig steht ושלא יהא אחד מהם נוסא ודלוריא אוחזתו hat Buber für נוסה die Verbesserung נווסה gemacht. Aruch und Levy erklären dies נוסה für: starkes Essen (נס) und in Folge dessen: Erbrechen. Indess Mussafia zu נס bemerkt, dass נווסא die richtige Lesung sei.

נוטרי, νοτάριος, notarius, Schreiber, Bureaubeamter. In Pan. acher. II v. Abba Gor. § 6 בנו של המן נוטרו של מלך: „Ein Sohn Hamans war Sekretär des Königs.“

נוטרין, notoria (sc. epistola). Aufzeichnung, Anklageschrift. Schm. r. § 31 f. 130[b].

נוטריקון, νοταρικὸν, notaricum, Geschwindschrift, Abkürzung, Andeutung der Wörter durch Anfangsbuchstaben. Mechiltha Amal. § 1 f. 62[b]; Ber. r. § 46 f. 45[d] מנין לנוטריקון מן התורה; 2, Erklärung der Wörter als Anfangsbuchstaben mehrerer anderen Wörter; Pesikta bachod. haschl. f. 109[a] u. v. a. St.

נומי, *νομή*, ein Geschwür (auch im Syr.: s. syr. Bibelübers. 2. Timoth. 2, 17); Sifre 5. B. M. § 45; das. § 32. Sifra Emor zu לה יטמא, wo es heisst: שעלת נומי על רגלו: Ber. r. § 46 f. 45d.

נומירון, *νούμερος*, numerus, eine Cohorte, Abtheilung Soldaten; auch *ἀριθμὸς* in dieser Bedeutung bei den Byzantinern; Mechiltha beschall. § 1 f. 32b.

נימה, נימא, *νῆμα*, Gespinnst, Faden, Schnur. Ber. r. § 90 f. 90c בא אחד וקשר חבל בחבל נימה בנימה „da kam Einer und band Seil an Seil, Schnur an Schnur"; Sifra Kedosch. § 2, 4 Ende שלא תהיה נימא אחת עולה על בשרו „damit nicht auch nur ein Faden an seinen Körper komme". Sifre 5. B. M. § 234: ולא מן העשוי שלא יוציא נימים מן הטלית ויעשה; Ruth r. § 3 f. 38d אפילו כמלא נימא; 2. Saite: Tanch. I u. II behaalotlecha und Bem. r. § 16 Sch. t. Ps. 81. כמה נימין היו בכנור; 3. ein Haar: Waj. r. § 15 f. 158c אין לך כל נימא ונימא שלא ברא לה הב"ה גומה בפני עצמו „für jedes Härchen hat Gott ein besonderes Grübchen geschaffen". Ber. r. § 93 f. 90d: וחמשה לבושים היה לובש נימה אחת היתה לו בלבו כיון שהיה כועס קורע את כלם „fünf Kleider hatte er (Juda) am Leibe; und auf dem Herzen hatte er ein Haar; wenn er in Zorn gerieth, hat dieses (Haar) alle (5 Kleider) zerrissen". Levy nimmt hier נימה für Kleid und übersetzt: „.... Juda hatte um sein Herz ein Kleidungsstück, das, so oft er in Zorn gerieth, hervorsprang und alle seine Kleider zerriss." Ich weiss nicht, mit welchem Recht das Wort „hervorsprang" eingefügt wird.

נימוס, נומוס, נמוסא (syr. נימוסא syr. Hexapla 2. Kön. 10, 31, syr. Bibelübs. 23, 29); Gesetz, Sitte, Brauch. Ber. r. § 48 f. 37c: עלת לקרתא הלך בנימוסה, „kommst du in eine Stadt, richte dich nach ihrem Brauche"; Ber. r. § 67 f. 68d; Schm. v. § 25 f. 124a; Mech. Schira § 7 f. 48b; Schm. r. § 15 f. 116a עשרה מכות הביא עליהם בנימוס המלכות, wo in Pesikta bachazi, Pesikta rabb. daselbst, Tanchuma I r. II Bo. במקסין של מלכים (nach der Reihenfolge, wie es die Kaiser machten) steht. Bem. r. § 14 f. 234c (Tanch. I Korach § 11; T. II Kor. § 5); Tanch. I Wajikra § 11 (T. I Wajikra f. 3a); Sifra achre moth § 9, 13 שלא תלכו בנימוסות שלהן; Waj. r. § 17 f. 152a nach Aruchs Lesung נומוס הוא וקילוסין הוא *νόμος καὶ κέλευσις* u. s. w. S. Levy. In Schm. r. § 15 f. 113c ist הוציא הנימוסין nach Jalkut, nach Tanch. I Waëra § 2 und T. II Waëra § 5 in דיפתרא oder in טומסין zu berichtigen. Waj. r. § 35 f. 179c nach Aruch אמר ר' אלעזר בסיליוס בר סילאוס נומוס אגריפס, nach Jer. Rosch hasch. I, 3 in פרא בסיליוס או נומוס או גרפים, *πρὸ βασιλέως ὁ νόμος οὐ γραφεὶς* „für den Kaiser ist das Gesetz nicht geschrieben", princeps legibus solutus. Brüll will es ändern א"ר לעזר (בר) פדא בסיליוס נימוס אג גריפית „R. Elasar (Sohn) Padas sagt: der König ist ungeschriebenes Gesetz", *βασιλεὺς νόμος ἄγραφος*. Diese Lesung widerspricht dem Zusammenhang und Sinn. Der Sinn ist ja: während der röm. Kaiser sich von des Gesetzes Zwang nicht gebunden achtet, ist Gott selbst das Vorbild in Übung alles Guten. Pes. r. § 24 f. 43[c] (Bem. r. § 8 f. 197[a]) בנימוסות שלנו.

נימוקי, *νομικὸς*, Gesetzkundiger, Ag. Ber. 36.

נינפי, **נימפי**, *νύμφη*, Braut, junge Frau; Ber. r. § 71 f. 71[b]. נינפי היה לי ליעשות לפני אחותי „ich hätte vor meiner Schwester Braut (od. junge Frau) werden sollen": Schm. r. § 36 מהו יפה נוף לשון יוני קורין לכלה נינפי ist nach Pes. r. § 42 f. 66[c] zu berichtigen in קלונינפי (*καλὴ νύμφη*, schöne Braut), wie Friedmann richtig bemerkt, dass sowohl יפה als auch נוף zur Deutung verwendet werden. Tanch. II Pekude § 9 Anf. ונחשת התנופה ונחשת הכלה שכן בלשון יון קורין לכלה נינפי.

ניפולין, *Νεάπολις*, Nablus, Neapolis, die ehemals Sichem genannte Stadt, wegen ihrer Auflehnung gegen den macedonischen Feldherrn zerstört, und als neue Colonie Neapolis (Neustadt) genannt (Droysen, Geschichte der Epigonen II, 203). In Pesikta Echa f. 121[b] s. v. קריה נאמנה wird in tendentiöser Weise die „einst treue Stadt", die aber „eine Buhlerin geworden", d. h. vom rechten Glauben abgefallen ist, קרתא חדתא קרתא מרבבתא (צ"ל מברכתא) auf Neustadt (Neapolis), die „Stadt des Segens", (wie die Samaritaner sie als ihre Hauptstadt und Sitz ihres Tempels nannten) gedeutet. Bem. r. § 23 f. 247[c]: ושכם בהר אפרים זה ניפולין; Deb. r. § 3 f. 254[a]: מעשה בר' יונתן שהיה מהלך אצל ניפולין של כותיים. Hiernach sind in den Parallelstellen Ber. r. § 32 f. 31[b] und Midr. Schir s. v. כמגדל דוד f. 21[b] נבי חד פלטאנס bzw. עבר בהדין פלאטנוס zu berichtigen in הַדין ניפולים (הדא). Auf diese falsche Lesung gründet Levy die Vermuthung, die Samaritaner hätten viell. eine Platane verehrt. Es ist einfach eine Textverderbniss.

ניקולונוס s. דיקולונוס.

ניקנור, *Νικάνωρ*, Feldherr des Syrerkönigs Demetrius, drohte, den Tempel zu zerstören, wenn ihm Juda nicht ausgeliefert werde, fiel in der Schlacht bei Adarsa: am 13. Adar ward als Nikanorstag der Sieg über Nikanor jährlich gefeiert; 2. Eigenname eines Juden, der für den Jerusalemer Tempel Thüren aus Alexandria geholt. Sifra Achremoth § 2, 2; Tanch. I r. II § 1.

ניקורין; in Midr. Samuel § 22 erklärt R. Eibu תרפים durch ניקורין של ברולקי (Jalkut: ניקורין של ברוקלי), nach Luzzatto (Iggaroth r. 712) ניקוסין של ברולקי zu lesen.

ניקוס wäre *νάκος*, das abgezogene Ziegenfell, welches die Satyrdichter, die *βαρυλόγοι* vor das Gesicht nahmen als Maske. Michal hätte eine Maske von Ziegenfell, wie sie die *βαρυλόγοι* der Römer vor das Gesicht nahmen, statt Davids in das Bett gelegt. Der Midrasch will nicht zugeben, dass in Davids Hause Götzenbilder gewesen, daher diese Erklärung.

נירון, *Νήρων*, Nero, römischer Kaiser. Echa r. s. v. היו צריה f. 55[d].

נמפיון, *νυμφαῖον*, Springbrunnen, Teich, Schm. r. § 31 f. 129[c]: nach Aruch und De Lara: unsere Ausgg. ניפיון; Tanch. II Mischp. § 8 נימסינון; Salmas. ad Gordianum tertium 32: „nymphaea ergo sunt salientes, vel fontes manu structi aquam in publico ejaculantes.

ננס, νάννος, Zwerg von Menschen und von Thieren; klein Tanch. Pinch. § 1 (T. II das. § 10) Bem. r. § 9 f. 202[d]. — Ber. r. § 37 f. 36[a] כפתורים ננסים; das. § 65 f. 64[b] (Midr. Schir s. v. אחוז f. 16[b]). Pes. r. § 32 f. 54[c]. עכשו אנו עומדין להקיש בכנורותינו לפני הננס הזה „jetzt sollen wir unsre Cither rühren vor diesem Zwerg (Nebukadnezar)?“

ננסא=ננס. Pesikta Dibre f. 112[a].

ננסת, Zwergin. Sifra Wajikra 11, 20.

נפילים. Sifra Schmini § 6, 5; Schm. r. § 15 f. 116[a]. בן הנפילים, Nauplius, ein Schalthier, das mit seiner Schale wie mit einem Schiffe zu segeln versteht; daher der Name: auch nautilus; daher auch der deutsche Name: Schiffsbote: Tharg. für צב, B. r. m. 11, 29. S. Landau zu Aruch.

נקדוד s. **נקרוס**.

נקדימון, Νικόδημος, Nikodemus, Name eines wegen seines Reichthums und seiner Wohlthätigkeit berühmten Mannes in Jerusalem in den Zeiten Nero's. Sifra 5. B. M. § 305. Echa r. s. v. על אלה אני בוכיה: f. 58[c] (Pes. r. § 30 f. 52[c]).

נקיטא, νικητής, Sieger, Besieger. Aba r. Einl. f. 47[c] (Koh. r. s. v. ויתרון f. 83[c]: Waj. r. § 2 f. 165[c]) (nach Aruch auch in Ber. r. § 10) נקיטי ברברון, „Sieger über die Barbaren“. Aruch.

נקליט, ἀνάκλιτον, Ruhebett, Lehne Sch. t. Ps. 72.

נקרוס, νεωκόρος, Tempeldiener, Tempelaufseher. Waj. r. § 1 f. 145[b]: אין נגאי למלך לדבר עם נקדודו. Hierzu hat Sachs I, 166 bemerkt, dass נקדודו eine Corruptel ist aus נקרוסו. Noa, sagt er, wird dort der Tempeldiener Gottes genannt, weil er den ersten Altar gebaut, wie denn in Jer. Berach. f. 3[c] unten, um כרע zu erklären, gesagt wird, Salomo sei gestanden כנון הדין נקרים (soll heissen כנון הדין נקרוס): „wie ein Tempeldiener.“ Das Gleichniss wird aber erst dann recht verstanden, wenn man erwägt, dass die Städte des römischen Reiches wetteiferten, den Kaisern Tempel zu weihen und Festspiele einzurichten, und sich dafür bei den Kaisern um den Ehrentitel νεωκόρος bewarben. So erhielten z. B. von Hadrian die Städte Athen, Ephesus, Kyzikos u. a. aus solchen Ursachen den Titel Neokoren, Tempeldiener des Gottes Hadrian. Diese Neokorie war ein sehr begehrter Titel Seitens der Städte. Vgl. Gregorovius, Kaiser Hadrian S. 101. 131. Auf diese Sitte anspielend nennt der Midrasch den Noa, weil er den ersten Altar gebaut, den Neokoros Gottes.

נרדינון, νάρδινον (sc. ἔλαιον), Nardenöl. Midr. Schir s. v. נרד f. 24[c].

נרתיק, νάρθηξ, ein Kästchen (für Salben und Arzeneien): Die Aerzte nannten ihre Bücher von den Arzneimitteln νάρθηκας. Schol. z. Aristoph. Pesikta Hachod. f. 53[b] (Pes. r. hachod.) נרתיק של רפואה; 2. Behältniss, Gehäuse: Ber. r. § 6 f. 7[c]. Midr. Schir s. v. כמגדל f. 21[b] und s. v. נפת f. 23[d]: Midr. Koh. s. v. וזרח השמש f. 72[a]: Sch. t. Ps. 19.

ס

סבלונות, σύμβολα (plur.) Handgeld, Arrha, insbes. arrha sponsalitia, Malschatz, Ehepfand, meistens ein Ring. (S. Perles, kleiner Aruch. und Perles, die Berner Handschrift des kleinen Aruch S. 5 ff.) Tanch. II Wajeze § 6.

סבנא, **סבינתא**, σάβανον, ein Tuch zum Abreiben im Bade: Umschlagtuch. Ber. r. § 19 f. 19c in סכנין corrumpirt. Pes. beschall. f. 93b. (Aruch, De Lara).

סבסטי, **סווסטי**, Σεβαστή, Sebaste, von Herodes neu gegründete Stadt an Stelle des unter Jochanan Hyrkan von seinen Söhnen zerstörten Samaria, zu Ehren des Augustus (Σεβαστὸς) so genannt. Tanchuma I Schmini § 8 (T. II das. § 5: Bem. r. § 10 f. 206c); in der Parallelst. Waj. r. § 5 ist בסבסטי ausgefallen; in Tanch. II Bem. § 1 ist בסבסטין nach Bem. r. § 1 in בסינמטין zu berichtigen. Levy will dafür כסבסטין lesen: „wie die Kaiser", והרבצתי אתכם כסבסטין „ich liess euch lagern wie die Kaiser" (?). Sifra bechukkothai § 4, 10: המקריש בפרדיסות סווסטי.

סבקין, sebacei, Talglichter: Schm. r. § 36 f. 133d: קרינין וסבקין, „Wachskerzen und Talgkerzen". Aruch. Landau. In Tanch. I Behaalothcha § 9 (T. II das. § 9) ist סובקין nach Bem. r. § 15 f. 229b in סובבים zu berichtigen.

סברוני, Severianus, Sohn des Severus, von einem Anderen adoptirt. Pes. beschall. f. 83a. Kohut.

סבריקין, σίφαρος, supparum, ein Oberkleid der Frauen beim Ausgehen. Marquardt, Privatl. d. Römer S. 468. — Sifra mezora § 7, 5 לבוש עשרה סבריקים ועטוף עשרה פוליוניות „wenn man in zehn Mäntel und zehn Pallia gehüllt ist". Kelim 29, 2. Schabb. f. 120a. Aruch erklärt es für Handschuhe oder Beinkleider.

סגום, sagus, sagum, σάγος, ein dichter wollener Mantel. Sifra Sabim § 1, 2. הסינום והרדיד; in Kel. 29, 1: סגום ורדיד, wornach auch hier הסינום zu berichtigen. Sifra 5 B. M. § 234: פרס לסגום; das. § 277.

סגמטין, σίγματα, Pfühle, Ruhepolster; Sigmata hiessen nach der Gestalt C die halbkreisförmigen Ruhebetten, welche gegen Ende der Republik und in der Kaiserzeit die lectulos bei Tafel verdrängten. Als nemlich die kostbaren orbes oder δίσκοι, auch monopodia (oder tripodes, wenn sie dreifüssig waren) die triclinia verdrängt hatten, gebrauchte man statt der einzelnen lectuli ein einziges Sopha, accubitum, welches auch nach seiner dem griechischen Buchstaben C ähnlichen Gestalt Sigma hiess. Marquardt, Privatleben der Römer S. 298. — Bem. r. § 1 f. 182a, wornach Tanch. II zu bemidb. § 1 zu berichtigen ist aus בסבסטין „ich habe euch auf kostbaren Ruhebetten (beim Mahle) hinlegen lassen" והרבצתי אתכם בסגמטין: denn es heisst ויסב אלהים וכו' מאי ויסב מלמד שהרביצן כדרך שהמלכים מסובין רבוצין על מטותיהן:

סגנון, σίγνον, signum, Zeichen, Losungswort, Bild, Fahne, Panier: Ber. r. § 97 f. 94c: הבא

אנכי (צ"ל שלי) בסנגן שלו „wer mit meinem Losungsworte „Anochi" kommt, וזה הוא הנואל." Tanch. I tissa § 13 (Schm. r. § 45 f. 139[c]) סננום של מלך, „die kaiserliche Fahne". Ber. r. § 6 f. 7[d]: ספר משנה תורה היה סננון ליהושע. In Mechiltha besch. s. v. התיצבו ist נטל מנפות שלהן und ebenso Sch. t. Ps. 18 נטל מנינות שלהם nach Midr. Schir s. v. לסוסתי f. 9[d] und Jer. Sota VIII in נטל סניות שלהם zu berichtigen. s. auch Levy; 2. Himmelszeichen, Constellation, der Stand der Sterne bei der Geburt eines Menschen; Hist. Aug.: Diadumenus 5: et ea hora et signis prope concinentibus, quibus et Antoninus Pius." Est. r. s. v. הפרתמים f. 101[b], בני סנניה דיליה „die mit ihm, unter gleicher Constellation geborenen".

סנרין s. **סטרטיוט**.

סדינארום, σϑεναρὸς, stark, kräftig, Schm. r. § 15 f. 113[b]: סנדריאום אים איליאיום, muss nach Brüll berichtigt werden in סדינארום אום איליאום, σϑεναρὸς ὡς ἥλιος, „stark, wie die Sonne". Brüll, Fremdsprachl. Redensarten.

סדסים, synthesis, σύνϑεσις, ein leichtes, farbiges Tischkleid, das man zu Hause und bei Tische anzog: Marquardt, l. l. 312. 554: Martialis 5. 80, 2. — Sifre 5 B. M. § 234. Auch bei den Saturnalien ward es angezogen und an denselben auch auf der Strasse getragen. Statt לסדסים ist סדסים in Sifre zu lesen.

סדקארים s. **סירקארים**.

סודר (syr. סודרא), σουδάριον, sudarium, ein Tuch um den Hals oder Kopf. Waj. r. § 23 f. 167[b].

סולא, σῦλον, Raub. Midr. Schir. s. v. על הרי בתר f. 16[d]: כד תתב מלכותא בתר סולא. Siehe Kohut s. v. ארא.

סוליים, **סוליתא**, **סוליא**, solea, Sohle, Sandale, Schuh; Tanch. II Beresch. § 1; Tanch. I behaal. § 16; (Jer. Schabb. I f. 3[c]). S. Levy und Buber.

סומבק, sebaceus, Talglicht: Sch. t. Ps. 90: מה סומבק טב קומוי משה ב"ו עולה לפני הב"ה שכולו אש ומשרתיו אש ist nach Jalkut Ps. 90 zu vervollständigen. Es ist nemlich statt des in Jalkut stehenden סיב קמלפי zu lesen קסילופני und in der St. Sch. t. einzuschalten: also מה סומבק טב קומוי קסילופני: משה ב"ו וכו' „was ist so ein Talglicht geachtet gegenüber einem Leuchtthurm? Moses, der Sterbliche geht hinauf zu Gott, der ganz Feuer ist, und dessen Engel Feuer sind." Die Worte מה בוצין טב sind eine Glosse.

סונטמא, σύνϑεμα, Fuge, Spalt. Waj. r. § 12 f. 155[d]. Aruch, Landau. Das Wort fehlt in unseren Ausgg. Die Stelle lautet nach Aruch קבע סונטמא בנו צירא דתרעא והוא מפני מלנו והו שתי מלבר „er machte einen Spalt in die Thürangel, und was er innen ausgeleert (in die Spalte) trank Jener aussen". In unseren Ausgg. וחזא נוקבא בתרעא וכו'. Dies נוקבא ist eine Glosse; viell. ist aus נוקבא dann קבע geworden, und hat das Wort עבר verdrängt.

סוניתא, συνήϑεια, Gewohnheit, Ber. r. § 50 f. 49[d]. Sachs II, 88.

סונפא, συμβὰν, ein Zufall. Pes. r. § 30 f. 52[c] (Levy).

סופיסטס, σοφιστής, Gelehrter, Pesikta bachod. haschl. f. 107[b] (Pes. r. § 21 f. 37[c]). Sachs

I, 168. Jer. Schebiith 9, 2: א"ל סופיסטה.

סוריא, Συρία, Syrien. Schm. r. § 12. Sifra behar § 1, 1. שמוציאים לסוריא; unter סוריא sind im Talmud und Midrasch im engeren Sinne die von David eroberten Provinzen Syriens verstanden.

סוריסטין oder vielmehr **סוריטין**, σωρείτης, σωρίτης, haufenweise, gehäuft. Deb. r. (nach der Münchener Hdsch. von Buber hersg.): ששפך להם בלעם ברכות כעותר סוריסטין צ"ל סוריטין (Buber Likutim S. 10): „überströmend sind die Küsse des Feindes, das sind die Segnungen, mit welchen Bileam sie haufenweise überschüttet hat".

סורסי, συριστί, in syrischer Sprache. Ber. r. § 74 f. 73[c]: אל תהי לשון פרסי (צ"ל סורסי) קל בעיניך (vgl. Jer. Sota VII, 2): Est. r. s. v. וישלח f. 105[a] פרסי (צ"ל סורסי) לאילייא (vgl. Jer. Megilla f. 71[b]). (Levy).

סטבלא, στάβλον, stabulum, Stall; Sifre 4. B. M. § 42 g. E. ארבעת אלפים טסבלאות; das letzte Wort corrumpirt aus סטבלאות.

סטטיונר, στατιονάριος, stationarius, Soldat, der auf Piquet gestellt ist; Ber. r. § 26 f. 25[c]; Schm. r. § 51 f. 143[c]. (Levy.)

סטטירין, στηθάριον, στηθάριν, Brustbild; Midr. Schir s. v. יפה את f. 27[d]: יפה את כתרצה אלו נשי תירען דא"ר נשי תירען כשרות היו ולא נתנו מנזמיהן למעשה העגל אמרו מה לסטטירין הקשה שיבר „Schön bist du, wie Thirza"; damit sind die Frauen von Thirza gemeint; denn Rab sagte: die Frauen von Thirza waren fromm und gaben nicht von ihren Ohrringen zur Anfertigung des Kalbes; sie sagten: hat Gott die festen Brustbilder zerbrochen; um wie viel mehr das leichte". Sachs II, 105. Weder die Ableitung von σταθερός, feststehend, Starker, wie Levy meint, noch die von στατάριον, Stater = אסתרא, den „Stater", wie es Fleischer das. Bd. III, S. 722 meint, sind zutreffend, sondern die dem einfachen Sinn entsprechende Erklärung von Sachs.

סטים = **אסטים**, ἴσατις, Waid, Färberroth. Sifre 5. B. M. § 105.

סטכטון, στακτὸν (sc. ἔλαιον), von selbst ausfliessendes Öl, Vorlauf: צרור המור (Schir 1, 13) geben LXX mit ἀπόδεσμος τῆς στακτῆς, syr. Hexapla צררא דאסטקטא wieder; 2. für סטכטין = στακτὴ (Accusativendung für Nominativ στακτὴν) ein künstlich bereitetes wohlriechendes Öl, aus frischer Myrrhe und Zimmt. Waj. r. § 28 nach Aruch לא אנא חכים לך ולאבוך מכפר קרינוס דהוא ספר ובלנאי (והוא עביד סטכטון). Die eingeklammerten Worte sind demnach auch in Pesikta Omer Ende und Pes. r. das. einzusetzen.

סטן, σθένος, Stärke. Tanch. II Schoftim § 2 (Tanch. I das. § 3): אילמלא שיטנו של יואב לא היה יכול דוד לעשות הדין (das י ist nur mater lectionis). Siehe Levy.

סטרומטין, στρώμματα, Bettpolster. Midr. Koh. s. v. מה יתרון לעושה, f. 78[a].

סטרטיא, στράτα, Strasse; Tanch. II Pekude § 3 דומה לסוס שהוא מהלך בסטריות (צ"ל בסטרטיות); in Sifre 5 B. M. § 161 טרסיאות, corrprt. aus סטרטיאות; s. Friedmann.

סטרטיגוס, στρατηγὸς, comes militum, magister militum, der oberste Befehlshaber in einer Praefectura; s. אסטרטיגוס. Schm. r. § 37 משל לאוהבו של מלך קומים ורפוסא (צ״ל ופריפוסיטא) ביקש לעשות סטרטיגוס לאחד. „Wie wenn der Kaiser einen Comes und einen Präpositus (Kammerherr) zum Freund hatte, und nun einen Militärcommandanten ernennen wollte."

סטרטיוט, *στρατιώτης*, Soldat. Schm. r. § 15 f. 115^a: ב״ו מכתיב סטרטיוטין גבורים „der irdische König wirbt kräftige Soldaten an"; Levy übersetzt hier nunötiger Weise סטרטיוטין mit: „Kriegsoberste"; diese Bedeutung hat *στρατιώτης* nie, kann also auch סטרטיוט nicht haben. In Bem. r. § 8 f. 196^d: מי שכתב עצמו סיגרון למלך, welches in Pes. R. § 24 lautet: כל מי שהוא מכתיב שרגיון למלך, ist an beiden Stellen zu berichtigen: מי שמכתיב עצמו סטרטיוט למלך „wer sich als Soldat für den Kaiser anwerben (conscribere) lässt, verläugnet seine Eltern, und Dieser befiehlt: ehre Vater und Mutter". Levy hält es für secretarius, das passt aber nicht zum Text; heisst auch סקרטארי und אסקריטורי, aber nie שרגיון. Auch passt מכתיב, conscribere, anwerben, blos zum Soldaten.

סטרנלייא, Saturnalia, *Σατουρνάλια*. Die Saturnusfesttage Deb. r. § 7 f. 259^c; Est. r. s. v. ויאמר המן f. 106^c.

סידקי, *σιτοδόκη*, Getreidemagazin, Getreidemarkt. Est. r. Anf.; Midr. Ruth s. v. ויהי בימי f. 36^d; Echa r. s. v. העיר f. 51^c.

סיטון, *σιτώνης*, Getreideaufkäufer. Sifre 5. B. M. § 294. De Lara.

סיטוסימה, *σιτισμός*, Verköstigung, reichliche Nahrung. Jlmd. Wajesch. nach Aruch. S. Levy.

סייף, *ξίφος*, Schwert. Sifre 5. B. M. § 40 (Waj. r. § 35 f. 179^d); Ber. r. § 9 f. 10^a; Waj. r. § 6 f. 150^d; Pesikta bachod. haschl. f. 103^a (syr. סיפא).

סילי, *σκίλλα*, Krebs. Ber. r. § 51 Anf. S. Levy.

סילון, *σέλλιον*, Sessel. Waj. r. § 25 f. 168^d סילון דדהבא.

סילון, *σωλήν*, Rinne, Canal; übertr. Wasserstrahl, (De Lara) Ber. r. § 32 f. 31^a הם קלקלו סילונות שלהם „sie verderbten ihre (Samen-) Ergüsse"; Bem. r. § 14 f. 128^a כמין סילון של אש „wie eine Art Feuerstrahl"; das. vgl.: מגיד הכתוב שהיה יוצא הקול מפי הב״ה כמין סילון לתוך אזנו של משה. S. De Lara.

סיליקראות s. **סיריקראות**.

סימטא, semita, Fusssteig, Seitenweg, Querstrasse, ein vorspringender Winkel am Wege, wo man Waaren und Sklaven zum Verkauf ausstellte. S. Raschi zu B. bathra f. 84^b v. 6, וסימטא אית דאמרי שביל של יחידים ואני שמעתי כניסה בולטת מר״ה ויש רשות לבני אדם להעמיד שם חפצים. Sifra behar § 6: שלא יעמידנו בסמטא ויעמידנו על אבן המקח, „er darf ihn (den hebräischen Sklaven) nicht auf den Sklavenmarkt bringen, und ihn auf den Verkaufstein stellen". (Wegen סימטא vgl. Pesach. f. 50^b: תגרי סימטא, und die Erklärung v. Raschi יושבין ומוכרין בשוק. Die Sklavenhändler stellten ihre Sklaven auf dem Sklavenmarkt aus, und der zu Verkaufende ward auf den lapis, *πρατὴρ λίθος*, eine steinerne Anhöhe gestellt, und musste auf Verlangen alle Theile des Körpers untersuchen lassen.

סימסיריקין, *ἡμισηρικά*, semiserica, halbseidene Kleider; Koh. r. s. v. כל הנחלים f. 72[d]; bei diesen war die Kette von Leinen u. der Einschlag von Seide, ein Ggs. von *ὁλοσηρικά*; das Wort ארסקינין ist corrumpirt aus סריקינין.

סימנטירין, *σημαντήριον*, Siegel. Pesikta beschall. f. 82[a]; Midr. Schir s. v. גן נעול f. 23[d]; das. s. v. כי טובים דדיך f. 5[d]. In Schm. r. § 19 f. 118[c] אם אין סינטרי (צ״ל סימנטרי) על כל המסובין „wenn mein Siegel nicht bei allen Geladenen ist". In Sch. t. Ps. 18 ist irrig סימנטרא gesetzt für טורמינטא; s. das Wort. Vgl. auch Aruch u. De Lara. Levy.

סימפון s. מיומס.

סימפונייא s. פסיפוס.

סינדקנוס, *σύντεκνος*, compater, Gevatter in der Sprache der Kirchenväter; Jalkut Ps. 35, 10 ברכי: בהן אני עושה סינדיקוס לילדים בשעת מילה. In Sch. t. das. ist der ganze Passus ausgefallen, aber von Rokeach 100 daraus citirt: בברכי אני נעשה סינדוקנוס לילדים הנימולים עליהם „mit meinen Knieen (lobe ich Gott); ich werde nemlich Gevatter bei den Kindern, die auf denselben beschnitten werden". S. Perles, Beitr. z. Gesch. der hebr. und aram. Studien S. 57 ff.

סינודיא, *συνοδία*, Begleitung auf dem Wege. So ist nach Bubers treffender Bemerkung in Tanch. I Bemidb. § 22 (T. II das. § 19 r. Bem. r. § 4) nach Jelamdenu s. v. פקוד כל בכור זכר zu lesen: אני ומלאכי השרת נעשינו סינודיא שלך „ich und die dienenden Engel wurden deine Reisebegleiter". Auch die verschiednen Fassungen der von Buber citirten Lesungen in den Tanchumamanuscrr. zeigen in der Art der Corruptionen, dass סינודיא zu lesen ist.

סינטומוס, *συντόμως*, kurz, kurzweg. Midr. Schir s. v. עד שהמלך f. 10[d]; das. s. v. הנה מטתו f. 18[d] (Bem. r. § 11 f. 211[d]). Aruch. Landau.

סיסמא, *σύσσημα*, verabredete Zeichen. Midr. Sam. § 9. Aruch. Levy.

סיסרנין, *σίσυρνα*, ein Flaus, ein zottiger Rock, wo die Wolle nicht abgeschnitten ist. Ber. r. § 20 f. 21[b]: כתנות עור erklärt das. R. Jose b. Chanina mit סיסרנין „Ziegenpelz". S. auch Tanch. I Bereschi. § 24 wo Buber סיסטין nach Ber. r. § 20 emendirt. S. auch Mussafia zu Aruch.

סיקוס, *σηκός*, Gewicht, Mass (wie *σήκωμα*). Ber. r. § 10 Anf. לכל יש סיקוסים „Alles hat seine bestimmten Masse, ... ausser der Thora, diese hat kein Mass, (ist unermesslich, unbegrenzt); Waj. r. § 12 f. 156[a]: לקרבנות נתתי סיקוסים שנ׳ ונסכיהם חצי ההין . . . . ולך איני נותן סיקוסים „bei den Opfern habe ich bestimmte Masse angegeben, und ihre Trankopfer ein halbes Hin zum Stier (4. B. M. 28, 14), und für dich sollte ich keine Massbestimmungen treffen?" Echa r. s. v. כלו בדמעות f. 63[b]: סיקוסים ניתן לעין „Masse (Grenzen) sind dem Auge gegeben; die Thräne bei Geruch von duftenden Spezereien; die Thräne bei Geruch von Senf; die Thräne beim Salben mit Augensalbe und die Thräne beim Lachen"; d. h. Manches kann das Auge nicht vertragen, es geht über sein Mass; stark duftende Gewürze kann es nicht ertragen, es kommt die Thräne, ebenso bei heftigem Lachen; vielleicht ist aber hier die Bedeutung von σηκὸς, σήκωμα = Gleichgewicht anwendbar; die Thräne setzt das zu sehr angestrengte Auge wieder in's Gleichgewicht. Schm. r. § 25 f. 124[a]: „Gott gab dem Jakob סיקוסים Grenzen; wenn deine Nachkommen dem Staub der Erde gleichen, dann sollst du dich ausbreiten!" Auch hier wäre die Bedeutung: Gleichgewicht od. Gegengewicht für סיקוסים nicht unpassend.

סיקוסים, σύκωσις, Feigwarze, Warze, Auswuchs, Knoten; Mussafia, Landau: התמרה הזו וארז אין בהם עקומים ולא סיקוסים. Ber. r. § 41.

סיקפנטיה, συκοφαντία, falsche Anklage, Chicane. Sifre 5. B. M. § 349. So sagt Raschi zu 5. B. M. 33, 8: נסתקפת לו לבוא בעלילה, wo hier steht: סקיפנטיה נסתקפה לו (צ"ל סיקופנטיה).

סיקרא, rothe Erde von der Insel Skyros; ein Färbemittel; Sifre 5. B. M. § 269. Siehe Mussafia zu Aruch s. v. סם.

סירון, σάρον, Kehricht, Unrat. Echa r. s. v. סורו f. 68[c] (Waj. r. § 16 f. 159[b]). R. Meier erklärte סורו aus dem Griechischen: Unrat! Unrat! S. Levy.

סירונית, nach Aruch in סיריני (Sifra Schemini § 4, 3) zu berichtigen, Σειρήν, die Sirene (De Lara), die Seejungfer. Die Sirenen sind die aus Homer bekannten Seejungfern; es sind die Klippen bei Campanien in diesem Bilde dargestellt, welche durch die glatte Spiegelfläche und den pfeifenden Ton der über den Felsen rauschenden Wellen den Seefahrer täuschen; σίρω, pfeifen s. Riemer s. v. Sifra Schmini § 4, 3: חיה זו חית הים נפש להביא את הסירני. Jalkut hat הסילונית für הסרני; die richtige Lesung scheint הסיריני zu sein. S. Raabad zu Sifra.

סיריקארים, σηρικάριος, σιρηκάριος (sc. ὑφάντης), sericarius (sc. textor), Seidenweber (De Lara). Midr. Schir s. v. כרם f. 33[d]: לאחר שהיה לו בן נידם אצבעים מה עשה הוליכו אצל סדקארים. Statt סדקארים muss es heissen סיריקארים, vgl. auch De Lara.

סיריקראות (ein Wort, gebildet aus σηρικάριος), die Seidenweberei. Pes. r. § 26 f. 46[c] corrumpirt in סיליקראות, welches Güdemann irrig für silicarius = „Steinmetz" erklärt. Friedmann hat das Richtige, und weist auf Jalkut Ps. 8, 2, wo סירקי für סירקראות steht, während es in Sch. t. Ps. 8 ganz ausgefallen ist.

סיריקון, σηρικὸν, Seide (das von den Serern Kommende); Sifra Negaim § 13 השיריים והסריקין והכלך (Levy).

סכולסטיקא, σχολαστικός, Rechtsgelehrter, in Midr. Schir s. v. אמרתי אעלה בתמר f. 31[c] wird סנניא Dan. 3, 27 durch סכולסטיקי erklärt, פחותא mit קתאליקי (καθολικος = Schatzmeister), ebenso weiter oben wird דתבריא mit אסכלוסקיקי (צ"ל אסכולסטקי) erklärt.

סכיוני, Pes. beschall. f. 83[a] (Midr. Schir s. v. גן נעול f. 24[a]) wahrsch. סבניני zu lesen: Sabinianus, Sohn des Sabinus.

סלגניתא für **סלניתא**, σιλιγνίτης (ἄρτος), panis siligineus, Brod vom feinsten Mehl; Ber. r. § 64 f. 64[c] ein Korb für Weizenbrod; ebenso Koh. r. s. v. ברבות הטובה

f. 83b (97b) לא דמי ההוא דחמי סולניתיה פניא וכפן לההוא דחמי סלניתיה מליא ושבע, d. h. der Anblick des vielen Brodes macht schon halbsatt, während der Anblick des leeren Brodkorbs den Hunger noch schärft. Über die Ableitung von סלניתא s. Sachs I, 145.

סלירא, neugriech. *σελλάριον*, Sessel. Waj. r. § 5 f. 152c.

סלמנדרא, *σαλαμάνδρα*, Salamander, Erdmolch. Weil er bei der Berührung einen weissen Saft aus seitlichen Hautdrüsen ausspritzt, in solcher Menge, dass die Oberfläche glühender Kohlen dadurch erlöscht, glaubte man im Alterthum, dass er im Feuer lebe, und dass der Saft unverbrennlich mache. Tanch. II Wajescheb. § 3. Sifra Schmini § 6, 5 (Chullin f. 127a); Schm. r. § 15 f. 116a.

סלמנטון, *ἑλμίνθιον*, Wurm. Sifra behar § 3, 4, Wurm; s. Sachs II, 23, es ist סלמנטין zu lesen.

סלפיד, **סלפינגס**, *σαλπὶς*, *σάλπιγξ*, Trompete; Pes. bachod. haschebii f. 152a: וכמה סלפידים יש להם, (in Waj. r. § 29 f. 173b corrprt. in סלפירנסי), Ber. r. § 99 f. 97c; ואלו תוקעין בסלפירין (צ"ל בסלפידין; Pes. r. § 5 f. 6c; Echa r. Einltg. s. v. וזכור f. 47a להרים קול בתרועה סרפינוס (צ"ל סלפינגס) (in Koh. r. s. v. וישב העפר f. 97d in סרפינסס). Koh. r. s. v. אין אדם f. 90b.

סלקונדרית, Sifra Waj. § 12, 14 nach Ab. s. 39b, שכל סלקונדרי רומי אוכלים אותה, (Salz), welches alle Grossprahler (Prasser, *σαλάκων*) Roms essen, also: feines Salz.

סלרין, *σαλάριον*, salarium, Sold. Waj. r. § 34 nach Aruch, fehlt aber in unseren Ausgg.

סם, *Σάμια*, eine weisse Erde aus Samos, woraus man Tinte bereitete. Sifre 5. B. M. § 269. Aruch, Mussafia.

סמה, **סמא**, *σῶμα*, Leib, Körper. In Ber. r. § 41 f. 40c u. § 52 f. 52 und § 41 f. 40c עלו דטולמוסין למקרב למסאנא דמטרונא ist nach Jer. Kethub. VII Ende zu berichtigen in על דטולמסין למקרב בסמה דמטרונה „weil er sich erfrecht hatte (*ἐτόλμησεν*), den Leib der Fürstin zu berühren.“ Die Lesung למסאנה scheint absichtlich gemacht zu sein; da man es so darstellen wollte, dass Pharao höchstens so weit gekommen, den Schuh Sara's zu berühren; 2., wie גופא, die Summe, die Hauptsache; כל סמא דמילתא. Koh. r. s. v. יש רעה f. 84b.

סמדרקום s. **סמרדקום**.

סמטא s. **סימטא**.

סמליון, *σημαλέος*, Zeichen gebend — Name eines Engels. Sifre 5. B. M. § 357, s. Levy.

סמפניא s. **פספיסמא**.

סמפירינון, **סנפירינון**, *σαπφείρινος*, neugriech. *ζαμφύρινος*, von Sapphir, der Sapphirstein. Tanch. II Kitissa § 30: מחצב של סנפירינון; Tanch. I Waëra § 8. (Schm. r. § 8 g. E. u. a.).

סמרדקום, *σμάρδακος*, Gaukler, Betrüger, Wunderdoktor. Schm. r. § 46 f. 140b. S. Sachs I, 124.

סמרטיה s. **סרמטיה**.

סנגדודים s. **סנגלרין**.

סנגלרין, *σιγγουλάριοι*, singulares, Ordonnanzen der höheren Offiziere; sie bestanden aus ausgewählten Leuten verschiedener Nationen; Lydus de mag. 3, 7: *μετὰ δὲ τοὺς ἐπὶ ταῖς λογικαῖς τεταγμένους λειτουργίαις εἰσὶν οἱ λεγόμενοι σιγγουλάριοι, ἄνδρες* *ἐντρεχεῖς, ἐπὶ τὰς ἐπαρχίας δημοσίων ἕνεκα χρειῶν ἀποστελλόμενοι* (bei Marquardt daselbst); Sifre 5. B. M. § 131 f. 48ᵃ: נירה בהם סנגדודים; Jer. Chelek f. 28ᵈ hat סנינורים für סנגדודים, u. nur Jalkut Balak hat das Richtige: נירה בהן הסנגלרין והיו מפצעין את ראשיהן. Levy erklärt es für sanguinarii, blutgierige Leute: es heisst aber: Trabanten, „er hetzte gegen sie die Singulares, welche ihnen die Köpfe zerschlugen.“ (Marquardt, röm. Staatsverwaltg. II, 489 ff. und 548).

סנינור, *συνήγορος*, Fürsprecher, Vertheidiger. Ber. r. § 49 f. 49ᵇ und öfters.

סנינוריא, *συνηγορία*, syrisch סנאנרותא, Fürsprache, Vertheidigung. Ber. r. § 50 f. 49ᵈ u. ö.; Waj. r. § 6 f. 150ᵇ.

סנינורית, Vertheidigung, Fürsprache. Pes. r. § 40 g. E.

סנדל, **סנדלא**, *σάνδαλον*, Sandale. Midr. Ruth s. v. וזאת לפנים f. 43ᵃ; 2. solea, Sole, Seezunge; 3. eine, diesem Fisch gleich plattgedrückte Missgeburt. Waj. r. § 14 f. 157ᵈ. De Lara.

סנדלר, *σανδαλάριος*, Schuhmacher. Sifre 4. B. M. § 38; das. 5. B. M. § 80.

סנדריאום s. **סדינארום**.

סנדרנא, *σύνθρονος*, zugleich herrschend. Midr. Schir s. v. כמנדל דוד f. 20ᵈ (f. 24ᵃ) ועל ידי מי נעשית מלחמת מדין ע״י שני שריך ע״י סנדרנא משה ופנחס, Levy übersetzt es mit „*σύνεδροι*, Beisitzer im Gerichte, übtr. Vorsitzende im Gerichte.“ Diese Übertragung wäre zu erweisen.

סנהדרין, *συνέδριον*, auch סנהדרי, Synhedrion, Gerichtshof; Sifre 5. B. M. § 144 u. ö.

סנטר, *συντηρεύς*, Wächter, entspr. dem lateinischen vigil, pl. vigiles, Flurwächter, auch Feuerwache. Ber. r. § 17 f. 17ᵈ (Waj. r. § 34 f. 179ᵃ: אתנסבת לסנטרין דקרתא „sie heiratete den Nachtwächter der Stadt.“ Pesikta Omer f. 69ᵇ (Pes. r. Omer, Waj. r. § 28 f. 172ᵇ; Koh. r. s. v. מה יתרון f. 71ᵃ) סנטרך אנא, „ich bin dein Flurwächter“; Echa r. Einl. f. 44ᵃ, Sachs, und nach ihm Güdemann nehmen es für פסנטר, obsoniator, der die Speisen einkauft; der Satz ישמור לנו מן השרב weist schon auf das Richtige hin.

סנטר, *σενάτωρ*, senator, Senator. Ber. r. § 67 f. 66ᵃ ein doppeltes Wortspiel mit נוטר שנאה. Sein Wächter der ist ihm zum Feind geworden: סנטירו ונעשה לו שונא ונוקם ונוטר; darnach heissen noch heute die Senatoren Roms: עד כדון קריין סנטוריי דרומי.

סנטורייה, senatoria (vestis), Senatorenkleidung. Ber. r. § 100 f. 99ᶜ.

סנטרות, Wächterlohn. Pes. Omer f. 69ᵇ: סנטרך אנא ולא את יהב לי סנטרותי כלום.

סניף, *συναφή*, Verknüpfung, Anschluss, Angereihtes. Ber. r. § 91: קטן עושין אותו סניף לעשרה; Bem. r. § 4 f. 189ᵈ. Sch. t. Ps. 91, 11: מה עשה הב״ה נטל רגל ימינו וטבע אותה עד עומק תהומות ועשה אותו סניף לארץ כאדם שעושה סניף לכיפה. Sifra Emor § 13, 18: שלא יהיו הסניפים מגביהים את הלחם, das. auch ארבעה סניפין של זהב היו שם (Menach. XI, 6). De Lara.

סנף, *συνάπτω*, verknüpfen. Koh. r. s. v. שמח f. 97ᵃ: עד דאסתנפנוי פריטיי „bis meine Groschen zusammengebracht sind.“

סנק, *συνάγω*, zusammenlegen, zusammendrängen. Tamid II, 1 סונקין אותם לצדי המזבח. In Ber. r. § 5 משל לעשר נודות נפוחות מונחות בטרקלין נצרך המלך למקומו מהוא עושה להן: מתירן ומוציא את רוחן ומסלקן בזוית אחד כך דרך הב״ה על מי בראשית וסילקן בים אוקיינוס. Für וסילקן . . . ומסלקן hat der Pariser Cod. (nach Grunwald) . . . . . מצנקן וצינקן . . . Im Syrischen heisst סניק bedürftig, arm; auch von *συνάγω* = cogo. In der syrisch. Bibelübs. Matth. III, 14 ist *ἔγω χρείον ἔχω* übersetzt mit אנא סניק.

סנקליטוס, *σύγκλητος* (*ὁ*), Senator, Rathsherr; pl. סנקליטין. Ber. r. § 8 f. 8^d. Schm. r. § 12 f. 111^d; das. § 46 f. 140^c u. ö.

סנקליטור, s. das Vorige. Deb. r. § 6 f. 258^d.

סנקליטיקום, *συγκλητικὸς*, senatorius, von senatorischem Range. In der byzantinischen Zeit hat, wie Sachs bemerkt, *συγκλητικὸς* und *σύγκλητος* im Allgem. die Bedtg: hoher Staatsbeamter, was auch für die Talmud- und Midraschliteratur gilt. S. Sachs II, 43. In Sch. t. Ps. 80: ואמר לסנקלום שלו עשיתי שלשתן בלילה אחד ist לסנקלום nach Jalkut zu berichtigen in לסנקליטום. Der Syncletus des Statthalters ist sein consilium, bestehend aus Quaestor, Legatus und anderen Personen. S. Madwig II, 109, 115.

סנקנירק, Sifre 5. B. M. § 317 ועתודים אלו סנקנירקים שלהם, corrprt. aus אלו סנקלידיקין, s. das Vorige.

סנקתדרא, *συγκάθεδρος*, Beisitzer, assessor; die römischen Statthalter hatten zum Beirath Männer, welche sie selbst dazu wählten: assessores; in Sifre 5. B. M. § 27 סקנתודרין; soll heissen סנקתידרין „der Präfekt (אפרכום), der über die Präfektur gesetzt ist, fürchtet sich vor seinem Beisitzer." Die Mitglieder des kaiserlichen Staatsrats, des consistorium principis hiessen ebenfalls *συγκάθεδροι*. Tanch. I Mischpatim § 3 א״ל סונדוקרוס (צ״ל סנקתדרוס) שלו; s. Buber das. Note 16. — Ber. r. § 8 f. 8^d; das. § 49 f. 48^b; Schm. r. § 43; Pes. r. § 45 f. 71^b. In Ag. Ber. § 18 in d. St. שלטון כשהוא נכנס הוא יושב בימין וסקונדרים שלו בשמאלו irrig mit „Sekretär" übersetzt; vgl. dagegen Ber. r. § 49; es ist verdorben aus סנקתדרום vgl. auch Ag. Ber. § 21, und in Bezug auf שב לימיני gesagt ist: שעשאו סינקליטיקום.

ספוג, *σπόγγος*, Schwamm; (syr. אספוגגא); Waj. r. § 15 f. 158^c; Schm. r. § 25 f. 123^c; Sifre 5. B. M. § 48.

ספג, *σπογγίζω*, mit dem Schwamm aufnehmen, daher im Allgem.: einsaugen. Midr. Schir s. v. שררך f. 30^b; Sifre 5. B. M. § 48 תלמיד שכחו יפה דומה לספוג שהוא סופג את הכל; sich zuziehen, סופג את הארבעים „er zieht sich die 40 Geisselhiebe zu." Hiphil: mit dem Schwamm oder Tuch auffassen, Ber. r. § 94 f. 92^b; abtrocknen: Bem. r. § 17 f. 233^b. Hiphil: הספיג, abtrocknen.

סופגנין, schwammige, locker gebackene Mehlspeisen.

ספיקולה, **ספיקולא**, *σπέκουλα*, specula; der Dienst der speculatores, der Trabanten u. Scharfrichter; dann: Hinrichtung, Todesstrafe; Pesikta beschall. f. 89^a (Ber. r. § 79 f. 77^d. Koh. r. s. v. חופר גומץ f. 94^c; Est. r. s. v. גם ושתי f. 103^d); Waj. r. § 24. Bem. r. § 7 f. 195^a. Sch.

t. Ps. 100: מלך ב"ו בשעה שהוא מודה הוא נותן לו ספיקולא ובשעה שאינו מודה אינו נותן לו ספיקולא אבל הב"ה אינו כן אפילו בשעה שאינו מודה נותן לו ספיקולא. Es muss zum Theil nach Jalk. Ps. 100, zum Theil nach Pesikta Schuba und Aruch s. v. דמס VII berichtigt werden. לליסטים שהוא נידון לפני הקוסטינר בשעה שהוא מודה הוא נוטל ספיקולא ובשעה שאינו מודה הוא נוטל דימוס אבל הב"ה אינו כן אלא עד שלא הודה הוא נוטל ספיקולא משהודה הוא נוטל דימוס: „wenn ein Räuber vor einem Strafrichter vor Gericht steht; wenn er bekennt, wird er verurtheilt; wenn er nicht bekennt, erhält er Freisprechung; nicht so bei Gott: so lange Einer nicht bekennt, erhält er Strafe; bekennt er, erhält er freisprechendes Urtheil." In Pes. Schuba corrpt. in פרוקולה; vgl. Sch. t. ψ 100, Sachs nimmt פרוקולה irrig für proloquium.

ספיקולטור, speculator, σπεκουλάτωρ, (Ev. Marc. 6, 27). Feldjäger, Leibtrabant; sie hatten die Hinrichtungen zu vollstrecken, daher: Nachrichter. Bem. r. § 20 f. 241ᵇ; Waj. r. § 26 f. 169ᶜ; Echa r. s. v. ולא זכר f. 61ᶜ u. s. w. Sifre 4. B. M. § 91.

ספירא, σάπφειρος, Saphir; Ber. r. § 65 f. 64ᶜ: תרין אדרעין דיעקב אבונן כתרין עמודין דיפרא סופא. Die 2 letzten Wörter sind in די ספירא („von Sapphir") zu berichtigen. S. Levy.

ספירא, σφαῖρα, Kugel, Ball (syr. אספירא); Bem. r. § 14 f. 224ᵃ. Pesikta r. § 3.

ספסל, συβσέλλιον, subsellium, Bank, Sessel. Tanchuma Mezora f. 22ᵇ. Sifre 4. B. M. § 115 Ende.

ספפסא s. **פסיפוסא**.

ספקלי, σπέκουλα, specula, (Warte, Schutzwehr; das Amt des Ausspähers, speculator); des auf der Warte Stehenden; der Schlosshauptmann; K. r. s. v. טובה חכמה מכלי קרב Ende; Eljakim, der über den Palast gesetzt — der Schlosshauptmann.

ספרגים, σφραγίς, Siegel. Ber. r. § 32 f. 31ᵇ; das. § 49 f. 48ᵇ. In Ber. r. § 8 f. 9ᵃ מה אתה מבזה תכסים אלטיכסייה שלך ist zu berichtigen in מה אתה מבזה תכסים אליטיה ספרגים שלך. „Was willst du die Würde der Wahrheit, deines Siegels, verachten?" Mattn. Keh. erklärt אלטיכסייה mit חותם und fügt bei, die Wahrheit ist das Siegel Gottes. Die Erklärungen von Mattn. Keh. sind häufig traditionell; sie weist hier auf die richtige Lesung.

סציליא, Σικελία, Sicilien. Sch. t. Ps. 9.

סקבטרין s. **אנסטרון**.

סקווייפטריי s. **סקריטרי**.

סקבקוטלא s. **אסקוטלא**.

סקילום, Σίκελος, Siculus. Sch. t. Ps. 9, wird Siculus als Urheber der Einwohnerschaft Siciliens angenommen.

סקפטורין, corrupte Lesung in Pes. hachod. f. 53ᵇ (Pes. r. § 15 f. 29ᵃ) העמידו בימה וגם העמידו סנינורין ויעבירו סקפטורין . . . . והעבירו סנינורין ויעבירו סקפטורין, von Buber nach Jer. Rosch. hasch. I f. 57ᵇ berichtigt in העמידו בימה יעמדו סינינורין יעמדו קטינורין . . . . יעברו סנינורין יעברו קטינורין; Sachs I, 170 hält es unrichtig für ספקולטורין, Güdemann gar für συκοφάντης, Levy für exceptores, ἐσπέκτορες, Protokollführer. Die Vergleichung mit d. St. in Jer. hätte auf das Richtige geführt.

סקיפטא s. **סקיפסטא.**

סקיפנטיה s. **סיקופנטיה.**

סקיפסטא, σκεπαστὸν, ein bedeckter Wagen, Sänfte. Waj. r. § 14 f. 147d. Pes. bach. haschl. f. 103a; hierzu Bubers Note 56. Bem. r. § 12 f. 217a und Sifre 4. B. M. § 45. Echa r. s. v. נלתה f. 55a. In Sch. t. Ps. 42 בסקפטיות zu berichtigen in בסקפסטיות.

סקרא, σάκχαρ, σάκχαρον, Zucker; der aus dem Bambusrohr ausfliessende Saft. Koh. r. s. v. יש רעה ראיתי f. 84c: (המערב) סקרא בציר.

סקרידין, σεκρῆτα, die geheimen kaiserlichen Berathungen; kaiserliche Beschlüsse. Ber. r. § 89: כתוב בסקרידין של פרעה שאין עבד מולך „es ist geschrieben in den Geheimrathsbeschlüssen Pharao's, dass kein Sklave regieren darf.“ Mussafia.

סיקריטארי, σεκρητάριος, Geheimrathschreiber. Koh. r. s. v. טובה חכמה מכלי קרב f. 93c (f. 110a) ושבנא הסופר סיקווי פטריי ist zu berichtigen in ושבנא הסופר סיקריטרי. Siehe Jer. Kethub. XII: אליחורף ואחיה תרין אסקריטורי דשלמה, während אסקריטורי in der Parallelst. Kilaj. IX verdorben ist אסקביטורי; „Elichoref und Achia waren die Secretäre (ἀσεκρητάριοι neben σεκρητάριοι) Salomos.“ Levy will es mit scriptor (סקריפטורי), „Geschichtschreiber“ wiedergeben. Ber. § 58: וכן איסקריטורין שלה. In Pesikta chadtha (Jellinek b. h. VI S. 57) ist es in סנקטור corrprt.: והיו י' בני המן סנקטורים למלך, in Jalk. Meg. Ester. סנקדרין.

סקריקין, aus σικάριοι gebildet; die Dolchträger, es sind die Revolutionäre, die unter Herodes und unter den Landpflegern die Römer und Römerfreunde mit verborgenen Dolchen mordeten. Sifre 5. B. M. § 297. Mechiltha Kaspa § 20 f. 108a. Die von den Sicariern gewaltsam genommenen und diesen abgekauften Felder. In Koh. r. s. v. טובה חכמה עם נחלה f. 87d steht ראש קסרין soll heissen ראש סקרין, „das Oberhaupt der Sicarier“; s. Rappoport E. Mill. s. v. אבא סקרא.

סרדיוט = **ברדיוט**, βαρδαριώτης, Leibtrabant. S. Sachs I, 93, wo Meursius' Erklärung citirt ist: milites stationarii cum baculis et virgis, qui aulae januam custodiebant, et equitante imperatore populum praeeuntes summovebant. — Ber. r. § 82 f. 80b; Bem. r. § 15 f. 230b. Echa r. s. v. על אלה אני בוכיה f. 58a. Sifre 5. B. M. § 344: שלחה מלכות שני סרדיטאות (B. k. 38a). In Midr. Schir s. v. אתי מלבנון f. 12 ועתידות או"ה להביא אותם סרדיוטות למלך המשיח ist סרדיוטות corrumpirt aus כירודוטין (Geschenk, χειρόδοτον); s. כירודוטין.

סרמטיה, Sarmatia, die Länder an der Weichsel, Don u. Dniepr. Pesikta hachod. f. 48a: אם נולה אחד מכם לברברייה ואחד מכם לסמטיא ist das letzte Wort (welches in Midr. Schir s. v. קול דודי f. 14c לסמרטיה lautet) mit Buber in לסרמטיה zu berichtigen. Die von Sachs vorgeschlagene Lesung למרטניה passt nicht, weil gerade hier die Zerstreuung in die von einander am entferntesten liegenden Länder des röm. Reichs, zugleich auch von rohen Völkern bewohnt, betont wird; wozu Mauretanien neben Berberei nicht passen würde.

סמרטין in Jlmd. zu 4. B. M. 8, 6, pl. v. *Σαρμάτης*, pl. die Sarmaten (Mussafia).

סרפינום s. **סלפידין**.

סרקי, *Σαρακῆνος*, Saracenus. Ber. r. § 46.

ע

עדר, *δορὰ*, Fell (wie דר, אדורה, עדורה, B. k. 11[a]); Mechiltha Nesikin § 16: אם טרוף יטרף זה עדר.

ען, *ἴς*, Muskel: Faser. Kohut. Siehe אונין. In Waj. r. § 17 f. 160[a] ist, wie schon Levy bemerkt, אלו לציבים ולעונות zu lesen statt אלו הציבום לעונות.

עינותא = **אוניתא**, *ὤνη*, *ὤνησις*, Kaufbrief. Echa r. s. v. צדו f. 68[d].

עכנא (syr. אכדנא; syr. Bibelübersetz. Matth. 3, 7); *ἔχιδνα*, Schlange, Otter. Deb. r. § 6 f. 258[c]. Waj. r. § 16 (Echa r. s. v. סורו f. 68[c]); Echa r. s. v. בלע f. 61[c] (f. 71[b]): ואשכח עכנא כריכא על צואריה.

עכס, *ἔχις*, Otter. Mechiltha Wajassa § 1 f. 52[b]. In Pes. Wattomer f. 132[b] (Waj. r. § 16, Echa r. s. v. סורו f. 68[b]) wird an die Worte וברגלים תעכסנה die Deutung geknüpft, die Töchter Zions hätten auf den Schuhen an den Füssen das Bild eines Drachen gehabt, oder sie hätten in dem hohlen Raum zwischen der oberen und unteren Sohle eine Schale mit Balsam gelegt, auf welche sie beim Begegnen mit jungen vornehmen Männern gedrückt, so dass der Duft wie Otterngift in die Seelen der Begegnenden gedrungen sei, und ihre Leidenschaft entzündet habe.

עמידה, *ἀμὶς*, Nachttopf. Ber. r. § 38 f. 39[d]. (De Lara). Siehe Sachs I, 147.

ענבל, *ἔμβολον*, Klöppel an der Schelle. Sifre 4. B. M. § 24. (Aruch, Landau).

ענקמן, *ἔνακμος*, kräftig. Ber. r. § 65 f. 64[b]. (Aruch, Mussafia, Landau).

עקילס, *Ἀκύλας*, Aquila, ein Proseltye aus Pontus, Jünger Akiba's, übersetzte die Bibel in's Griechische nach Akiba's Deutungsregeln. Ber. r. § 21 f. 21[c]; § 46 f. 45[c]; § 70 f. 69[b]. Sifra behar I, 1 § 9.

עקלנס = **קלגס**, *καλιγᾶτοι*, caligati, die gemeinen Soldaten u. Centurionen hiessen caligati; ihr Dienst hiess militia caligata vom Fusszeug; Madwig II, 510. Sifre 5. B. M. § 192: שפעת העקלנסין, „die Menge der Soldaten.“ Vgl. Dio Cass. 48, 12. Mussafia, De Lara nehmen es für *κλάγγος*, Geschrei; Levy, *κλαγκτὸς*, der laut schreiende Krieger. Raschi und Aruch richtig: רוב החיילות.

ערכי, **ערכין**, *ἀρχὴ*, *ἀρχεῖον*, Gerichtsgebäude. Sifre 4. B. M. § 117 ואני כותב ואני מעלה בערכים; das. § 119.

ערצוביא, *ἐρισύβη*, eine Heuschreckenart. Sifra Schmini § 3, 5. Levy.

פ

פאוולו, Paulus, Name des Apostels. Ag. d. Simon Kifa, Jellin. b. h. VI, 13.

פאפא, πάππης, papa, Papst. Ag. d. Simon Kifa bei Jellin. b. h. VI, 9.

פגה, ἄπαγε, hinweg! Ber. r. § 49. „Abraham und Hiob haben das Gleiche gesagt; Abraham sagte: fern von dir, solches zu thun, zu tödten den Rechtschaffenen mit dem Bösen;" Hiob sagte: „es ist einerlei, darum spreche ich: Schuldlose und Frevler vernichtet er. Abraham ist dafür belohnt worden; Hiob ist dafür bestraft worden." אברהם אמר בישולה איוב אמר פגה; Tanch. I Wajera § 7 hat dafür איוב בלע פגה אברהם אכלה בשולה, indem die Abschreiber פגה hier für „Frühfeige, unreife Frucht" hielten, schalten sie ein בלע und אכלה. Nach Grünwald (Varianten zu Midr. rabboth in Hammechakker Bd. 2, S. 238) liest der Pariser Codex: אברהם אמרה בישוב ואיוב אכלה פגה. Diese, wenn auch unrichtige Lesung bestätigt Gebhardts Erklärung (Jüd. L.-Bl.); die richtige Lesung ist nach Gebhardt: אברהם אמר בי שלוי: ואיוב אמר פגה אחת היא ע"כ אמרתי וגו', „Abraham sagte: ave, salve! lebe wohl! sei gegrüsst!" (nach dem Pariser Codex hat er בישוב, sanft geantwortet) indem er ave, salve! sagte; darum ward er dafür belohnt. Hiob sagte apage! darum ward er dafür bestraft; בישוב ist entweder eine unrichtige Correctur für בי שלווי, oder eine Glosse.

פגי s. **פורני**.

פגן, **פגאן**, παγανός, paganus, Landmann; 2., wer nicht Soldat ist, oder nicht in militia, d. h. kein obrigkeitliches Amt hat; Privatmann (Suidas). Ber. r. § 50 Anf. (Waj. r. § 26 f. 169[d]; Tanch. I Wajera § 21) לאחר שנטל הגמוניא מן המלך עד שלא הגיע למיתורין שלו היה מהלך כפגן: „wie wenn Einer vom Kaiser eine Provinz zur Verwaltung (oder die Stelle als Provinzstatthalter) erhalten hat, ehe er an das Grenzgebiet seiner Provinz anlangt, in bürgerlicher Kleidung geht." Dio Cass. 53, 13 berichtet, dass Augustus angeordnet, dass die Statthalter der Provinzen die Abzeichen ihrer Würde, z. B. Feldherrnmantel, paludamentum erst nach Betreten der angewiesenen Provinz anlegen durften; τὰ τῆς ἡγεμονίας κοσμήματα, ὅταντε ἐς τὴν προστεταγμένην σφίσι χώραν ἐσέλθωσιν. Deb. r. sutta § 9 (in Bubers Likkutim S. 4): לאחר ימים שלח המלך והתיר זונין שלו והיה מהלך פינן (צ"ל פגן). Auch in Jer. Schabb. XII, 3 sind die פגניא, die Nichtbeamten, den בולווטיא gegenübergestellt; — in Schm. r. § 15 f. 114[b] sind ebenfalls כל הפגאנים, „alle Nichtbeamte" (nicht: „alle Landleute", wie Levy übersetzt) dem Praepositus und Legatus gegenüber genannt. Bem. r. § 15 f. 230[b] (Tanch. II behaalothcha § 11) מעלתו של עשו מעלה שכולה ירידה היא היום אפרכוס למחר פגן למחר סרדיוט. Levy übersetzt פגן mit Signatorius, — eine Würde, die gar nicht existirt. Es ist aber nach Tanch. I Behaal. § 20 פגן zu lesen statt סנן; auch ist nach T. I vor למחר סרדיוס noch einzufügen היום קומוס; „heute ist er Präfekt, morgen ist er ohne Amt (Privatmann); heute ist er comes, Militärcommandant einer Präfektur, morgen gemeiner Soldat"; es sind die bürgerlichen und militärischen Ämter hier auseinandergehalten; der Präfekt hat nur Verwaltung und Rechtspflege, er kommt ausser militia, wird paganus; der comes militum wird zum gemeinen Soldaten.

פנניקא, *παγανικά*, bürgerliche Kleidung im Gegensatz zur Amtskleidung. Midr. Sam. § 24: מאנין פנניקא, (wornach Waj. r. § 26 מאנין נפיקא zu berichtigen ist. S. Aruch). Bei Cst. Pphgen. de caerem p. 33 sind die *παγαναὶ χλαμύδες*, vestes communes, die gewöhnliche, tägliche Kleidung, den Festtagskleidern gegenübergestellt. (Nicht: bäurische Kleidung, wie De Lara und Levy haben).

פדגוג, *παιδαγωγὸς*, Erzieher, insbesondere der griechische Sklave, den der vornehme Römer für seine Söhne zur Erziehung und zum Unterricht hielt, und insbesondre zur Erlernung griechischer Sprache und Literatur. Der Pädagog begleitete seinen Zögling überall hin, auch in die Schule, (Marquardt, Privatl. der Römer S. 111). Pesikta bach. haschl. f. 101[b] (Midr. Schir s. v. סמכוני f. 13[b]). Tanch. I Bo. § 5 (T. II Bo. § 4); Ber. r. § 28 f. 27[b] u. ö.

פדרן, פדרנית s. **פודרגוס.**

פודגרא, *πόδαγρα*, Fussgicht; Tanch. I Mase § 9 (T. II Mase § 12) Bem. r. § 23 f. 147[c].

פודגרוס, *ποδαγρικὸς*, an der Fussgicht leidend. Waj. r. § 5 f. 149[d]; Aruch s. v. עלב hat die Lesung עלובה מדינתא דאסיא פטגריטוס „beklagenswerth ist die Stadt, deren Arzt an der Fussgicht leidet." Die richtige Lesung ist wohl פודגריקוס.

פודרגוס, *πόδαργος*, schnellfüssig. Tanch. I Wajischl. 17 מרגליו תהא פרסנית (פודרנית) „soll ich sie, das Weib, aus Adams Füssen schaffen! da wird sie schnellfüssig, Läuferin"; פרסנית, hier, und Ber. r. § 18 f. 18[a], wie פדרנית in Tanch. II Wajesch. 6, Deb. r. § 6 f. 258[d] ist in פודרנים zu berichtigen; ebenso Ber. r. § 45, פרסנית oder פרדנית, welche beide Lesungen Aruch citirt, wo unsre Ausgg. יצאנית haben. In Sifre 5. B. M. § 320 in כי דור תהפוכות המה הפכפכים הם פורנים הם ist anstatt פורנים zu lesen פדרנים, schnellfüssig.

פוטינון, פוטינוס, *φωτεινὸς*, erleuchtet, wie Levy richtig erklärt. Tanch. I Wajesch. § 16 למה נקרא שמו פוטיפר שנכנס לביתו של פרעה כיון שנכנס יוסף ונעשה פוטינוס, lies: לביתו. Ber. r. § 86 f. 84[c]: פוטיפר שהיה מפטם עגלים לע"ז פוטיפרע שהיה פורע עצמו לע"ז כיון שירד הפר לשם נעשה פוטינון; Jalkut hat dieselbe Lesung, nur für הפר hat er unrichtig יוסף. Der Sinn ist: „der Götzendiener ward seit Josephs Ankunft erleuchtet", so dass er vom Götzendienste liess; bei den Byzantinern ist *φώτισμα* die „Erleuchtung", d. i. die Annahme der christlichen Religion, die Taufe; daher *φωτίζειν*, taufen. Siehe auch Reiske zu Const. Pphg. de caerem. I, 12. „Appellabant autem Graeci actum baptizandi φωτισμὸν et φωτίζειν, illuminationem et illuminare, quia scilicet tunc lux in Domino fiunt, qui antea mersi tenebris erant; unde nova lux baptismatis in codice Theodosiano." Die Juden brauchten das Wort in der Bedeutg.: die jüdische Religion annehmen. So citirt Aruch s. v. פט II; Jelamdenu zu 4. B. M. 10, 29: ויאמר משה לחובב פוטיאל שהאיר במ"ט שאתה אומר ביונית פוטיא. In Mech. Jithro heisst es: שבעה שמות נקראו לו וכו' פוטיאל שנפטר מע"ז. „Den Namen Putiel erhielt Jithro, weil er sich vom Götzendienste losgesagt." Auch hier wird also פוטיאל gedeutet: „von Gott erleuchtet"; nicht wie Weiss in seiner Mechiltha-Ausgabe meint, dass der Erklärer sich eine Verwechselung von ל in ר erlaubt hatte, und daher פוטיאל mit נפטר erklärt habe.

פוטירין, ποτήριον, Trinkgefäss, Becher. Pes. bachod. haschl. f. 103[a]; Ber. r. § 51 f. 50[d]: כפיילי פוטיריון לאחר המרחץ, nach Jer. Pesach. X f. 37[c] zu berichtigen in כדיפלי פוטיריון, ebenso Ber. r. § 10 f. 11[a] (Koh. r. s. v. ויתרון ארץ); Ber. r. § 88 f. 85[c]: זבוב נמצא בתוך פיילי פוטירין שלו. Siehe Buber zu Pesikta f. 103[a] Note 62 und Levy s. v.

פולוס, s. das Folgende.

פוליא, Pulia, Apulia, Apulien, der südöstliche Theil Italiens, zwischen dem Tyrrhenischen und Adriatischen Meere. Sch. t. Ps. 9 פילוס (צ"ל פולוס) בנה פוליא, „Pulus gründete Apulien (und gab ihm den Namen)." An eine Stadt Pholia, wie Neubauer (und nach ihm Levy) meint, ist hier nicht zu denken, sondern es soll der Name Pulien oder Apulien (heute Puglia) von einem Gründer abgeleitet werden, (in der That hat das Land seinen Namen von eingewanderten Puliern oder Apuliern), wie die eingewanderten Sikuler der Insel Sicilien den Namen gaben: סקולוס בנה סיציליא.

פולי, πολύ, viel, s. אברכסין.

פולי, πύλη, Thor. Tanch. I Mikker. § 10: אל תכנסו בפולי אחד; das. על פתח פולאות.

פוליון, paenula, φαινόλης, φελόνη, ein Oberkleid, Mantel; bei Reisen oder Regenwetter getragen. Sifra mezora § 5, 7: עשרה פליונות.

פוליטומנון, πολιτευόμενος, (De Lara), ein städtischer Beamter, Decurio, Stadtrat. Bem. r. § 13 f. 219[a] משל לבן פולוטמנון שגנב במרחץ. Malal. l. XIII p. 336 ed. Dindf.: „πολιτευόμενος τῆς πόλεως, praefectus urbis." Reiske zu Cst. Pphg. de caerem. l. I, 30: „Valesius ad Amm. Marcell. p. 18[a] in loco Libanii τοὺς πολιτευομένους vertit ‚decuriones', id est magistratus urbanos municipales, quatenus τοῖς ἄρχουσι, regiis officialibus opponuntur, cf. p. 346[b], ubi ὁ δῆμος, populus, οἱ πολιτευταί, ordo, id est senatus aut decuriones, et οἱ ἀξιωματικοί, honorati, ab aula dependentes, contra distinguuntur. Ibid. p. 475[b] in Chron. Alexandrini loco κόμης καὶ πολιτευόμενος τῆς πόλεως vertitur: comes et decurio urbis."

פולייטא s. **פולטא**.

פולייטון, **פלייטן**, φουλίατον, foliatum (sc. unguentum), Salbe oder Öl aus den Blättern der laurus casia. Midr. Schir s. v. לריח f. 6[c].

פולמוס, πόλεμος, Krieg. Sifre 5. B. M. § 322.

פולימרכוס, πολέμαρχος, Feldherr. Schm. r. § 15 f. 116ᵃ; § 18 f. 117ᶜ. Pesikta Schuba f. 160ᵃ (dort corrp. in פרומלכוס, s. Buber das.), Sifre 4. B. M. § 131. Echa r. Einleitg s. v. לשום כרים וזכור את בוראך f. 47ᵃ. פולימרכוס, wofür in Koh. r. s. v. לשום כרים כלירכין וישב העפר f. 97ᵈ: steht; der Sinn ist übrigens der gleiche.

פוליפוס, πολύπους, Polyp, ein Geschwür in der Nase. Sch. t. Ps. 7.

פולירכוס, Mech. Amal. § 2: קלידיקוס מבטל על ידו, wofür Jalkut hat פולירכוס מבטל על ידו, ist in פילרכים zu berichtigen; φύλαρχος, der Volkstribun, eine Beamtung nicht nur in Rom, sondern wie an dieser Stelle, eine Beamtung in den italischen Städten, allerdings nicht von der Wichtigkeit und Machtfülle der römischen Volkstribunen.

פולסא, (auch im Syr.) φόλλις, Abkürzung von Obolos. Siehe Sachs I, 149. Waj. r. § 37 f. 181ᵇ. Von diesem Kupferfollis, dem 24ten Theil eines miliaresium, ist zu unterscheiden der φολλίς (Beutel), welcher 125 miliaresia galt. Marquardt II, 31 ff.

פולרא, φόλερα, φολλάριον, Obolus. Ber. r. § 35 Ende; § 70 f. 70ᵃ; in Midr. Schir Anf. f. 3ᵇ: בולרין או סלע.

פומבי, πομπή, feierlicher Aufzug, Pomp; Öffentlichkeit. Pes. r. § 12 f. 17ᵈ; das. § 5.

פומבין, πομπή, πομπεία, festlicher Aufzug, Gepränge. Bem. r. § 12 f. 215ᵇ (f. 248ᵃ): פומבין גדולה. Accusativendung mit Nominativbedeutung; anstatt פומבון ist zu lesen פומבין.

פומיליום Sifre 5. B. M. § 355, das. in Menach. f. 84ᵇ lautet פולמיסטים; B. b. f. 144ᵇ נבאי או פולמיסטים. (Aruch: פולמוסטוס), Tosefta b. b. X Anf. אפולמוטוס, von Zuckermann berichtigt in אפימלימים, ἐπιμελετής, Verwalter; ἐπιμεληταὶ τοῦ σίτου sind die curatores frumenti, (Dio Cass. 55, 31); und ausser für Getreideverteilung hatten diese curatores auch für Verteilung von Öl, Wein und Fleisch zu sorgen. Vgl. Hist. Aug. Alexander Sev. 22: „oleum, quod Severus populo dederat, quodque Heliogabalus imminuerat, turpissimis hominibus praefecturam annonae tribuendo, integrum restituit."

פונדא, φοῦνδα, funda, Tasche, Geldtasche. Tanch. I Tasria § 5: הפונדיא שהיא מלאה, (Tanch. II Tasria § 3: האפונדיה שהיא מלאה). In Waj. r. Tasria steht dafür ארנקי של מעות (eine Glosse). Tanch. I Pekude (T. II Pekude § 5). Sifre 4. B. M. § 131.

פונדיון, dupondius, διπούντιον, eine Münze = 2 As; Sifra behar § 3.

פונדק s. **פנדק**.

פונטוס, Πόντος, Pontus, das Land zwischen dem Halys und Phasis, westlich von Armenien, östlich von Bithynien. Sifra behar § 1, 1.

פוססא, τὰ φοσσᾶτα, φωσᾶτα, fossatum, Graben, im späten Lateinisch: Graben, Wall, Lager; Excerpta de Odoacre. fixit fossatum in campo. Salmas. ad Gordian. tert. c. 28: „fossam in castris recentioris latinitatis auctores vocaverunt fossatum; inde et fossatum pro castris sed et pro exercitu dixerunt. (Sehr häufig bei den Byzantinern auch für Kriegsheer, Kriegszug gebraucht). Tanch. I Tasria § 12, T. II das. § 9. עשה להם פיטסים . . . יפלו בתוך הפיטסים. Anstatt פיטסים, הפיטסים ist פוסאטים u. הפסאטים zu schreiben: „er machte gegen sie Gräben ... damit sie in die Gräben fallen.“ Siehe sub בסאטה. Buber erklärt es irrig für πίθος, Fass.

פוקרין, ποκάριν, geschorene Wolle, kleiner Pelz (De Lara). Ber. r. § 77 f. 76^a. In der Parallelstelle Midr. Schir s. v. מי זאת עולה f. 18^a in פרקדיי corrumpirt. Koh. r. s. v. אי לך f. 95^a (f. 111^d). (Sch. t. Ps. 72): אילו הייתי שם פוקרין הייתי כורך על צוארו, wäre ich dort gewesen, ich hätte ihn (den K. Salomo) mit einem Wollentuch erwürgt.

פורבי, φορβεία, Halfter. Ber. r. § 45 f. 45^a (f. 50^d) עתור לך פרוכי (צ״ל פורבי): „mache dir eine Halfter“; s. Aruch.

פוריא, ὀπώρα, Baumfrüchte, Obst. Ruth r. Anf. f. 35^b (f. 40^c) נפל שעריהון דפוריא „der Preis der Obstfrüchte ist gesunken.“ Ber. r. § 71 f. 71^a (f. 80^d) עינוהי דפוריא; in der Parallelst. Midr. Sam. § 28 Anf. verdorben in עייניהון קפיריהי.

פוריא, **פוריה**, φορεῖον, Sänfte, Tragsessel. Mechiltha Nesik. § 1 f. 82^a ולא יטלנו לא בפוריון וכו׳. Midr. Schir s. v. עמודיו f. $19^{a.b}$ (Bem. r. § 12 f. 215^a); Midr. Schir s. v. נפת f. 23^c (f. 27^a): מה כלה זו יושבת בפוריה. Pes. r. § 44 f. 69^d: הושיבה עמרם בפוריא.

פורנא, πορνεῖον, Ort der Unzucht. Ber. r. § 41 f. 40^a (f. 45^b) כאינש דבחר פורנא דאימיה.

פורנום s. **פודרגים**.

פורני, πόρνη, Buhlerin, Buhldirne; Waj. r. § 33 f. 177^b (f. 203^d) לבלה ניאופים . . . תרגם עקילס פילי פורני דהוא מבליא ניארא Aquila übersetzt לבלה ניאופים mit παλαιὰ πόρνη, welches bedeutet: „die durch Buhlerei zerriebene.“ Diese Erklärung von παλαιὰ πόρνη ist unrichtig; der Midrasch vermischt hier die Übersetzung des Symmachus mit der des Aquila. Symmachus übersetzt die Stelle mit מבליא ניארא oder vielm. mit dem griech. τοῦ κατατρίψαι μοιχείας, wie aus Hieronym. Übersetzung zu ersehen: „quae attrita est in adulteriis.“ Siehe auch Geiger, Nachgel. Wke. IV S. 85. In Midr. Schir s. v. כמעט f. 17^c (f. 20^a) ist anstatt פני פילאי קקים באמי מחי, nach Aruch zu lesen פורני פליאיי קטים כאמי מחי πόρνη παλαιὰ κάθιζε χαμαί, μοιχή, „alte Buhlerin, setze dich nieder auf den Boden, Buhlerin.“ Siehe auch Brüll, fremdsprachl. Redensarten S. 18. (S. Const. Pphg. pag. 464).

פורניתא, furnus, φοῦρνος, Ofen; Ber. r. § 67 f. 66^c (f. 75^b): שפורניתא אפויה לך „der Ofen (die Hölle) ist für dich geheizt.“ S. auch Levy.

פוקלא s. **תוקלא**.

פורפורא s. **פרפירא**.

פומא, ψάλμος, der Lobgesang; gebraucht auch für feierliche Anrede, schwungvolle dichterische Rede; und im Sinn für: Liebe. S. Perles, Beitr. S. 68, wo P. den Regensb. Aruch citirt, welcher ein Targ. zu Exod. 15, 21 bringt; יתלצני כי חפץ בי פומא דידיה

היא פי' חביבות שלו סלקת במיתן לי אורייתא. Pes. bach. haschl. f. 101[b].

פזמיקון, פזמריקון s. פטריקון.

פחין, *πάχυνος*, grob, plump. Koh. r. s. v. וסבותי f. 76[d] (f. 89[c]) ברת פחין; das. s. v. שמח f. 97[c] (114[b]): חד בר פחין. Midr. Schir s. v. סמכוני f. 13[d] (14[c]) חד בר פחין. (Kohut).

פטוכוס, *πτωχός*, arm. Midr. Koh. s. v. יש רעה חולה ראיתי f. 84[b] (98[b]) איזו רעה חולה כגון דנלוס פטרגוס מסכין תשיש ערטל וכפן. Hier sind die 4 letzten Worte zwei Glossen, welche in verschiedener Weise die zwei vorhergehenden Textworte erklären wollen: statt דנלוס ist nach Gebhardts richtiger Annahme דילנים = *διαλγής* = krank, krankhaft (s. s. v.) zu lesen; und statt פטרגוס ist mit Kohut פטוכוס = *πτωχός*, „arm" zu lesen: „ein grosses Übel ist arm und krank zugleich zu sein".

פטמרכא und **פטרוכא**, mit Lautversetzung für פרוכטא, *πρωκτός*, Steiss. Waj. r. § 3 f. 147[c] (f. 168[b]) מסניא דיבי לפטמרכא; Koh. r. s. v. החכמה תעזו f. 88[c] (f. 103[d]): מסני דיבא לפטרוכא.

פטיליקון, פטיליק, *πατέλλιον*, Schale, Schüssel. Ber. r. § 74 f. 73[a] (f. 83[a]) פטקלין טב; Echa r. s. v. ויגרם f. 65[b] (f. 75[b]) פטיליק דאת מייתי לן חד זמן (קדמוי) לא תיתי לן זמן אחורי; daselbst weiter: מן דאכלית ופסקית אייתין קדמך תמנין פטילקין מחדא פטיליק אכל רבי חדא פתית.

פטים s. פיטום.

פטליילום s. קפיטוליום.

פטקא, פתקא, *πιττάκιον*, Zettel, Verzeichniss, Liste. Bem. r. § 4 f. 189[a]; § 15 f. 230[b]. Midr. Sam. § 30. Pes. Para f. 34[b] (Pes. r. Para); 2. Loos, Geschick; Midr. Schir s. v. כרם f. 33[d] (f. 39[a]) בהם ממרדין פיטקין כמד"א ועל עמי ידו גורל (zur Erklärung v. ידדון); Koh. r. s. v. יהא רעוא f. 77[c] (f. 90[c]) עת ללדת מקמיה קוב"ה היך מה דלית את שליט על פטקינן וכו' „möge es Gottes Wille sein, dass, wie du nicht Herr bist über unsre Geschicke...." S. darüber Sachs I S. 94.

פטרגוס s. פטוכוס.

פטרובולי, *πατρόβουλος*, Oberhaupt des Senats. Pesikta r. § 24 f. 44[c]: ראש פטרובולי היה „Est enim ὁ *πατρόβουλος* vel ὁ *πατὴρ τῆς βουλῆς*, pater senatus, princeps, caput, defensor atque curator ejus". Reiske ad Cst. Pphg. de caerem II, 3 Ende. Pes. Sukka f. 182[a] (צ"ל פטרובולי) יצאו פטרופולי וקילסו אותו nach Schibbole leket Rosch hasch. § 182. In Waj. r. § 30 steht פרטוטי für פטרובולי, der Sinn ist der gleiche: *πρώτατοι*, wie die obersten Senatsglieder in den röm. Provinzialstädten hiessen: *πρώτατοι*, Principales. Madwig II, 144. In Tanch. I u. II Emor in בריוני corrumpirt.

פטרון, *πάτρων*, patronus, Beschützer, Annehmer, Patron. Ber. r. § 46 f. 45[c]; § 93 g. E.; Schm. r. § 11 Anf.; § 14 Anf. Tanch. I Tasria § 1 ועל העושה פטרונו ב"ו (in Tanch. II das. § 9 ועל העושה ב"ו עוש' בטחונו ב"ו; Deb. r. § 2 לו פטרון . . . . היכן הוא והיכן פטרונו.

פטרון בסילון, *βασιλεοπάτωρ*, Vater des Königs. Ber. r. § 93 וישימני לאב לפרעה לפטרון בסיליון nach Reiske zu Cst. Pphg. de caerem. II, 52 p. 711. 712. hatten sämmtliche „Patricier" den Titel „Väter des Kaisers". Aber Basileopator gab es immer nur Einen, und diesen Titel behielt seit Leo der

Schwiegervater des Kaisers". An unsrer Stelle ist die erste Bedeutung die passende. Hierüber Reiske l. l. I, 89 p. 405: „Patricius tunc temporis (sc. Justiniani) idem erat atque pater principis, et erat consiliorum ejus conscius et familiaris intimae admissionis." Ducange: *βασιλεοπάτωρ*, patricius, *οἱ τῶν ἐν τέλει τῆς συγκλήτου βουλῆς καὶ ἐις πατέρας βασιλέων ἀναγεγραμμενοι.*

פטרונה, *πατρώνα*, patrona, Beschützerin, Annehmerin. Est. r. f. 99[b].

פטריקון, *πατρικὸν*, das von den Vätern Ererbte. Ber. r. § 48 f. 49[b]; § 98 f. 95[c] zu ידך בעורף אויביך „Wie sehr hat sich Josua bemüht, dass ihm die Feinde den Rücken zeigen, und es ward ihm nicht gewährt? und wem ward es gewährt? dem David: „meiner Feinde Rücken giebst du mir Preis". למה שהיו פטריקין שלו שכתוב בו ידך בעורף אויביך: denn es war sein vom Urvater Ererbtes . . . . ." Nach dieser Stelle ist in Sch. t. Ps. 18 das verdorbene פומריקון und Jalkut פומיקון zu berichtigen.

פיגי, *πήγη*, Quelle. Ber. r. § 15 f. 15[d], f. 18[a] כפיגי שהיא בגינה.

פיגם, *πήγανον*, Raute. Ber. r. § 20 f. 21[b]: בתורתו של ר"ם מצאו כתוב כתנות אור אלו בגדים של אדה"ר שדומין לפיגם רחבים מלמטה וצרין מלמעלה, wo aus אור ein Wortspiel gemacht wird: leuchtende u. rautenförmige Kleider, da es auch Raute bedeutet; s. Levy I, 45[b]. Der Pariser Codex hat nach Grünwald in Hammechakker I, 95 כפגם anstatt כפיגם, und ebenso liest Raschi.

פיוט, *ποιητὸν*, Gedicht. Ber. r. § 85 f. 83[b], f. 94[c] שלא יאמרו דברי פיוטין הם „damit man nicht sage, das seien dichterische Erzählungen", erdichtete Erzählungen.

פיטומין s. **פרמכוס**.

פיטוס, *πίθος*, Fass. Echa r. s. v. ויגרס f. 65[b], f. 75[b] ומחדא פטים (צ"ל פיטוס) שתא רבי חדא כסא. Sifre 5. B. M. § 317: כשותה מן הפיטוס.

פיטסא s. **פוסמא**.

פיטרון Schm. r. § 15 f. 115[b] ist anstatt בצר פיטרון zu lesen בצד תיטרון. S. M. K. z. St.

פייטס, **פייטן**, *ποιητής*, Dichter. Waj. r. § 30 f. 179[d]. Midr. Schir s. v. מי זאת f. 18[c]. Koh. r. s. v. ונתתי f. 74[a]; im Syr. פיאיטא.

פיוולא s. **פינולא**.

פיילי, *φιάλη* (syr. פיאלין, syr. Hexapl. Cant. V, 13 für כערונת הבשם, *ὡς φιάλαι τοῦ ἀρώματος*: איך פיליא דהרומא); Sifra Mezora § 1, 1. Bem. r. § 9 f. 203[a] s. auch פוטירון.

פילאי, *παλαιά*, alt. Waj. r. § 33 f. 117[b]. Midr. Schir f. 17[c].

פיילרן, *φιαλάριος*, ein Verfertiger von Trinkschalen. Koh. r. s. v. מה יתרון לעושה f. 78[b], f. 91[b] והוי פיילרן נהיג מעתיד ליה חד משקויי רחמים בכל יום „ein Verfertiger von Trinkschalen pflegte ihm jeden Tag einen Trank heissen Wassers zu reichen".

פילוט s. **פלטין**.

פילוטימיא, *φιλοτιμία*, Gnadengeschenk, Geschenk. S. Sachs I, 121 u. Reiske zu Cst. Pphg. de caerem. appendix ad libr. I p. 451. Anna Komnena, Alexias XI, 10 Ende: *φιλοτιμημα*, Geschenk.

פילון, *πυλὼν*, Thorweg, Thor,

Vorsaal. Pesikta Sukka f. 179[b] (Waj. r. § 30 f. 173[d]). Ber. r. § 48 in אהל פלן של א"א מפולש היה ist nach Aruch אהל nicht zu lesen; dasselbe ist, wie Buber bemerkt, eine Glosse zu פילון; Ber. r. § 66: פוליונו של אבינו יצחק מפולש היה (nach Aruch פלונו); פוליון ist πυλεὼν = πυλών. Waj. r. § 18 f. 161[c], f. 114[d] אעפ"י שכולן נכנסין בפילין (צ"ל בפילון) אחד; Koh. r. s. v. עת ללדת f. 77[b] (f. 90[b]) כד אתון לפילין, „als sie an den Thorweg gekommen"; פילין könnte, wenn nicht Aruch die Lesung פילון bezeugte, auch Accusativendung πυλὴν sein mit Nominativbedtg.

פילום s. **פולום** und **פוליא** (Pulus, ein fingirter Name als Urheber des Apuliervolkes). Sch. t. Ps. 9 פילום geschrieben statt פולום.

פילוסופום, φιλόσοφος, Philosoph, Gelehrter. Ber. r. § 1 f. 3[d]; § 11 f. 12[a]; § 20 f. 20[b]; Pes. r. § 24 f. 42[a]. Mechiltha bachod. § 6 f. 75[b]. Sifre 5. B. M. § 307. S. Sachs I, 168.

פילי, πύλη, Thor, Pforte. Ber. r. § 63 f. 61[d] ist das Wort dreimal in פיילי corrumpirt; das. § 96 f. 93[d]. Midr. Schir s. v. מי זאת f. 18[a].

פילי, παλαιά, Alte. Waj. r. § 33 f. 177[b]. Midr. Schir s. v. כמעט עברתי f. 17[c] steht dafür פילאי.

פיליון s. **פילון**.

פיליון, **פילון**, φύλλον μαλαβάϑρον, das Blatt der laurus casia, des Lorbeerbaumes; aus der frischen Frucht presst man ein grünes butterartiges Öl, woraus man die Malabthrumsalbe bereitete; auch kurzweg φύλλον genannt. Die Blätter wurden in Rom mit 60 Denaren, das Öl mit 400 Denaren das Pfund bezahlt (Marquardt, Privatl. der Römer S. 760). Dieser hohe Preis erregte die Versuchung, die Blätter mit Rebenblättern zu vermischen. Midr. Koh. s. v. יש רעה ראיתי f. 84[c] (f. 98[d]) (Sifra Wajikra § 12, 22) (המערב) עלי נפנים בפליין. In der Parallelst. Koh. r. s. v. גם זה ראיתי חכמה f. 92[d] (f. 109[a]) ist בפליין corrumpirt in בפלפלין.

פילטא, foliatum, φουλίατον, Malabathrumsalbe. Midr. Schir s. v. נרד וכרכום f. 34[c] (f. 28[a]) erklärt R. Jose אהלות mit foliatum פילטא (soll heissen פוליטא).

פילניקיא, φιλονεικία, Streitsucht, Eifersucht, Ungerechtigkeit, Parteilichkeit. Tanch. I Waëra § 11 (T. II das. § 11; Schm. r. § 9) שמא פילוניקיא יש למעלה „ist etwa Parteilichkeit oben (im Himmel)?" In Tanch. I tasria § 9 und Parallelst. ist das Wort durch die Glosse עיבור דין oder עוות דין verdrängt worden; s. das. Buber Note 53.

פילסון, φυλάσσων, Wächter, Beschützer, Schutzengel. Ber. r. § 60 f. 59[b]. (Levy.)

פילקטיר, φυλακτήρ, Wächter. Pes. hachod. f. 56[a]: דלקטירין; Est. r. s. v. קצף בגתן ותרש ist קלסריקין nach Pes. r. hachod. כלקטירין in שני פילקטירין zu berichtigen. Sachs I, 162; Buber Pesikta hachod. f. 56[a] Note 240. Kohut nimmt das Wort gar für dilecti „Geliebte(!)". Wie könnte aus dilectus im Griechischen διλέκτωρ werden?

פילקי, φυλακή, Gefängniss. Schm. r. § 15 f. 114[b]; § 30 f. 127[d]; Pesikta Sukka f. 182[a] (Waj. r. § 30 f. 174[b]); Pesikta bachazi f. 67[a]. Pes.˝ r. § 43 f. 68[b].

פילקים, **פילקא**, **פילקין**, πέλεκυς, Beil; Schm. r. § 12 f. 111[d]: כפילקין היה יורד (in Sch. t. Ps. 105 כפילקים הזה היה יורד הברד); in Tanch. II Waëra § 14 in כפילכין corrprt. (syr. פילקא). Tanch. I das. § 19 hat כחלזון הזה. Auch bei Ephräm kommt פילקא für: Beil vor. S. auch Sachs I, 9. Das Wort פלקין in Sch. t. Ps. 105 könnte auch Einzahl sein, nemlich die Accusativform mit Nominativbedeutung.

פינולא, paenula, φαινόλης, Obergewand. Tanch. I Noach § 21 (Ber. r. § 36) in פיוולא corrumpirt.

פינוס s. **פסטים**.

פינך, πίναξ, Schüssel (syr. פינכא). Ber. r. § 38 f. 37[b] פינך דסלת.

פינס, πῆνος, paenula, der Obermantel, den die Römer beim Regenwetter und auf Reisen trugen. Ber. r. § 84 f. 82[c].

פינסר s. **פנסר**.

פס, **פייס** (syr. אפיס im Aphel) denomin. v. πεῖσις, bereden, begütigen. S. Sachs I, 6. Ber. r. § 74; § 93 f. 90[c]. — Schm. r. § 51 f. 143[a].

פיוס, πεῖσις, Besänftigung (syr. פיסא); Ber. r. § 74 f. 73[b] u. ö.

פייס, πεσσὸς, Bretstein, Stein im Bretspiel, daher: Loos, daher Denom. הפיס, loosen (πεσσεύω). Ber. r. § 84 f. 81[d] (f. 93[d]). De Lara. Syr. פסס. In der syr. Bibelübs. Act. I, 17 u. 25 ist κλῆρος mit פיסא übers.

פילאי, Waj. r. § 33 f. 167[b] (Midr. Sch. s. v. כמעט f. 17[c]), παλαιὰ, alt; פילאי פורני, alte Buhlerin.

פיס s. **ליפס**.

פיפני, Ἐπιφάνεια, Epiphania, das biblische Chamath am Orontes, südlich v. Apamea. Ber. r. § 37 f. 36[a] (f. 40[d]) את החמתי פיפני. Jer. I u. II geben החמתי durch אנטוכיא wieder.

פיפקין s. **פפיליון**.

פיפורין s. **פרפורא**.

פיקס, φῦκος, Meertang, zur Schminke gebraucht und zum Purpurfärben. Sifra mezora § 1, 1. (De Lara). ושני יכול פיקס ת״ל תולעת; 2. Schminke.

פירט, πειράτης, Seeräuber. Schm. r. § 17 g. E. וספינות של פירטין Ag. Ber. § 34. (Aruch, De Lara).

פירנוס s. **פלומא**.

פיתום, πύθων, Bauchredner, Orakel; „urspr. hiess der von Apollo getödtete Drache πύθων; die Identification der Priesterin des Apollo Pythios mit der jüdischen Nekromantie kommt daher, dass bei den Juden die heidnischen Gottheiten als infernale Wesen galten". Halévy, Notes d'archéologie talmudique in Revue des études juives XI S. 201. Sifra Kedosch. אוב זה הפיתום המדבר משחיו, ebenso: Sifre 5. B. M. § 112: מאי אוב זה פיתום המדבר משחיו.

פיתקא s. **פיטקא**.

פכסמין, παξαμᾶς, Zwieback. Bem. r. § 7 f. 195[a] (De Lara).

פכסים, πύξις, Pyxis, n. pr. Sifra Em. § 1 (Zunz).

פלנא **פלגס**, πέλαγος, Meer. In Ber. r. § 4 f. 6[a] (f. 6[c]) נטל הב״ה כל מימי בראשית ונתנם חציים ברקיע וחציים באוקיינוס הה״ד פלג אלהים מלא מים: פלגא (ein Wortspiel zwischen פלג, Theilung und πέλαγος, Meer); Waj. r. § 12 f. 155[d] (f. 178[a]) אילפא דמיטרפא בפלגוס דימא

Est. r. § 5: אילפא דדמכא בפילגוס דימא (wie jenes) Schiff, das auf der Meeresfluth hintreibt: πέλαγος θαλάσσης. Koh. r. s. v. עת לבקש f. 77d (f. 90d) כד עללין אנא („צ"ל אנן) לפילגוס „wenn wir auf die hohe See kommen."

פלגנון, Jelamd. Ekeb. ἐπίλογος. Unterredung, Betrachtung.

פלגס, πέλληξ, πάλλαξ, jung (von Menschen und Thieren). Sifra Wajika § 10: מן הצאן לא הפלגס; Raschi zu Chull. erklärt פלגס für ein Lamm bis zum 13. Monat; nach Para I, 3: כבשים בני שנה ואילים בני שתים וכולם מיום ליום: בני י"ג חדש אינו כשר לא לאיל ולא לכבש ר' טרפון קורהו פלגס:

פלומא, πλοῦμος, Flaum. Midr. Schir s. v. קורות בתינו f. כמטה וכפלומא; in der Parallelst. Ber. r. § 68 f. 68 steht dafür כמטה וכפירנוס.

פלומטירין, διπλωμάταριον, Schmuckkästchen. Pes. r. § 10 f. 13d.

פלומפילון, πριμίπιλος, primipilus, erster Hauptmann jeder Legion. Sifre 4. B. M. § 131 לקיטרון (צ"ל לקנטורין) שהשלים שניו ולא שימש פלומופילון שלו „gleich einem Centurio, der ausgedient hat, aber seinem Primipilus nicht aufgewartet".

פלטאנוס s. ניפולין.

פלטיא, πλατεῖα, freier Platz, Strasse. Ber. r. § 22 f. 22d. Mehrz. פלטריות; Ber. r. § 41 g. E.; Echa r. s. v. העיר f. 51b. Die syr. Hexapla hat für ברחובות עיר (Echa 2, 11. 12) בפלטוותא דמדינתא, ἐν πλατείαις πόλεως (LXK).

פלטיאני, παλατῖνος, palatinus, Palastbeamter. Midr. Ruth s. v. ושם האיש f. 37b; Bem. r. § 1 f. 183b. Midr. Sam. § 1. P. R. Elies. § 45: בן פלטיני בן מלכים מגדולי הדור.

פלטין, παλάτιν, παλάτιον, pallatium, urspr. das Haus des Kaisers Augustus auf dem Palatinischen Berge; daher: Pallast. Ber. r. § 1 f. 4c u. ö. In Tanch. I lechlecha § 10 ist בן בילוט aus בן פלטין corrumpirt; דומין פנטון in Midr. Est. s. v. מהר קח f. 109a aus מניסטר פלטין corrumpirt; s. s. v. מניסטר.

פלטרין, פלטורין, פלטורה, πραιτώριον, praetorium (syr. פרטורין, syr. Bibelübs. Matth. 27, 27); Feldherrnzelt; dann, weil der Kaiser als Proconsul in allen Provinzen des römischen Reiches oberster Kriegsherr ist, heisst praetorium das Feldherrnzelt, das Hauptquartier des Kaisers, der Kaiserpalast in jedem Orte, wo der Kaiser sich aufhält. Mommsen, Römisches Staatsrecht II, 762. Ebenso heisst der Regierungspalast der Statthalter der Provinzen praetorium. S. auch Fleischer zu Levy. Malal. XVI: τὸ πραιτώριον τοῦ κόμητος τῆς ἀνατολῆς. Mechilta Schira § 10 f. 51b. Pesikta r. § 3; abwechselnd mit פלטר und פלטין gebraucht; vgl. Bem. r. § 13 f. 218a (f. 251a) mit Pes. r. § 3. Sifre 5. B. M. § 29: נכנס לפתח פלטורין שלו; das. § 309.

פלטירא, πωλητήριον, Verkaufsladen, Bäckerladen. Ber. r. § 22 f. 22d (f. 25d) אזיל ויתיב קמי פלטירא ועביד נרמיה מתנמנם ומרי פלטירא מתנמנם.

פלטר, πωλητήρ, Verkäufer, Verkäufer von Backwaren. Midr. Est. Anfang: ולא תאמין בחייך זה שדוא לוקח לו מן הפלטר.

פליון s. פילון.

פלניא, פלנין, φαιλόνης, φαινόλης, paenula, Oberkleid beim Reisen; Echa r. s. v. בלע nach Aruch נ׳ מאות חנויות של פלינון (in unsren Ausgg. nicht).

פלמנטיר s. **פרוטונוטרי.**

פליקטא s. **פקילטא.**

פלנים, πλάνης, Planet. Midr. Schir s. v. זאת קומתך f. 31[b] (f. 36[b]), in unseren Ausgg. in טלנס corrprt. In d. Parallelst. Tanch. I Zaw § 3 in פלטיה. T. II Zaw § 4 in פלנייה corrprt. von Buber in פלניטים oder פלניטה berichtigt = πλανήτης, Wandelstern.

פלסטיני, Παλαιστίνη, Philistäa, das Philisterland. Ber. r. § 90 f. 87[b], Waj. r. § 5 f. 149[b]. Echa r. s. v. היו צריה f. 155[c]. Vgl. Neubauer, Geogr. du Talmud. S. 2.

פלסטרון, **פלסטון**, πλαστὸν, erdichtet, gefälscht. Bem. r. § 8 f. 197[c]. Tanch. I l. l. § 10.

פלסטר, πλαστήρ, Betrüger, Lügner, Fälscher. Waj. r. § 19 f. 162[a] (f. 185[d]) ועשני פלסטר.

פלסמון, βάλσαμον, Balsam, das wolriechende Harz der Balsamstaude. Ber. r. § 32 f. 32[d]. Bem. r. § 13 f. 217[d].

פלקא, φαλκῶν, φαλκώνιον, (Cst. Pphg.) falco, Falke. Koh. r. s. v. כי יש f. 85[b], s. Sachs I, 172.

פלתא, φολὶς, Schuppe, (Mussafia). Pes. Para f. 35[a] (Bem. r. § 19 f. 237[c]) nach Aruch u. De Lara. רגלי דתרנגולתא דומין לפולתא דנונא, wo unsre Ausgg. חרסופניתא haben für פוטתא.

פמיאס s. **פניאס.**

פמליא, φαμίλια, familia, Hausgesinde, Gefolge; die fremden Söldner zur Garde des Kaisers gehörend, wie die Germani, galten nicht als Bestandtheile des römisch. Heeres, sondern bildeten das collegium Germanorum, und theilte sich, wie die familiae servorum in Decurien. Marquardt, Röm. Staatsverw. II, 488. Mechiltha Schira § 10; Waj. r. § 31 f. 175[c]. Bem. r. § 4 Anf.; § 11 f. 213[c].

פמלניא, feminalia, φεμινάλια, Binden um die Oberschenkel. Ber. r. § 84 f. 82[c]; in Ber. r. § 99 f. 97[c] steht dafür פמלליא = femoralia, s. v. a. feminalia; die Stelle lautet: אלו לובשים מכנסים ואלו לובשים פמלליא.

פנארין, πανάριον, Brodkorb. Tanch. II Wajeze § 6: אני פוסקת שלך (צ״ל פנארין) בלאדין.

פנני, φενακία, Täuschung. P. R. El. 35: דברי פנניות.

פננס, φέναξ, φενακικῶς, syr. פנכיכא trügerisch; (eig., wie Sachs bemerkt: phönicisch, vgl. punica fides; perfidia plus quam punica); Mechiltha zu bachodesch f. 70[a] und f. 74[b]. Die Ableitung von παγγεῖος = auf der ganzen Erde, (allgemein), welche Weiss annimmt, passt nicht in den Zusammenhang: לא נתתיה פננוס וכן הוא אומר אני ה׳ דובר צדק מגיד מישרים כבר עד שלא נתתי לכם המצות הקדמתי לכם מתן שכרן.

פנדק, **פונדק**, πανδοκεῖον, Herberge, Gastwirthschaft. Ber. r. § 55 f. 54[a]. Bem. r. § 2 f. 184[c]. Tanch. I Noach § 20 (Tanch. II Noach § 14).

פונדקי, πανδόκος, Gastwirth. Ber. r. § 92 f. 89[d]; Waj. r. § 1 f. 145[c].

פונדקית, πανδοχὶς, Gastwirthin. Est. r. f. 101[b] s. v. גם ושתי.

פנטון s. **פלטין.**

פנטי s. **אפנטי.**

פניא, πονέω, ich leide. Sch.

t. Ps. 18, 5 zu Erklärung von אפפוני heisst es dort: ר"א פניא אני מן עקיא, ich leide, fühle Schmerz von der Bedrängniss. Siehe Kohut, s. v. אפיפון.

פניאם, ἄφενος, der jährliche Ertrag des Feldes, annona; dann wie annona, die den römischen Provinzen auferlegten Naturallieferungen für die Armee und den Hof des Statthalters. Bem. r. § 11 f. 212ᵈ (Tanch. II Naso § 10): וישמרך שלא תהא עשוי במדינה פניאם. Das Wort kann nicht = poena sein, wie Levy meint, weil darauf folgt: ושלא תבא זימיא למדינה „und dass der Stadt kein Strafgeld auferlegt werden." Es ist daher mit De Lara durch ἄφενος zu erklären.

פניאם, פמיאס, Paneas, Pameas, griech. Stadt an der gleichnamigen Höhle, aus welcher der Jordan entspringt. Ber. r. § 33 f. 32ᶜ; § 63 f. 61ᵈ.

פניקטא = פנקס, πίναξ, πινακίδιον, Tafel, Gemälde; Prachtsaal. Waj. r. § 1 f. 145ᶜ (Midr. Schir s. v. כתפוח f. 13ᵃ): היו או"ה שומעים קול הדיבור ונתרזין מתוך פניקטיהון. In der entspr. Stelle Tanch. I Teruma § 8 und T. II das. § 9 fehlt (מתוך פניקטהון): „die Völker der Erde (vor Errichtung des Stiftszelts) hörten die Stimme Gottes und fuhren erschreckt auf aus ihren Prachtsälen." Das Tharg. von מהיכליך על ירושלים לך יובילו מלכים שי lautet: מן פנקסיהון לך ייתון מלכייא קרבנא; siehe Aruch: „aus ihren Palästen bringen dir die Könige Geschenke."

פנס, φανός, syr. פנסא, Leuchte, Fackel. Ber. r. § 3: הדליק נרות ופנסין; (Schm. r. § 25 f. 123ᵈ [142ᵃ]) Ber. r. § 68 f. 67ᵈ (f. 76ᵈ): כבו את הנרות כבו הפנסין; Pesikta beschall. f. 84ᵇ: דרך הארץ תלמיד טוען פנס ומהלך לפני הרב והרב מהלך מאחוריו ברם הכא וה' הולך לפניהם יומם וכו'. Mechiltha beschallach § 1 f. 30ᵃ; Schm. r. § 15 f. 114ᶜ (f. 131ᶜ) וכשהוציא הב"ה את ישראל ממצרים היה נוטל הפנס ומהלך לפניהם. „Sich die Fackel vorauftragen zu lassen, erscheint als Vorrecht des Kaisers u. der Kaiserin." S. auch Herodian, I 8 u. 16. So berichtet auch Xiphilin nach Dio 71, 35, dass Marcus Antoninus sich niemals die Fackel habe vortragen lassen. Es muss also, da dies als ausserordentlich berichtet wird, schon lange das Vorrecht des Kaisers gewesen sein, sich die Fackel vortragen zu lassen. Ebenso berichtet Xiphilin 71, 6, dass dieser Kaiser oft bis in die Nacht zu Gericht gesessen; ebenso Capitolinus im Leben des M. Antoninus c. 10. Hierzu stimmt die Fassung der Stelle Mechiltha besch. I f. 30ᵃ in Jalkut besch. und Jalkut Joël 4: ר' אומר אנטונינוס פעמים שהיה דן על הבימה ומחשיך ובניו היו מחשיכין אצלו מאחר שנפטר מן הבימה היה נוטל את הפנס ומאיר לפני בניו והיו גדולי מלכותו קריבין אצלו ואומרין לו אנו נוטלין את הפנס ונאיר לפני בניך והוא אומר להם לאו אלא אני אטול את הפנס ומאיר לפני בני, כדי להודיע לכם חבתם של בני, Rabbi sagte: „Manchmal, wenn Antoninus Recht sprach und bis in die Nacht auf dem Richterstuhl sass, und seine Söhne bei ihm aushielten, nahm er, wenn er den Richterstuhl verliess die Fackel und leuchtete seinen Söhnen vor, wenn dann die Grossen des Reiches sagten: wir wollen deinen Söhnen die Fackel vortragen und ihnen leuchten, sprach er: nein, ich will die Fackel nehmen und meinen Söhnen vorleuchten, um euch zu zeigen, wie sehr ich sie liebe.“ Diese Fassung ist offenbar die ursprüngliche und richtiger, als die im Mechiltatext. — Ferner Pes. Echa f. 120[a]. Echa r. s. v. ישב בדד f. 65[d]. Koh. r. s. v. וישב העפר f. 97[d]. Bem. r. § 16 g. E.

פנסר, *φανηφόρος*, der Priester, welcher den Dienst u. die Weihe des Phanes (eines orphischen Gottes) besorgt, s. Suid. s. v. *φάνης*. Tanch. II Schoftim § 10: והיה הפינסר שלה עומד על פתח המדינה. Vielleicht wäre zu lesen: הפניפור = *φανηφόρος*. Dies פניפור scheint auch in Ab. sara f. 11[a] vorzukommen: בעלמא ניפיורא נקט נורא קמיה פיפיורא פיפיורא לדוכסא דוכסא להגמונא הגמונא לקומא קומא מי נקיט מקמי אינשי אמרו ליה לא אמר להו הב"ה נקט נורא קמי ישראל. Zunächst fällt hier die Frage auf, „trägt der Comes die Fackel irgend Jemandem vor?“ Man erwartet: „der Comes trägt die Fackel dem Kaiser vor; trägt aber der Kaiser einem Menschen die Fackel vor?“ Und so heisst es auch wirklich, wenn man nur die Versetzung vornimmt: „der Dux trägt dem Comes sie vor, דוכסא לקומא, der Provinzstatthalter und Provinzkommandant, dem comes od. magister militum einer Praefectura, קומא להגמונא, der Comes (Oberbefehlshaber einer der 4 Praefecturae) dem *ἡγεμὼν*, dem Herrscher, dem Kaiser, (s. הגמון); trägt aber der Herrscher irgend einem die Fackel vor?“ Ausserdem scheint פיפיורא פיפיורא ein späterer Zusatz zu sein, und statt נפיורא hätten wir פניפיורא zu lesen. „In der Regel trägt der Phanepharos dem Dux, der Dux dem Comes, der Comes dem Herrscher die Fackel vor. Trägt aber der Herrscher irgend Einem die Fackel vor?“ Und hier hätten wir auch unser פינסר oder vielmehr פניפיורא.

פנקיא, *Φοινίκη*, Phönicien. Ber. r. § 90 f. 87[d].

פנקס, *πίναξ*, (syr. פנקסא), Bret, Tafel, Schreibtafel, Buch, Handelsbuch, Schuldbuch; Ber. r. § 1 Anf.: דפטראות ופנקסאות „Risse und Zeichnungen“; § 69 f. 68[d] (f. 78[a]) קפלה כפנקס „Gott hat (das Stück Land) zusammengefaltet, wie (man) eine Schreibtafel zusammenfaltet.“ Ber. r. § 81 f. 79[c] (f. 90[c]): איחר אדם את נדרו נתבקרה פנקסו. „Wenn Einer in Erfüllung seines Gelübdes säumig ist, wird sein Schuldbuch untersucht, wird (von Oben) nach seinen Sünden geforscht, (und er wird dafür bestraft“). Schm. r. § 35: זהב שחום שהיה נמשך כחוט והיו סכין בו כשעוה הנתונה ע"ג פנקס. Midr. Koh. s. v. כי את כל מעשה f. 98[d] (f. 116[a. b]) ואפילו דברים שאין בם ממש ולא חטא נכתבין לו על פנקסו; Echa r. Einltg. s. v. חד כותאי f. 55[b] (f. 61[c]) דהוינא טעין חד פנקס ובה עשרים וארבע' לוחין, „(ich sah im Traume), dass ich ein Schreibbuch trug, in welchem vierundzwanzig Blätter waren.“

פנתרין, *πάνθηρ*, *πανθήρα*, Panther, Pardel. Sch. t. Ps. 78, 45: מין חיה הוא ושמו פנתרין.

פסס, *φωσσεύω*, graben. Ber. r. § 31 f. 30[a] (f. 34[a]).

פסטין, *πέζοι*, Fussvolk. Ber. r. § 46 f. 46[a] (f. 51[d]). (De Lara, Mussafia).

פסטילוס, *παστῖλος*, pastillus, Kügelchen von Brod, Mehl und anderen Substanzen. Midr. Sam. § 11 Ende, (das. § 21). „Und der Stein versank in seine Stirne" (1. Sam. 17, 49) ר' יהודה ברבי אומר כבצק וכו' ר' יהודה (ברבי) אמר כהדין פסטילוס. „R. Juda berabbi sagte: wie in einem Teig," wie in Daniel 10, 25 „und sie zermalmten (eig. machten dünn etc. wie einen Brei) alle ihre Gebeine. R. Juda (so nach Jalkut): „wie in ein Mehlkügelchen." Schm. r. § 41 f. 136ᵃ (f. 155ᵈ) פיצטלין geschrieben: איני מבקש אלא מן הפיצטלין שבתוך פיך „ich verlange nur von den Brodkügelchen aus deinem Munde."

פסטיס, *πίστις*, Vertrauen, Treue. Sch. t. Ps. 19, 2 ist in ונוטלין זה מזה בפינוסין ופורעין בפינוסין ואין אחד שומע ביניהן (in Waj. r. § 26 f. 169ᵈ (f. 195ᵃ) ופורעין זה לזה בפיוסין) ist בפינוסין (בפיוסין) nach Jalk. zu Ps. 19 in בפסטיס zu berichtigen, „sie leihen von einander auf Treu und Glauben und zahlen in Ehrlichkeit, obwohl Niemand dabei ist, der es hört."

פסטרין, *πασσύριον*, *πασσύδιον*, mit aller Anstrengung. Koh. r. s. v. ונדלתי f. 76ᵃ (f. 88ᶜ): כל תורה שלמדתי בוקנתי פסטרין באף נתקיימה בי.

פסטמא, *πίστωμα*, Versicherung der Treue, Unterpfand. Waj. r. § 9 f. 153ᵃ (f. 174ᵈ): הדא פסטמא דילך טבא ולית את דחיל מיניה, „dies dein Unterpfand ist gut, darum brauchst du dich nicht vor ihm zu fürchten"; ebenso fürchtet euch nicht, weil ihr die vielen vorgeschriebenen Opfer nicht mehr darbringen könnt, beschäftigt euch mit der Thora (התעסקו בתורה), die Beschäftigung mit der Thora ist nämlich euer Unterpfand, eure Sicherstellung. — Levy übersetzt: „möge dein Betragen gut sein etc." Er nimmt nämlich den Passus ועמו כתות כתות של לסטין, als ob der Statthalter käme, um die Räuber zu bestrafen und übersetzt: da sprach ein Räuber zum anderen. Dann fehlt aber der Vergleichungspunkt: „beschäftigt euch mit der Thora." — Vielmehr sind die Räuber die militärische Begleitung des שלטון, vor welchen die Provinzbewohner sich fürchten." — Aruch übersetzt es mit: הדיבור שלך יהא טוב.

פסיון, *φασιανός*, Fasan. Ber. r. § 70 f. 69ᵇ (f. 78ᵈ); Bem. r. § 7 f. 195ᵃ (f. 223ᶜ); Koh. r. s. v. כנסתי לי f. 75ᵈ (f. 88ᵇ). (De Lara). ופסיאנין מן ציידן; Ag. Ber. § 30: הרי פאסין לפניך.

פסילוס, פסילוסא, *ψελλός*, Stammler. Pesikta Nachmu f. 125ᵇ; Koh. r. Anf. (An beiden Stellen wird עמום für פסילוס erklärt).

פסכתר, *ψυκτήρ*, Kühlgefäss, ein Gefäss, mit Eis oder Schnee gefüllt, um den Wein darin zu kühlen; dann: ein Trinkgeschirr, Kessel, Topf; das Tharg. von סירותיו ist פסקטרותיה; Bem. r. § 4 f. 190ᵃ (f. 217ᵈ). Sifra Zaw § 1.

פסל, *πάσσαλος*, Pflock, Grabscheit. Sifre 5. B. M. § 38: ארץ מצרים אם אינו עמל בה בפסל ובקורדום ונודד שנת עיניו עליה אין לו בה כלום.

פסלין, *πάσσαλον*, (Deminut. des Vorigen), Pflock, Nagel. Jalkut Ps. 10, 10: כל אחד אומר בלבו שכח אל מה הדיין הזה משהן נותנין פסליון לפניו עוד אינו רואה, der Satz fehlt in dén gedruckten Ausgg. des Sch. t. Wie mir mein gelehrter Freund Buber mittheilte, hat ein Mscr. des Sch. t. in Ps. 10, 10 den Passus von Jalkut, nur steht פלימין statt פסליון. Statt לפניו ist aber לעיניו zu lesen: „Der Richter, wenn man einen Pflock in seine Augen schlägt, kann nicht mehr sehen"; *πασσαλεύειν ὀφθαλμοὺς* heisst: die Augen ausstechen. Die Stelle muss demnach lauten: כל אחד אומר בלבו מה הדיין הזה משהן נותנין פסלון לעיניו עוד אינו רואה מה נעשה כך אמר בלבו שכח אל כד"א עבים סתר לו ולא יראה.

פסנטר, obsonator, *ὀψωνάτωρ*, der für die Küche einkauft: Kostbesorger. Koh. r. s. v. מה יתרון לאדם f. 71^{d} (f. 82^{d}) פסנטורך אנא ולית את מטעים לי מתבשילי wo Pes. Omer f. 70^{a} und Waj. r. § 28 u. Pes. r. statt פסנטרך die Lesung מנירסך haben. Aruch u. De Lara haben auch für Waj. r. § 28 die Lesung פסנטרך.

פסנתטון, *ἀψινθίτης* (*οἶνος*), syr. אפסינתין (syr. Bibelübs. Apoc. 8, 11), Absinthwein, über Wermut abgezogener Wein, wie solche Zuthaten zum Weine bei den Römern in grösster Auswahl im Gebrauch waren. Tanchuma II Wajesch. § 8: פסנתטין אני רוצה.

פספוס, פספס, *ψῆφος*, Steinchen, Bretstein. Sch. t. Ps. 26: אשר בידיהם זמה א"ר פנחס הכהן בר חמא אלו המשחקין בפסיפסין שהן מחשבין בשמאל ומסמכין בימין והן חומסין וגוזלין זא"ז; 2. Mosaik: Schm. r. § 10 f. 110 (f. 127^{c}) בבתי גדולים שהיו עשויים בשיש ובפסיפס; Sch. t. Ps. 105, 30: תאמר בבתי השיש ובבתי הספים (צ"ל פסיפוס) לא היו עולין אתמהא. (S. Sachs I, 182). Deb. r. § 1 f. 248^{d} (f. 286^{b}): ואם בפסיפס הפסיפוס מתפחם „und (wenn sie die Hände abwischt) am Mosaikboden, wird der Mosaikboden geschwärzt." 3. Stimmstein, daher Beschluss, Erlass. Pesikta wattomer: פסיפון אינון עבדין „sie fassen Beschlüsse." Echa r. s. v. ולא זכר f. 61^{a} (f. 70^{c}) . . . והתוית תו ורבנן אמרו חיתוכין ופספס . . . . . es scheint חתוכין eine erklärende Glosse zu פספס zu sein, und die Stelle hiesse: die Rabbinen sagen (das Taw bedeutet) Verurteilung. Sch. t. Ps. 12 ונמצאו בני אדם עוסקים בההיא ספפניא ופינה אותה אותו חסיד; Jalkut Ps. 12 hat בההיא ספסוניא; Koh. r. s. v. שלח לחמך f. 95^{d} (f. 112^{c}) lautet die Stelle: לבתר יומין אתצידון יהודאי בהדין ספפסא אמרין מאן אזיל ומפיים עלינן. Offenbar ist an allen diesen Stellen פסיפוסא zu lesen: Verurteilung. „Man war daran, eine Verurteilung zu beschliessen: u. jener Fromme hat sie abgewendet." — „Kurz darauf waren die Juden von jenem verhängnissvollen Beschluss betroffen; da sagte man: wer wird gehen, und für uns Schonung erwirken?" Nach Hesychius ist *ψήφισμα* auch s. v. a. *ἀπόφασις*. Möglicher Weise könnte an diesen Stellen auch פסיפיסמא zu lesen sein. Pesikta Wattomer f. 131^{a}: פסיפין אינון עבדין „sie fassten (verwerfende) Beschlüsse."

פסקיה, פסקי, (syr. פסקיתא s. Joh. 11, 44), *φασκία*, fascia, Binde, z. B. bei Frauen, um den Busen aufzurichten; Sifre 4. B. M. § 131: והיא מוציא' דפוס של פעור מתחת פסוקין (צ"ל פסקין) שלה; in Chelek steht מתוך חיקה שלה; das Wort שלה zeigt, dass für חיקה ursprünglich ein Fremdwort gestanden, welchem man kein Suffixum zufügen konnte, und dafür שלה setzte; die Binde, welche Männer um die Schenkel trugen. Hist. Augusta Alexander Severus c. 40 Ende; Jer. Chel. ונתן את הברזל תחת פסיקיא שלו; „und er (Pinchas) that das Schwert unter seine Beinbinden.“ Verbindung, Bund; Waj. r. § 33 f. 177^{b} (f. 263^{d}): פסקיות פסקיות לע"ז „lauter Verbindungen z. Götzendienste.“ Der Samaritaner braucht פסקול abwechselnd mit קאים für ברית.

פסקינם, *πισκίνα*, piscina, Fischteich, Wassersammlung, Teich. Koh. r. f. 75^{c} (f. 82^{a}): עשיתי לי בריכות מים פוסקינום (צ"ל פיסקינם).

פסתיין, *ψιαθίον*, Matratze, Matte. Koh. r. s. v. מה יתרון f. 78^{a} (f. 91^{b}).

פעליון s. **פפיליון**.

פפולסמון, *ὀποβάλσαμον*, Saft der Balsamstaude. Ber. r. § 34 f. 33^{c} (f. 37^{d}); § 39 Anf.

פפוסיא, Midr. Sam. § 5: ב"ו צר צורה והוא נותן פפוסיא לתוך סממניו והב"ה אינו כן אלא וכל דרכי הסכנת. Das Wort פפוסיא kann hier nicht richtig sein; ausserdem sieht man nicht, wie der angef. Schriftvers hier beweisend sein soll. Liest man aber פספוטיא, *ψηφωτή* (sc. *γῆ*) = Kies: so ist die Stelle verständlich, „der Maler mischt Kies in seine Substanzen; nicht so der Allheilige; von ihm heisst es: mein Gehen und mein Liegen läuterst du“; es ist nämlich die zweite Hälfte des Psalmverses citirt statt der ersten Hälfte; vgl. Nidda 31^{a}: ארחי ורבעי זרית וכל דרכי הסכנת מלמד שלא נוצר אדם מן הטפה אלא מן הברור שבה.

פפייר, *πάπυρος*, die Papyrusstaude, aus deren Bast man Segel, Bänder, Kleider machte, wie aus dem inneren Bast ein Schreibmaterial. Ber. r. § 37 f. 36^{b} (f. 41^{a}) לובשים כלי פפייר (De Lara).

פפליון, papilio, *παπυλεών*, *παπιλεών*, Zelt. Cst. Pphg. de cerem. I, 9, p. 413: *ἡ δὲ τοῦ παπιλιῶνος προσηγορία Ῥωμαϊκή ἐστι*, papili: *ὃ .γὰρ λέγεται, ὃ καλοῦσιν οἱ Ἕλληνες ψυχάριον τὸ πετάμενον περὶ τὰς κράμβας καὶ τὰ λοιπὰ λάχανα· ἐπειδὴ οὖν τὰ παραπετάσματα τοῦ παπιλεῶνος ἔοικεν τοῖς πτεροῖς τοῦ ζωυφίου τούτου, διὰ τοῦτο οἱ Ῥωμαῖοι παπιλιῶνα αὐτὸν καλοῦσιν.* — Pesikta Chanukka f. 2^{a} (Midr. Schir s. v. אפריון f. 19^{a}) (f. 21^{d}); Bem. r. § 12 f. 215^{a} (f. 247^{d}): עשו לה פפליון לכשאני מבקש לדבר עם בתי אהיה מדבר עמה מן הפפליון ולפנים; in Bem. r. § 4 f. 191^{c} (f. 219^{b}). ויבא שאול להסך את רגליו עשה עצמו כסוכה עטיף פעליוני'. Wenn man hiermit vergleicht Jalkut Ps. 39: מה עשה שלמה נטל פיפילון שלא תרד עליו השמש, wozu am Rande bemerkt ist פי' אהל פווילמך (צ"ל פווילון) בלע"ז, so werden wir auch hier statt פעליון zu lesen haben פפליון, welches zu der Deutung von להסך passt: עשה עצמו כסוכה. Levy hält פעליון unrichtig für pallium. Ebenso ist in Ruth r. § 3 s. v. קטון וגדול שם f. 38^{d} (f. 44^{b}) in der Stelle מה עשה נטל פיפקין ופירש עליו כדי שלא תרד עליו השמש. Das Wort פיפקין, welches Levy für *ἐφυφικὸν*, ein Gewebe mit Fransen erklärt, ist vielmehr eine Corruption aus פפיליון, wie die Jalkutstelle zeigt, und um so sicherer, da hier in Ruth r. der Erklärer Bär Cohn (Matth. Keh.) anmerkt, פיפיקון sei = וילון wie auch in Bem. r. (§ 12) steht מדבר עמה בתוך הפיפקין, also auch dort פפליון in פפקין corrumpirt gefunden, während er doch in Midr. Schir (der Parallelst. von Bem. r. 12) פפליון liest, und es mit אהל וכילה erklärt. Demnach ist an allen diesen Stellen פפיליון zu lesen.

פצטלא = **פסטלא**, *παστῖλος*, pastillus, Brodkügelchen. Schm. r. § 41 f. 136[a] (f. 155[d]). Siehe פסטילום.

פקטינון s. **פקסינון**.

פקטים, **פיקטים**, *πηκτός*, geronnener Bodensatz, Hefe. Sifre 5. B. M. § 324; Est. r. s. v. בשנת שלש f. 101[c] (f. 119[c]): שמא יתנו שמן פקטים בקנדילים ויקלקלו את הסעודה.

פקלטון, **פקילטין**, *ποικιλτὸν*, Buntstickerei. In Midr. Schir s. v. גן נעול f. 24[b] (f. 27[d]) erklärt R. Simon das Wort רקמה (Jechesk. 16, 10) mit פרפירא, dem paludamentum, dem roten Imperatorenmantel, später Auszeichnung des Kaisers als immerwährenden Imperators, purpura; der purpura, während von Aquila gesagt wird, er habe es mit פליקטון (soll heissen פקילטון) übersetzt: das gestickte Triumphalgewand, welches die Kaiser bei öffentlichen Festlichkeiten trugen. Mommsen, röm. Staatsr. I, 760. Sowohl R. Sima, als Aquila wollten also mit ihren bezüglichen Übertragungen von רקמה sagen: Gott habe (nach Jecheskel) Israel königliche Würde verliehen. In der That übersetzt Aquila Jech. 16, 10 רקמה mit *ποικίλα*, ebenso das. 27, 24 und und 2. B. M. 28, 39 מעשה רקם mit *ἔργον ποικιλτοῦ*. Ein anderer Übersetzer gibt es, wie Origenes berichtet, mit *ἄνϑιμον* wieder, welches dasselbe bedeutet: „mit gestickten Blumen versehene Kleider."

פקסינון, *πύξινος*, vom Buxbaum kommend; 2. Buxbaum. Ber. r. § 15 f. 15[d] (f. 18[a]) wird תאשור (Jes. 41, 19) mit פקסינון übersetzt, ebenso Vulg.: buxum, während die LXX שטה das. mit *πύξον* übersetzt. Tanch. I u. II Teruma § 9, dort in נקשנון, hier in פקטינון corrprt.; vgl. Buber zu Tanch. I das.

פקרסין, *ἐπικάρσιον*, ein Gewand, Kleid, urspr. eine Kopfbedeckung, dann übtrg. Gewand, Obergewand. In Waj. r. 2 in פרקסין corrumpirt; s. אפקרסין.

פקרום s. **פרכונים**.

פרקדם s. **פרכונים**.

פקתא, *πέταχνον*, *πιϑάκνη*, *πισάκνη*, Humpen. Est. r. s. v. והשתיה f. 102[d]: אין אונס בפקתא לפום דתמן שאתן בנסא לפיכך אין אונס בפקתא; in Targ. II Ester heisst es פיתקא, ebenso in Midr. Abba Gorion: das hier בנסא geschriebene Wort ist das Nämliche: „es war kein Zwang zum Humpen; darum steht hier: (beim Trinken) war kein Zwang, nämlich den Humpen auszutrinken." Jalkut: „Dies war bei den Persern Brauch; einen grossen Pokal, der 40 Sextarios fasste, musste Jeder austrinken, wenn er sich auch den Tod oder Wahnsinn dabei holte. Die vornehmen Perser machten den Oberschenken reich, indem sie ihm Winke gaben, und Golddenare in Menge schenkten, damit er ihnen den Becher nicht zu trinken gebe.

פרא, *πέρα*, darüber hinaus. Ber. r. § 20 ופרא מן מה דאת לביש, „und über dein Vermögen kleide dich." S. Landau.

פראדורן, *προθύραιος*, vor der Thür befindlich. Schm. r. § 33 f. 132[c] (f. 151[d]). Aruch.

פראלוקין, Schm. r. § 38: „und dies sind die zwölf Steine, die auf dem Herzen Arons sich befanden mit den Namen der Stämme nachfolgender Ordnung; für Ruben Sardonyx, für Simon Topas, für Levi Hyacinthstein; für Juda Rubin, für Isachar Sapphir, für Sebulon Smaragd; für Dan der Lynxstein; für Naphtali Achat; für Gad Amethyst; für Ascher Chrysolith“; יוסף פראלוקין: hier ist פראלוקין nach Th. Jer. I, Onkel. und Peschita, welche בורלא haben, und nach LXX, welche *βηρύλλιον* haben, zu berichtigen in פארוליון: „für Joseph der Beryll.“ Levy: Name eines Edelsteins von hellweisser Farbe (*λευκόν*).

פראפרנון, *παράφερνα*, was die Gattin ausser der Mitgift vom Gatten erhält: Zugabe zur Mitgift. Ber. r. § 80 f. 78[d] (f. 80[a]): מהר פרנון מתן פראפרנין. Anstatt פראפורין ist wie M. K. bemerkt nach Nachmanides פראפורנין zu lesen. Ber. r. § 65 f. 64[c] (f. 73[a]) הבא לי מפרפורנין שלי שכך כתב לה שהוא מעלה לה שני גדיים בכל יום.

פרבימא s. **פרכימא**.

פרגוד, *παραγαύδα*, eine Borte, in ein Kleid eingenäht; ein Kleid mit solcher Borte; die Römer nahmen die Sitte, solche paragaudae zu tragen, von den Parthern an (Trebellius Pollio, Vopiscus, Malalas); Reiske zu Cst. Pphg. de caerem. „paragaudae sunt vestes sericae auro intertextae.“ Th. Jer. I zu כתנת פסים in 1. B. M. 37, 3: פרגוד מצוייר; Ber. r. § 84 f. 82[c] (f. 94[c]): את כתנת הפסים זה הפרגוד. 2., Vorhang; dann der hinter dem Vorhang Stehende, Bote; Mechiltha bachod. § 2 Ende: לא דומה שומע מפי פרגוד לשומע מפי המלך.

פרגול (syr. פרגלא), *φραγέλλη*, flagellum, Geissel, Peitsche, Prügel. Sch. t. Ps. 12: מה לך לידקר בפוראנון ist nach der Parallelstelle Waj. r. § 32 f. 176[a] zu berichtigen מה לך לוקה בפרגול. Die Meinung Gebhardts, es sei in Sch. t. Ps. 12 בפיראנון zu lesen für בפוראנון, und mit *περόνη*, „Stachel“ zu übersetzen, widerlegt sich durch die Parallelst.

פורגא, **פרגום**, **פרכא**, *πύργος*, Thurm. Die syr. Hexapla übersetzt 2. Kön. 9, 17 und 17, 9 מגדול durch פורקסא. Tanch. I Noach § 24 Ende: בואו ונעשה לנו פרגוסין, in der Parallelst. Ber. r. § 38 steht סמוכות anstatt פרגוסין, eine auf Vermutung gestützte Glosse; s. Buber zu Tanch. I Noach Note 281. Die Münch. Hdschr. hat in Deb. r. § 26: והיו לעדרעי בתוך החומה שני פינרין (צ"ל פירגין), das. weiter: והיה עוג יושב בין שני הפירגין. In Megill. Antioch. in Jellinek b. h. VI, 4: פרכא.

פרגזיא, s. v. a. פרגודא. Ber. r. § 56 f. 55[b]; s. Levy.

פרגמטיא, **פרקמטיא**, *πραγματεία*, Geschäftsbetrieb, Handel, Waare. Ber. r. § 77 f. 76[a]; § 100 f. 100[a]; Tanch. I Mischp. § 3 (T. II das. § 5); Deb. r. § 7 f. 259[b].

פרגמטוטים, **פרגמטיוטא**, **פרגמטוטא**, *πραγματευτής*, Geschäftsmann, Kaufmann. Mechiltha Jithro § 2. Ber. r. § 13 f. 14[d]; § 76 f. 75[c]; Schm. r. § 19 f. 118[d]; § 52 f. 144[b] u. a.

פרגמטים; in Bem. r. § 188[c]:

והיה לו פרגמטים אחת של מרגליות נאות ist פרגמטים nach Tanch. I Bem. § 23 פרגמטים in ליניה zu berichtigen, wie in T. II Bem. § 20 סחורה in ליניה zu berichtigen ist. Weil man den Ausdruck ליניה של מרגליות nicht mehr verstand, suchte man ihn zu erraten, und riet falsch, und änderte nach dieser falschen Vermutung; linea margaritarum ist eine Perlenschnur; s. ליניה.

פרדוכסוס, παραδόξως, auffallend, ausserordentlich, übermässig. Ber. r. § 60 f. 58^d; (Ruth r. s. v. ולנעמי מודע f. 39^c).

פרדיגמטא, παραδειγματία, Exempel, öffentliche Beschimpfung. Tanch. I lech l. § 7.

פרדימוס s. פרדרומים.

פרדם, παράδεισος, (ursprüngl. persisch), Park, Wildpark. Schm. r. § 12 f. 111^d; § 30 f. 127^c; Sifre 5. B. M. § 196; das. § 228.

פרדרומים, παραδρομίς, eine gedeckte Gallerie bei den Stadien und Gymnasien, wie ξυστὸς. Waj. r. § 19 f. 162^a: נטלו והחזירו בכל ערי יהודה וישב עליו בפרדימוס (צ"ל בפרדרומים) והרגו „er nahm u. führte ihn herum in allen Städten Juda's, sass dann über ihn (zu Gericht) in der Gallerie des Stadiums und tödtete ihn." Perles, Thron und Circus d. Kön. Salomo, S. 20 liest פרדומוס, welches = ἱππόδρομος sei.

פרהדרין, auch פלהדרין, βουλευτήριον, Beratungssaal. Sifra Milluim. לשכת פ׳, auch לשכת בולווטין genannt: Sitzungssaal des Sanhedrin. Neubauer l. l. 143.

פרהסיא, (syr. פארריסא, פרהסיא und פרריסיא), παρρησία, Freimut im Reden, Öffentlichkeit. Ber. r. § 17 f. 17^d. Schm. r. § 14 f. 112^c. Deb. r. § 2 f. 253^b; Pesikta Chanukka f. 2^a (Midr. Schir s. v. אפריון f. 19^a; Bem. r. § 12 f. 215^a) u. a. Ebenso im Syrischen.

פרובטא, **פרובטיא**, πρόβατα, προβατία, Schafe, Reichthum an Schafen, Schafheerde. Pesikta Schekal. f. 13^a; Pes. rosch. chod. f. 60^a.

פרובגורין s. כריסרגירון.

פרוים s. פריום.

פרוור, περίβολος, Umfassung, Mauer, Gehege, Umgebung. Ber. r. § 68 f. 68^b. S. Sachs II, 87.

פרוזבטא, **פרוזבטי**, πρέσβευσις, πρέσβυσις, πρεσβυσία, Gesandtschaft. Tanch. II Waëra § 5 (Schm. r. § 5 f. 107^c).

פרוזביטים, πρεσβευτής, Gesandter. Ber. r. § 74 f. 74^a. Schm. r. § 42 f. 137^a; Midr. Schir s. v. ישקני f. 5^a; 2. griech. Übersetzung von legatus, Beauftragter des Consuls, des Kaisers, z. B. legatus Caesaris pro praetore, Statthalter in einer cäsar. Provinz; Schm. r. § 15 f. $114^{b.c}$ (Levy: der Ehrwürdige, Alte).

פרוזבול, **פרוסבול**, πρὸς βουλῇ, Erklärung vor dem Rate, Abtretung der Schuldforderung an den Rat; das Document, durch welches der Gläubiger seine Forderung dem Gerichte cedirt, damit die Schuld nicht im Erlassjahre erlischt, eine Anordnung Hillels. Sifre 5. B. M. § 113. Die Stelle Gittin 36^b: מאי פרוסבול פרוסבולי ובוטי ist mit Sachs II, 70 zu erklären: πρὸς βουλευταῖς; es ist nämlich zu lesen: מאי פרוסבול פרוס בולוטי.

פרוזדגמא, **פרוזטגמא**, πρόσταγμα, Anordnung, Befehl, Regierungsbeschluss. Ber. r. § 42 f. 40[c]. Pesikta Schor f. 77[a] (Waj. r. § 27 f. 171[c]); Waj. r. § 17 f. 160[d]; Pesikta bach. haschl. f. 102[a]; Tanch. I Mikkez § 17. In Tanch. II Ekeb Ende in פרוזדנייא verdorben; siehe Kohut, Ar. compl. III S. 31, 32. In Sch. t. Ps. 12 ist in der Stelle מיד גזר והטילו מרנזאות בארץ שלא יעסקו בתורה, das Wort מרנזאות aus פרוזדנמאות verdorben, ebenso in Jalkut Ps. 12 מודנראות.

פרוזדונמא, *πρόσταγμα*, Anordnung, Beschluss. Pes. r. Anochi (§ 33) פרוסטומא שלו פרוסה מיום ליום; Jalkut hat dafür פרוזדונמא שלו פרושה בחדש הראשון „sein Beschluss war erlassen im ersten Monat, und da fürchteten die Israeliten an jedem Tag.“ Aruch citirt Jelamdenu kitissa מלך ב״ו פורס פרוזדנמאות במדינה. S. auch Güdemann im Lexidion u. Friedmann.

פרוזדור, *προϑῦρον*, Vorhof, Empfangshalle. Midr. Schir s. v. נן נעול f. 23[d].

פרוטאטא, *πρώτατος*, Principalis, oberstes Ratsmitglied. Ber. r. § 1 f. 4[b]. פלן פראטאטא; Waj. r. § 30 f. 174[c] nach Aruch יצאו פרוטטי לקראתו, in unseren Ausgg. wie in Pes. Sukka f. 182[a] steht גדולי המדינה für פרוטטי, welches aber nach Schibbole leket rosch hasch. § 132 פטרובולי zu lesen ist; s. unter פטרובולי. Die vornehmsten Ratsmitglieder in den Provinzialstädten des römischen Reiches hatten den Titel Principales, griech. *πρώτατοι*. Siehe Madwig II, 144.

פרוטונמיא, *πρωτογάμεια*, *προγάμεια*, Vorfeier der Hochzeit. Bei den Griechen wurden vor der Hochzeit (am gleichen Tage oder einen Tag vorher) Opfer gebracht, womit eine Opfermahlzeit verbunden war. Wer zu diesem Opfermahl geladen war, war auch zu der eigentlichen Hochzeit geladen. Siehe Becker-Göll, Charikles III, S. 361 ff. Zu den Juden ging Sitte und Name in der Weise über, dass am Sabbat vor der Hochzeit ein Festmahl veranstaltet wird, Spinnholz, sponsalitia genannt. Daher Jerusch, Demai IV, 4: שבת של פרוטונמיא; Schebiith IV, 9: המת בשבע שני גוג אין לו חלק לעתיד לבוא סימנא דאכל פרוטנמיא אכיל משתותא; Waj. r. § 11 f. 154[c]: ואותן שבע שנים הן הן פרטנמיא של צדיקים לע״ל וסימנא דעבד (צ״ל דאכל) פרטנמיא אכיל משתותא. In Sch. t. Ps. 14, 7: משל לבן מלך שאירס בת מלך וקבעו פרוסטומיא ביום פלוני בנו של מלך מצפה לשמחתו ובתה של מלך מצפה לשמחתה מי מעכב פרוסטנמיא. Jalkut Ps. 14 liest beidemale פרוזטנמיא; es ist vielmehr פרוטונמיא zu lesen. Der Hinweis auf Jes. 63, 4 כי יום נקם בלבי ושנת גאולי באה zeigt, dass die Meinung ist, ehe das Jahr der Erlösung kommt, muss der Tag der Vergeltung dagewesen sein; ebenso: ehe der Königssohn und die Königstochter ihren Freudentag erreichen, muss erst die Vorfeier der Hochzeit, die *πρωτογάμεια* da sein. Auch hat Jalkut zu Ps. 14 die Lesung פרוזטונמא, welches für die ursprüngl. Lesung פרוטונמיא spricht.

פרטי s. **אפנטי**.

פרוטומי, *προτομή*, Brustbild, Büste. Schm. r. § 15 f. 114[b.c]. In Echa r. s. v. בלע f. 61[d] פטומיה, soll heissen: פרוטומי, die Büste; Perles, Sprach- u. Sagenkunde 10.

פרוטונוטרין, *πρωτονοτάριος*, primicerius notariorum, bei Amm. Marcell. kommt dafür einmal primus notariorum vor; Oberkanzler. In Midr. Schir s. v. כי טובים f. 5d פלמנטרין; Jer. Sanh. XI f. 30b: פולמנטירין, in Jer. Berach. I f. 3b: פלמטירין, in Jer. Aboda s. f. 41c: סימנטירין. Levy übersetzt es nach Mussafia mit *πολεμονοτάριοι*, Notare des Kriegsheeres. Die Stellen lauten: נביא וזקן למי הן דומין למלך ששלח ב׳ פלמטרין (פלמנטרין) [צ״ל פרוטונוטרין] שלו למדינה על אחד מהן כתב אם אינו מראה לכם חותם שלי וסימנטרין שלי אל תאמינו לו ועל אחד מהן כתב אעפ״י שאינו מראה לכם חותם שלי האמינוהו בלא חותם וסימנטרין כך בנביא כתיב ונתן אליך אות או מופת הבא על פי התורה אשר יורוך. Auch in Tanch. Bem. § 26 ist אף אני מקרבו ועושה פלמנטרין שלי zu berichtigen in אף אני מקרבו ועושה אותו פרוטונוטרין שלי. In Bem. r. § 1 steht für das bezeichnete Wort נאמן ביתי, eine in den Text gekommene Glosse.

פרוטיקטור, *προτίκτωρ*, *προτήκτωρ*, Protector, ein Mitglied der kaiserlichen Leibwache ersten Ranges. In der späteren römischen Kaiserzeit gab es drei Rangstufen der Leibgarden; die unterste Stufe bestand aus den Scholares, die zweite aus den Domestici, die höchste aus den Protectores. S. Madwig II, 573. Schm. r. § 37 f. 134c פרוטיקאטור geschrieben.

פרומביא, *φορβειὰ*, Halfter. Sch. t. Ps. 10 corrprt. in פרבמיה.

פרוסופא s. **ספירא**.

פרוסטומא s. **פרוזדוגמא**.

פרוסטקוסר s. **פרוקורטור**.

פרוסטקורסין s. **פרזקורטור**.

פרוסקלאונה s. **פרוקונסולארי**.

פרוסטטיה, *προστατεία*, das Amt und Geschäft eines *προστάτης*, eines Patronus. Die Städte Italiens hatten je eine römische Familie als Patroni, welche die Angelegenheiten der betr. Städte im Senat zu vertreten hatten, und ihre Streitigkeiten schlichteten. Marquardt, röm. Staatsverwaltung I, 188. In Deb. r. § 9 f. 257b in פרוסטיה corrumpirt; die Stelle lautet: כל מי שנשען על ב״ו אף פרוסטיה (צ״ל פרוסטטיה) שלו עוברת. „Wer sich auf Menschen verlässt, dessen Beschützung ist ebenfalls vergänglich (wie der sterbliche Beschützer).“ Sachs I, 169 will פיסטיה lesen: „dessen Zuversicht ist ebenfalls vergänglich.“

פרוסטטה s. **פרוסטטיה**.

פרופי, **פריפי**, *ἀπρεπῶς*, in ungeziemender Weise; De Lara u. Landau. Ber. r. § 86 f. 89b nach Aruch: בני בכורי ואני מורידו פרופי, „er ist mein erstgeborener Sohn und ich sollte ihn in ungeziemender Weise sinken lassen?“ Unsre Ausgg. haben für פרופי das Wort בבזיון, eine Glosse, die in den Text gedrungen. Levy will es für *ὑπεροψία* halten.

פרופוסיטוס, Praepositus, *πραιπόσιτος*, Commandeur eines Truppentheils; insbes. hiessen Praepositi die obersten Befehlshaber der socii und der Auxiliartruppen. 2. Praepositus sacri cubiculi, *πραιπόσιτος τοῦ κουβικλείου*, auch einfach Praepositus, *πραιπόσιτος* genannt; Oberkammerherr. Dessen Amt gehörte in der byzantinischen Zeit zu den höchsten Reichswürden; es war das Vorbild des fränkischen

Major domus. Friedländer, Darstellungen aus der Sittengesch. Roms I, 78. Schm. r. § 15 f. 114[c] (f. 131[c. d]); Bem. r. § 1 f. 183[b] (f. 210[b]); § 7 f. 195[a] (f. 223[b]). An diesen beiden Stellen hat es die Bedeutung von Befehlshaber, insbes. der Befehlshaber der socii, auch die Obersten der vexilla legionum; Marquardt, röm. Staatsverw. II, 466. In Schm. r. § 37 ist es in רפוסא corrprt.; s. Zunz, Gottesd. Vortr. S. 258 Note 6. An erster Stelle (Schm. r. § 15) נכנס פרופוסיטוס לרחוץ will Perles das Wort in פריפטוס ändern in der Bedeutung: Besitzer eines Privatbades. Allein es ist nicht einzusehen, wie πριβᾶτος diese Bedeutung haben kann; פריבטה kommt einmal in Jer. Schebiith VII, 11 für „private" vor, nicht einmal „private Bäder" heisst es dort; „das ist gesagt bei den öffentlichen (Bädern), aber bei den privaten (Bädern)." Es ist also nur Eigenschaftswort. Es muss nach Aruch פרסביטיס gelesen werden: „Legat", sonst auch ὕπαρχος genannt.

פרוקונסולארי, προκονσουλάριος, proconsularis; eine proconsularische (Provinz), d. h. eine senatorische Provinz. In den senatorischen Provinzen war der Statthalter ein Proconsul und hatte kein militärisches Commando; die kaiserlichen Provinzen standen je unter einem Proprätor, hiessen daher auch prätorische Provinzen. Dieser hatte sowohl die militärische wie die bürgerl. Obergewalt. Deb. r. § 10 f. 261[d] (f. 300[d]): לאסטרטינון ששימש בשתי מדינות פרסוקלאונה (צ"ל פרוקונסולארי) „gleich einem Prätor, welcher in zwei proconsularischen Provinzen als Statthalter gewaltet." Zunz, G. V. S. 252 Anm. f. bemerkt schon, das Wort sei wahrscheinlich in פרוקונסול zu berichtigen.

פרוקופי, προκοπή, Zunahme an Würde: Auszeichnung. Ber. r. § 48 f. 46[d]; Waj. r. § 18 f. 161[d]; Pes. r. § 14 f. 23[b] שאל לך פרוקופי; das. § 44 f. 69[d]; Ruth r. s. v. שבנה f. 38[a]. Ber. r. § 12 f. 13[d] (Sch. t. Ps. 93, 1). Die Stelle Sch. t. Ps. 93 ist nach Ber. r. § 12 Ende zu berichtigen: ללגיון שהמליך את המלך תחלה אמר המלך הואיל ולגיון זה המליכני תחילה הרי אני נותן לו פרוקופי שלא תזוז ממנו לעולם; „weil diese Legion mich zuerst zum Kaiser ausgerufen, soll sie eine Auszeichnung erhalten, die niemals von ihr weichen soll (ihr niemals entzogen werden soll)."

פרוקורטור, προκουράτωρ, procurator, Steuereinnehmer, Intendant. Procurator Augusti a rationibus, Intendant der fiskalischen Einkünfte und der Domänen. Siehe Madwig II, S. 140 Note 2. Sch. t. Ps. 117, 11: בנוהג שבעולם המלך עושה כל מה שמבקש אם יתן קטרינין (צ"ל קטדיקין) במדינה ויבאו ויבקשו ממנו בני המדינה (שמא) הן יכולין לפחות והוא עונה אותם שמא אם משלח להם פרוסטקוסרין (צ"ל פרוקורטורין) למדינה שיגבו מהם מאה לטרין של זהב ויבקשו מהם בני המדינה .שמא הן יכולין לפחות מה שצוה המלך Im gewöhnlichen Leben wenn der Kaiser der Stadt Strafgelder auflegt, und die Stadtbewohner bitten ihn, so können sie wohl um eine Verringerung derselben bitten und er gewährt sie ihnen. Wenn er ihnen aber Steuereinnehmer in die Stadt schickt, um 100 Pfund Gold von ihnen zu erheben: und die Stadtbewohner bitten dieselben, können diese etwa einen Nachlass von dem gewähren, was der Kaiser befohlen?“ Das erste שמא ist mit Unrecht in den Text eingedrungen.

פרוקרים, *προκρὶς*, getrocknete Feige; Pesikta bach. haschl. f. 104[b] ומילא חיקה פרוקדיסין (nach Jalkut Jithro ist פרוקדיסין zu berichtigen in פרוקריסין; Perles erklärt es für species, Specereien).

פרוקרום, *προκρεύς*, Verkäufer von getrockneten Feigen. Pesikta f. 104[b] הוליכה אצל פרוקדום; nach Jalkut Jithro ist פרוקדום zu berichtigen in פרוקרום. Levy erklärt פרקרום mit *καρποδότης*, Fruchtgeber(?). Perles, Sprach- und Sagenk. S. 30 mit speciarius; auch im Syrischen: siehe Land Anecdota I f. 210.

פרותיזמייא, *προθεσμία*, der vorausbestimmte Tag, Termin. Mechiltha beschall. § 1 f. 31[a]: הגיע' פירותזמיה (פרותיזמייה) שלכם לחזור למצרים, Pesikta bach. haschl. f. 103[b] וקבע לה פרוזתימייה (Buber hat פרוזתימייה mit Recht in פרותיזמייא geändert).

פרטום, Sifre 5. B. M. § 353 והלא לא כיבש פרטום זה קטן, wofür Jalkut liest פרטים זה קטן. Das Wort פרטים scheint das lateinische partem (Accusativ v. pars) zu sein: Land; Marquardt II, 228: „pars Italiae heisst das Land Italien, wie urbs Romae, die Stadt Rom; siehe Aurel. Victor 39, 31 vom J. 292, wo das Reich in 4 Theile geteilt wurde: „hinc denique parti Italiae invectum tributorum ingens malum.“ So auch partes Orientis, die Provinzen des Ostens des römischen Reiches. Capitolinus, Antoninus Pius 9; in Triginta tyr. Cels.: „partibus Gallicanis, Orientalibus, quin etiam Ponti etc.“

פרטירא, *πρατήριον*, Verkaufsladen, Bäckerladen. Ber. r. § 22 f. 22[d].

פרטומין s. **פרומכום**.

פריבטה s. **פרכיטה**.

פריבטא, *περίπατος*, ein Ort, mit Bäumen bepflanzt oder mit Säulenhallen geziert zum Lustwandeln; Spazierplätze, wie das Lykeion in Athen, in dessen schattigen Platanenalleen Aristoteles mit seinen Jüngern philosophische Gespräche führte. Nach Plutarch (Kimon 24) wandelte Kimon die einst wasserlose Akademie in einen wohlbewässerten Hain mit schattigen Baumpflanzungen um. Im Allgemeinen war es ein Ehrgeiz der römisch. Kaiser und der Grossen, solche Anlagen zu öffentlichem Nutzen zu stiften; wie z. B. Hadrian, Diocletian, Herodes Attikus. Ber. r. § 1 f. 4[b]: מלך ב"ו מתקלס במדינה ועדיין לא בנה לה פריבטאות ודימסאות, „ein irdischer König wird gerühmt in der Stadt, obgleich er ihr noch nicht Parkanlagen und öffentliche Bäder errichtet hat.“ Ber. r. § 8 f. 9[a] למלך שהיה מטייל בפתח פלטין שלו וראה בולרין אחת מושלכת אמר מה נעשה בה מהן אומרים דימוסיות ומהן אומרים פריבטאות; Midr. Koh. r. f. 75[d] wird דימסאות ותענוגות בני אדם durch ומרחצאות erklärt; in der Parallelstelle Schir r. s. v. הנה מטתו f. 19[a] steht פרובטייה für מרחצאות, während dort דימסאות fehlt; in Bem. r. § 11 f. 211[d] steht פרוזבטה.

Mussafia und De Lara erklären das Wort als: privata, das geheime Gemach; Levy u. Perles: Privatbäder (im Gegensatz zu דימסאות, öffentliche Bäder); dies ist desshalb unrichtig, weil ja beide Wörter Dinge zu öffentlichem, allgemeinem Nutzen bezeichnen sollen dem Zusammenhange nach. Im W. B. zu den Targg. erklärt Levy דימסאות mit „warme Bäder", und מרחצאות mit „kalte Bäder"; beides ohne Begründung. Die Wahrheit ist, dass man in der Länge der Zeit das Wort (פריפטאות) פריבטאות nicht mehr verstand, und dafür ein dem Worte דימסאות synonymes Wort neben פריפטאות an den Rand setzte, also מרחצאות, welche Glosse dann in den Text kam.

פריומא, *φόρημα*, Sänfte; Schir r. s. v. עמודיו f. 17[a]; in Bem. r. § 12 f. 215[a] in פרוים corrumpirt.

פריטין, *ὑπηρέτης*, Diener; Schir r. s. v. אמרת f. 31: פריטין משלו היה.

פריכירין, *περίχωρον*, Nachbarschaft. (Aruch). Deb. r. § 11.

פרימופילון, primopilus, primipilus, der erste Centurio der Legion; Sifre 4. B. M. § 131 in פלומיפילון corrumpirt.

פרקונים, **פרכונים**, *προκωνεύς*, Kuchenbäcker (von *πρόκωνα* od. *προκώνια*, Kuchen aus junger oder ungerösteter Gerste); Echa r. s. v. ויגרם f. 65[b] ist es in פרכוטים verdorben; מעשה באשה אחת שהוליכה את בנה אצל פרכיטים (צ"ל פרכונים). — Koh. r. s. v. כל הדברים f. 72[d]: שהוליכה את בנה אצל חד פרקונים.

פרכיטא, *παραχύτης*, der Badediener, welcher den in der Wanne Sitzenden mit warmem Wasser, (aus dem Kessel entnommen) übergiesst; ebenso auch: der Badediener, der mit kaltem Wasser übergoss, nachdem der Badende ein Schwitzbad genommen; Badediener. Forbiger, Hellas und Rom IV, 126; 144. Ber. r. § 63 f. 61[d]: כהדין פרכיטא שמשטף את המרחץ ואח"כ מרחיץ את בן המלך. Unsre Ausgg. haben פרביטא, was Perles veranlasst hat, diese falsche Lesart gegen Aruch beizubehalten und es mit privatus zu erklären. Ebenso Levy. In Midr. Panim ach. II f. 38[b] ביקש להרחיצו ולא היה שם פרכיטים; auch dort ist פרכיטים in פרביטים corrumpirt.

פרכיל wie פרגול, *φραγέλλιον*, Geissel; ein Schössling, Zweig; פרכילי ענבים, Rebschoss. Schm. r. § 15 f. 114[b].

פרכורין, *περίχωρα*, Umgebung, Gebiet. Deb. r. § 11 f. 262[a]: אתה נפנשת עם המלאך בפרכורין שלך ואני עולה אצלן בפרכורין שלהן.

פרכס, zusammenschauern, zappeln; denominat. von *φρίξις*; Sachs II, 193. Ber. r. § 63 f. 61[b].

פרמא, *πάρμη*, Schild; Echa r. s. v. דרך f. 65[b]. Tanch. II Mischp. § 19; Sch. t. Ps. 17, 7.

פרמכוס, *πρόμαχος*, Verfechter, Vertheidiger. Aruch s. v. פרוכימטוס. Tanch. I Schoftim § 8 ומעמיד להן פיטומין; Tanch. II Schoftim § 9: ומעמיד להן פרטומין; Levy liest פרמומין, und erklärt es für parmati, mit Schildern versehen. Es muss ומעמיד להן פרומכין heissen: „und er stellt ihnen Vertheidiger, Verfechter, Fürsprecher auf." Aruch führt eine Stelle in Jelamdenu Balak an, aber unvollständig, so dass der Zusammenhang nicht ganz klar ist, und bemerkt כן קורין לאבוקטו בלשון יון: „so heisst Avocato im Griechischen."

פרמקום, φαρμακὸς, Zauberer; Ber. r. § 77 f. 76[a]; (Schir r. s. v. מי זאת f. 18[a]).

פרן, Hiph. הפרין, mit einer (φέρνη) Morgengabe ausstatten. Ber. r. § 60 f. 59, 60; das. § 74 f. 73[d].

פרנין, φερνή, Mitgift. Ber. r. § 64: הרבו עלי מהר ומתן מהר פרנין מתן פרא פרנין (im Text des Midrasch steht פרנון, es muss פרנין heissen) der Accusativ v. φερνή. — Ber. r. § 80 f. 78[d] (f. 80[a]). (Syr. פורניתא; s. Land, leg. secul. Sam. 1. B. M. 34, 12: מהר ומתן mit פרן ומתנה übs.).

פרנס, πρόνοος, Versorger, Fürsorger, Verwalter.

פרנס, denom. des Vorigen: versorgen; regieren, lenken. Schm. r. § 43 g. E. f. 138[c]. Ebenso auch im Syrischen bei Ephräm und Barhebraeus.

פרנסה, Versorgung, Ernährung, Verwaltung, Oberleitung. Ber. r. § 20.

פרנוס s. **תרונוס**.

פרס, φᾶρος, Vorhang, Decke. Bem. r. § 10 f. 206[d].

פרסייה, פרסאה, περσέα, περσία, persische Dattel. Sifra Behar I, 1. Schebiith I, 1.

פרסם von παράσημος, περίσημος, kenntlich machen: veröffentlichen; Schm. r. § 7 f. 109[a]; bekannt machen. Tanch. I Balak § 28; Pinch. § 16; Mechiltha Bo § 13; Waj. r. § 32 f. 176[c]; öffentlich preisgeben. Bem. r. § 21 f. 243[c] (Tanch. I Pinch. § 2) פרסם את בתו בקלון.

פרסנית s. **פודרגוס**.

פרסק, μηλὶς περσική, Pfirsichbaum. Ber. r. § 42 f. 41[a].

פרסתקא, παρασιτικὸς, Schmarozer. (S. Sachs I, 152). Ber. r. § 41 f. 40[a].

פרעה, parra, Kibitz. (Sachs I, 172); Koh. r. s. v. כי יש דברים f. 85[b].

פרפורא, **פורפירא**, πορφύρα, Purpurkleid, die purpura; Purpurmantel, die auszeichnende Kleidung des römischen Kaisers; ursprünglich das paludamentum, der rote Kriegsmantel des Oberfeldherrn; daher purpuram sumere oder τὴν βασίλειον πορφύραν περιβαλεῖν, die Kaiserherrschaft antreten. S. Mommsen, Röm. Staatsr. I, 349. — Pesikta Schekalim f. 16[b] (Waj. r. § 2 f. 146[b], Tanch. I kitissa § 4, T. II das. § 8); Schir r. s. v. גן נעול f. 24[b] und Echa r. Anf. f. 51[b] ואלבישך רקמה ר' סימא אמר פורפירא; R. Simon übersetzt (Jechesk. 16, 10): ich legte dir den (kaiserlichen) Purpur an (gab dir Königsgewänder und damit königliche Würde). Ber. r. § 75 f. 74[b]: שלח פורפירא וטלקה קדומוהי „er (Jakob) zog den Purpurmantel aus, und warf ihn ihm (dem Esau) um." T. I Waëra § 9; Schir r. s. v. כרם f. 33[c] (Ber. r. § 85 Ende) פורפירה בבליה; Schm. r. § 45 f. 139[b]; רבי חנין דצפורין אמר עטרה שנתן בראשם וכו' ור"ש ב"י אמר זיגאות שחגר להם ור' סימי אמר פורפריאות; „R. Chanin nennt diesen Schmuck die Krone, R. Simon ben Jochai das Schwert, R. Simi den Purpurmantel." Denn auch das Schwert gehört zu den Abzeichen der kaiserlichen Würde. S. Mommsen a. a. O. S. 350. In Ber. r. § 74 f. 73[d] (f. 83[d]) ist פורפורין corrprt.

in פיפורין, wozu Levy bemerkt, wahrscheinlich πέπλον, es heisst: (David legte) den Königsmantel (ab) und § 51 f. 143[c]: ויתנצלו ב"י את עדים פורפירא „die Kinder Israels hatten sich (durch die Verehrung d. Kalbes) ihres Schmucks entledigt, nämlich ihrer königlichen Auszeichnung, des Purpurmantels.“ Deb. r. § 7 f. 259[c], Waj. r. § 34 f. 178[c] und Sch. t. Ps. 21: מלך ב"ו אין לובשין פורפורייא שלו.

פרפרת, περιφορά, die herumgetragenen Speisen, die gustationes, die vor und nach der Mahlzeit herumgereicht wurden. (De Lara). Tanch. I Bem. § 27; Tanch. II Bem. § 22.

פרצוף, **פרסוף** (syr. פרצופא), πρόσωπον, Angesicht. Ber. r. § 8 f. 8[b] (Sch. t. Ps. 139); 2., Gestalt, Form; Schm. r. § 5 f. 107[c].

פרקאונסין, Προκόννησος, Prokonnesos, eine Insel in der Propontis, berühmt wegen ihres weissen Marmors, daher sie jetzt Marmara heisst, und die Propontis Marmarameer. Est. r. c. 1 v. 6: „Es wäre dem Achaschwerosch leichter gewesen, silberne und goldene Säulen anzubringen, als Säulen von Marmor von Prokonnesos nach Medien kommen zu lassen“; Rappoport, Er. Millin s. v. hat zuerst die richtige Lesung und Erklärung des Wortes gegeben.

פרוקולה s. **ספיקולא**.

פרקונים s. **פרכונים**.

פרקלטא s. **פרקלינא**.

פרקליט, παράκλητος, (syr. פרקליטא), Anwalt, Fürsprecher, Tröster. Schm. r. § 18 f. 117[c]. Sifra Mezora § 3, 5.

פרקלינא, περίκλινα, Ruhebetten um den Speisetisch. Tanch. II Reé § 8: אפילו יש לי פרקלטין וטרקלין בח"ל ואין לי אלא הסף בא"י. Statt פרקלטין ist פרקלינין zu lesen, indem das ינ in ט zusammengezogen worden durch Unachtsamkeit u. Unwissenheit der Abschreiber; „hätte ich auch Ruhelager und Speisetische ausserhalb Kanaans, und im Lande Israels nur eine Schwelle, würde ich doch vorziehen, an der Schwelle zu weilen.“

פרקמטיא s. **פרגמטיא**.

פרקסין s. **פקרסין**.

פתקא, πέταχνον, πιθάκνη, Humpen. Midr. Abba Gorion; s. פקתא.

פתורא, πέταυρον, Gerüste der Seiltänzer; dann: der auf einem Gestell ruhende Tisch, im Ggs. zu den niedrigen Tischen, welche vor die pulvinaria gestellt wurden: Tisch. Sachs I, 153 ff. Schir r. s. v. כמעט f. 17[b]. In Tanch. II Balak § 4 (Bem. r. § 20) wird das Textwort פתורה gedeutet als כשולחני „wie ein Geldwechsler, bei dem alle Könige der Völker sich Rats erholen, wie der Geldwechsler, dem Alle ihr Geld bringen.“ Auch die syr. Hexapla übersetzt שולחן, wie das Targum mit פתורא.

פתרון s. **פתרין**.

פתרין, ποτήριον, Becher. Tanchuma I kitissa § 1: פתרון של פרגמטיא כל מה שצריך הוא יוצא מתוכו. Es scheint gelesen werden zu müssen פתרין של פרגמטוטא „ein Becher des Handelsmannes: Alles, was nötig ist, geht aus ihm (dem Becher) heraus.“ Sachs I, 26 will es für patera, Schale erklären.

צ

צותרא, ζαϑρὸς, hinfällig, schwach. Echa r. s. v. היו צריה f. 56ᵃ; s. Levy.

צפירא, σπεῖρα, eine Cohorte. Mechiltha Schira s. v. ואנוהו. (De Lara).

צריף, σάρπος, eine Kiste, ein hölzernes Haus (bei den Bithyniern). Hesychius erklärt σάρπος mit κίβωτος· Βιϑυνοὶ δὲ ξυλίνους οἰκίας. (Musafia). — Ester r. s. v. גם ושתי f. 103ᶜ (Sch. t. Ps. 10, 13) רומוס ורומולוס מתה אמם הזאבה נזדמנה והניקתן ועמדו ובנו שני צריפים גדולים ברומי. „Von Romus und Romulus starb die Mutter; da traf sich, dass die Wölfin sie säugte; sie standen auf und bauten zwei grosse Burgen in Rom (das Capitolium und die regia auf dem Palatinischen Hügel)."

ק

קאטאבא, κατάβα, steige hinab! Tanch. II Zaw § 2: אהי קטבך שאול לשון אלונסטי קטבך קאטאבא שאול.

קאלוחסין s. קאלופראסין.

קאלופראסין, καλὴ πρᾶσις, der bedingte Verkauf, wornach, wenn in bestimmter Zeit an der verkauften Waare, z. B. Sklaven, gewisse Fehler sich vorfanden, der Verkäufer die Waare zurücknehmen muss: der Verkauf als gute Waare, der für den Käufer vortheilhafte Verkauf. S. Perles in Z. D. M. G. Bd. 35 S. 140 u. S. 725 in der Anzeige von Bruns-Sachau, Syrisch-Römisches Rechtsbuch; Marquardt, röm. Privatleben I, 169. Siehe auch Land Anecd. leges secul. f. 223ᵐ: אן נזבן נברא עבדא קאלא ארסים; nur möchte für קאלא ארסים zu lesen sein קאלא פראסים. Land macht zu ארסים ein ? und bemerkt: nescio, quae Graeca vox sit, nisi ἄρσις, pactum, amicitia s. consensus intelligi possit, quod cum Homerico ἄραρον cohaeret, verum ipsum, quantum scio, in uno testimonio legitur apud Aeschinem contra Timarchum § 68 Bekkeri, ἐχρησάμην Τιμάρχῳ ὁμιλῶν τῇ αὐτῇ ἄρσει. — In Schm. r. § 43 f. 138ᶜ ist es in קאלוחסין corrumpirt, welche Corruption, wie erwähnt, Perles berichtigt hat. העבד הזה שאתה מוכר קאקונריסין (צ"ל קאקופראסין) הוא או קאלוחסין (צ"ל קאלופראסין): „ist dieser Sklave, den du verkaufst als fehlerhaft verkauft (ohne den Vorbehalt der Nichtigkeit, wenn sich Fehler finden), oder als fehlerfrei (mit dem Vorbehalt der Nichtigkeit)? Er antwortete: קאקונריסין (קאקופראסין) הוא ועל זה אני מוכרו, als schlechte, fehlerhafte Waare; gerade desshalb verkaufe ich ihn." (Hiernach ist Levy s. v. קאלוחסי zu berichtigen).

קאלמין, κάλλιμος, schön geschmückt, in voller Amtstracht. Ber. r. § 50 f. 49ᶜ (Waj. r. § 26 f. 69ᵈ): לאחר שנטל הנמוניא מן המלך

(צ"ל קאקופראסין) בכל מה שמוצא אלא כך אני מביא עליכם יסורין עד שתכינו את לבבכם אצלי: „Gott sprach zu Israel: meine Kinder, glaubet nicht, dass ich mit euch verfahre wie mit einem Sklaven, den sein Herr um jeden zu erlangenden Preis als schlechte Waare verkauft (so dass der Kauf nie rückgängig wird), sondern ich bringe vielmehr Leiden über euch, bis ihr eure Herzen zu mir lenket, (dass ihr wieder zu mir zurückkehrt)." Siehe zu קאלופראסין; auch hier wie dort hat Perles die richtige Lesung hergestellt, und die richtige Erklärung zuerst gegeben. Bei Land Anecd. leg. secul. f. 223[c] steht קאקוארסים, wohl aus קאקופראסים verdorben. Hiernach ist Levy s. v. קאלוחסין zu berichtigen.

קדר, *χυτρεύς*, Töpfer. Bem. r. § 16 f. 231[b] (Tanch. I und II Schlach § 1); De Lara.

קדרה, *χύτρα*, Topf; (De Lara); Bem. r. § 7 f. 195[a]; § 16 f. 231[b] (Tanch. I u. II Schl. § 1); syr. קדרא קדרא, Bem. r. § 7 f. 195[b], corrumpirt aus דרוריא.

קדרוני, *κέδρινος*, von Cedernholz, zur Ceder gehörig. Ber. r. § 31 f. 29[a]. Die syr. Hexapla übs. כארזים. 4. B. M. 24, 6 mit איך קדרו, *ὡς κέδροι*.

קוביא, *κυβεία*, Würfelspiel. Tanch. I Noach § 20 (Tanch. II das. § 14).

קוביוסטוס, *κυβιστητής*, Gaukler, Taschenspieler, Betrüger. Midr. Abkir Beresch. § 21 (Chullin f. 91[b]) וכי גנב או קוביוסטים אתה. Die Bedeutung von „Würfelspieler" (*κυβευτής*), welche Buber nach Tossaphoth zu Chullin 91[b]

עד שלא הגיע למיתורין שלו היה מהלך כפגן כיון שהגיע למיתורין שלו היה מהלך כקאלמין: „Wie Einer, der vom Kaiser eine Statthalterschaft erhalten, in bürgerlicher Kleidung geht, ehe er an dem Grenzort seines Gebiets angelangt ist; aber sobald er dort angelangt ist, in voller Amtstracht geht." In Tanch. I Wajera § 21 ist der letzte Theil corrumpirt in כיון שנכנס לישב במקומו התחילו המוכסין שלו ובני המדינה מכבדין אותו. Es ist nämlich aus למיתורין שלו geworden לישב במקומו המוכסין שלו; ausserdem eine ungeschickte Glosse zu der ursprünglichen Lesung הגיע למתורין שלו. Nach Dio Cass. 53, 13 hatte August angeordnet, dass die Provinzstatthalter die Abzeichen ihrer Würde und ihre Amtskleidung erst dann anlegen durften, wenn sie die Grenze ihrer Provinz betreten hatten.

קאמרא, *καμάρα*, Wölbung, Bogen. S. Perles, Thron und Circus S. 13.

קאנוסין s. **קאנידין**.

קאנידין, *κίναιδοι*, unzüchtige Menschen, Kinäden; Waj. r. § 33 מובאים קאנוסין; Sam. Gama hat die Lesung: מובאין קטיסין, die richtige Lesung ist wohl קאנידין, oder קינידין „es wurden Kinäden, welche (männliche Hurerei treiben) gebracht." (Jalkut Jechesk. 23 hat קטיסין) wohl entstanden aus קיניסין.

קאקפראסין, *κακὴ πρᾶσις*, der Verkauf als schlechte Waare, so dass beim Entdecken von Fehlern der Kauf nicht rückgängig wird. In Deb. r. § 3 f. 253[c] ist es in קוריסין corrumpirt; אמר הב"ה לישראל בני לא תהיו סבורים שאני עושה אתכם כעבד שאדונו מבקש למכור אותו קוריסין

und R. Chananel dem Worte geben will, wie auch De Lara u. Levy, passt weder zu unsrer Stelle noch zu Bechoroth 5[a], Chull. 91[b], Kiddusch. 11[a], Bab. b. 92[b], sondern nur Einer, der Etwas zu unterschlagen weiss. Ausserdem wird Würfelspieler im Talmud mit משחק בקוביא wiedergegeben. Darum nennt die Mischna unter den zum Zeugniss Unfähigen nicht den קוביוסטים, den Falschspieler, ebensowenig wie den Dieb, denn das versteht sich von selber; sondern den Würfelspieler, משחק בקוביא, und zwar, weil er ein Müssiggänger sei nach einer Ansicht, oder weil Spielgewinn kein rechtlicher Erwerb sei nach der andern Ansicht.

קוברניט (syr. קוברניטא), *κυβερνήτης*, Steuermann, Schiffslenker. Waj. r. § 21.

קודו, *κόνδυ*, Becher. Koh. r. s. v. וכל אשר שאלו עיני f. 76[a] (Tanch. II Achre § 1). In Sanh. 20[b] und Gittin 68[b] steht dafür גונדו; es scheint daher auch hier קונדו gelesen werden zu müssen. In Koh. r. s. v. שבתי וראה f. 92[b.c] steht dafür קודיה.

קווסרא, *καυσάριν* (Ducange), causarius, kränklich. Die wegen körperlicher Gebrechen (casus) Befreiung vom Kriegsdienst Verlangenden hiessen causarii. Madwig II S. 470. — Ber. r. § 73 f. 72[c]: הנותרות ר"ל אומר נותרות מנהון בישין מנהון עקרין מנהון קווסרין. Resch Lakisch erklärt das Wort „die Übriggebliebenen also: sie waren theils krank, theils unfruchtbar, theils gebrechlich."

קוזדר, *κοαίστωρ*, quaestor, quaesitor, Untersuchungsrichter. Sch. t. Ps. 103. (De Lara).

קוזמין, *κόσμος, κόσμιον, κόσμιν*, Schmuck. Ber. r. § 19 f. 19[d]: כל קוזמין שלו בתוכו; so nach Aruch u. De Lara, unsre Ausgg. haben: קוזמיקון für קוזמין. — Tanch. I Mikkez § 9; Deb. r. § 6 f. 253; Pes. r. § 12 f. 19[c]. Ber. r. § 19 f. 19[d] nach Aruch und De Lara כל קוזמון שלו שם הוא (P. R. El. § 13 כל קוזמיא שלו.

קוזמוקרטור, *κοσμοκράτωρ*, Weltbeherrscher; nach Ammianus 15, 1 legte sich Constantin II den Titel dominus totius mundi bei, wovon die griech. Übersetzung *κοσμοκράτωρ* ist. Schon Augustus in s. späteren Zeit wird in einer der pisanischen Inschrr. (Orelli 643) ausser seinen anderen Titeln noch mit dem Titel totius orbis terrarum praeses genannt. (Madwig I, 537 A.) So ist dieser Titel im Midrasch auf die Könige von Grossmächten übertragen, wie auf Pharao, Merodach-Baladan, Nebukadnezar. Ber. r. § 58 f. 57[a]. Schm. r. § 5 f. 107[c] (Tanch. I Waëra § 2; Tanch. II Waëra § 5); Tanch. I Tasria § 10 (Waj. r. § 18 f. 161[c]); Pesikta Schekol. f. 14[a] etc.

קוזמיקון, *κοσμικὸς*, durch die ganze Welt verbreitet. Ber. r. § 24 f. 24[c] (Koh. r. s. v. הולך אל דרום f. 72[a]). In Waj. r. § 15 f. 158[b] steht גדולה für קוזמיקו, eine Glosse, die das Textwort verdrängt hat.

קוזמריאה, *κοσμάριον*, Schmuck. Midr. Petir. Mosche rabbenu, Jell. b. h. VI, 71.

קוטנת s. **קסטרא**.

קולא, *κολεὸς*, Krug. Waj. r. § 4 f. 148[a]; Waj. r. § 33 f. 177[c]; Schir r. s. v. יונתי f. 15[c] etc. (De Lara).

קולא, *κλοιὸς*, Halseisen; Schir r. s. v. היושבת f. 34ᵃ.

קולא, *καυλὸς*, Stengel; Waj. r. § 15 f. 139; 2. Palmsprossen.

קולא s. קולבא.

קולב, *κόλλοψ*, Kurbel. Sifra Schmini § 6.

קולב, *χάλυψ*, Stahl. Ber. r. § 35 f. 34ᶜ (De Lara). 2., ärmelloses Kleid. Ber. r. § 38 f. 37ᵃ.

קוֹלבא, *κολόβιον*, ein Kleid ohne Ärmel. (De Lara; Sachs I, 177). Waj. r. § 37 f. 181ᵇ ist statt חד קולא, vielmehr nach Aruch zu lesen חד קולבא.

קולבון, *κόλλοβος*, Aufgeld. Sifra bechukk. § 4, 10. (De Lara).

קולבון, *κολοβὸς*, verstümmelt an Händen oder Füssen. Sifra Emor § 2, 3: העיקלן והקולבון, „der Krummbeinige und der Kurzfuss."

קוליאס, *κολοιὸς*, Dohle; T. II kitissa § 32. (De Lara).

קולין, *καλιὸς*, Gefängniss. Schir r. s. v. היושבת (Kohut).

קולית, *κωλῆν*, *κωλεὸς*, Schenkelbein, Hüftknochen, Knochen. Ber. r. § 10 f. 10ᵈ; das. § 26 f. 26ᵇ; Hexapla Jes. 66, 24 übersetzt בפגרי (LXX: *τὰ κῶλα*) mit לקוליתא.

קולמוס, *κάλαμος*, Rohr, insbs. auch das Schreibrohr. Tanch. II Zaw § 7: וכמה קולמסין משתברין; In Midr. Est. s. v. ויאמר המן אל המלך ישנו עם אחד f. 107ᶜ ist קולמוס in dem Satze קולמוס אתה כותב eine Corruptel und muss dafür stehen קלווסים. — Schm. r. § 47 f. 141ᵇ.

קולסא, galea, Helm, Sturmhaube. Ber. r. § 19 f. 19ᶜ. Nach Fleischer ist das Wort von *κῶνος*, Helmspitze, abzuleiten. In Sifre 5. B. M. § 81: הואיל והם יוצאין בתולסין hat Jalkut בקולסין; doch ist viell. בתולסין richtige Lesart, und für *Ѳολία*, eine besondere Art von Hut, zu nehmen.

קולר, *κολλάριον*, collare, Halseisen, Fessel, Kette. Pesikta Dibre f. 103ᵃ. Pes. r. § 30 f. 51ᵇ. Tanch. I u. II. Kedoschim § 15. Sifre 4. B. M. § 96.

קולרית, **קולריא**, *κολλύριον*, Siegelerde, zu Augenschminke gebraucht: Augenschminke. Pesikta Wattomer f. 132ᵃ; (Waj. r. § 16 Anf.) Echa r. s. v. סורו טמא.

קולתא, **קלתא**, (syr. קולתא), *κάλαϑος*, Korb; Sifre 5. B. M. § 300. — 2. Grosses Trinkgefäss; Humpen. Das Tharg. von וכדה ist וקולתה, ebenso im Syr. In Waj. r. § 5 f. 149ᵇ (Bem. r. § 10 f. 206) ist in השותים במזרקי יין רב אמר קלוריא ר"י אומר בכוסות קטנים für קלוריא zu lesen קולתיא. Ebenso erklärt in Schabb. 62ᵃ R. Ammi מזרקי durch קנישקנין (*κανίσκια*, Körbe), Humpen. Dies passt zu der Schilderung des üppigen Lebens der Vornehmen im Zehnstämmerreich, dass man den Wein aus Humpen trank. Im Griech. wird *κάλαϑος* wie *ψυκτὴρ* für *κρατὴρ* gebraucht, und bedeutet nicht nur Mischkrug, sondern auch ein übergrosses Trinkgefäss. S. Becker-Göll, Charikles II, 346. Marquardt, Privatleben der Römer, S. 325. 326. Siehe meine Note zu Wünsche, Biblioth. rabb. Bemidbar rabba S. 638. R. Sam. Gama, seitdem v. Buber herausgegeben, wird unter Waj. r. § 5 קלנדיא citirt, es muss offenbar קלוריא oder קלותיא heissen.

קומי, *κόμη*, das Haupthaar. Sifra Achre § 9, 13: ושלא תספר קומי שפה; Deb. r. § 2.

קומוס, *κομμί*, Gummi. Sifre 4. B. M. § 16 Anf. Sifre 5. B. M. § 269. Koh. r. s. v. יש רעה ראיתי f. 84[c] u. s. v. גם זה ראיתי בחכמה f. 92[d].

קומוס, *κόμης*, comes, (auch syr. so), urspr. Begleiter des Feldherrn, dann des Kaisers, später Titel eines kaiserlichen Beamten, Vorsteher einer der grossen Verwaltungszweige oder Hofämter. Schm. r. § 37 f. 134[a]: Kriegsminister, militärischer höchster Beamter in einer der 4 Präfekturen: comes militum, auch magister militum genannt; *κόμης ἀνατολῆς* bei Procopius: magister militum per Orientem. — Est. r. s. v. ותמאן f. 104[b] קומיס איסטבלאס (soll h. ק׳ אסטבלאות), *κόμης στάβλων*, comes sacri stabuli, Oberstallmeister, aus dem Byzantinischen ist die Würde zu den abendländischen Reichen übergegangen. Conestabilis (aus comes stabuli), Connetable. In Waj. r. § 5 f. 149[d] wird Schebna הסוכן (Jesaja 22, 15) erklärt als שבנא קומיס אספריון (צ״ל אספטריון) *κόμης ἀσπαθαρίων*, der Befehlshaber über die, welche dem Kaiser den Stab vortragen: der erste Stabhalter, wie Gonfaloniere; sie fungirten insbes. bei Friedensschlüssen und Bündnissverträgen: Oberceremonienmeister. Oft steht auch קומיס ohne Beisatz. Tanch. I Behaaloth. § 20 (B. r. § 15): היום אפרכוס למחר פנן למחר (צ״ל היום) קומוס למחר סרדיוט „heute ist er Präfekt, morgen ohne Beamtung, heute Militärcommandant der Provinz oder vielmehr der Praefectura, morgen gemeiner Soldat"; (statt סרדיוט ist סטרדיוט zu lesen). Man denke an Belisar, Narses u. a. Tanch. I Tasria § 9 (T. II das. § 7) קומוס מתירא מאפרכוס der Comes militum fürchtet sich vor dem Präfekten; oder auch vor dem *ὕπαρχος*, dem legatus Caesaris, dieser vor dem Kaiser, (an welchen zuletzt appellirt werden kann). Über die Stelle Pesikta Omer f. 71[a], Waj. r. § 28 siehe unter בִּנְרון.

קומיאטון, in Ag. Ber. § 38: תן לי קומיאטון שאעמוד מן המטה הזה. Es ist wohl *ἀκοίμητον*, Gesundheit, Aufstehen vom Krankenlager mit Weglassung des א als α privativum.

קומיטטון, *κομιτάτον*, (mit Accusativendung), comitatus, Gefolge, Hoflager; vgl. Amm. Marcell. 14, 5: „ut eum ad comitatum imperatoris vinctum perduceret." Wo Valesius erklärt: à la cour de l'Empereur; ebenso das. 15, 25. 15, 7 u. 8. Est. r. s. v. ובמלאת f. 102[c]. S. Levy. S. auch Th. Jer. II zu 4. B. M. 12, 7[b].

קומטומריסין, in Jalkut Ps. 20, zu berichtigen in קומנטריסין, *κομμεντάριοι*, commentarii; die vom Kaiser gemachten Aufzeichnungen über gerichtliche Akte, Protokolle, kommt bald für Anklage vor, wie in der Bedeutung von: Vertheidigung. Siehe auch Sachs II, 179. Die Stelle in Sch. t. 20 ist aus Gründen der Censur geändert. Die Stelle lautet in Sch. t. יענך ה׳ ביום צרה . . . . ר״א באיזה יום יום שהכל מודים בו שהוא צרה לעליונים ולתחתונים . . . . ואו״ה אומרים הוי כי גדול יום ההוא מאין כמוהו וישראל על ידי דוד אומרי׳ יענך ה׳ ביום צרה צרה שהיא לעליונים ולתחתונים והב״ה אומר לאו״ה בואו ודונו עם בני ישראל שנאמר קרבו ריבכם יאמר ה׳ והם אומרים מי יבא בדין עם בניך והוא

אומר להן אני כביכול שנאמר הוא נותן עוז והעצומות לעם. Die gesperrten Worte sind nach Jalkut Ps. 20 (obwohl auch dort nicht Alles richtig ist) zu verbessern in הגישו עצמותיכם קומנטריסין של בני עשו והם אומרים מי עושה קומנטריסין של ישראל והוא אומר כביכול אני שנאמר אל ישראל .... הוא נותן עוז ותעצומות לעם; und Gott sagt zu den Völkern der Welt: „bringt eure starken Gründe vor, nämlich die Vertheidigungsgründe für die Söhne Esaus; und sie sprechen: wer bringt denn die Vertheidigungsgründe für Israel vor? worauf er (Gott) antwortet: ich, wenn man es von Gott sagen dürfte, denn die Schrift sagt (Ps. 68, 36): der Gott Israels, er gibt Kraft und Stärke dem Volke." In Gittin 29ᵃ sind קומנטריסין של אומות העולם und in Jer. Jebam. XVI, 5: קמנטריסי המלך, die commentarienses, die Protokollführer, *κομμενταρίσιοι*.

קומקום, **קונקמוס**, **קומקא**, *κουκούμιον*, ein Gefäss, um Wasser zu wärmen. Tanch. I und II Chukk. § 2. Deb. r. § 2 f. 151ᵈ: Kessel.

קונדא, *κονδός* (im Spätgriech.), curtus, kurz, klein. Ber. r. § 88 קונדא מכירין, ein kleiner Dolch.

קונדילין, *κόνδυλον*, *κονδίλιον*, Knochengelenk; gebogene Hand, im Spätgriech. das Schreibrohr, oder der Pinsel zum Malen der Buchstaben; s. Perles a. a. O. S. 39, 40, welcher zugleich anführt, dass Ber. r. § 1 die Stelle טלו מילנין וקלמין לבני in der ed. Constant. 1512 lautet: טלו מילנין וקלמין וקונדילין לבני.

קונטוס, **קונדוס**, *κοντός*, Stange, Pfahl. Pesikta Chanukka f. 14ᵇ. Bem. r. § 4 f. 189ᵇ in ד' קונטיטין für ד' קונטסין. (De Lara). Pesikta Schor f. 26ᵃ.

קונדימון s. **קנדימון**.

קונדריקון (mit eingeschobenem נ), *κόθορνος*, ein hoch heraufgehender Stiefel mit mehrfachen Sohlen, zwischen welchen ein hohler Raum gelassen ward; er ward gebraucht, um die Statur höher erscheinen zu lassen, daher in der Tragödie von den Schauspielern getragen, und von koketten Jungfrauen, welche auch in die genannten hohlen Zwischenräume der Sohlen wohlriechende Specereien legten, und damit ausgingen. Waj. r. § 16 f. 159ᵃ. In der Parallelst. Echa r. s. v. סורו טמא f. 68ᵇ in קורקוסין und vielfach in קורדקיסין corrumpirt, in Pesikta Wattomer f. 132ᵇ in קורקין עבין, von Buber berichtigt.

קונטבריא, Cantabrum, eine bevorzugte Fahne des römischen Heeres seit Augustus, die bei grossen Feierlichkeiten umhergetragen ward. (Sachs II, 178), welcher Minucius Felix, Octav. c. 28 citirt; Sch. t. Ps. 45: „Gleich einer Matrone, welche drei zum Kreuzigungstod Verurteilte frei gemacht hat, und sie nachher sah als (צ"ל אקלפרין) אלקפרין טעונין קונטבריא של מלך Adlerträger, belastet mit dem Cantabrum des Kaisers." Siehe auch Mussafia unter אקלפרין.

קונטימון s. **קנדימון**.

קונטרים, *κομμεντάριος*, wie קומנטרים, Aufzeichnung; insbes. Aufzeichnung von Protokollen, daher: Anklageschrift, und ebenso bedeutet es oft: Vertheidigung, wie אילונין, welches auch sowohl für Anklageschrift wie für Vertheidigung gebraucht wird; Sifre 4. B. M. § 134 משל באדם שנתן (צ"ל שנתון) בקונטרסים של מלכות אפילו נותן ממון הרבה אי אפשר ליעקר: „Gleich einem Menschen, der in die kaiserlichen Anklageprotokolle eingetragen ist u. s. w." In Sch. t. Ps. 45 משל למי שמבקש לעלות לבימה נטל קורדום (לפי נ׳ הילקוט צ"ל קונטרס חלק) ונתן לדיין א"ל למה לא כתבתו א"ל לא היה לי פנאי: „Gleich Einem, der vor Gericht gehen wollte, und ein leeres (unbeschriebenes) Heft (nämlich worin die Vertheidigungsgründe stehen sollten) nahm, und es dem Richter gab. Dieser fragte ihn, warum hast du nichts hinein geschrieben? Er antwortete: weil ich keine Zeit dazu hatte." So haben die Söhne Korachs, als sie vor Gott zu Gericht erschienen, gesagt: „wir konnten es nicht mit unseren Lippen aussprechen, nur in unserm Herzen fühlen wir es." Wenn nicht Jalkut die Lesung קונטרוס חלק hätte, so könnte man viell. קרדים χαρτής lesen; aber dann fehlte auch das Prägnante; das in קונטרוס liegt.

קונטריקום s. אנטונינום.

קוניא, κονία, Flusssand, Kalk. Tanch. Chukk. § 2 קערות דקוניא, glasirte Schüsseln. De Lara; Dan. 5, 5 übersetzen die LXX על גירא mit ἐπὶ τὸ κονίαμα.

קונכי, κόγχη, concha, Muschel; ein daraus gefertigtes Gefäss: Trinkgefäss, Sälzfass, Salbengefäss. In Jerusch. Joma 3, 10 wird נברשת von einem Amora mit Lampe übersetzt (מנרתא), von einem anderen mit קונכיתא. Nimmt man den Context v. Mischna 10, nämlich dass Ben katin eine Mechanik für das Becken im Tempel angebracht habe, damit das Wasser nicht durch über Nacht stehen untauglich werde, so passt dazu, dass Helena eine קונכיא, eine (goldene) Waschschüssel am Eingang des Tempels angebracht habe, wie De Lara es mit bacia, Becken erklärt. Jelamdenu behaal. in Jellinek b. h. VI f. 88 קונכי של נחשת. In Ber. r. § 60 f. 59[a] ויוצא העבד כלי כסף וכלי זהב ובגדים ומנדנות: רב הונא אמר קונכי scheint קונכי Perlenmuschel zu sein; Perle.

קונעא, γύναιον, Weib. Ber. r. § 32 f. 30[c]; das. § 38 f. 36[c] vgl. mit Sch. t. Ps. 52, wo קונעתו wiedergegeben wird durch אשתו.

קונרום, κόνναρος, eine essbare Stachelpflanze. Ber. r. § 20 f. 21 וקוץ זה קונרום. Est. r. s. v. בהראותו f. 102[b]. S. Sachs I, 110.

קונשוברינין, consobrini, Geschwisterkinder. Jelamd. 1. B. M. 32, 7. (Aruch).

קוסוטרפיזין, κοσσοτράπεζος, Schmarozer. (Perles: κόσσος = Ohrfeige), also qui alapis mensa ejicitur. Echa r. c. 2 Ende, wo es corrprt. ist.

קוסטינר, κοαιστινάριος, Quaestionarius, Untersuchungsrichter, Scharfrichter, Folterer. Pesikta schuba f. 159[a]. Deb. r. § 252[e].

קוסטריינום s. כוסטריינום.

קוסם, ὄξος, saurer Wein. Ber. r. § 30 f. 28[c].

קופד, κοπάδιν, Stück, Stück Fleisch, Fleisch. (Mussafia, Perles); Ber. r. § 63; das. § 70.

קופה, κύπη, Büchse, (De Lara). Sifre 5. B. M. § 232; Pes. Omer f. 69[a] (Waj. r. § 28 f. 172[a]).

קופיץ, κοπίς, Degen, Dolch. Sifre 5. B. M. § 207.

קופליה, copula, Band, Strick. Pesikta achre (Waj. r. § 21): קופליות של ברזל נתן הקב"ה על רמ"ח איבריו.

קופנדר, in Tanch. I und II Kedosch. § 8 ist nach Waj. r. § 25 f. 128[d] und Koh. r. s. v. וסבותי · zu berichtigen in קם קדם פלטין.

קופנדריא, κοπενδιάρια, via compendiaria, abgekürzter Weg. Sifra-Kedoschim § 8, 7; Bem. r. § 11 f. 212[c] (Ducange).

קופסא, (auch bei Barhebr.), κάψα, Behältniss, Kästchen. Deb. r. § 2 f. 252[b]. Sch. t. Ps. 12. (De Lara).

קופסולין s. קפטולין.

קופרמיסא, in Waj. r. § 6 f. 150[d] ist nach Samuel Gama (edirt v. Buber) zu berichtigen in אורקמוסיא ὁρκωμοσία: קופרומסאות צ"ל ארקומסיות ניתנו ביניהן שאין אנו כופרין בו והוא אינו כופר בהן (צ"ל בנו); Eidschwüre sind geleistet worden etc.

קוקיא, καύκιον, Schüssel, Schale. Ber. r. § 74 f. 73[a]. S. Sachs I, 96.

קורא, κάρυον, Dattel: die Frucht der caryota urens; Waj. r. § 15 f. 159[a].

קרורדיקיא, קורדקים, קורדייקים, קונדריקין, (mit Buchstabenversetzung) κόθορνος, hoher Stiefel mit mehreren starken Sohlen übereinander, von Männern und Frauen getragen, um grösser zu erscheinen, daher auch in der Tragödie: mit diesen Schuhen machte man beim Gehen ein Geräusch; vgl. Jer. Sabb. f. VI, 4. Ber. r. § 45. Pesikta r. § 24 f. 44[c, d].

קורט, κεράτιον, Grösse und Gewicht des Samenkerns des Johannisbrodbaums = 4 Gerstenkörner. Ducange; Sifre קורט של לבונה; als Münze war es = 1/24 des solidus.

קורטא; κόρτος, (im Spätgriech.) klein. Ber. r. § 16 f. 16[d] (f. 19[a]) und Parallelst. Waj. r. § 13 f. 157[c] (f. 180[b]) nach Aruch; in unseren Ausgg. blos: זו בבל; bei Aruch nach על שם גנסא קורטא קטיע פושכא, „wegen des kleinen Zwerges (Nebukadnezar), der klein war, wie eine Handbreit“; fem. קורטית, klein; Echa r. s. v. דרכי ציון f. 55[b] (f. 63[d]) מעשה בכלבה אחת קורטית, nach Aruch (unsre Ausgg. haben כופרית); s. Levy.

קוריוסא, קורסיא, קיריוסא, κουρίωσσοι, Curiosi, Späher. Seit Diocletian hiessen so diejenigen agentes in rebus, welche in die Provinzen geschickt wurden, um für den Staat wichtige Nachrichten zu erspähen, etwaige Vorbereitungen von Verschwörungen, Aufständen, etwaige geplante Kriege auswärtiger Reiche den Behörden zu melden. Früher wurden die frumentarii zum Theil als militärische Curiere und zu Polizei- und Spionirdiensten verwendet. (S. Marquardt röm. Staatsvw. II, 491 ff.) Hieronym. in Abd. c. 1. Eos, quos nunc agentes in rebus vel veredarios appellant, veteres frumentarios nominabant. Statt der frumentarii wurden von Diokletian aus dem corpus der agentes in rebus Leute in die einzelnen Provinzen geschickt, um Nachrichten, die für den Staat wichtig waren, zu erspähen und zu melden; sie hiessen Curiosi. Siehe darüber

Sachs I S. 10, wo auch die Beweisstellen angeführt sind. Ber. r. § 3 f. 4ᵃ קוריוסי הושיב יוסף בפלטרין „Joseph hatte Curiosos aufgestellt im Praetorium (seiner Amtswohnung), welche, als sie merkten, dass Jakob krank sei, es dem Joseph meldeten.“ Pes. r. § 8 f. 11ᵃ (ebenfalls bei Sachs vollständig citirt). „Wie die Kaiser ihre Curiosi haben, welche ihnen jedes Einzelne melden, so hat auch Gott seine Curiosi, die ihm Alles melden, was der Mensch im Verborgenen, im Dunkel, wie öffentlich thut; die Curiosi Gottes sind die Seele, welche es dem Engel meldet, der Engel, welcher es dem Cherub meldet, und der Cherub, welcher es Gott meldet.“ — Ferner Midr. Sam. § 25 (nach Jalkut Ps. 51 berichtigt): הצילני מדמים מדמו של נבל לא בשבילי נהרג ויהי כעשרת הימים מדמו של שאול שהיה מעיל שלו נקצצת ולא היה מצטער עליה אפילו שעה אחת מדמו של נתן (צ"ל אוריה החתי) שהיה דוד משלח קורסיות (צ"ל קוריוסות) אחריו לידע אם מחזיר הוא את דבריו אילו היה מחזיר לא הייתי הרגו. Die Lesung אוריה statt נתן, welches hier und in Jalkut steht, ist bezeugt durch Raschi zu Ps. 51, 16. Aus החתי ist die Lesung נתן entstanden. קוריוסות sind die Curiosi. In Midr. Koh. s. v. נם במדעך f. 95ᵇ יש קוריוסי לטובה ויש קוריוסי לרעה (es ist nämlich קורסיות in קוריוסי zu berichtigen); קוריוסי לטובה וישמע ה' את קול דבריכם בדברכם וכו' קוריוסי לרעה שנ' וישמע ה' את קול דבריכ' ויקצוף: „Es gibt Curiosi, die das Gute melden, und Curiosi, die das Böse melden; Curiosi, die das Gute melden: „Und der Ewige erfuhr die Stimme eurer Worte, die ihr zu mir geredet: rede du mit uns, so wollen wir gehorchen, und es rede nicht Gott mit uns; wir möchten sonst sterben. Und der Ewige sprach zu mir: ich habe erfahren die Stimme der Worte dieses Volkes, die sie zu dir gesprochen; sie haben wohl gesprochen. Curiosi, die das Böse melden: „und der Ewige erfuhr die Stimme euerer Worte und zürnte, und schwur, keiner dieser Männer soll in das Land kommen.“ In der Parallelst. Waj. r. § 32 f. 176ᵃ ist קוריוסי corrumpirt in קול; es heisst dort יש קול לטובה יש קול לרעה, weil die Abschreiber das Wort קוריוסי nicht mehr verstanden, glaubten sie, das Schlagwort sei קול, welches in den zwei citirten Bibelversen steht. Das bei Aruch noch erhaltene קריאסות neben der Glosse קול ist in unseren Ausgg. ausgefallen. Levy: „es gibt eine Stimme des Geschrei's im guten Sinne.“ Güdemann nimmt das Wort irrig für κήρυξ; Levy s. v. קריאסות für: Geschrei „etwa κραυγή.“

קורנוס, κέαρνος, Hammer. Sifre 4. B. M. § 61.

קורסא s. קירום.

קורסור, cursor, κούρσωρ, Läufer. Midr. Abba Gorion: ולא הי' כקורסור לרוץ לפני מרכבתו של אבי. Siehe Bubers Note 228 zur St.

קורפסא, κρηπίς, Gestell, Sockel. Jelamd. behaal. ק' של זהב goldenes Gestell. (Levy).

קורצין, κόρση, Haar, eine Art Haartracht, Locke. Deb. r. § 2 f. 251ᶜ מספר קומי זה המספר פאת ראשו ועושה תפיסת קורצין.

קורקנא, (syr. קיריונא), κηριώνη, Wachskerze. Auch κηρούλιον kommt bei Cst. Pphg. in dieser Bedeutg. vor. Pes. r. § 44 f. 69 והיה אהרן מכאן ומרים מכאן טוענים קורקנות ומהלכין לפניה, statt קורקנות dürfte wohl קירייונות zu lesen sein.

קורקסא, *κρίκος*, Ring (die Peschita übers. טבעות mit קורקסא; 2. B. M. 28, 23); Spange. Ber. r. § 18. Bem. r. § 4. — Pirke R. El. קורקסי שמים במי אוקיאנוס הם אחוזים.

קטאדיקום, Bem. r. § 9 f. 198[d] corrprt. aus קטוליקום.

קטאדיקי s. קטדיקי.

קטבלטון, *κατάβλητον*, Bezahlung, Schadenersatz. Bem. r. § 4 f. 289[a] חייב קטבלטון.

קטדיקי, *καταδίκη*, Verurteilung zu einer Geldstrafe; Dio Cass. frgm. ed. Dindf. I p. 32: *τὴν καταδίκην συνεκτίσειν ὑπέσχοντο.* Waj. r. § 18 f. 161[d]; (in Sch. t. Ps. 17 in קטרינין verschrieben); Koh. r. s. v. יש רעה חולה f. 84[b]; „R. Gamliel b. R. Chanina fragte den R. Mona: Was heisst das: Oft ist der Reichthum seinem Besitzer zum Schaden aufbewahrt?" (Kohel. 5, 12). Er antwortete: „das Kurze von der Sache ist seine Geldstrafe: wenn ihm von der Regierung eine Geldstrafe auferlegt wird, muss er es geben," סמא דמילתא הוא קטאדיקי דידיה וכו'. Waj. r. § 18 f. 161[d]. In Schm. r. § 11 ist es verdorben in טאריקי; siehe Sachs I, 165.

קטדיקין, *κατάδικοι*, die Verurteilten. Midr. Abba Gor. s. v. ותמאן המלכה.

קטוליקום, קתוליקום, *καθόλικος*, Schatzmeister, *ὁ ἐπὶ τῶν καθόλου λόγων*, procurator summarum rationum. Midr. Schir s. v. אעלה בתמר f. 31[c] wird das Wort פחותא (Dan. 3, 2) durch קתאליקי (*καθόλικοι*) erklärt. In Bem. r. § 18 f. 235[b] wird Korach קתליקום לביתו של פרעה genannt. In Bem. r. § 9 f. 198[d] (Tanch. I Naso § 8 u. Tanch. II das. § 5) ist קאטוליקום corrumpirt in קאטריקום. Statt משל לארכיקיטון קאטריקום על אותה מדינה muss es nach Ber. r. § 12 Anf. (u. Sch. t. Ps. 14) heissen: משל לארכיטקטון שבנה את המדינה חדרים וביבים ומערות לאחר ימים נעשה קאטוליקום על אותה מדינה; Levy, der die corrprte. Lesung nicht beachtet, sagt unter קטאדיקום etwa *καταδικαστής*, der bestrafende Beamte. In Ber. r. § 12 ist קטוליקום ersetzt durch die Glosse גבאי. — Tanch. I Chukk. § 38; (T. II das. § 15, Bem. r. § 19 f. 238[d]: משל למלך שהיו לו שני קטוליקין.

קטיגור, *κατήγορος*, Ankläger. Schm. r. § 43 f. 147[d]; Waj. r. § 164[d] u. s. w. In Pes. hach. f. 53[b] (Pes. r. § 15 f. 29[a]) ist der Text העמידו בימה וגם העמידו סנינורין ויעבירו סקפטורין וכו' wie Buber das. Note 193 bemerkt hat, nach Jer. R. H. I f. 57[b] zu berichtigen: העמידו בימה יעמדו סינינורין יעמדו קטינורין שאמרו בני היום ר"ה נמלכו ב"ד לעברה למחר הקב"ה אומר למלאכי השרת העבירו בימה יעברו סינינורין יעברו קטינורין וכו'. Daher entfallen die Vermutungen von Sachs I, 170, welcher ספקולטורין vorschlägt für סקפטורין, von Levy, der סקפטורין für exspectores, Protokollführer, hält; von Güdemann, der es für סקפנטין, *συκοφάνται* hält.

קטינוריא, *κατηγορία*, Anklage, Belastungsumstände מלמד קטינוריא. Schm. r. § 15 f. 116[b]. Tanch. I mezora § 4, T. II das. § 2.

קטיה, κοίτη, Bett, Lager; Waj. r. § 5 f. 149[b].

קטיזמא, κτίσμα, das Erschaffene, das Werk. Ber. r. § 1 f. 4[b]. (Tanch. I beresch. § 4) in קטימא corrumpirt, Sch. t. Ps. 18 in קטיגמא, Tanch. I § 6 in הטיומא corrumpirt, von Buber berichtigt.

קטיספון, Κτησιφῶν, Ktesiphon, Hauptstadt des parthischen, und später des neupersischen Reiches, am linken Ufer des Tigris gelegen. Ber. r. § 37 f. 36[a] und Waj. r. § 5 f. 149[b] wird כלנה mit Ktesiphon wiedergegeben, wie auch im Tharg. Jer. I u. II zu 1. B. M. 10, 10.

קטלא, κατέλλα, catella, Halskette. Bem. r. § 9 f. 203[b]. Tanch. I Wajeze § 3, das. Wajischl. § 12.

קטלפטא, κατὰ λεπτόν, im Kleinen. Echa r. s. v. העיר רבתי עם nach Aruch und De Lara, in unseren Ausgg. לוקטא לוקטא corrumpirt. (De Lara).

קטנטין, κτάντης, Mörder. Sch. t. Ps. 54. (De Lara).

קטפריאנו, lek. t. zu 1. B. M. 32, 21, s. h. קטפראינו, καταπραΰνω, „ich besänftige.“ Siehe Buber das.

קטפרס, καταφοραί (Accusativendung mit Nominativbedeutung), Schläge, Hiebe. Pes. beschall. f. 91[b] (Schm. r. § 30 f. 128[d]); Waj. r. § 18 f. 161[d]. De Lara.

קטפרקטום, κατάφρακτος, bepanzert. Midr. Schir s. v. לסוסתי f. 9[d]. (De Lara).

קטקטון s. קטריטון.

קטרג, κατηγορέω, anklagen. Schm. r. § 43 f. 117[d], Waj. r. § 21 f. 164[c]. Das Wort kommt auch im Syr. in dieser Bedeutung vor.

קטרון, κεδρίς, Cedernfrucht; im weiteren Sinne: alle nicht essbaren Früchte der Nadelhölzer. (Sachs I, 155, 181). Pes. r. § 11 f. 16[a].

קטרון in Sifre 5. B. M. § 309: משל לאחד שהיה עומד וצוהב כנגד בלייוסטוס בשוק אומרים לו השומעים שוטה שבעולם כנגד בלאייוסטוס אתה עומד וצוהב מה אם רצה להכותך ולקרע את כסותך ולחבשך בבית האסורים אתה יכול לו אם היה קטרון (שגדול ממנו) עאכו״כ אם היה הפתקס גדול משניהם עאכו״כ. Es scheint שגדול ממנו eine in den Text gedrungene Glosse zu sein, und קטרון scheint aus קנטוריון (centurio) verdorben, wie auch Sifre 4. B. M. § 131 קיטרון eine Corruption von קנטוריון ist. Jalkut hat קרטון für קטרון.

קטריטון, κατάῤῥυτος, mit Schnupfen behaftet. Waj. r. § 15 f. 158[c]. (De Lara). Die Ausgg. haben קטקטון, Aruch u. De Lara קטריטון.

קטרקטין, καταῤῥάκτης, Durchbruch, Fallthor. (De Lara). Ber. r. § 31 f. 30[a]; siehe auch syr. Hexapla zu 2. Kön. 7, 2.

קיבר, κηβάριος (ἄρτος), panis cibarius, das tägliche Brod des Soldaten; (De Lara) Brod aus grobem Mehl und Kleie, bes. für Soldaten und Sklaven bereitet; es hiess cibarius, weil es, wie die anderen Deputate an die Soldaten geliefert ward, daher: schlechtes Brod. Marquardt, Privatleben der Römer S. 413. Mommsen, röm. Staatsr. I, 287. Siehe auch Sachs I, 145. Sifre 5. B. M. § 48. Sifra Behar § 5. 7 שלא תהא אוכל פת נקייה והוא אוכל פת קיבר. Midr. Schir s. v. אל תראוני f. 8[d]; Ber. r. § 90 f. 87[d].

קיברניטין, κυβερνήτης, Steuermann (auch in der syr. Bibelübs. Act. 27,11); Pesikta achre f. 176ª (Waj. r. § 21 f. 176ᶜ); Waj. r. § 12 f. 155ᵈ: כהדין קוורניטין דיתיב בראש תורנא. Pes. r. § 47. Tanch. I Schl. lecha § 31.

קיטון, κοιτών, Schlafgemach (auch bei Ephräm zu Gen. 39); weil in jenem Teil, wo das kaiserliche Schlafgemach war, auch die Kostbarkeiten, Kleinodien und Prachtgewänder aufbewahrt waren und die Geräte, hat κοιτών auch die Bedeutung: Gerätekammer, Schatzhaus. (Reiske zu Cst. Pphg. II f. 520). — Schm. r. § 12 f. 137ᶜ; Sifre 4. B. M. § 134, (das. 5. B. M. § 29).

קיטיא, κοιτή, Lager, Bett. Waj. r. § 5 וסרוחים על ערסותם קיטיות משופעות.

קיטרון s. קנטורין.

קייסטור, κυαίστωρ, quaestor, in byzantinischer Zeit Beisitzer im geheimen Rat des Kaisers. Er hatte die Reden, Briefe und Erlasse des Kaisers im Senat vorzulesen, war sowohl Schreiber, als Vorleser der kaiserlichen Erlasse. S. Reiske a. a. O. S. 447. Procop. b. Pers. I, 24: βασιλεῖ πάρεδρος κοαίστωρα τοῦτον καλοῦσι Ῥωμαῖοι. Echa r. s. v. ולא זכר f. 61ª nach Aruch und De Lara, während unsre Ausgg. קוסטינר haben oder קוסנטור.

קילא, (auch קולא geschrieben), κῆλον, Holz, Keule, Stock. Sch. t. Ps. 22: דאכלתון בקורא לקיתון בקולתא; Waj. r. § 15 f. 159: דאכיל בהדא קורא ילקה בהדא קולא. Aruch liest קילא.

קילא, καλιά, Kammer. Ber. r. § 31 f. 29ᵇ. Pes. Chanukka f. 8ª (von Buber nach Aruch דומה לקילקילין in דומה לקיליינין berichtigt); Bem. r. § 12 f. 217ª, Midr. Schir s. v. יפה את f. 27ᵈ. Ber. r. § 31.

קילום, κάλλος, κάλλεα, schöngefärbte Kleider, Purpurgewänder. Ber. r. § 84 f. 82ᵇ: ויפשיטו את יוסף את כתנתו ר' אלעזר אומר בקילום היה בא.

קילורין, κελλάριον, cellarium. Vorratskammer für Speisen und Weine: Keller, Haushalt. Ber. r. § 11 f. 11ᵈ (Pes. r. § 23 f. 44ᶜ); Ber. r. § 54 f. 53ᵈ; § 59 f. 57ᵈ; dann: Vorräte, Nahrungsmittel; Pesikta achre f. 173ª (Waj. r. § 20 f. 163ᵈ; Bem. r. § 2 f. 185ª): וכי קילורין עלת וכו' „haben sie denn Mundvorrat mitgenommen auf den Sinai?" Mussafia u. Buber übersetzen es irrig mit: Kuchen (κολλύρα), was hier nicht passt, ich selbst hatte früher es so erklärt, aber später berichtigt in Wünsche, bibl. rabb. Bem. r. S. 643. קילורין, κελλάριον, cellarium ist der römisch-technische Ausdruck für die den Provinzstatthaltern angewiesenen Lieferungen für Geld an Lebensmittel, Getreide, Mehl, Brod, Fleisch, Wein etc. für sich und ihren Hof. Siehe Marquardt, röm. Staatsvwltg. II, 89, 104, 183, 225. Tanch. I kedosch. § 21 (T. II das. § 12) שממנו היה כל קלארין שלו עולה „welcher mir meinen ganzen Nahrungsbedarf liefert", und ferner: כל קלארין שלי מן הפרדס הזה היה לי; hier ist die ursprüngliche Form, cellarium, von Buber auch richtig erklärt. Das. ונתן להם ארץ ישראל קלארין של הקב"ה הקרבנות ממנה לחם הפנים ממנה וכו' „er gab ihnen das Land Israels, das cellarium Gottes; daraus kamen die Opfer, daraus das Schaubrod etc."

קילורית, κόλλυρις, Augensalbe, Augenschminke, s. קולריא. Waj. r. § 16.

קילקי, קילקים, κιλίκιον, grobes Tuch von Ziegenhaaren. Sifra Schmini § 6, 8. In Mech. Amalek § 1 s. v. ויקחו אבן steht dafür קלוקרין; das Wort wird im Talmud und Midrasch auch gebraucht für: verwickeltes Haar und darin befindlichen Schmutz. Sifra Sabim § 2, 4; Mikwaoth IX, 2.

קינינא, κυνηγὸς, Jäger, Thierkämpfer, der mit wilden Thieren im Amphitheater kämpfen musste; dazu wurden Sklaven, und zum Tode Verurteilte genommen, auch Christen und Juden, weil sie dem Kaiser zu opfern sich weigerten; 2. Aufseher der Wildparke, und weil diese Aufseher die wilden Thiere kannten, die als Seltenheiten in die Amphitheater gebracht wurden: Thierkundiger. Sifre 5. B. M. § 102. Ber. r. § 32 f. 31ª: קיניני אנא, bin ich ein Thierkundiger, (dass ich die reinen und unreinen Thiere unterscheiden kann)? — 3. Veranstalter von Thierkämpfen (venationes). Pes. bajom haschm. f. 191ᵇ (nach Bubers Berichtigung): תהא מן סברידי ולא מקיניניא „sei von den Zuschauern, aber nicht von den Veranstaltern der Thierkämpfe." S. Fleischer zu Levy s. v. סברירי. Beim Zuschauen konnte er nämlich möglicher Weise Einem das Leben retten oder Zeugnis von dessen Tode geben.

קינינין, κυνήγιον, κυνηγία, Jagd, insbesond. die in Rom beliebten Kämpfe mit wilden Thieren, venationes. Tanch. I Emor § 6 (Waj. r. § 26) sagt David zu Saul: וכי קיניניא לימדני אבא „hat mich denn mein Vater im Kämpfen mit wilden Thieren unterrichtet?"

קינרום, κύναρος, cynarus, Distel. Ber. r. § 20; 2. Artischoke; Est. r. s. v. בהראותו f. 102ᵇ. (De Lara, Sachs).

קיסם, קיסא, κέασμα, Span, Holz, Block. (Im Syr. und im Targum wird es für Holz, Block und Baum gebraucht, vgl. syr. Bibelübs. 1. Kön. 10, 11; 2. Kön. 3, 19. Hiob 33, 11). Vgl. Perles S. 20. Mechiltha bachod. § 6; Schm. r. § 30 f. 127ᵈ.

קיסר, καῖσαρ, Caesar, Kaiser. Ber. r. § 8 f. 8ᵇ. Echa r. s. v. בלע f. 61ᵇ etc.

קיסרי, קיסרין, Καισαρεία, Cäsarea, Name mehrerer Städte in und ausser Palästina, insbes. Cäsarea am Meere, ehemals Stratons Thurm, מגדל שרשינא, auch מגדל נשיא (Fürstenburg) genannt; s. Neubauer, Géogr. d. talm. 11 u. 14, von Herodes neu gebaut und so genannt; später Sitz des röm. Landpflegers von Judäa. Sifre 5. B. M. § 6. Echa r. s. v. היו צריה f. 55ᶜ. In Echa r. s. v. גלתה יהודה f. 55ᵇ (Bem. r. § 12 f. 214ᵇ) ist כנישתא מרוכתא דקיסרין, welches Levy nach Jer. Berach. III f. 6ª in כ׳ מרדתא ד׳ ändert und übersetzt; die in einer abschüssigen Stelle liegende Synagoge in Cäsarea, nach Grätz Gesch. d. Jud. III, 354 ff. nach Jer. Nasir VII f. 56ª in כ׳ מרדתא דקיסרין zu berichtigen: „die Aufruhrsynagoge in Cäsarea" so genannt, weil darin nach Josephus b. jud. II, 4, 14 der Aufstand gegen die Römer veranlasst wurde. — In Koh. r. s. v. טובה חכמה f. 87^d ist ראש קיסרין nach Rappoport in ראש סקריקון zu berichtigen. In Sch. t. Ps. 25 ist: מעשה בקיסטון אחד והיה שם nach Jalkut zu berichtigen in: מעשה היה בקיסרין והיה שם. 2. Caesarea Philippi bei Leschem, doch heisst diese meist קיסריון Klein-Cäsarea. Ber. r. § 68, Mechiltha Amal. § 2 f. 63.

קיסריא, קיסרייה, Einwohner von Cäsarea. Midr. Schir s. v. נפת f. 23^c.

קיסרקיטון, (ὁ τοῦ) *καίσαρος κοιτών*, kaiserliches Hoflager; Echa r. Einl. s. v. הוי אריאל קרית חנה דוד, f. 49^b: קריה שעשה אותה דוד לקיסרקיטון שלו; 2., kaiserlicher Hofstaat, Palastbeamte; Midr. Schir. s. v. נטל כל היושבת f. 34^b: קיצרקיטין שלו ועבדיו (Levy unrichtig für *ἐξέρκετον*, exercitus, Kriegsheer, die Schanze für die Armee).

קיפטולין s. **קפיטוליון.**

קיפל s. **כיכלי.**

קיפלאות s. **כפליות.**

קיפלים, *κηφαλίς*, Capitäl, Säulenknauf; Waj. r. § 25 f. 169^a (Bem. r. § 10 f. 205^c).

קירום, *καῖρος*, licia, Schaft, Geschirr am Webstuhl; das Leistenpaar, durch welche man die ungeraden Kettenfäden herauf- und herunterziehen kann. Marquardt, Privatl. d. Röm. S. 507. כלי קירום die Kettenfäden. Ber. r. § 49 f. 48^a. מה כלי קוריים כל זמן שאתה משתמש בהם הם עומדים הנחתם הם מתרפים; — das. § 71 f. 70^d; (Est. r. s. v. ביום השביעי); Deb. r. § 7 f. 260^a (Midr. Schir s. v. נפת f. 23^c): כלי קורים יצאו עם ישראל ממצרים „die Israeliten haben Webergeräte mit aus Ägypten genommen."

קירום, *καιρὸς*, (syr. קירוס und קארסא), Zeitpunkt; 2. Geschick. Bem. r. § 13 f. 220^b; in der Parallelst. Ber. r. § 72 f. 71^d ist לעתים לקורנסין zu berichtigen in לקירסין „sie waren kundig der Zeiten." In der Parallelst. Est. r. s. v. ויאמר המלך לחכמים f. 104^c: לקורסין. In Est. r. sowie Midr. Schir s. v. יפה את רעיתי f. 28^a hat sich die Glosse eingeschlichen, und zwar eine den Text missverstehende שהיו יודעין לרפאות את הקירוס פי' קליפת הערלה, wie Buber zu Pes. Chanukka f. 9^b bemerkt hat. (Der Glossator hatte קרום gelesen). Midr. Sam. § 27 zu 2. Sam. 7, 19: וזאת תורת האדם קורסיה דבר נשא; 3. Zeitpunkt; Koh. r. s. v. אם ימלאו העבים f. 96^d: אם הגיע קירסו של ת"ח להורות אם הגיע קירסן של נביאים להתנבאות וכו'. — In Ber. r. § 58 f. 57^a ist in שעלה בקרסין של ד' zu berichtigen שעלה בקלרסין של ד', s. קלרס. In Pes. r. § 6 ist statt בקירו' של ירבעם ושל אחאב zu lesen בקלירוס של וכו' und nicht, wie Güdemann meint, mit *καιρῷ* zu übersetzen.

קירי, *κύριε*, auch *κῦρε*, o Herr! o Gott (ebenso im Syr.; syr. Bibelübs. Act. 9, 17: קירי). Pes. r. § 22 f. 41^a s. unter פולי. — Tanch. I mikkez § 11 (T. II das. § 9) nach Aruch's richtiger Lesung: קירי כירי, *κῦρε, χαῖρε*, Herr! sei gegrüsst.

קירי, *καίριος, ὁ, ἡ*, auf eine bestimmte Zeit; Sifre 5. B. M. § 323: עבד קירי „(wie Einer sagt zum Anderen: ich verkaufe dir) einen zu bestimmter Zeit abzuliefernden Sklaven, ich (Gott) aber mache es anders; zugleich mit dem Verkauf liefere ich euch ab."

קירומנקיא, χειρομανικόν, Handfessel; (s. über die Zusammensetzung Sachs I, 130). Pesikta Schuba f. 162ᵃ; Midr. Schir s. v. אתי מלבנון ist es קרקומניקיא geschrieben.

קיתון, κύαθος, κυάθιν, Becher. Sifre 4. B. M. § 158. Tanch. I wajischl. § 8 (T. II das. § 9).

קלארין, κελλάριν, cellarium, Lebensbedarf. S. קילורין.

קלאאילן, καλλάϊνον, κελαινός, Königblau. S. Sachs I, 132. Sifre 4. B. M. § 115.

קלבם s. **קלרם**.

קלבריאה, Καλάβρια, Calabrien; der Distrikt Calabrien mit Amalfi, Neapel, der Insel Sicilien stand seit Justinian unter einem πατρίκιος. S. Cst. Pphg. de adm. imp. I, 27. Ber. r. § 24.

קלגם s. **עקלגם**.

קלויארי, Calvarius, n. pr. Ag. Simon Kipha in Jell. B. h. VI S. 10.

קלדה s. **קלרה**.

קלוון, κελεύων, befehlend. Ber. r. § 63 f. 61ᵈ: קלוון אנא „ich befehle". Waj. r. § 25 f. 168ᵈ.

קלווסין, Befehl, κέλευσις. Ber. r. § 5. Waj. r. § 7 f. 152ᵃ.

קלוטין, κλιτὺς, Abschüssigkeit. Ber. r. § 55: עד קלוטין דימא, Übersetzung von עד נבכי ים. (S. Levy).

קלון, καλιά, Kammer, Bordell. Sifre 5. B. M. § 27. Echa r. s. v. על אלה אני בוכיה f. 57ᵈ. S. Sachs IV, 116. Im Syr. קליתא.

קלונינפי, καλὴ νύμφη, schöne Braut. Pes. r. § 42 f. 66ᶜ: מהו יפה נוף קלוניפי (צ"ל. קלונינפי) Dagegen ist in Tanch. I kitissa § 9: מהו נפת קליניפי mit Buber zu berichtigen: מהו נפת כלה נינפי לשון יוני הוא, oder nach Tanch. II kitissa § 18: מהו נפת אר"י לשון יוני הוא כלה נינפי.

קלוסקא, κόλλιξ = גלוסקא, Brödchen, Kuchen.

קלוקרון = **גלופקרא**, κερβικάριον, cervicarium, Polster. (Perles, etymolog. Studien S. 6 Note.) — Mechiltha Amalek s. v. ויקחו אבן.

קלידיקום s. **קלירקום**.

קליפה, κελύφη, Schale, Hülse; das Abschälen. Ber. r. § 80 f. 82ᶜ: Schuppen. Sch. t. Ps. 91; (Bem. r. § 12 f. 214ᵇ). Auch im Syr.; siehe syr. Bibelübers. Act. 9, 18.

קלמין, κάλαμος, Schreibrohr. Ber. r. § 1 f. 3ᶜ.

קלנדא, **קלנדם**, καλανδαί, Calendae, der erste Tag des Monats bei den Römern als Fest der Laren gefeiert; insbes. auch der erste Januar als Festtag. Deb. r. § 7 f. 259ᶜ; Est. r. s. v. ישנו עם אחד f. 107ᶜ. Marq. röm. Staatsverw. III, 127.

קלניא, κολωνία, Colonie. Die nach den neu begründeten Städten geführten Römer hatten das römische Bürgerrecht. Später erhielten auch unterthänige Gemeinden das jus coloniae. Sie erhielten damit teils die libertas, teils immunitas, teils das jus italicum, also teils selbständige Communalverwaltung, teils Befreiung von Kopf- und Grundsteuer, teils quiritisches Eigentumsrecht an ihrem Grund und Boden. Die coloniae juris italici hatten diese sämmtlichen Privilegien. Seit Caracalla, welcher das Bürgerrecht auf alle Provincialen ausdehnte, gab es im staatsrechtlichen Sinn keine Colonien mehr. Mommsen, römisch. Staatsr. 853 ff. Marquardt, röm. Staatsvrw. I, 90 ff. — Sifre 5. B. M. § 26 Ende: משל לבני מדינה שמבקשין מאת המלך שיעשה מדינה קלניא; das. § 328 ist die Rede von Anweisung von Städten als Colonien an verabschiedete Soldaten, indem die Einwohner der Städte zum Verkauf eines Teiles ihrer Grundstücke gezwungen wurden, welche dann den Soldaten überwiesen wurden, teils wie es Augustus mit den italischen Städten verfuhr, die es mit Antonius gehalten, indem man ihnen ihr Eigentum nahm und sie in überseeische Colonien schickte. Marquardt a. a. O. I S. 118. — אשר חלב זבחימו יאכלו: שהיו נותנים להם אפסניות ועושים להם דונאטיבי ומעלה להם קלניא. — 2. figürlich für: eine grosse Menge; Tanch. II tezawe § 11: קולניא של תולעים.

קלם s. קלרם.

קלסנטר s. פילקטיר.

קלסתר, versetzt aus קרסטל, *κάρταλος*, Korb. Sifra, Sabim § 2.

קלסתר, *κλαστήριον*, (nach Heur. Stephan. ein Schneidewerkzeug, von *κλαδεύω*, im Talmud und Midrasch für): Schnitt der Gesichtszüge, קלסתר פנים. Pesikta para f. 37[a] (Pes. bachod. haschb. f. 101[a]).

קלף, *κελύφω*, abschälen (Levy). Midr. Schir s. v. משכני f. 7[a]. Sifre 5. B. M. § 300. Sam. übs. ויפצל mit וקלף.

קלפי, *κάλπη*, Urne. Sifra Achre § 2, 2. Tanch. I behaalothcha § 22 (T. II das. § 12).

קלקנתום, קנקנתום, *χάλκανθον*, *χαλκανθές*, Kupfervitriolwasser (Bestandteil der Dinte). Sifre 5. B. M. § 269; Sifre 4. B. M. § 16.

קלרה, *καλλιῤῥόη*, Kallirrhoe, späterer Name der Stadt Lascha an der östl. Seite des todten Meeres, berühmt durch die warmen Quellen. Sifre 5. B. M. § 17, in Ber. r. § 37 f. 36[b] in קלדה verschrieben, von Friedmann berichtigt. Mussafia liess sich durch die verdorbene Lesung verführen, es für Chaldäer zu nehmen.

קלרם, *κλῆρος*, Loos; zugeteiltes Land. Ber. r. § 58 f. 57[a]: קרית ארבע שהיה עולה בקרסין (צ"ל בקלרסין) של ד' בתחילה ליהודה ואח"כ לכלב ואח"כ ללוי ואח"כ לכהנים „Kirjath Arba, Stadt der Vier, weil es Vieren als Loos (Eigentum zugeteilt war, erst dem Stamm Juda, dann dem Kaleb, dann den Leviten, dann den Priestern." — Echa r. Einl. s. v. אוי עיר הדמים f. 44[c]: בשעה שהפלתי קלסים, (Aruch liesst קלבסים für קלסים) was Sachs I, 162 in ב' ש' קלרסים berichtet hat. In Pes. r. § 6 heisst es: Salomo ward desshalb den drei Königen nicht zugezählt, die keinen Teil an der künftigen Welt haben, weil er den Tempelbau gefördert, „er soll nicht stehen vor den Verfinsterten בקירו' של ירבעם ושל אחאב, soll heissen בקלירום של וכו', in dem zugeteilten Loose, Schicksal des Jerobeam und Ahab." Sch. t. Ps. 10, 10: א"ר סימן אין הרשע מפיל בקולרין שלו אלא רשעים גבורים כמותו. Nach Mitteilung meines Freundes Buber haben die Hdschrr. בקלירום statt בקולרין, und ist die Lesung בקלירום, auch durch Raschi zu Ps. 10, 10 bezeugt. „Der Frevler wählt in sein Loos nur Frevler, stark wie er ist.“ „Die magistratischen Ämter beruhten teils auf der Loosung um die Competenzen, teils auf einer gesetzlich fixirten und schliesslich durch Loosung geregelten Anwartschaft; auf diesem Wege werden teils die Amtssprengel der Prätoren, Ädilen und Quästoren festgestellt, teils den Proconsuln consularischen und prätorischen Ranges ihre Statthalterschaften überwiesen. Die Kaiser haben hierbei wohl mitunter in ausserordentlicher Weise Einfluss geübt, namentlich um bevorzugten Personen die städtische Prätur zuzuwenden, auch wohl um wichtige Statthalterschaften in geeigneter Weise zu besetzen.“ Mommsen, röm. Staatsr. II, 2, S. 891. Diese Art der Beeinflussung der Verloosung der Ämter durch den röm. Kaiser schwebte dem R. Simon in jenem Ausspruche vor.

קלרקום, קלירקום, *χιλιάρχος*, *χιλιάρχης*, Militärtribun. Mechiltha Amal. § 2 f. 63ª: אפוטרופוס גיזר גזירה קלידיקום (צ״ל קלירקום) מבטל על ידו קלידיקום (קלירקום) גוזר גזירה דקוריון מבטל על ידו דיקוריון גוזר גזירה הגמון מבטל ע״י הגמון גוזר גזירה אפיטיקוס מבטל ע״י. Wenn der Polizeiaufseher Etwas anordnet, kann es der Tribun umstossen; die Anordnung des Tribunen kann der Decurio (Oberste des Senats in den Städten) umstossen, die Anordnung des Decurio kann der Praeses, Statthalter umstossen; die Anordnung des Statthalters kann der Consularis (der als Juridicus oder Corrector bestellte Beamte) umstossen.“ Perles, Etymol. Studien 12 hält קליריקוס für Clericus, Gerichtsschreiber. Dies ist desshalb unrichtig, weil nur bei den rohen germanischen Völkern der Clericus, Geistliche als einziger Schreibkundiger die öffentlichen Akte niederschrieb, und daher dort das Wort auch die Bedeutung (Schreiber, clerk) erhielt, nicht aber in dem überbildeten byzantinischen Reiche; ausserdem kann auch der Gerichtsschreiber keine amtlichen Anordnungen erlassen. Indess scheint die Lesung des Jalkut פליריכוס, *φύλαρχος* „Tribun, Volkstribun“ richtiger, da Kriegstribunen kein bürgerliches Amt hatten.

קמארא, *καμάρα*, Wölbung, Bogen; Perles, zu „Thron und Circus S. 13.“

קמילא, *κειμήλια*, Kleinodien. Ber. r. § 79 f. 78ᵇ; ebenso im Syrischen.

קמין (syr. קמינא), *κάμινος*, Ofen. Tanch. I kitissa § 2: נותן אותן בקמין „er wirft sie (die Stoppeln) in den Ofen.“ Das. tasria § 4 אדם שהוא נתון בקמין (s. Bubers Note dazu); in Tanch. II tasria § 3 und Waj. r. § 14 f. 157 ist das Wort in בחמין verdorben.

קמפון, קימפון, campus, bei den Byzantinern *κάμπος*, freie Plätze ausserhalb der Städte, so in Rom, Byzanz, Antiochia und den Provincialstädten, zu Belustigungen bestimmt; in denselben wurden auch die Spiele und Thierhetzen abgehalten: Spielplatz, Rennbahn, Campus; auch der öffentliche Platz für Gerichtsverhandlungen. Pesbeschall. f. 82ᵇ (Midr. Schir s. v. גן נעול f. 23ᵈ; Waj. r. § 6 f. 150ᵇ;

das. § 31 f. 175[b]; Deb. r. § 2 f. 250[d]); Sifra Sabim § 2, 3: טפיטי של סוס טמא מפני שעומדים עליו בקומפון. Pesikta bach. haschl. f. 108[a]. S. auch Perles, Thron u. Circus etc. S. 9.

קמר, καμαρόω, wölben. Bem. r. § 12 f. 217[a].

קמרוטא, καμαρωτὸν, Gewölbe, gewölbtes Zimmer; gedeckter Wagen, Sänfte, De Lara; Sachs I 171. — Ber. r. § 31 f. 30[a]; Midr. Schir s. v. יפה את רעיתי f. 27[d]; Bem. r. § 12 f. 217[a] (כמין כמרוסא für כמרוטא); s. auch Buber zu Pes. Chanukka f. 8[a].

קנדיטון, (κονδίτον, näml. οἶνον: Nominativ mit Endung des Accusativ), conditum. Würzwein, aus Wein, Honig und Pfeffer bereitet. Marq., Privatleb. der Römer II, S. 443 ff. — Pesikta bach. haschl. f. 102[b]: מה קונדיטון הזה יש בו יין יש בו דבש יש בו פלפלין וכו'; Midr. Schir s. v. וחכך f. 31[d].

קנדילא, κάνδηλα (ebenso im Syr.), candela, ein Licht aus Talg, Wachs oder Öl. Pes. Chan. f. 3[b] (Bem. r. § 12 f. 215[d]; Midr. Schir s. v. צאינה f. 19[d]). Ich nehme hier Anlass, eine sinnentstellende Textverderbniss, auf welche Buber z. St. aufmerksam gemacht, zu berichtigen. Nach den Worten כהדא עששיתא דקנדילא דמיא ומשחא מעורבין וכו' folgen die unverständlichen Worte מתלקחת מהו מתלקחת מיתה מתקרייא לעשות שליחותיה, Midr. Schir hat מיתה ומתקלהא מיתה ומתקלהא בשביל לעשות רצון בוראם. Offenbar ist לעשות שליחותיה das Nämliche, wie בשביל לעשות רצון בוראם. Dieses בוראם ist aber aus ברדא entstanden; der Satz lautete: מהו ואש מתלקחת בתוך הברד ואשתא משתלהבא בגו ברדא, genau wie Th. Onkelos die Textworte übersetzt. (בנו ward in רצון corrumpirt). Es soll das Wunder dargelegt werden, dass mitten im Hagel das Feuer brannte; LXX: καὶ τὸ πῦρ φλογίζον ἐν τῇ χαλάζῃ. Das Wort מתלקחת wird durch: brennen übersetzt. Dazu passt denn auch das Gleichniss von den zwei feindlichen Legionen, die, wo es den Krieg des Kaisers gilt, ihre Feindschaft vergessen. Dr. Bloch in Posen kommt (Magazin, 1890, I, 94) auf die wunderliche Idee, מיתה מתקהא für μεθ' ὃ μετακαίει, „nach welchem es hintennach brennt“ zu erklären. Das Wort μετακαίω hat er sich selbst erst gebildet. Solche unwissenschaftliche Wunderlichkeiten bedürfen nicht der Widerlegung. Das Gleiche gilt von der aller Grammatik und Etymologie hohnsprechenden Erklärung Königsbergers in Monatsblätter für Vergangenheit und Gegenwart des Judenthums S. 40: מיתה ומתקהה „es erstarb und erlosch.“

קנוניא, κοινωνία, Gemeinschaft, Teilnahme; Verabredung zu abwechselnder Leistung. Waj. r. § 12, wo unsere Ausgg. haben עבדון ביניהון תקנה כל חד וחד הוה משקה ליה חד יומא, hat der von Buber edirte Sam. Gama ניתקניניה ונעביד לה קנוסטים וכו'; es muss heissen: נתקניניה ונעביד ליה קנוניא. S. auch Levy.

קנט, κεντέω, stechen; im Hiphil. gebräuchl. הקניט, spitzige, heftige Reden führen: anfahren, tadeln, erzürnen. (In I. Sam. 14, 4 braucht Ephräm קנטא für: Angriff, Feindseligkeit. Das Zw. קנט wird im Syr. auch gebraucht für: fürchten. Ephr. zu 1. B. M. 43) Pes. schuba.

קנטר, **קנתר**, *κεντρόω*, stechen, schelten, tadeln. Sifre 5. B. M. § 1; Ber. r. § 98 f. 95c; Bem. r. § 13 f. 219 (Midr. Schir s. v. כולך יפה f. 22c. Im Syr. קונטרא, Spiess).

קנטרן, streitsüchtig. Est. r. s. v. איש יהודי f. 106a.

קנטוריון, *κεντυρίων*, centurio. Hauptmann. Pes. r. § 82 f. 197a (Friedm. Ausg.). In Sifre 4. B. M. § 131: מלה"ד לקיטרון (צ"ל לקנטורין) שהשלים שניו ולא שימש פלומופילון (צ"ל פריטיפולון) שלו; Sifre 5. B. M. § 317: בני בשן אלו קונטרינים שלהם.

קנטורין, *Κένταυροι*, Centauren. Ber. r. § 23 f. 24a (De Lara; Sachs I, 55). „Bis dahin (Adam, Seth, Enosch) wurden die Menschen im Ebenbilde Gottes geschaffen, von da an sind die Geschlechter entartet und wurden die Centauren erschaffen"; נתקלקלו ונבראו קנטורין; man suchte sich also mit der griechischen Sage von den Centauren auseinanderzusetzen.

קנטנר, centenarium, *κεντηνάριον*, ein Gewicht von 100 Pfund (litra); Centner. Pesikta Omer f. 71b; 2. eine Rechnungsmünze, seit Constantin enthaltend 100 litra zu je 72 solidi oder aurei, also das *κεντηνάριον* = 7200 aurei, Marquardt, röm. Staatsvwlt. II, 31. Pes. asser teasser f. 95b: כל שקלים האמורים בתורה סלעים ובנביאים ליטרין ובכתובים קינטרין חוץ משקלי עפרן דהוו קינטרים.

קנכתיר s. **קרכתיר**.

קנס, *κῆνσος*, census, censio, willkürliche Schatzung, willkürliche Strafe. Mommsen, röm. Staatsrecht II, 305 Anm. 1. — Mechiltha Nesikin § 16. — 2. Schatzungslisten; Midrasch Est. f. 100c. Daher das Denominativum קנס, strafen. Ber. r. § 9 f. 9d; das. § 20 Anf. למה הייתם קונסים את בני; Sifre 5. B. M. § 305.

קנקל, *κιγκλίς*, Gitter, Zimmer. Waj. r. § 19 f. 162d; Pesikta Schmini f. 117a; Echa r. s. v. טומאתה f. 56c.

קנשקין, *κανίσκιον*, Korb; ein grosses korbartiges Gefäss, wie קלתיא (*κάλαθος*), Humpen; Sabb. 62a; Ab. s. 72b, 73a; Pes. sutr. Waëra § 19. Buber das. Note 22 hält für gewiss, dass in Tanch. II Waëra § 13 (u. Schm. r. § 9) נשתה בתוך הקערה corrumpirt ist aus נשתה בתוך הקנשקין, ebenso in Sch. t. Ps. 78 statt נותנים פיהם בספל zu lesen sei נ' פ' בקנשקין, indem die Glosse das Textwort verdrängt hat. Die Erklärung dieses Wortes durch Raschi hat Levy veranlasst, dieses offenbar griech. Wort durch קני und שני zu erklären.

קסדא, **קסים**, *κάσσις*, *κασσίδιν*, (Cst. Pphg. ad fil. c. 53) Helm. Ber. r. § 99 f. 97c ואלו לובשי קיסים soll heissen: ואלו לובשי קסיסים (s. De Lara); Schm. r. § 15 f. 115a. Levy will קיסים in Ber. r. § 99 für *καυσία* macedonischer Hut, erklären; die Römer trugen aber doch keine causias.

קסטא, *ξέστης*, sextarius, (s. auch syr. Bibelübs. Marc. 7, 4), Sextarius, ein Flüssigkeitsmaass, der sechste Teil des Congius, etwas über 0,54 Liter. (Marqu., röm. Staatsvw. II, 75). — Ber. r. § 49 f. 48c; Waj. r. § 12 f. 155d (Est. r. f. 105b); 2., ein Gefäss, einen Sextarius haltend;

in Sch. t. Ps. 25 steht irrig מעשה בקסטון אחד, die ganze Stelle ist corruprt. Anstatt מעשה בקסטון אחד והיה שם אדם גדול והיה לו שם במדינה והיה שם אדם אחד והיו שומרי עוברים ומצאו אכסנאי אחד ותפסוהו muss es nach Jalkut heissen: מעשה היה בקסרין והיה שם איש גדול והיה לו שם במדינה והיו שומרי המדינה עוברים ומצאו אכסנאי ותפסוהו. ואמר אל תכוני כי בן ביתו של מלך אני.

קסטרא, *κάστρον*, castrum, Castell, Burg. Midr. Schir s. v. כתפוח f. 30ª (Bem. r. § 1 f. 182ᶜ; Waj. r. § 1 f. 145ᶜ). — 2. Namen einer Stadt am Geb. Carmel an der Meeresküste: Castra. Echa r. s. v. צוה ה׳ f. 59ᵈ als Heidenstadt feindselig der Stadt Chaiva: Castrum peregrinorum (S. Schwarz, Palästina 129); in Midr. Sam. 16 ist es קצרא geschrieben; ebenso Sifra Behar § 3 קצרה הישנה של ציפורי, castra vetera bei Sepphoris, das durch den Barkochbakrieg bekannte ביתר, (castra) vetera; s. ביתר.

קסטרום, *κάστρον*, ein Bewachungscorps, praesidium; Deb. r. § 1 f. 249ᶜ. (S. Sachs II, 105).

קסלופנוס, *ξυλοφανός*, Leuchtthurm. Pesikta kumi ori f. 144ᵇ: „einst wird Jerusalem ein Leuchtthurm werden für die Völker der Erde, und sie werden in seinem Lichte wandeln; denn so heisst es (Jes. 60, 2): „Völker werden wandeln in deinem Lichte.“ In Sch. t. Ps. 36 ist das Wort in מטרופולין corrumpirt, eine unglückliche Glosse; De Lara (Lonsano, Maarich; Bacher, Revue des Etudes juives V, S. 179). Koh. r. s. v. מה שהיה הוא שיהיה f. 73ᵇ: „Einst schickte die Regierung zu unseren Rabbinern und liess sagen: schicket uns einen von euren grossen Leuchten (קסלפונוס אחד משלכם). Sie dachten: wie viele grosse Leuchten haben sie, und doch verlangen sie von uns eine Leuchte (קסלופונוס) . . . . sie wollen offenbar nur Einen von uns, der das Antlitz erleuchtet in Erörterung der Religionswissenschaft (מאיר פנים בהלכה); sie sandten ihnen daher den R. Meir, der alle ihre Fragen beantwortete.“ Sch. t. Ps. 90: מה סומבק טב קומי קסילופנוס „was ist ein Talglicht wert gegen eine Leuchtthurmflamme?“ S. unter סומבק.

קפא, *κάππα*, als Buchstabe *κ* der 20ste Buchstabe im griech. Alphabet (näml. das Wau, *Ϝ*, mitgerechnet als der 6ste Buchstabe); als Ziffer = 20; s. כפא.

קפאלידם, *κεφαλίς*, Capitäl. Tanch. II Wajesch. ראה שם לניון אחד נאה ומשובח ראשו (צ״ל ראשם) מגיע לקפאלידם של עמודים; Midr. Schir s. v. שוקיו f. 16ᵈ קיפלדיסים.

קפיטולין, קפטולין, *καπιτώλιον*, *καπετώλιον*, Capitolium, Burg u. Tempel in Rom; später auch in Constantinopel. In Mechiltha besch. § 1 ist בקיפוטולין של מצרים היה קבור יוסף zu berichtigen in בקפיטולין של מצרים וכו׳. Wie die byzantinischen Kaiser und ihre Familien in den Kirchen begraben wurden, so übertrug man diese Sitte, als wäre sie auch schon in den alten Zeiten und in Ägypten gewesen. Die Constantinopler Ausg. hat wirklich בקפטולין; das Wort hat sich vielerlei Abänderungen gefallen lassen müssen. Siehe darüber Bubers Note in Pes. besch. (Geiger, Jüd. Zeitschr. IX, 16). In Sifre

§ 43 f. 81[a] in מפטילון corrumpirt קול המייה של מפטילון, in Echa r. Ende קול המונה של רומי מפוטליילוס, in Makkoth Ende קול המונה של בבל מפלטייה; s. Levy. Ebenso ist in Pes. beschall. בקיברנימין aus בקפיטולין corrumpirt. Levy will קברנט für caverna, königl. Gruft, erklären.

קפילא, *κάπηλος*, Kneipwirt, Schenkwirt. Waj. r. § 12 f. 155[d] (Est. r. § 5 f. 105[b]); Echa r. s. v. רבתי f. 52[b].

קפיליא, *καπήλεια*, Weinschenke. Pes. Echa f. 122[b].

קפילין, *καπηλεῖον*, Schenke, Wirtshaus. Ber. r. § 19 Anf.

קפילישין, *καὶ ἐπάλαισεν* oder *κἀπάλαισεν*, Übs. v. ויאבק „und es rang" lek. t. zu 1. B. M. 32, 25. S. Buber das.

קפיקלטור in Midr. Schir s. v. שימני f. 32[c] durch Dittographie von קוזמוקרטור in den Text gekommen.

קצייא, *Κοσσαῖοι*, die Kossäer, ein Volk in Susiana. Pes. Schor f. 74[a].

קצרא, castra, *κάστρα*, s, קסטרא.

קצרקיטין s. קסרקיטין.

קקביטא, *κακκαβίς*, (mit Accusativendung für Nominativ), Rebhuhn. In Pes. rosch ch. f. 58, 59, zu berichtigen nach Pes. r. § 16 f. 30[c] ואשר היה נעשה ליום אחד ועם זה לחם הפחה לא בקשתי כי כבדה העבודה על העם הזה: מהו לחם הפחה הונא בר יוקי אמר קקבטין. Aruch erklärt das Wort für: heisses Brod, לחם חם, Levy: im Tigel bereitetes, feines Brod, von *κακκάβη*, Tigel; Mussafia verweist auf Th. Jer. II zu סלי חרי, welches dort mit סלא דריפתא קקביטין wiedergegeben wird. Aber wenn dargestellt wird, Nehemia habe das Volk nicht belasten wollen, darum habe er kein feines Brod oder Gebäck auf den Tisch gebracht, so sieht man nicht, wie das Volk durch dies Weissbrod oder Gebäck so sehr belastet werden konnte. Anders aber, wenn der Aggadist ihn sagen lässt, er habe keine Rebhühner auf den Tisch gebracht, Rebhühner aber für ihn und sein Haus und seine 150 Tischgenossen (V. 17), die täglich an der Tafel des Statthalters assen, das wäre eine drückende Last gewesen für die kleine Colonie, die sie nicht ohne Druck hätte erschwingen können. Allerdings ist der einfache Sinn: ich habe mir die Paschatafel nicht vom Volke bezahlen lassen, ich habe sie aus eigenen Mitteln bestritten. Perles nimmt das Wort für coctus, bicoctus, Zwieback. Allein neben dem einen Ochsen und den 10 gemästeten Schafen ist doch die Ausgabe für Zwieback so unbedeutend, dass sie nicht der Erwähnung wert, wie denn auch bei der Tafel Salomos das Brod nicht erwähnt wird, abgesehen von dem etymolog. Zwang, der darin liegt. Der Irrtum kam daher, dass man לחם in zu enger Bedeutung genommen.

קקים, Midr. Sch. s. v. כמעט שעברתי f. 17[c], zu berichtigen in קטים, *κάθιζε*, setze dich nieder! פני (צ״ל פורני) פליאי (צ״ל פליא) קקים (צ״ל קטים) כאמי מחי *πόρνη παλαιά, κάθιζε χαμαὶ μοιχή*, alte Buhlerin, setze dich auf den Boden, Ehebrecherin. S. Mussafia.

קרדום, Sch. t. *ψ* 45 s. קונטרים.

קרוז s. כרוז.

קרוכין, καροῦχα, καρούχιν, carruca, ein Staatswagen für Kaiser und vornehme Staatsbeamte. (Malal.). In Ber. r. § 8 f. 9b in למלך ואיפרכוס שהיו בקרוכין, so ist zu lesen anst. בקרונין, wie das Wort öfters corrumpirt ist. (S. Aruch); ebenso Echa r. s. v. סורו und Waj. r. § 16; vgl. Buber zu Pesikta Wattomer Note 66. Schm. r. § 43 f. 138c. Waj. r. § 31 f. 175b. Nach Chron. Pasch. war die καῤῥοῦχα des Praefecten verschieden von der des Stadtpräfekten in Byzanz.

קרוממסין s. קריסולימון.

קרומית, καλαμίς, Stengel, Rohrstengel (Levy). Ber. r. § 56 f. 55c חמשה דברים נאמרו בקרומית של קנה (auch Chull. 17b); anst. בקרומית hat Jer. Schabb. VIII בקלומות; in Midr. Schir s. v. השבעתי f. 14b (f. 16a) ist מביאין קרטיות של קנים, wie Levy gezeigt, corrprt. aus מ' קרומיות ש' ק'; s. Levy MWB. IV, 381 und II, 295 s. v. כדור.

קרון, καῤῥὸς, Wagen, mit Accusativendung. Sifre 5. B. M. § 26.

קרטגני, Καρθαγένα, (bei Malal. u. Chr. Pasch.), Karthago. Ber. r. § 44.

קרטיגנא, קרתיגנא, Karthago. Pes. Schor f. 74a (Waj. r. § 27, Tanch. Emor; s. Buber Note 26: „er kam in eine Stadt, Namens Karthagene, welche nur von Frauen bewohnt war," also die Amazonenstadt. Der Midr. erklärt witzig קרתנינא aus קרתא und γύνη.

קרטלא, קרטיל, κάρταλος, Korb. Ber. r. § 60, Waj. r. § 25; ebenso Syr. Hexpl. II, Kön. 10, 7.

קרטיסא, (syr. כרטיסא), auch כרטיסא, χάρτης, charta, Papier; Aufzeichnung, Rechnungsbuch, Schuldbuch. (Malal. XI p. 281: καὶ Ἀδριανὸς ἔκαυσε τοὺς χάρτας τοῦ ταμιείου); Waj. r. § 34 nach Aruch: הא קרטסיא קדמך זיל קרי וחשוב „hier ist das Rechnungsbuch vor dir, gehe, lies es und rechne"; 2. kaiserl. Erlass; Pes. bach. haschl.: קבע קרטסין בני רומי לא יחתון לסוריא „er erliess Verordnungen, die Bewohner Roms sollen nicht nach Syrien gehen, u. die Bewohner Syriens nicht nach Rom." Mussafia, Aruch u. Levy halten das Wort in letzterwähnter Stelle für κράτος.

קרטיסים, κράτησις, die Herrschaftsübernahme. Ab. s. f. 8b; Deb. r. § 7 f. 259c; dies principatus, der Jahrestag der Thronbesteigung des Kaisers.

קרטע, κροτάω, stampfen, hüpfen (Fischer zu Buxtorf). Ber. r. § 74.

קריאסות s. קוריוסא.

קריני, κηριώνη, Wachskerze. Schm. r. § 36 f. 133d. Cst. Pphgn. de caerem. πέντε λαμπάδας ἅπτουσιν (οἱ Ῥωμαῖοι) ἐν τοῖς γάμοις, ἃς κηριώνας ὀνομάζουσιν.

קריסולימון, χρυσόλιθος, der Edelstein Chrysolith; Übs. der LXX für תרשיש. Schm. r. § 38 corrumpirt in קרוממסין. Levy hält קרוממסין für farbiger Edelstein, „etwa: χρωμάτιον."

קריסמאלי, κρύσταλλος, Krystall: durchsichtiger Edelstein. Midr. Panim acher. II S. 29a, (syr. קרוסטלוס, syr. Hexapl. zu Hiob 38, 29).

קריסטלינון, κρυστάλλινος, von dem Edelstein Krystall. Midr. Abba G. f. 3a ואבני קריסטלינון.

קרכתיר, χαρακτήρ, Gepräge, Gesichtszug, Bild. In Waj. r. § 32 nach Aruch (fehlt in unseren Ausgg.) קרא הב"ה למלאך הממונה על ההריון א"ל צא וצור את אלו בקנכתירין (צ"ל בקרכתירין) של אבותיהן הדא הוא דכתיב ויתילדו וכו'.

קרפסינון, καρπάσινον, v. feinem Flachs. Est. r. s. v. חור (Levy).

קרמידא, κεραμίς, Ziegel. Ber. r. § 13; Sifra Mezora § 6, 4.

קרנבא, χέρνιψ, χέρνιβα, Waschbecken. Sifre 4. B. M. § 58.

קרטטל, κάρταλος, Korb. Schm. r. § 5.

קרקומניקיא s. קירומניקיא.

קרקיסין, καρκῖνοι, nach Hesych. eine besondre Art Schuhe: κοῖλα ὑποδήματα. Echa r. s. v. סורו. Diese Angabe des Hesychius passt zum Inhalt dieser Stelle, welche sagt, dass die koketten Jungfrauen in Judäa in der späteren Königszeit in ihren hohlen Schuhen Eierschalen mit Balsam gefüllt trugen, und beim Herannahen von Jünglingen die Schalen zerdrückten, um den Balsamduft ausströmen zu lassen. Der Zug ist den Sitten der römischen Damen entlehnt.

קרקסיון, Κιρκέσιον, Karkemisch. (Stadt); Echa r. I, 18, s. Neubauer l. l. S. 354.

קרקסאות, κιρκήσια, ludi Circenses, Circusspiele. Sifra achre § 12, 9, Pesikta achre f. 168b. (Tanch. II achre § 1), Tanch. I Schemoth § 6, Echa r. s. v. הביא בכליותי.

קתידרה, καθέδρα, Lehrstuhl, Stuhl des vorsitzenden Lehrers, auch des Richters. Ber. r. § 44. Est. r. s. v. על כסא מלכותו ist על קתידרה דמטה zu lesen anstatt על קתידרה דמשה; Pesikta f. 7b; Schm. r. § 43 f. 138a; Echa r. s. v. רבתי f. 51d: ein erhabener, mit Armlehne und Fussschemel versehener Sessel, Sitz der Fürsten, Richter und Vornehmen, Ehrensitz; vgl. auch Midr. Abba Gorion II f. 3a, wornach zur Seite des Salomonischen Thrones zwei καθέδραι standen, für den Propheten Gad und den Propheten Nathan, und ringsherum 70 καθέδραι für die 70 Ältesten.

קתוליקום s. קטוליקום.

קתרום, κέδρος, eine Cedernart. Mech. Wajassa § 1 f. 53a.

ר

ראומטיקוס, ῥευματικός, mit dem Flusse behaftet, rheumatisch. Waj. r. § 19. (Auch im Syr. רומא = ῥεῦμα; pl. רומטא. Vgl. Merx, Proben des syr. Textes des Galenus in Z. D. M. G. Bd. 39, S. 246.

ראתן, ῥυτόν, Fluss, Schleimfluss. Ber. r. § 41. Waj. r. § 16. (Levy).

רומוס, Ῥῶμος, Romus, gew. Remus genannt, jedoch bei Dionys. Hal. und Dio Cassius Ῥῶμος, einer der fabelhaften Gründer der Stadt Rom. Sch. t. Ps. 10. (Est. r. s. v. גם ושתי). Ber. r. § 49 f. 49a. Zu letzterer St. bemerkt Mattn. Keh., dass R. Schemtob in seinen Vorträgen zu Wajescheb geschrieben, der Vater des Romulus u. Remus habe geträumt, dass aus seinen Naslöchern zwei Feuerbrände kommen, welche die von ihm beherrschte Stadt verbrannten. Aus dem Schlafe erwacht, sagte man ihm, dass seine Gattin Zwillinge geboren habe. Da er in diesen Zwillingen die geträumten Feuerbrände erkannt habe, so habe er die Zwillinge im Walde aussetzen lassen, wo aber eine Bärin sie gesäugt habe; und fährt er fort, von diesen von der Bärin Gesäugten seien die vornehmen Familien der Orsini (דוביים) entstammt. Wir haben hier wahrscheinlich eine Familiensage, durch welche die Orsini ihre Abstammung verherrlichen wollten. Da es dem religiösen Geist widerstrebte, einen Götzen (Mars) mit einer Vestalin zeugen zu lassen, so machte man aus der Tochter des Numitor die Gattin des Amulius u. veränderte so die urspr. Sage. Wie Grünwald bemerkt, hat der Pariser Codex ebenfalls, was in unseren Ausgg. fehlt, nach ביום שנולדו מתה אמן .חימן לחם הב"ה שני דובים ונדלו ונעשו שני מלכים רומוס ורומילוס בנה רמש בנה רומי.

רומי, ʻΡώμη, Rom; s. die oben cit. Stellen. Oft ist auch Byzanz (Neurom) darunter verstanden (Rappoport) bes. in Midr. Sch. s. v. אל תראוני.

רומילום, ʻΡωμύλος, Romulus, myth. Gründer Roms; s. die im Vor. angegebenen St.

רופום, ʻΡοῦφος, Rufus, ein römisches agnomen. Midr. Sch. s. v. נן נעול: „sie haben ihre Namen nicht verändert; als Ruben u. Simon zogen sie hinab (nach Ägypten), als Ruben und Simon zogen sie hinauf; die Ruben hiessen, nannten sich nicht Rufus, die Simon hiessen, nannten sich nicht Julianus.“ Der Aggadist spricht hier tadelnd von der Sitte seiner Zeit, sich römische od. griechische Namen beizulegen. Tanch. II Teruma § 3. Der Name ist auch Beiname des Tinnius (Rufus); s. angef. St. u. Tanch. I tasria (u. T. II das.) u. öfter.

רופינא, Rufina, ʻΡουφῖνα, ein römischer Frauenname. Tanch. II Teruma § 3.

ריגיון, ῥαχία, reissende Strömung; dem Darsteller schwebte die Sage vom Pyriphlegethon vor. In Pes. r. § 20 f. 35c פגע בו ריגיון נהר של אש.

ריסיקום s. דיסקום.

ריתיכום s. דיידוכום.

רמש, Rhemi, Reims, St. im Dep. de Marne. S. רומום Ende.

רפוסא s. פרופוסיטום.

ש

שה שי, σύ, du. Pes. r. § 41 אלהים יראה לו השה יזמן קרבנו ואם לאו שה לעולה בני „Gott wird sich sein Opfer bereit halten, wenn aber nicht, dann bist du zum Ganzopfer, mein Sohn.“ Das Wortspiel zwischen שה und σύ. Wenn weiter steht: שה לעולה חי לעולה לשון יונית אתה הוא הקרבן, so ist חי eine Corruptel für סי (σύ); „im Griech. heisst σύ du.“ Auch Sachs ändert schon חי in סי,

erklärt es aber irrig für σέ, dich.

שומפוזין s. טומפזין.

שיראי, Σηρικά, serische, d. i. seidene Kleider (weil bei den Serern producirt). Echa r. s. v. לאמותם f. 63[c]; Sifra Negaim § 13 Anf. (Syr. שיריא bei Barhebr. Chr. eccl. II, 3).

שפוד, σπόδος, Bratspiess. (Sachs II, 41); Sifre 4. B. M. § 158. Pes. r. § 5. Tanch. I Chukk. § 5 (T. II das. § 2); syr. שפודא.

שפיר, σπεῖρα, σπεῖρον, Umhüllung; die Haut, in welcher der Embryo eingehüllt ist (Fischer zu Buxtorf lex. talm.). Waj. r. § 14 f. 157[d].

שפתה, in Tanch. II Reé § 5: הושיבוהו על שפתה אצלם; es ist על סטפדה zu lesen; dies ist στιβάς, (mit Accusativendung: στιβάδα oder στιβάδιον), Lager, Sopha = accubitum. Salmas. ad Heliogabal. c. 19: „sigma vero unus perpetuus lectus semirotundus, quod et stibadium et accubitum dixere." Brüll will טפתיה lesen = ταπήτιον.

שקותיי, Σκύθης, Scythe. Sch. t. Ps. 109: לברייה ולשתותייה מה עשה; hier ist לברבריים ולשקתיים zu lesen.

שקוטינוס, σκοτεινός, dunkel. Herr Buber teilte mir mit, dass er in einem Mscr., welches er nicht näher bezeichnet שקוטינוס als Erklärung für המעונן (יום) gefunden habe.

שרניון s. סטרטיוטא.

שרדונינס (syr. Apocal. סרדוניכס); Σαρδόνυξ, Karneol; in Schm. r. § 38 שדרננין corrp.

שתותיי s. שקותיי.

ת

תיטרון, תאטרא, תיאטרא, תיאטרון s. טיאטרון. In Schm. r. § 15 f. 115[b] ist für בצד פיטרון zu lesen טיטרון.

תביקין, Θηβικόν, thebaisch; Ber. r. § 31 אמה תביקין, thebaische (heilige) Elle der Ägypter. Sachs I, 135.

תוצינוש, in Tanch. I Waëra § 15, s. h. תיצינוש, der Fluss Tessin in Italien; s. Buber a. a. O.

תולסא, Θολία, eine besondere Art Hüte. Sifre 5. B. M. § 81.

תוריאה, Θεωρία, das Schauen; Midr. Konen.

תורינוס, τύραννος, tyrannus, Aufrührer, Usurpator. In der Kaiserzeit wurden die, welche sich zu Kaisern aufwarfen, aber besiegt wurden, tyranni genannt. Salmas. zu Treb. Pollio, trig. tyranni: „tyrannos autem vocarunt rebelles duces, qui sola eorum, quibus praeerant auctoritate et consensu imperium sumebant." In Tanch. I Wajera § 17 כך תוריבום שעומ' במדינה כל מה שנמצא עמו נשטף עמו שנ' כמו שבלול וכו' וכיון שמת אינו רואה עוד שמש למה שהוא תוריכום. Jalkut Ps. 58 hat richtig תורינוס, wo hier תוריבום und zuletzt תוריכום steht. Herr Dr. Perles machte mich darauf aufmerksam, dass es hier nicht Θόρυβος: Aufruhr, bedeuten könne, da, wie das Wort וכיון שמת zeige, hier eine Person gemeint sein müsse.

תורמא, τοῦρμα, turma, eine römische Reiterabteilung zu 30 Mann, dann im Allgem.: Reiterabteilung, Geschwader. Mech. besch. § 2 f. 33ª und f. 34ᶜ.

תורמוס, **תורמוסא**, ϑέρμος, Wolfsbohne. Ber. r. § 11. Pes. besch. f. 89ᵇ (Ber. r. § 79).

תורמסר, ϑερμάριος, thermarius, der mit warmem Wasser übergiessende Badediener. Jer. Maas. Sch. I f. 52ᵈ כדרך שהן יפין אצל האוליר אצל התורמסר מחלל. Pes. r. § 22 f. 40ᵈ עד יעקר התורמסר, (wornach Jer. Ber. II, 3 f. 4ᶜ יעקב in יעקר zu berichtigen): „bis sich der thermarius entfernt."

תזוית, ϑύασις, das Stürmen, Toben. Pes. Para f. 40ª (das. f. 97ª) רוח ת׳, Geist des Wahnsinns. (Sachs I, 135).

תיבריש, Τίβερις, Tibris, der Tiberfluss in Mittelitalien. T. I. Waëra § 15.

תיסוורא, **תיסברין**, **תסברא**, ϑησαυρὸς, Magazin, Schatz. Ber. r. § 67 f. 66ª. Pes. bach. haschl. f. 104ª u. a.

תיסוורין, ϑησαυράριος, thesaurarius, Schatzmeister. Schm. f. 47ᵇ in תיסימין corrp.; Sachs II, 196.

תיסימון s. **תיסוורין**.

תיק, ϑήκη, Behältniss. Tanch. I tezawe § 86; Sch. t. Ps. 19. Koh. r. s. v. טוב אחרית f. 87ᵇ. — 2. Geländer; Sifre 5. B. M. § 204, vgl. Targ. und Ephr. zu 5. B. M. 22, 8.

תכלא s. **ככלא**.

תכלטירין, in Sifre 5. B. M. § 234 ist viell. דלמטיקין zu lesen ein Unterkleid nach dalmatischer Mode, δαλματική; vgl. Hist. Augusta. Pertinax c. 8: lacernas et chirodotas Dalmatarum. Siehe auch Sachs I, 135. Die Dalmatika ward seit Commodus Mode für Männer und Frauen. Marquardt, Privatl. der Römer II, 564.

תכסים = **טכסים**, τάξις: Aufstellung; Taktik. Mech. Schira § 4 f. 45ª.

תמד, temetum, Traubenaufguss. Sifre 5. B. M. § 107.

תמליום, ϑεμέλιος, Grundstein (Aruch); Ber. r. § 5ª u. a.

תסס, ϑυσιάζω, schwärmen, gären, brausen. Sachs II, 166: Ber. r. § 77 f. 76ª (Sch. r. s. v. מי זאת); Deb. r. § 2 f. 252ᵇ; in Tanch. I und II Chukk. § 1 (Bem. r. § 18 f. 235ᶜ) ist תופשה in תוססת zu berichtigen. Siehe אכוימא.

תקרקא, Sifre 5. B. M. § 234 ist viell. קרקלא zu lesen; καρακάλλιον ist ein langer Mantel nach celtischer Mode, welchen Antoninus, des Septimius Severus Sohn und Nachfolger einführte, der davon auch den Namen Caracalla erhielt. Dio Cass. 78, 3 u. 9. Hist. Aug. Antoninus Caracallas 9. Diese Caracallae hiessen nach ihm auch Antoninianae, und waren bei der niederen Klasse des röm. Volkes sehr im Gebrauch, in usu maxime Romanae plebis frequentatae.

תרגימא, τράγημα, Naschwerk, wie Nüsse, Mandeln etc. lek. t. zu 3. B. M.

תרונוס, ϑρόνος, Stuhl. Tanch. I teruma § 8 (T. II, 9).

תריאקה, ϑηριακή, urspr. Heilmittel gegen den Biss wilder Thiere (ϑήρ) und der Schlangen, dann überh. Gegengift. Über die vielen Bestandteile des Th. siehe

Plin. h. n. 20, 100. Midr. Sch. s. v. שני שדיך f. 22[a].

תריסא, θυρεός, Schild (urspr. der Stein vor der Thüre); Mech. besch. f. 34[a]; Sifre 5. B. M. § 192. Davon denominat.

התרים, gewappnet gegenüberstehen, kämpfen, heftig sein, wüthen. Ber. r. § 58 f. 57[a]. Schm. r. § 44 f. 138[d].

תרפיון, θεραπεία, Heilung. Midr. Sch. s. v. בן נעול f. 24[c].

תרקי, Θράκη, Thracien. Ber. r. § 37 für תירם.

תרקיא, θυρκίς, Türkis, ein Edelstein. Ber. § 12 f. 13[d].

Zusätze und Verbesserungen.

Zu S. 6 ist zu bemerken, dass Josephus nur die Gesch. des jüd. Kriegs auch in hebräischer Sprache geschrieben, nicht aber die Altertümer. Auch das 1. Buch der Makkabäer war urspr. hebräisch geschrieben, nicht aber das zweite.

S. 37 Ende unter אדרבלא ist Ber. r. § 23 zu lesen, nicht § 25.

S. 40 unter אוסיא ist Ber. r. § 14 mit Unrecht citirt; Aruch hat zwar die Lesung אוסיא, aber die richtige Lesung, die der Ausgg. ist אופיא.

איגניאומין, ἐνηγγυώμην, „ich musste dafür haften“ lek. t. zu 1. B. M. 31, 39. S. Buber das.

אמנינא, ἀμηχανία, Ratlosigkeit, Hilflosigkeit, Verwirrung; lek. t. zu Klagel. 3, 68.

ארפרו in lek. t. zu Klagel. 5, 10, v. Buber berichtigt in אפופראו, ἀποπυρόω, brennen; Übs. v. נכמרו.

אשטבישו in lek. t. zu 1. B. M. 31, 39, eine andre Übersetzung für אחטנה, von Buber berichtigt in אשטוכישא = ἠστόχησα, ich hatte es verfehlt.

ארמילוס, 'Ερημόλαος, Volksverderber, in Sefer Serubabel: der Vorläufer des Messias, bei den Christen im Mittelalter: der Antichrist; siehe Jellinek, beth hamm. II, 60 Zeichen des Messias: „und die Völker nennen ihn Antichrist.“ In beth hamm. III 65 heisst er הרמלת.

S. 78 ist Artikel ארקולאון zu streichen, und ebenso הרימה S. 109 Sp. 2 zu streichen. In Midr. Schir s. v. ישקני ist nämlich לארקולאון בן הרימה, wie Jastrow treffend bemerkt, eine Glosse, welche urspr. hiess לאו דווקא אלא כן הדימם. In Midr. Sch. s. v. זו התורה שלמד תורי זהב zu lesen זו התורה שלמד אלקולא בן אחותו של הדריינום anstatt זו התורה שלמד אלקולאון בדעתו של הב"ה siehe Jastrow in Magazin XIII, 143.

S. 91[a] נפי bedeutet in Sifre § 355 ἀγαπή, Kuss „Moses ist durch den Kuss Gottes gestorben“: מיתת נשיקה, vgl. B. b. 17[a].

Auf S. 112 ist Artikel ותיק zu streichen, welches kein griechisches Wort ist, wie mich Perles belehrt, u. auch Fleischer bemerkt.

כלמוס, *χλαμύς*, der rote Feldherrnmantel der Römer, das paludamentum. Auch De Lara erklärt es für paludamentum; s. Dio Cass. 77, 4; auch die auszeichnende Kleidung des Kaisers. In der späteren Kaiserzeit trugen auch die Hofbeamten und Senatoren hie und da die Chlamys; Gratian, Valentinian und Theodosius befahlen, intra moenia nullus senatorum habitum sibi vindicet militarem; sed chlamydis terrore deposito quieta coloborum et paenularum induat vestimenta. Salmas. zu Alex. Sever. c. 67. — Jelamdenu. Toled.: עשו מלובש כלמוס ויעקב מלובש ציצית „Esau (die Römer) sind in den Kriegsmantel, Jakob in den Gebetmantel gekleidet.“

לודים, ludii, *λούδιοι*, Gladiatoren, Fechtersklaven und Leute, die mit wilden Thieren zu kämpfen hatten im Circus; auch ludi Gladiatorenkämpfe und Thierkämpfe, wie in Tanch. I Noach § 21: בלעם התחיל בקובה בקוביא בלודים ובקסמים. Bileam war der Erste, welcher Unzuchtstätten, Würfelspiel, Gladiatoren- und Thierkampfspiele u. Zaubereien einführte.“ In Tanch. II ist בלודים corrprt. in בבלורית. S. Salmas. zu hist. Aug. Claudius c. 5 *λοῦδος* et *μονομάχος* illi grammatico eadem res fuit. Juvenalis: Nupta senatori comitata est Hippia ludum Ad Pharon et Nilum.

Zu S. 160ᵃ פנה. Nach wiederholter Überlegung scheint mir die von mir Anfangs gebilligte Erklärung Gebhardts von פנה für apage! und von בישולה für ave, salve doch unzutreffend. Vielmehr heisst es: „Hiob hat die unreife Frucht hastig verschlungen (hat vorschnell geurteilt): „Schuldlose wie Frevler vernichtet er“; Abraham hat die reife Frucht gegessen (hat nach reiflicher Überlegung geurteilt): „solltest du den Schuldlosen mit dem Frevler vernichten?. Das ist ferne von dir, Derartiges zu thun.“ Vergl. auch Buber Tanch. I Wajera § 7 Note 52. — Zugleich sei hier nachgetragen, dass von אנסיא u. אסניא schon Buber (Meged jerach. 1, 45); Lek. tob 1. B. M. 10, Note 7 geurteilt, dass es מוסיא zu lesen sei: Mysia.

פונון, *φόνος*, Mord, tödtend. In lek. t. zu 4. B. M. 21, 10 heisst es: die 4. B. M. 33, 41. 42 erwähnten Orte Zalmona und Phunon seien hier übergangen, weil sie Todesschatten und Tod bedeuten, פונון לשון יוני מיתה, *φόνον* bedeutet im Griechischen: „Tod.“

פסטרין. Hierzu bemerkt mein geehrter Freund, Dr. Perles, dass De Lara die richtige Lesung מסטירין habe. Allein mir scheint פסטרין richtig zu sein, weil das Wort אף (mit Eifer, mit Leidenschaft) zur Deutung benutzt wird; auch nicht einzusehen ist, wie das Lernen im Geheimen empfohlen werden soll gegenüber חרב על שונאיהם של ת"ח שעוסקים בד בבד בתורה.

Zu קומיאטון bemerkte mir Dr. Perles, es sei wahrsch. *κομέατον* od. *κομίατον*, mittelalterl. commeatus, Urlaub, Abschied. (Duc. Gloss.) „gib mir Urlaub, dass ich vom Krankenlager aufstehe.“

קינדינוס, *κίνδυνος*, Gefahr; Ber. rabba major von Epstein herausgeg.: מן דחוון קינדינוס.

Die Ausgaben, nach denen citirt ist, sind von Midr. rabb. die Ausg. Frft. a/O. 1711, wornach auch Levy citirt hat; manchmal habe ich in ( ) beigefügt die Seitenzahl der Frft. a/O. Ausg. von 1705.

Pėsikta ist nach ed. Buber citirt.

Tanchuma II, d. h. die längst gedruckte, nach der Ausg. Warschau 1875, 8.

Tanch. I von Buber herausgegebene, ältere Redaction des Tanchuma.

Pes. r. (Pesikta rabbathi) nach der alten Breslauer Ausg.

Mechiltha nach ed. Weiss.

Abkürzungen.

Ber. r. = Bereschith rabba.
Schm. r. od. Schem. r. = Schemoth rabba.
Waj. r. = Wajikra rabba.
Bem. r. = Bemidbar rabba.
Deb. r. od. Debar. r. = Debarim rabba.
Midr. Sch. r. = Midrasch Schir rabba.
Midr. Chas. = Midrasch Chasitha = M. Schir rabba.
Koh. r. = Koheleth rabba.
Midr. Kohel. das Gleiche.
Est. r. od. Midr. Est. = Midr. Ester; Ester rabba.
Pes. = Pesikta.
Pes. r. = Pesikta rabbathi.
Sch. t. ψ od. Ps. = Schocher tob Psalm, auch Midr. Tillim.
Jer. = Jeruschalmi.
Ber. = Berachoth.
Pesach. = Pesachim.
R. H. = Rosch haschana.
Abod. s. = Aboda sara.
B. B. = Baba bathra.
T. = Tossefta.

Druck von W. Drugulin, Leipzig.

FSC
www.fsc.org
MIX
Papier | Fördert
gute Waldnutzung
FSC® C083411

Kolibri 360 GmbH
Ferdinand-Jühlke-Straße 7
99095 Erfurt, Deutschland
produktsicherheit@kolibri360.de